普通物理教程之五

原子物理学

陈宏芳　编著

科学出版社

北京

内容简介

本书是普通物理之原子物理学课程的教材，全书注重通过基本的物理现象和实验事实的介绍、简单的理论推导，用量子的观点和方法将物理概念解释清楚. 全书包括原子、原子核、基本粒子以及分子物理等部分.

本书适合于理工科以及师范院校物理、应用物理专业的本科生使用，也可作为理科非物理专业相关课程的教材.

图书在版编目(CIP)数据

原子物理学/陈宏芳编著.—北京：科学出版社，2006
普通物理教程之五
ISBN 978-7-03-016032-4

Ⅰ. 原…　Ⅱ. 陈…　Ⅲ. 原子物理学-高等学校-教材　Ⅳ. O562

中国版本图书馆 CIP 数据核字(2005)第 085556 号

责任编辑：张邦固　昌　盛/责任校对：李奕萱
责任印制：赵　博/封面设计：陈　敬

科学出版社 出版
北京东黄城根北街 16 号
邮政编码：100717
http://www.sciencep.com

北京华宇信诺印刷有限公司印刷
科学出版社发行　各地新华书店经销

*

2006 年 4 月第　一　版　开本：720×1000　1/16
2025 年12月第十七次印刷　印张：21 3/4
字数：412 000

定价：46.00 元

（如有印装质量问题，我社负责调换）

序

今年是世界物理年．中国科学技术大学的几位教授编写的这套普通物理教材即将与读者见面，是对物理年的一份厚礼．

物理学是整个近代科学技术的基础，它是培养和提高学生科学素质、创新思维方法和科学研究能力的重要基础课．中国科学技术大学创办几十年来，培养出了大批的优秀人才，他们基础厚实、思维活跃、具有开拓精神、后劲足，受到了国内外用人单位的称赞．科大办学的成功经验之一就是科大自创办以来一直十分重视数学、物理等基础课教学．几十年来科大积累了丰富的基础课教学经验，编写这一套普通物理教材的几位教授都已在科大执教几十年，他们一边从事教学，一边从事科研，这套教材是他们几十年教学成果的结晶．在这套书中作者较好地处理了下面几个关系：

一、经典物理和近代物理的关系．在书中他们强调经典物理的基本理论和基本规律的系统性和完整性，但尽量砍去枝蔓、压缩篇幅，同时对内容结合紧密又较易延伸的有关近代物理内容增加了有关章节和段落．

二、理论与实际的关系．在保持物理学基本规律和基本理论的系统性的同时，在选择例题和习题时，作为基本原理和基本规律的应用，尽可能联系实际，特别是增加与近代高技术相联系的内容．

三、物理和数学的关系．作为普通物理，他们既重视物理图像、物理概念的阐述，同时也具有一定的数学深度，以提高学生解决实际问题的能力．

四、传播知识和培养学生素质之间的关系．在书中他们注重对学生的科学素质和创新力思维方法的培养，使学生逐步领悟和掌握物理学中每解决一个关键问题时，如何提出问题、建立模型、发现规律、创立理论等一整套思维方法和实验分析手段，使学生既要看到物理学发展史中科学家的作用，又要懂得科学的发展是一个继承和积累的过程．在书中介绍了一些重要科学家在为科学做出重大贡献时所表现出来的特殊品格和献身精神，使学生得到启迪．

今天，这套书与读者见面了，我对科大几十年来物理教学的这一成果感到由衷的高兴，盼望今后更多的好教材层出不穷．

杨国桢

2005 年 11 月

前　言

本书是普通物理之原子物理学课程的教材，其内容是关于物质的微观结构.

微观物理的研究引起了物理领域思想和概念的革命，一些基本的经典物理概念不得不被放弃.在原子和量子物理的基础上发展出一些与物理相关的前沿学科，并且它也是其他领域的重要基础.原子和亚原子物理中的一些实验方法和技术，例如，由讨论电子自旋和原子核自旋的概念引入的自旋共振，在近代物理、化学、材料科学和生物的研究中成为了一种基本的实验技术和方法，核磁共振断层扫描和正电子发射断层扫描在医学诊断中也已被广泛使用.微观物理发展中产生的一些新技术和新方法已广泛应用于其他学科，与工农业生产和日常生活都密切相关.各学科的相互交融和渗透已是普遍的现象，因此掌握微观物理的实验及理论的基本知识对于理工科学生来说，是非常重要的.

本教材的内容包含原子、原子核、基本粒子和分子物理部分.全书注重通过基本的物理现象和实验事实、简单的理论推导，用量子观点和方法把物理概念解释清楚.对于量子力学的基本内容，本书只作简要地介绍，并不要求学生掌握量子力学中过多的数学计算和证明.教材中注意介绍近代物理发展中一些具有创新精神的重要实验及一些大胆的新思想的形成和发展过程，希望能对培养学生思维能力和独立思考能力有所启发.

教材中原子物理和分子结构是基本内容，原子核物理和粒子物理中取材略广一些，可根据学时安排和各专业的要求选择内容.

由于时间仓促，加之编者的水平有限，错误在所难免，欢迎读者批评指正.

陈宏芳

2005 年 5 月

目　　录

第 1 章　玻尔原子模型

中国古代的哲学家早在周代就提出五行说,即万物都是由金、木、水、火、土五种物质构成的学说.古希腊人认为水、火、空气和泥土是构成物质的基本元素.原子这个名词最早是在公元前四–五世纪由希腊哲学家德谟克利特(Democritus)提出的,"原子"在希腊语中是"不可再分割"的意思,也就是认为原子是物质分割的极限,是组成物质的最小单元.直到 18、19 世纪,在气体分子运动理论和化学反应实验中发现的定比定律、倍比定律的基础上,道尔顿(J. Dalton)于 1803 年提出物质由分子组成,分子是保持物质化学性质的最小单元,而分子又由一种或几种化学元素的原子组成.原子是化学元素的最小单元.1811 年,阿伏伽德罗(A. Avogadro)在道尔顿的原子论及盖·吕萨克(J. Gay-Lussac)的关于化学反应气体的体积有简单的比例关系的基础上提出阿伏伽德罗定律,即在同样的温度和压力条件下,同体积的任何气体含有的分子数相同.实验给出,在标准条件下(0℃和 1 个大气压),1 克分子质量(1 mol 质量)气体的体积为 22.4 升,且在这体积中总是含有一定数目的分子,这个数称阿伏伽德罗常量,即

$$N_A = 6.022 \times 10^{23}\ \mathrm{mol}^{-1}$$

这些思想形成了物质的原子论.可测得原子的质量及估算原子的大小(约 10^{-10} m).1869 年,门捷列夫(D.I. Mendeleev)指出,假如将元素按原子量大小的次序排列,则元素的性质呈现出周期性的行为.对这种现象,原子论几乎不可能对它作出解释.元素周期表显示出原子似乎并不是简单地不可分的物质最小单元.今天我们已经清楚知道,原子只是物质结构的一个层次,原子本身也是有结构的.本章主要讨论原子的构成及一些早期的原子模型和原子光谱的基本规律,在这基础上再介绍玻尔的氢原子理论.

1.1　原子的核式结构

1.1.1　电子的发现

气体放电管在早期现代原子物理的发展中起了特殊的重要作用,今天仍然用在激发原子和粒子束产生等方面.图 1.1.1 是气体放电管的示意图.一般在管子内充以几毫米汞柱(mmHg)压力的气体,在阴极和阳极之间加上几百到几千伏的电压,管内在两个电极间的区域就会出现辉光,这取决于气体的种类及气压.在阳极附近的荧光屏上可以观察到荧光,其斑点的大小和阳极上小孔的大小有关.1859

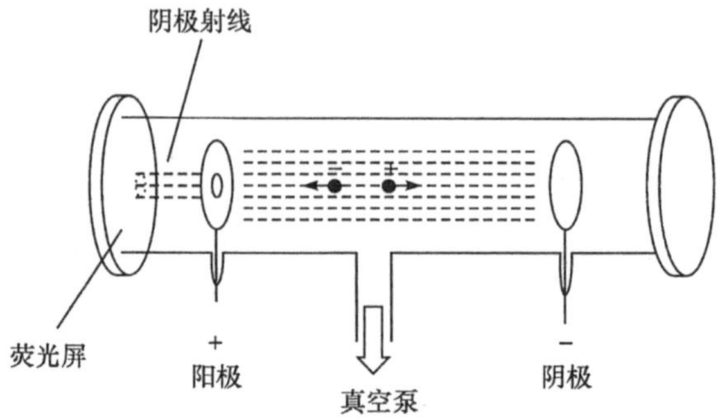

图 1.1.1　气体放电管示意图

年,普吕克(J.Plucker)首先发现了这种射线,并称它为阴极射线.他认为它是由阴极发出的射线,后来进一步的研究才知道实际上这是在气体放电区产生的.实验还发现阴极射线在电场和磁场中会偏转,由偏转的方向证明阴极射线是带负电的,当时对射线的性质到底是粒子还是波,存在有不同的观点,英国物理学家汤姆孙(J.Thomson)认为阴极射线是高速运动的带负电的粒子流.他设计了如图 1.1.2

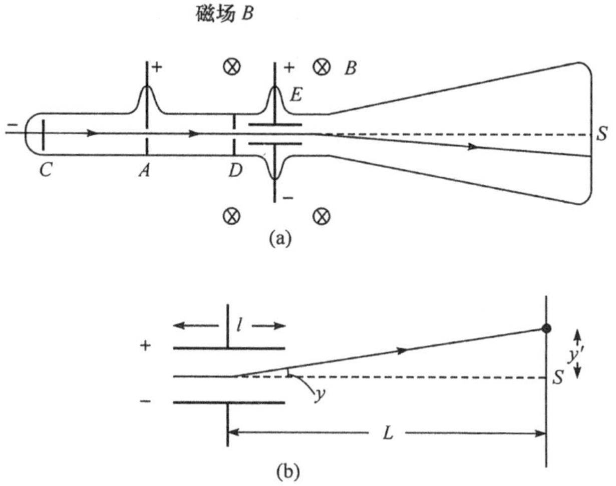

图 1.1.2　汤姆孙测量电子荷质比实验装置示意图

的实验装置,一个充以稀薄气体的玻璃管中有几个电极,在阴极 C 和阳极 A 之间加上高压,阴极射线穿过空心阳极和狭缝 D,通过平行板电极中间的电场区,到达管子右端带有标尺的荧光屏 S 上.当平行板间电场为零时,射线打在标尺的零点.如果在平行板空间加一个方向由纸面向下的磁场,则细束向下偏转.若在平行板之间加上如图示极性的电压 V,电场为 E 时,则细束向上偏转 h.调节磁场强度 B,使细束在电场和磁场的作用下回到标尺零点.由电场、磁感应强度和几何尺寸可测

定射线粒子的荷质比.设平行电极板长度为 l,极板中点到荧光屏的距离为 L,则可以证明

$$\frac{e}{m}=\frac{Eh}{LlB^2} \tag{1.1.1}$$

式中,e、m 分别是带电粒子的电荷和质量.在 1897 年他测定了组成阴极射线的粒子的荷质比.当时的测量值为

$$\frac{e}{m}=7.6\times10^{10}\ \mathrm{C/kg}$$

他在各种不同条件下,如放电管中充不同的气体、用不同的电极材料进行实验,测量的结果都是相同的值.这些结果说明这种粒子是各种元素的原子都共有的.而它的荷质比值却比氢离子的荷质比值(可用电解方法测得)

$$\frac{e}{m}=9.6\times10^{7}\ \mathrm{C/kg}$$

约大 1000 倍.因此这种粒子不可能是离子,只能是一种新粒子,这种粒子叫电子,它应是物质的一个组成成分.

1899 年,汤姆孙利用威耳逊(T. Wilson)发明的云雾室测定电子的电荷.测量结果表明电子电荷和氢离子电荷相近,为 1.6×10^{-19} C.更精确的测量给出电子的荷质比为 1.758×10^{11} C/kg,由此可得电子的质量 $m_e\approx1/1836$ 氢原子质量.

实际上,电子的发现是一个长期的工作,经历了许多物理学家的努力,在改进阴极射线管装置,确定它的电荷性质等方面,很多人做了工作.1894 年,斯托尼(J. Stoney)就提出电的原子性,并命名为电子.但电子的发现最后是以 1897 年汤姆孙对电子荷质比的测定为标志的,汤姆孙因此而获得 1906 年的诺贝尔物理学奖.

电子是组成原子的一个成分.电子带负电而原子又是中性的,那么原子中一定有带正电的部分,而且电荷大小和电子的总电荷相等.此外,电子质量很小,只占原子质量的很小的一部分,原子质量几乎全由带正电的部分承担.那么原子中的正、负电荷是怎样分布的呢?

汤姆孙提出了一个原子模型,他认为原子中的正电荷分布在整个原子空间,即在一个半径 $R\approx10^{-10}$ m 的区间,电子则嵌在布满正电荷的球内,由于电子间的相互作用,电子均匀分布在正电荷球内.当原子处于最低的能量状态时,电子处在其平衡位置上.当原子被激发时,电子偏离平衡位置,由于和正电荷之间的静电力,使它在平衡位置附近作简谐振动.按照经典的电磁理论,作加速运动的带电物体将发射电磁辐射,所发射的电磁辐射的频率应等于简谐振动的频率.简单的估算可给出辐射频率约在紫外和可见光区,因此能定性解释原子的辐射特征.但是根据这样的估算,原子只发射一种频率的电磁辐射.而实验测到的原子辐射却是一系列不同频率的线谱.

1.1.2 α粒子散射实验

为研究原子内部的结构和电荷分布，人们很自然地想利用高速粒子去轰击原子，根据入射粒子的散射情况来了解原子内部的情形.物理学家曾尝试过用电子撞击原子，1890 年勒纳德(P. Lenard)研究阴极射线时，在射线管上装一薄铝窗，使阴极射线从管内穿出进入空气，发现电子在空气中射程约为几厘米.如果认为原子是一个实体，电子不能穿过原子，电子在空气中散射的自由程应该是在 10^{-5}cm 的量级.勒纳德的实验结果显示原子并不是完全不可穿透的，但难以得出定量的结论.

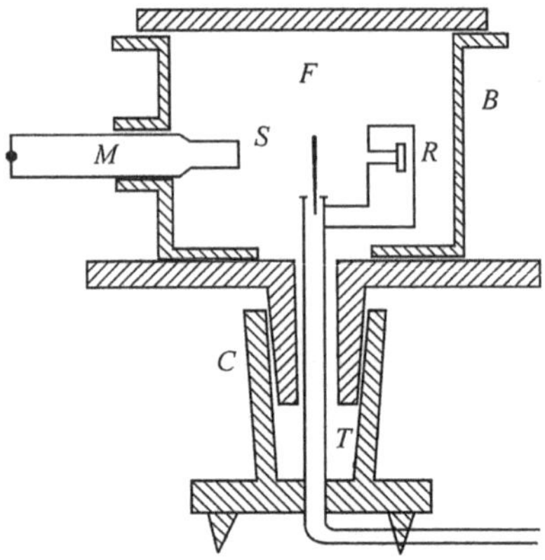

图 1.1.3 α粒子散射实验装置

R—α放射源；B—真空容器；

F—铂箔金属条；S—荧光屏；M—显微镜

1896 年，贝克勒尔(H.Becqueral)发现了放射性现象，并将一种带正电的射线称α射线.卢瑟福(E.Rutherford)对α射线进行了系统的研究.其中一个重要工作是确认了α射线实际上是高速运动的带两个正电荷的氦离子，它的质量 $M_\alpha \approx 7300 m_e$.他曾因此项工作而在 1908 年获得了诺贝尔化学奖.卢瑟福还首先发明用α粒子打在荧光屏上，通过对发光次数的计数来确定入射α粒子的数目的方法.1909 年卢瑟福和他的助手盖革(H.Geiger)及学生马斯登(E.Marsden)在做α粒子和薄箔散射实验时，观察到绝大部分α粒子几乎是直接穿过铂箔，但偶然有一些α粒子发生大角度散射.为了得到更精确的结果，他们用如图 1.1.3 的装置进行实验测量.得到的结果可归纳如下：

(1) 绝大多数α粒子经铂箔散射后，只有很小角度的偏转，偏转角小于 2°.

(2) 有约 1/8000 的α粒子，它的散射角大于 90°.

为何会出现这样的实验结果？用当时在英国被公认的汤姆孙原子模型根本无法解释，因为他认为原子是一个半径为 R 的球，正电荷 Ze 是均匀分布在整个球内的.若不考虑原子内电子的影响，α粒子在($r<R$)处受到的库仑力为 $F_c=\dfrac{2Ze^2 r}{4\pi\varepsilon_0 R^3}$，即离球心越近所受库仑力越小，因此若在中心附近穿过原子，α粒子几乎不偏转.而在原子外，因为原子是中性的，α粒子和原子间几乎没有相互作用力，但在球面处它受的库仑力为 $F_c=\dfrac{2Ze^2}{4\pi\varepsilon_0 R^2}$，这时受到的作用力为最大.由运动学的计算，可以得到，即使α粒子在球面处也只能发生小角度散射.而且多次小角度散射也不可能引起大角度散射.

例 1.1.1　设入射 α 粒子的能量 5 MeV，散射体为厚 1 μm 的铂箔，用汤姆孙原子模型估计散射 α 粒子的偏转角，及发生大于 90°角散射的概率.

解　设原子的半径 $R \approx 10^{-10}$ m.

（1）计算 α 粒子和原子的单次碰撞.

由上文已知 α 粒子只有在原子表面处受到的库仑力最大，因此它的散射角也最大.

我们对这种情形作估算：

α 粒子穿过原子时，动量 p 的改变量可近似为

$$\Delta p \approx p\theta$$

θ 为偏转角. 根据牛顿定理

$$\Delta p \approx p\theta = F\Delta t$$

其中，Δt 为 α 粒子飞越原子的时间，可近似为$\dfrac{R}{v}$，v 是 α 粒子的速度，对 5 MeV 的 α 粒子可用非相对论运动学处理，动能 $E = \dfrac{1}{2}mv^2$，于是

$$\theta \approx \frac{F\Delta t}{p} = \frac{2Ze^2}{4\pi\varepsilon_0 Rmv^2} = \frac{Ze^2}{4\pi\varepsilon_0 RE}$$

铂原子的 $Z = 78$，将数字代入得到 $\theta_1 = 2 \times 10^{-4}\text{rad} = 0.01°$.

由此可见，散射角是非常小的.

（2）在 α 粒子穿过铂箔时会和许多原子碰撞，实际是一个多次散射过程，因此最后穿过散射体时的偏转方向是随机的，它服从统计规律. 多次散射后的偏转角的分布应服从高斯分布，于是 α 粒子散射在$(\theta, \theta + \mathrm{d}\theta)$之间的概率为

$$f(\theta)\mathrm{d}\theta = \frac{1}{\sqrt{2\pi\overline{\theta^2}}}\exp\left(-\frac{\theta^2}{\overline{\theta^2}}\right)\mathrm{d}\theta$$

其中$\overline{\theta^2}$是散射角的均方值，由（1）的估算可得单次碰撞的偏转角 θ_1，多次散射后散射角的均方值

$$\overline{\theta^2} = N\theta_1^2$$

其中，N 是碰撞次数，若设原子排满在铂箔内，由箔厚可算得

$$N \approx 10^{-6}/10^{-10} = 10^4$$

所以 $\sqrt{\overline{\theta^2}} = 100 \times 0.01° = 1°$. 可见散射的 α 粒子分布在很小偏转角范围内.

（3）由上式积分可计算经多次散射后发生大角散射的频率：

若 $\theta > 6°$，概率小于 2×10^{-8}；

若 $\theta > 90°$，概率小于 10^{-2000}.　　□

1.1.3　卢瑟福核式模型

1. 原子的核式模型

对散射实验的结果经过近两年的分析，卢瑟福在 1911 年提出原子的核式模型：原子中的正电荷集中在原子中心很小的区域内，并且原子的几乎全部质量也集中在这一区域，电子则分布在这一区域外面. 这个正电荷部分称为原子核.

当 α 粒子射向原子时，由于 α 粒子质量比电子大得多，它和电子的相互作用几乎对它的运动没有影响，因此可暂不考虑. 由于原子中的正电荷是集中在很小的区域内，α 粒子进入原子时，它基本上总是在原子核外，因此受到全部正电荷的作用，然而它与正电荷的距离可以很小. 这样正电荷对它的库仑作用力可以很大，因而有可能发生大角度散射.

2. 散射公式

由核式模型可定量地解释散射实验的结果. 我们先计算单个靶原子对入射 α 粒子的散射角. 设靶原子的质量为 M，具有正电荷 Ze. 质量为 m、能量为 E、带有 ze 正电荷的 α 粒子以速率 v_0 射向靶原子，如图 1.1.4 的所示. 如上所述，由于原子内的电子和 α 粒子的库仑作用所引起的散射角度极小，所以对大角度散射，只要考虑 α 粒子和原子核的相互作用. α 粒子和原子核都可看作是点电荷粒子，两者间的相互作用力为点电荷间的库仑力. α 粒子以 v_0 从∞处射向靶原子，设 α 粒子入射方向与原子核之间的垂直距离为 b，b 称作瞄准距离或碰撞参数. 对由重原子组成的靶，$m \ll M$，可以假定在散射过程中原子核基本上不运动. 我们将坐标原点取在原子核上，α 粒子和原子核间的矢径为 $\boldsymbol{r}$，库仑力 $\boldsymbol{F}$ 是有心力，其作用力沿 $\boldsymbol{r}$ 方向，在散射过程中作用在 α 粒子上的力矩为零，因此 α 粒子对原点的角动量守恒. 具体计算表明，α 粒子的轨迹是一双曲线. 双曲线的两条渐近线的夹角 θ 即散射角. 我们只要算出 α 粒子散射到无穷远处其垂直于入射方向上的速率分量 $v_{\perp\infty}$，即可求得散射角.

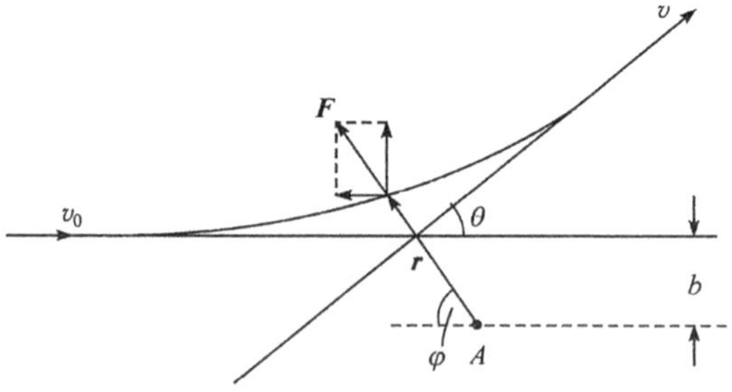

图 1.1.4　α 粒子库仑散射示意图

已知 α 粒子初速度为 v_0，所以动量为 mv_0，角动量 $L = mv_0 b$. 在散射过程中原子核对 α 粒子的作用力 F 在垂直于入射方向上的分量

$$F_\perp = F\sin\varphi = \frac{1}{4\pi\varepsilon_0} \cdot \frac{zZe^2}{r^2}\sin\varphi$$

$$F_\perp \mathrm{d}t = m\mathrm{d}v_\perp$$

$$\mathrm{d}v_\perp = \frac{F_\perp}{m}\mathrm{d}t = \frac{zZe^2}{4\pi\varepsilon_0 m}\frac{\sin\varphi}{r^2}\mathrm{d}t$$

由角动量守恒

$$L = mr^2\frac{\mathrm{d}\varphi}{\mathrm{d}t} = mv_0 b$$

$$\frac{1}{r^2} = \frac{1}{v_0 b}\frac{\mathrm{d}\varphi}{\mathrm{d}t}$$

$$\mathrm{d}v_\perp = \frac{zZe^2}{4\pi\varepsilon_0 m v_0 b}\sin\varphi\mathrm{d}\varphi$$

由图 1.1.4 可知，α 粒子入射时 $v_\perp = 0$. α 粒子和靶原子是弹性散射，而且 $M \gg m$ 可认为原子核在散射过程中不动，由于动量守恒，α 粒子散射到无穷远处，其动量值为 mv_0，散射角为 θ，所以它在垂直方向的速率为

$$v_{\perp\infty} = v_0\sin\theta$$

$$v_0\sin\theta = \int_0^{\pi-\theta}\frac{zZe^2}{4\pi\varepsilon_0 m v_0 b}\sin\varphi\mathrm{d}\varphi = \frac{zZe^2}{4\pi\varepsilon_0 m v_0 b}(1+\cos\theta)$$

$$\frac{1+\cos\theta}{\sin\theta} = 4\pi\varepsilon_0\frac{mv_0^2}{zZe^2}b = \cot\frac{\theta}{2}$$

整理后得

$$\cot\frac{\theta}{2} = 4\pi\varepsilon_0\frac{mv_0^2}{zZe^2}b = \frac{2b}{D} \tag{1.1.2}$$

$$D = \left(\frac{1}{4\pi\varepsilon_0}\right)\frac{2zZe^2}{mv_0^2} = \left(\frac{1}{4\pi\varepsilon_0}\right)\left(\frac{zZe^2}{E}\right) \tag{1.1.3}$$

在 E 一定时，瞄准距离 b 越小则散射角越大. 但实验时不可能测量单个 α 粒子对单个靶原子的瞄准距离，实验测到的是大量 α 粒子和大量靶原子的散射事件，实验的数据应服从事件的统计规律. 所以，我们要由模型推出散射的 α 粒子数和散射角的关系，这才能和实验结果比较. 由式(1.1.2)可知，如果 α 粒子打在瞄准距离(b, $b+\mathrm{d}b$)的圆环内，则 α 粒子必定散射在张角为(θ, $\theta-\mathrm{d}\theta$)的锥壳所对应的立体角内. 如图 1.1.5 所示. 显然，α 粒子射在(b, $b+\mathrm{d}b$)区域的概率和圆环的面积成正比，圆环面积为

$$d\sigma = 2\pi b \mid db \mid \tag{1.1.4}$$

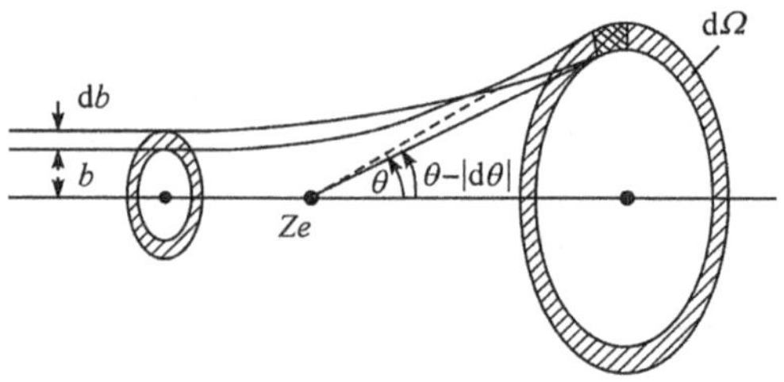

图 1.1.5　瞄准距离与散射角的关系

由式(1.1.2)微分得

$$db = -\frac{D}{4} \cdot \frac{1}{\sin^2\frac{\theta}{2}} d\theta$$

将它代入式(1.1.4),则得

$$d\sigma = 2\pi b \mid db \mid = \frac{\pi D^2}{4} \frac{\cos\frac{\theta}{2}}{\sin^3\frac{\theta}{2}} d\theta$$

由几何关系可知$(\theta, \theta - d\theta)$所对应的立体角 $d\Omega$ 为

$$d\Omega = \frac{2\pi r^2 \sin\theta d\theta}{r^2} = 2\pi\sin\theta d\theta = 4\pi\sin\frac{\theta}{2}\cos\frac{\theta}{2}d\theta$$

代入上式得

$$d\sigma = \frac{D^2}{16}\frac{1}{\sin^4\frac{\theta}{2}}d\Omega \tag{1.1.5}$$

$d\sigma$ 代表入射粒子被一个靶原子散射到 θ 方向的 $d\Omega$ 内概率,那$\frac{d\sigma(\theta)}{d\Omega}$就表示散射到 θ 方向上单位立体角内的概率,式(1.1.5)称作原子的微分散射截面公式.所以,$\frac{\sigma}{1}$就代表入射粒子被一个靶原子散射的概率.σ 的量纲是面积,通常以靶恩作单位,1 靶恩(b)等于 10^{-24} cm^2.

如果 α 粒子射在一个薄靶上,靶的厚度为 t ,面积为 A,单位体积中所含有的原子数为 N(原子数/cm^3).如果靶很薄,可以认为对入射 α 粒子来说靶内的原子核相互不重叠.因此在瞄准距离为 b 时,所有原子的有效面积为

$$dA = 2\pi b(db)NtA$$

入射 α 粒子射在有效面积的概率为

$$\frac{\mathrm{d}A}{A} = 2\pi bNt(\mathrm{d}b) = Nt(\mathrm{d}\sigma)$$

若入射 α 粒子数为 n,散射到 θ 方向上的粒子数为 $\mathrm{d}n$,则散射到 θ 方向上的概率为

$$\frac{\mathrm{d}n}{n} = Nt\mathrm{d}\sigma$$

粒子散射在单位立体角内的概率

$$\frac{\mathrm{d}n}{n\mathrm{d}\Omega} = \frac{\mathrm{d}\sigma}{\mathrm{d}\Omega} \cdot Nt = \frac{D^2}{16}\frac{1}{\sin^4\dfrac{\theta}{2}} \cdot Nt$$

用式(1.1.3)代入,则

$$\frac{\mathrm{d}n}{n\mathrm{d}\Omega} = \left(\frac{1}{4\pi\varepsilon_0}\right)^2\left(\frac{zZe^2}{4E}\right)^2 \cdot Nt \cdot \frac{1}{\sin^4\dfrac{\theta}{2}} \tag{1.1.6}$$

这样,由实验条件给定的参数(n,E,N,t,Z),就可给出理论预期值.而通过实验测量散射粒子的数目,就可以由实验验证公式的正确性.而且由实验数据测得的($\mathrm{d}n$),也可以推得原子的散射微分截面

$$\frac{\mathrm{d}\sigma}{\mathrm{d}\Omega} = \frac{\mathrm{d}n}{n \cdot Nt \cdot \mathrm{d}\Omega}$$

例 1.1.2　设将 10^6 个能量为 5.3 MeV 的 α 粒子打在厚 1 μm 的金箔上,金的原子序数 $Z=79$,原子量 $A=197$,密度 $\rho=1.93\times10^4\ \mathrm{kg\cdot m^{-3}}$. 离金箔距离 L 为 10 cm处,$\theta=20°$方向有一个面积 S 为 1 cm^2 的计数器.求散射进计数器的 α 粒子的数目.

解　计数器对散射靶所张的立体角

$$\Delta\Omega = \frac{S}{L^2} = 0.01$$

而

$$\frac{\mathrm{d}n}{nNt} = \frac{\mathrm{d}\sigma}{\mathrm{d}\Omega}\times\Delta\Omega = \left(\frac{e^2}{4\pi\varepsilon_0}\right)^2\left(\frac{zZe}{4E}\right)^2\frac{1}{\sin^4\dfrac{\theta}{2}}\Delta\Omega$$

$$=(1.44\ \mathrm{eV\cdot nm})^2\left(\frac{2\times79}{4\times5.3\times10^6}\right)^2\frac{1}{\sin^4(10°)}\times0.01$$

$$=1.27\times10^{-27}\ \mathrm{m}^2 = 0.00127\ \mathrm{b}(\text{靶恩}) = 1.27\ \mathrm{mb}(\text{毫靶恩})$$

单位面积内的靶原子数为

$$Nt = \frac{\rho N_A}{A}t = 5.9\times10^{22}\ \mathrm{m}^{-2}$$

所以

$$\mathrm{d}n = nNt \times \frac{\mathrm{d}\sigma}{\mathrm{d}\Omega} \times \Delta\Omega = 75$$

即散射进计数器的粒子数为 75 个.

3. 散射公式讨论

由公式(1.1.6)可得到如下的结论:

(1) 在同一粒子源和同一散射物的情况下,$\frac{\mathrm{d}n}{\mathrm{d}\Omega}$和 $\sin^4\frac{\theta}{2}$成反比.这是卢瑟福散射理论最重要的特点.这也是点粒子间库仑作用散射的基本特点(设靶粒子质量$\to\infty$).

(2) 在相同散射角 θ 情形下,散射粒子数和靶厚成正比,即$\frac{\mathrm{d}n}{\mathrm{d}\Omega}\propto t$.

(3) 对同一散射物,在同样散射角 θ 时,散射粒子数和入射粒子能量的平方成反比,即

$$\frac{\mathrm{d}n}{\mathrm{d}\Omega} \propto \frac{1}{E^2}$$

(4) 对同一 α 源,在同一散射角下,对不同的靶材料,只要 Nt 相同,则

$$\frac{\mathrm{d}n}{\mathrm{d}\Omega} \propto Z^2$$

1913 年,盖革和马斯登用能量~5 MeV 的 α 粒子打靶的实验来检验散射公式,证实当散射角在 5°~150°的范围内,前三个结论都和实验相符.1920 年查德威克(J.Chadwick)在改进了盖革和马斯登所用仪器的基础上,利用此公式测定了几种原子的 Z,所得的 Z 值与这些元素的原子序数相符.从而证实了原子核的电荷数 Z 就等于该元素在周期表中的原子序数.α 粒子散射实验表明卢瑟福散射公式是正确的,从而确立了原子的核式结构模型.

由卢瑟福散射公式与实验数据相符的角度范围,可以对原子核的大小作出估计.由图 1.1.5 可知散射角越大,入射粒子能达到的和原子核的最小距离 r_m 就越小.由 r_m 可以给出原子核半径的上限.设入射粒子的电荷为 z,入射粒子离原子核最近处,即 $r=r_\mathrm{m}$ 时的速率为 v'.由角动量守恒,得

$$mv_0b = mv'r_\mathrm{m}$$

$$v' = \frac{v_0}{r_\mathrm{m}}b = \frac{v_0}{r_\mathrm{m}} \cdot \frac{D}{2}\cot\frac{\theta}{2}$$

代入能量定恒公式

$$\frac{1}{2}mv'^2 + \frac{zZe^2}{4\pi\varepsilon_0 r_\mathrm{m}} = \frac{1}{2}mv_0^2$$

得

$$r_{\mathrm{m}}=\frac{D}{2}\left(1+\frac{1}{\sin\dfrac{\theta}{2}}\right) \tag{1.1.7}$$

由上式可知，D 就是 $\theta=180°$时，即对心碰撞时能达到的最小距离. 对金靶(Au)，$Z=79$，α 粒子 $E=5.3\ \mathrm{MeV}$，$D=4.3\times10^{-12}\ \mathrm{cm}$. 若散射实验数据在 150°时仍和理论公式符合，则 $r_{\mathrm{m}}=4.4\times10^{-12}\ \mathrm{cm}$. 而原子半径 $R\approx10^{-8}\ \mathrm{cm}$，$\frac{r_{\mathrm{m}}}{R}\approx10^{-4}$. 所以在 E 不是很大时，可以把原子核看作是点粒子. 这也说明卢瑟福散射公式推导时假设原子核互不遮挡是合理的.

由于在散射公式的推导过程中曾作了一些简化，下面对两种情形分别来讨论由简化带来的影响：

(1) 在散射角很小的情况，由公式(1.1.6)可得，当 $\theta\to0$ 时，$\frac{1}{\sin^4\frac{\theta}{2}}\to\infty$，因而截面$\to\infty$，这结论在物理上是荒谬的. 出现这样不合理的结果是由于在公式推导中，重点是讨论大角度散射，所以忽略了电子的影响. 对 θ 很小的情况，其相应的瞄准距离 b 就很大，而当 b 大于原子半径时，α 粒子在原子外面穿过，上面讨论的单原子微分截面已无意义. 因为原子是电中性的，α 粒子和原子间已无库仑作用. 另外这时也不再可以假设靶原子之间互不遮蔽，所以卢瑟福散射公式不再成立. 小角度散射实际上必定是多次散射的结果. 因此，在很小角度时实验数据和公式不符并不影响核式模型.

(2) 散射公式(1.1.6)是在假设原子核不动即无反冲的简化条件下推出的. 当考虑核反冲的实际情况时，卢瑟福散射公式在质心坐标系仍然成立. 式中所有物理量都用质心系的数值. 这时散射粒子的能量 E 也不再是入射能量 E_0 了. 对弹性散射，若入射粒子的质量为 m，靶原子的质量为 M，则由动量和能量守恒可导出

$$E=\left(\frac{m\cos\theta+\sqrt{M^2-m^2\sin^2\theta}}{m+M}\right)^2E_0 \tag{1.1.8}$$

由式可知，E 和散射角及靶原子质量 M 有关，在散射角大于 90°时，E 和 E_0 的差别比较大. 当 E_0 一定时，在固定散射角下测量散射粒子的能量 E，可以确定靶原子的质量，由此可确定靶物质的成分. 对散射角大于 90°的散射称作卢瑟福背散射. 这种方法在材料分析中有很多的应用.

1.2 原子光谱

1.2.1 光谱

牛顿在1666年观察到,通过小孔的太阳光在透过棱镜时其后面形成一条彩色带.他称这条彩色带为太阳光的光谱.电磁辐射的强度按频率(或波长)分布的记录称为光谱.通常用棱镜或光栅作为分光器测定光的波长,并通过光探测器记录其相应的强度,测量光谱的仪器叫光谱仪.光谱可以提供的信息的多少主要取决于光谱测量的灵敏度和分辨率.近年来,发展了利用光干涉原理的傅里叶变换光谱仪,它能有效地利用光源的辐射能量,有较高的光谱分辨率和测量精度.激光的出现,以激光器代替传统光源的激光光谱技术,使光谱的分辨率,时间分辨率和光谱灵敏度都有数量级的提高.伴随调谐激光器的发展,其中最重要的是染料激光器,使光谱可覆盖300～1000 nm的波长,倍频和混频技术又进一步扩充了这个范围.稳定的单模激光器提供谱线非常窄的单色光,并且单色亮度高,时间特性好的光源,可用来研究快速、动态过程.光谱包含的信息十分丰富.

19世纪时,人们已经积累了丰富的关于光谱的知识,基尔霍夫(G.Kirchhoff)和本生(R.Bunsen)提出,太阳光谱中的许多暗线是太阳外表较低温度大气的吸收谱线.这些暗线有的与地球上的一些元素的谱线相对应.由光源发射出的光谱一般称为发射光谱.研究发现,固体加热后发出的是连续光谱.通常原子发射的是线光谱,就是说只包含一系列分立波长的光,在光谱仪的屏幕上出现一系列分立的狭缝的像,像一系列分立的细线.分子发射的光谱,其谱线是分段密集的,呈一系列宽度不等的光带,故称带光谱.波长连续分布的光通过物质时,其中某些波长的光被物质所吸收.把要研究的物质放在发射连续光谱的光源和光谱仪之间,在光谱仪上所测得的光谱将是在连续的背景上出现由暗线或暗带组成的光谱.这种光谱称为该物质的吸收光谱.对于每一种元素都具有它自己的特征光谱.用光谱仪测得的光谱大致有三种类型(如图1.2.1):连续光谱、线状发射谱(在暗的背景下有一系列明亮的线)和线状吸收谱(在亮的背景下有一系列暗的线).

光谱不仅提供关于物质成分的信息,对光谱谱线结构规律性、强度等的研究为研究物质结构提供丰富的信息,在近代物理的发展中,光谱的实验和理论研究都占有重要地位.

1.2.2 氢原子光谱和光谱项

由测量氢气放电管发射出的光的光谱可获得氢光谱,由某些星体的光谱中也可获得氢光谱.图1.2.2是氢原子光谱的一部分,光谱从可见光区延伸到紫外光区.谱线的波长以埃(Å)为单位表示在图中.

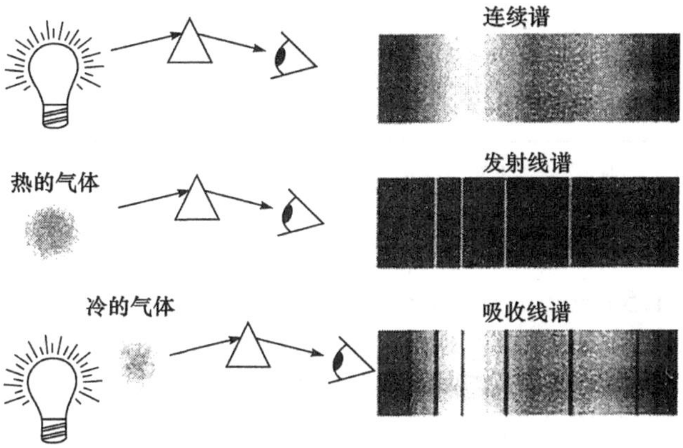

图 1.2.1　光谱仪及测得光谱的示意图

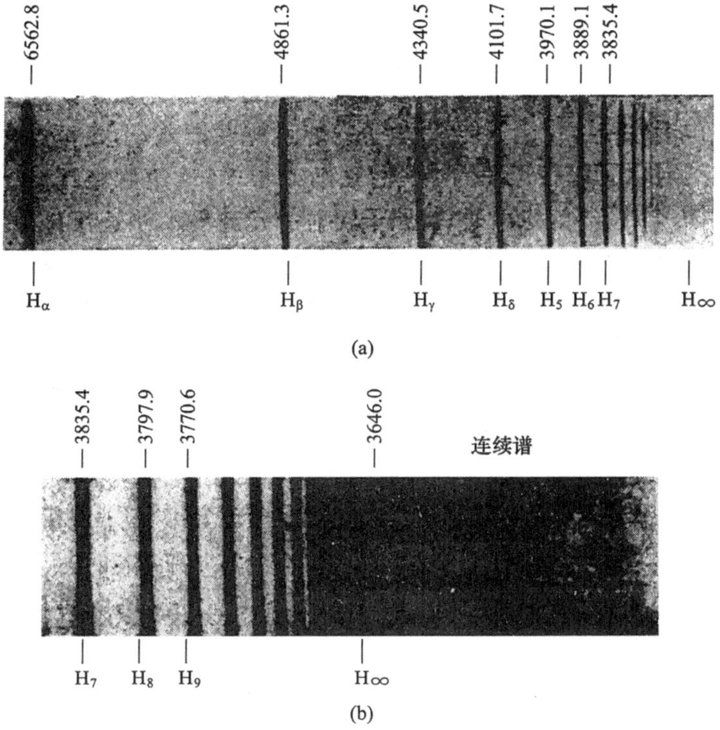

图 1.2.2　氢原子光谱(巴耳末谱系)

1885 年,巴耳末(J.J.Balmer)对已观察到的 4 条氢光谱线的研究,发现它们的波长有一定的规律,并可以用下式来表示:

$$\lambda_n = B\frac{n^2}{n^2-4}, \qquad n = 3,4,5,\cdots \tag{1.2.1}$$

氢原子在可见光区的发射谱谱线的波长列表如下：

谱线名称	H_α	H_β	H_γ	H_δ	H_ε	…	H_∞
波长/nm	656.3	486.1	434.1	410.2	397.0	…	364.6

可以定出 $B = 364.56$ nm($1\text{ nm} = 10^{-9}$ m).

巴耳末开创了探索原子光谱线系规律性的研究. 1896 年里德伯(J.R. Rydberg)将巴耳末公式改写为用波数 $\tilde{\nu}$ 来表示,波数

$$\tilde{\nu} = \frac{1}{\lambda} \tag{1.2.2}$$

它表示在单位长度波列中所包含波的数目,于是

$$\tilde{\nu} = \frac{1}{B}\frac{n^2-4}{n^2} = R_H\left[\frac{1}{2^2}-\frac{1}{n^2}\right], \qquad 其中\ n = 3,4,\cdots \tag{1.2.3}$$

式中,$R_H = \frac{4}{B} = 1.0967758 \times 10^7\ \text{m}^{-1}$称为里德伯常量. 当 $n = 3$ 时,该式给出巴耳末线系中波长最长的谱线,即 H_α 线. 当 n 越来越大时,短波长谱线之间的间隔越来越小. 在 $n \to \infty$时,给出该系中短波长的极限值,称为线系限.

后来,发现氢原子光谱在紫外、红外光区也有谱线,它们分别以发现者的名字来标记. 这些谱线也分别组成光谱线系. 它们也可以用类似的公式来表示. 氢原子的各光谱线系、其波数表示式和发现的年代均列在下表：

莱曼系(紫外区)	$\tilde{\nu} = R_H\left(\frac{1}{1^2}-\frac{1}{n^2}\right)$,	$n = 2,3,4,\cdots$	1916 年
巴耳末系(可见光区)	$\tilde{\nu} = R_H\left(\frac{1}{2^2}-\frac{1}{n^2}\right)$,	$n = 3,4,5,\cdots$	1885 年
帕邢系(近红外区)	$\tilde{\nu} = R_H\left(\frac{1}{3^2}-\frac{1}{n^2}\right)$,	$n = 4,5,\cdots$	1908 年
布拉开系(红外区)	$\tilde{\nu} = R_H\left(\frac{1}{4^2}-\frac{1}{n^2}\right)$,	$n = 5,6,7,\cdots$	1922 年
普丰德系(远红外区)	$\tilde{\nu} = R_H\left(\frac{1}{5^2}-\frac{1}{n^2}\right)$,	$n = 6,7,8,\cdots$	1924 年

综合氢原子光谱谱系的波数,可用下面的普遍表示式来描述：

$$\tilde{\nu} = R_H\left(\frac{1}{m^2}-\frac{1}{n^2}\right) \tag{1.2.4}$$

其中，$m=1,2,3,\cdots$；$n=m+1,m+2,\cdots$. 上式中每一个 m 相应于一个谱系.

光谱线系的波数可用更一般的形式表示

$$\tilde{\nu}=T_m-T_n \tag{1.2.5}$$

其中，$T_n=\dfrac{R}{n^2}$称为谱项. 对原子光谱的进一步研究发现，其他原子的光谱也具有氢原子光谱的这种特点. 只是各种原子的谱项的具体形式不同，如有的原子其谱项的分母可能不是整数，而是$(n-\delta)^2$. 由式(1.2.5)可知原子光谱中的任一谱线的波数是两个谱项之差. 这样由一个线系求得的 T_m 和另一线系中得到的 T_n，就可以预言一条新的谱线. 这样，原子谱线的频率 $\nu=c\tilde{\nu}$，可从独立的一系列谱项所构成的差来得到.

这些在光谱研究中得到的经验公式，并没有引起物理学家们的重视，似乎只是一些数字规律. 原子光谱的这种普遍规律是否反映了物质内部结构的规律性呢？丹麦物理学家玻尔(N. Bohr)第一个将这两个方面联系了起来，并提出了他的氢原子理论.

1.3　玻尔氢原子理论

卢瑟福关于原子的核式模型认为，在原子的中心有一个非常小的原子核，周围环绕着一个或多个电子，原子核的半径约为 10^{-14} m，是原子半径的十万分之一. 原子的质量几乎都集中于原子核. 这使人联想起一个非常熟悉的图像——太阳系模型，人们把电子在核外绕原子核的运动和行星绕太阳的运动相类比，电子和原子核之间由静电引力(类似于太阳系的万有引力)作用，维持着电子在一定的轨道上不停地绕原子核旋转. 这就是原子的行星模型.

例 1.3.1　请对原子核与电子间的静电力和万有引力作一估算.

解　原子中电子和核之间的万有引力为 $G\dfrac{M\cdot m_e}{r_0^2}$，其中 G 是引力常数，$G\approx 6.67\times10^{-11}\ \mathrm{m^3\cdot kg^{-1}\cdot s^{-2}}$，$M$ 是原子核的质量，对氢原子核，$M=1.7\times10^{-27}$ kg，m_e 是电子的质量，$m_e=9.1\times10^{-31}$ kg，r_0 是原子的尺寸，$r_0\approx10^{-10}$ m. 将这些数值代入，得电子和核之间的引力

$$G\frac{M\cdot m_e}{r_0^2}\approx1.03\times10^{-47}\ \mathrm{N}$$

原子中电子和核之间的电场为

$$E=-\frac{1}{4\pi\varepsilon_0}\frac{e}{r_0^2}=9\times10^9\times\frac{1.6\times10^{-19}}{(10^{-10})^2}=1.4\times10^{11}\ \mathrm{V\cdot m^{-1}}$$

它们之间的静电力为 eE,即

$$\frac{1}{4\pi\varepsilon_0}\frac{e^2}{r_0^2}\approx 2.3\times 10^{-8}\ \mathrm{N}$$

可以看出,在原子系统内,万有引力和静电力之比近似为 10^{-39},所以在原子内完全可以忽略不计万有引力.

1.3.1 原子行星模型的困难

(1) 原子核和电子在相互间的静电作用下运动,原子内的大部分空间是空的,因此原子的大小一般指的就是最外层电子轨道的半径.那么由什么决定最外层电子轨道的大小呢? 考虑一个氢原子,电子带电荷 $-e$,而原子核带电荷 $+Ze$(对氢原子 $Z=1$).已知原子核的质量远远大于电子质量,所以讨论它们的运动时,可以近似地看作只是电子绕原子核的运动,而不考虑原子核的运动.假定电子的速度足够小,可以在非相对论力学的范围内进行讨论.和力学中行星运动的解一样,电子的轨道是圆锥曲线,而圆周运动是最简单的形式,暂就以此来讨论.电子作圆周运动受到的向心力为

$$\frac{m_e v^2}{r}=\frac{1}{4\pi\varepsilon_0}\frac{Ze^2}{r^2}$$

电子动能为

$$\frac{1}{2}m_e v^2=\frac{1}{2}\frac{1}{4\pi\varepsilon_0}\frac{Ze^2}{r}\tag{1.3.1}$$

式中,r 是电子与原子核之间的距离,m_e 是电子的质量.原子内部系统的总能量为电子的动能和体系的势能之和.而势能 V 为

$$V=K-\frac{1}{4\pi\varepsilon_0}\frac{Ze^2}{r}$$

其中,K 是 $r\to\infty$ 时的势能,若将它定为零,则

$$V=-\frac{1}{4\pi\varepsilon_0}\frac{Ze^2}{r}$$

因此总能量

$$\begin{aligned}E&=\frac{1}{2}m_e v^2-\frac{1}{4\pi\varepsilon_0}\frac{Ze^2}{r}\\&=-\frac{1}{2}\times\frac{1}{4\pi\varepsilon_0}\frac{Ze^2}{r}\end{aligned}\tag{1.3.2}$$

由上式可知电子绕原子核的轨道半径 r 与原子的能量 E 有关,轨道半径 r 越大,能量越大(它的绝对值越小,因为 E 是负数);而 r 越小,则能量越小,原子中的

电子束缚越紧.由 E 和 r 的对应关系,并不能确定电子轨道的大小,找不到理由能选出一个特定的轨道半径 r.而每一种原子应有一个确定的大小,即有一确定的 r 值.

另外,电子绕原子核旋转时,电子的运动是一种加速运动.根据经典电磁理论,带电粒子作加速运动时要发射电磁辐射,也就是原子会发射光.由于电磁波带走了能量,电子的能量将逐渐减小,由(1.3.2)式可知,电子绕核运动的半径就将逐渐缩小,电子最终将因不断损失能量而落到原子核上,整个原子塌缩成只有原子核那样大小.显然,这是与实际观察的事实不符,实验表明原子的大小是稳定的,其大小约为 10^{-10} m.

(2) 经典理论认为,原子所发射光的频率应等于原子中电子运动的频率

$$f = \frac{v}{2\pi r} = \frac{e}{2\pi}\sqrt{\frac{Z}{4\pi\varepsilon_0 m_e r^3}}$$

由上段的讨论可知,随着原子能量的减小,电子运动的轨道半径 r 不断变小,因此频率 f 也将不断增大,且是连续变化的.因此原子发射的应是连续光谱.但是实验观察到的原子光谱是一系列的线光谱,其谱线具有确定的分立的频率.

例 1.3.2　设氢原子中电子绕原子核作圆周运动,并且原子的初始半径为 10^{-10} m,请由经典电磁理论估计电子落到核上的时间.

解　根据经典电磁理论,一个以加速度为 a 运动的粒子,它每秒发射的能量为

$$\frac{dE}{dt} = -\frac{1}{4\pi\varepsilon_0}\frac{2}{3}\frac{e^2a^2}{c^3}$$

而

$$\frac{dE}{dt} = \frac{dE}{dr}\times\frac{dr}{dt} \Rightarrow \frac{dr}{dt} = \frac{dE/dt}{dE/dr}$$

由式(1.3.2)得

$$\frac{dE}{dr} = \frac{1}{2}\times\frac{1}{4\pi\varepsilon_0}\frac{Ze^2}{r^2}$$

圆轨道运动的加速度

$$a = \frac{v^2}{r} = \frac{Ze^2}{4\pi\varepsilon_0}\times\frac{1}{mr^2}$$

设 $Z=1$,得

$$\frac{dr}{dt} = -\frac{4}{3}\times\left(\frac{e^2}{4\pi\varepsilon_0}\right)^2\times\frac{1}{m^2r^2c^3}$$

$$t = \frac{1}{4}\times\left(\frac{4\pi\varepsilon_0}{e^2}\right)^2\times m^2c^3r_0^3 \approx 10^{-10}\ \text{s}$$ □

上面的讨论说明，氢原子行星模型的经典理论既不能说明氢原子有稳定的大小，也不能说明氢原子光谱具有分立的线光谱.经典物理在原子的结构问题上遇到了难以克服的困难.

1.3.2　玻尔假设

丹麦物理学家玻尔(N.Bohr)在普朗克关于黑体辐射的量子论和爱因斯坦关于光子的概念的启发下，他把量子概念应用到原子系统.他认为尽管经典理论在解决各种宏观问题上取得了很大成就，但它不适用于发生在原子范围内的过程.在原子行星模型的基础上，即原子中电子在原子核库仑引力的作用下，在以原子核为中心的圆轨道上运动，其运动服从经典力学规律，1913 年他提出了如下的假设：

(1) 原子存在一系列具有确定能量的稳定状态，称为定态.

玻尔注意到了原子发射波长分立的线光谱这一事实.也就是说原子发射出的光子具有分立的，确定的能量.由此，他假设原子的能量状态也是分立的，不连续的，可分别以 $E_1, E_2, \cdots, E_m, \cdots, E_n$ 表示这些能量.处于一定能量状态的原子是稳定的，即使电子绕原子核作加速运动也不发生电磁辐射，这就是玻尔的定态假设.

(2) 当原子从一个定态跃迁到另一个定态时，原子的能量状态发生改变，这时原子才发射或吸收电磁辐射，所发射或吸收的电磁辐射的频率由下式决定：

$$\nu = \frac{|E_n - E_m|}{h} \tag{1.3.3}$$

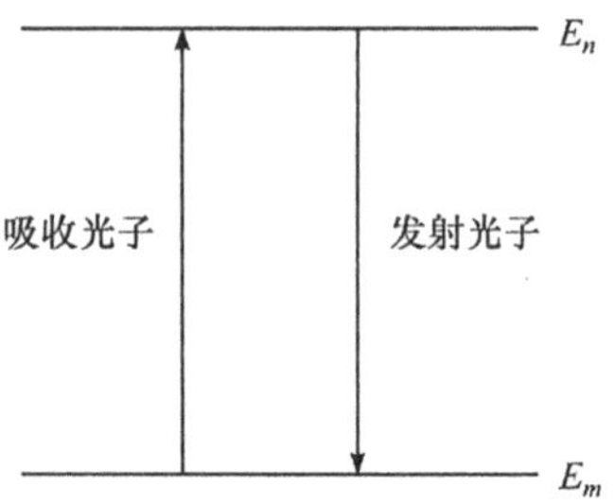

图 1.3.1　光的发射及吸收过程

E_n 和 E_m 分别为跃迁前后原子的能量，h 为普朗克常量，其值为 6.62×10^{-34} J·s.式(1.3.3)称为玻尔的频率规则.

通常用一条水平线表示一个能量状态.原子的辐射和吸收过程可以用图 1.3.1 表示.能量最低的状态称为基态.

玻尔通过这条假设将原子的状态和原子光谱联系起来.

(3) 角动量量子化.

玻尔假设原子中电子的轨道角动量是量子化的，它的值只能是$\hbar$的整数倍.这里$\hbar = h/2\pi$，一般也叫约化普朗克常量.所以电子绕原子核作圆周运动的角动量的值为

$$mrv = n\hbar, \qquad n = 1,2,3,\cdots \tag{1.3.4}$$

其中，n 是正整数，因此角动量只能有不连续的值.

1.3.3　玻尔氢原子模型

玻尔将这三个假设和行星模型结合在一起，推导出了氢原子的大小和能级.

1. 氢原子的大小

将式(1.3.1)和式(1.3.4)联立求解，得

$$v_n = \frac{e^2}{4\pi\varepsilon_0 \hbar} \times \frac{Z}{n}, \qquad n = 1,2,3,\cdots \tag{1.3.5}$$

$$r_n = \frac{4\pi\varepsilon_0 \hbar^2}{m_e e^2} \times \frac{n^2}{Z}, \qquad n = 1,2,3,\cdots \tag{1.3.6}$$

其中，m_e 是电子的静止质量，$m_e c^2 \approx 0.511 \times 10^6$ eV.

由式(1.3.6)及(1.3.5)可知，在原子中电子的轨道半径和速度都是不连续的，和 n 有关. n 称作主量子数. 氢原子的电子运动轨道半径不仅是量子化的，而且其数值仅由几个基本常数 m_e、h、c 决定. 氢原子的原子序数 $Z = 1$，所以

$$r_n = \frac{4\pi\varepsilon_0 \hbar^2}{m_e e^2} n^2 = a_0 n^2 \tag{1.3.7}$$

其中

$$a_0 = \frac{4\pi\varepsilon_0 \hbar^2}{m_e e^2} \approx 0.53 \times 10^{-10}\ \text{m} \tag{1.3.8}$$

是氢原子的第一轨道半径($n = 1$)，也就是基态时的电子轨道半径，称为玻尔半径. 氢原子的轨道半径和 n^2 成正比，可取的值分别为 $a_0, 4a_0, 9a_0, \cdots$. 图 1.3.2 给出不同 n 值的氢原子的圆形轨道.

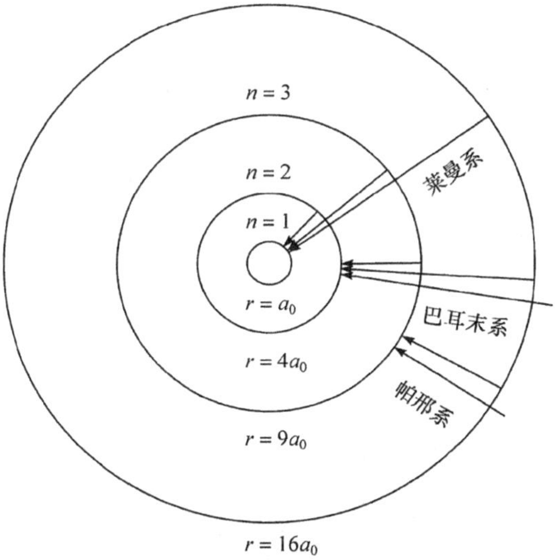

图 1.3.2　氢原子的玻尔轨道

式(1.3.5)给出氢原子中电子的运动速度,可改写为

$$v_n = \frac{\alpha c}{n} \tag{1.3.9}$$

其中

$$\alpha = \frac{e^2}{4\pi\varepsilon_0 \hbar c} = 7.29735308 \times 10^{-3} \approx \frac{1}{137} \tag{1.3.10}$$

α 是一个无量纲的量,称为精细结构常数.由式(1.3.9)可知氢原子中电子的运动速度约为光速的 α 倍或更小,所以用非相对论近似来描绘原子中的电子运动所引起的误差不是很大.

2. 氢原子的定态能量

由式(1.3.7)和式(1.3.2)得

$$E_n = -\frac{2\pi^2 m_e e^4}{(4\pi\varepsilon_0)^2 h^2 n^2}, \qquad n = 1,2,3,\cdots \tag{1.3.11}$$

由于 n 只能是正整数,所以 E_n 只能取分立的值,这是量子化条件式(1.3.4)的必然结果,称为能量的量子化.若用精细结构常数表示,则 E_n 为

$$E_n = -\frac{1}{2n^2} m_e \alpha^2 c^2 \tag{1.3.12}$$

能量最低的定态是当 $n=1$ 时,原子处于最低能量时的状态称为基态.

$$E_1 = -\frac{1}{2} m_e c^2 \alpha^2 \approx -13.6 \text{ eV}$$

所以氢原子中电子能量的绝对值约为电子静质量能的 α^2 倍,比电子静质量能小得多.对 $n \geqslant 2$ 的状态称为原子的激发态.

一般用能级图来形象地表示原子量子化的能量值,在能级图上用一条横线表示原子可能有的一个能量值,称为一个能级.其高度是按能量大小成比例画出来的.能量随 n 增加而迅速升高,其绝对值反比于 n^2.氢原子可以具有的能量分别为 $E_1, E_1/4, E_1/9, \cdots$.由于我们是以静止电子在无限远处,即与原子核无相互作用时的能量为零点的,所以原子中电子的能量均是负值.图 1.3.3 给出氢原子的能级图.

由上面的讨论可知,量子数 n 决定了原子的状态,即其大小和能量.当 $n \to \infty$ 时,$r_n \to \infty$,电子已远离原子核,不再受到核电场束缚作用,成为一个自由电子,这时的原子处于电离状态,相应的势能量为零.已知基态的能量为 −13.6 eV,所以将一个基态电子电离至少需要 13.6 eV 的能量,这个能量称为电离能.相反,当一个自由电子与原子核结合为一个基态氢原子时,至少释放 13.6 eV 的能量,这个能量又称为氢原子的结合能.自由电子的能量由它的动能决定,等于 $\frac{1}{2} m_e v^2$,所以能量

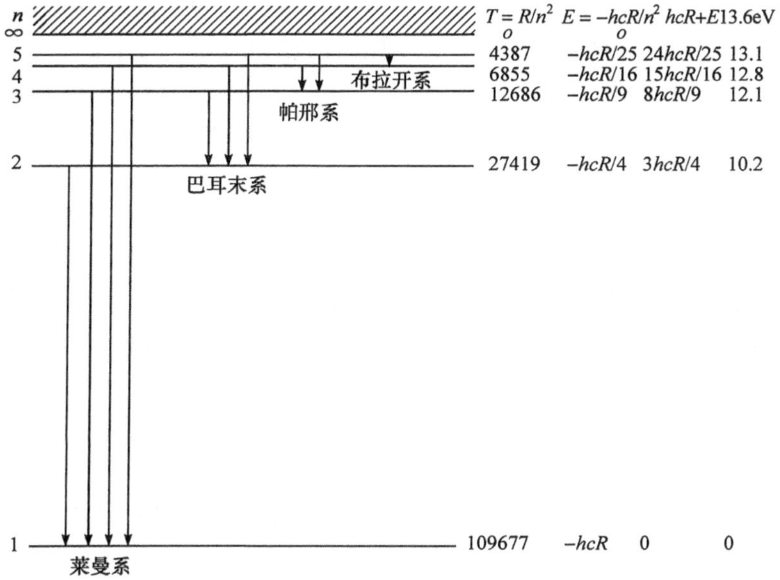

图 1.3.3　氢原子能级示意图

是正值,并可以连续地变化.这相当于能级图上的连续能量区.

3. 氢原子的光谱

原子中的电子由较高能级 E_n 跃迁到较低能级 E_m 时便会产生电磁辐射,即发射光子.光子的能量为 $hc\tilde{\nu}=E_n-E_m$,即

$$\tilde{\nu}=\frac{E_n-E_m}{hc}\tag{1.3.13}$$

其中 $n>m$,由式(1.3.12)可得波数

$$\tilde{\nu}=\frac{\alpha^2 m_e c}{2h}\left(\frac{1}{m^2}-\frac{1}{n^2}\right)\tag{1.3.14}$$

与上一节的式(1.2.4)比较,可求得里德伯常量

$$R_\infty=\frac{\alpha^2 m_e c}{2h}\tag{1.3.15}$$

或

$$R_\infty=\frac{2\pi^2 m_e e^4}{(4\pi\varepsilon_0)^2 h^3 c}\tag{1.3.16}$$

由上式可知道,R_∞(在原子核质量为无穷大的近似下)是完全由基本常数 m_e、h、c 等定出的,由这些物理常数可得出玻尔理论推出的 R_∞理论值

$$R_\infty=1.0973731534(13)\times10^7\ \mathrm{m}^{-1}$$

而由氢光谱的实验数据,可得到 R_H 的实验值,$R_H=1.0967758\times10^7\ m^{-1}$.这两个数值非常接近,它们的差是 5.4×10^{-4},理论值 R_∞和实验值 R_H 的符合,有力地说明了玻尔假设的正确性.

玻尔理论能定量的对于氢原子发射光谱和吸收光谱提出了解释.

(1) 发射光谱:在一般情况下,氢原子处在基态,当它由外界获得一定的能量(如在气体放电管中,受到快速运动电子的撞击)后,原子中的电子由 $n=1$ 的轨道跃迁至 n 值较大的轨道,此时原子处于能量较高的状态.这种能量较基态能量为高的状态称为激发态.这时多余的能量会以电磁辐射的形式放出,称作原子的退激发.当原子从 $n>2$ 的状态跃迁到 $m=2$ 的状态,所发射的辐射形成的谱线系,其波数由式(1.3.14)得

$$\tilde{\nu}=R_H\left(\frac{1}{2^2}-\frac{1}{n^2}\right),\qquad n=3,4,5,\cdots$$

这就是相应于氢原子光谱的巴耳末系.如果跃迁终态的量子数 $m=1$,则式(1.3.14)给出

$$\tilde{\nu}=R_H\left(\frac{1}{1^2}-\frac{1}{n^2}\right),\qquad n=2,3,4,\cdots$$

因此,由玻尔理论可预言氢光谱中应出现的谱系,上式对应的就是后来(1916 年)莱曼发现的谱系.同时,可预言对终态 $m=3,4,5,\cdots$的谱系等,后来在实验中都陆续观察到了与这些预言所相应的谱系,即帕邢系、布拉开系、普丰德系等.这些实验事实都证实了玻尔理论的正确.

例 1.3.3　氢原子由基态被激发到 $n=4$ 的激发态,求:

(1) 原子吸收的能量;

(2) 原子回到基态时可能发射的光子的波长,并标明它们所属的谱系.

解　(1) 由式(1.3.12)$E_n=-\frac{1}{2n^2}m_e\alpha^2c^2$ 得

$$E_4=\frac{E_1}{n^2}\approx-\frac{13.6}{16}=-0.85\ \text{eV}$$

所以原子吸收的能量为

$$E=E_4-E_1=12.75\ \text{eV}$$

(2) 从第四激发态回到基态时,其辐射可能的波长为

① $n=4\rightarrow n=1,\lambda=\frac{hc}{E}=\frac{1242}{E}=97.4\ (\text{nm})$　(莱曼系)

② $n=4\rightarrow n=2,\lambda=\frac{1242}{3.4-0.85}=487\ (\text{nm})$　(巴耳末系)

③ $n=2\rightarrow n=1,\lambda=\frac{1242}{13.6-3.4}=121.7\ (\text{nm})$　(莱曼系)

④ $n=4\to n=3,\lambda=\dfrac{1242}{1.5-0.85}=1910.7\ (\text{nm})$ （帕邢系）

⑤ $n=3\to n=1,\lambda=\dfrac{1242}{13.6-1.5}=102.6\ (\text{nm})$ （莱曼系）

⑥ $n=3\to n=2,\lambda=\dfrac{1242}{3.4-1.5}=653.6\ (\text{nm})$ （巴耳末系）

所以共可能发射六条谱线，三条属莱曼系，两条属巴耳末系，一条属帕邢系. □

在任一时刻，一个原子只能处于一个能级上，但是对大量原子来说，各个原子可以处在不同的能级上. 各能级间的跃迁可以在不同的原子上发生，于是，实验时各种光谱线都能同时观察到.

(2) 吸收光谱：原子从低能态跃迁到高能态时，由于能级是量子化的，所以只能吸收一些特定的能量. 因此，当具有连续谱的电磁辐射照在原子上时，只有一系列分立能量的光子能被原子吸收，结果使与这些光子相对应的谱线从出射的辐射中减弱（或消失）. 显然吸收谱线和发射谱线应具有相同的波长.

在一般情况下，氢原子是（或有极大概率）处于基态的. 所以，在电磁辐射照射后，原子只可能从 $m=1$ 的状态跃迁到 $n>1$ 状态，因此只有对应于莱曼系的吸收谱线能被观察到. 但对于高温下的原子，它们可能处于激发态，在受到连续谱的电磁辐射的照射时，就可以观察到巴耳末系的吸收谱线. 在恒星光谱中观察到的谱线就是这种情形.

吸收谱线的这些性质是不能以经典的电磁辐射，电子绕原子核旋转或电子对平衡位置的振荡来说明. 按照经典的情形，各个发射谱相应的谱线都应一起出现在吸收谱中.

(3) 连续谱：当运动速度为 v 的自由电子与氢离子结合，跃迁到能级 E_m 时，将释放能量 $\dfrac{1}{2}m_{\text{e}}v^2-E_m$，因而，当自由电子跃迁到氢原子基态时，所发射光子的波数为

$$\tilde{\nu}=\frac{m_{\text{e}}v^2}{2hc}+R_{\text{H}} \tag{1.3.17}$$

由于自由电子的能量可以连续变化，因而 $\tilde{\nu}$ 也将是连续变化的，于是在光谱图上出现了在线系限外的连续谱. 上述过程的逆过程也会发生，即处于基态的电子吸收大于 $|E|$ 的能量而跃迁到连续能级区，成为自由电子，如果原子吸收的是电磁辐射，这就是原子的光电效应.

1917 年爱因斯坦提出了受激辐射的概念. 玻尔关于原子的辐射提出了处于较高能级 E_2 的原子可以自发地通过发射光量子而退激发到较低能级 E_1，这称作为自发辐射. 处在辐射场的原子，在电磁场的作用下会吸收辐射场的光量子而跃迁到较高能级，这就是辐射吸收. 爱因斯坦认为正如原子的辐射吸收过程，辐射场的光

量子也可以使处于较高能级 E_2 的原子感生发射光量子.这三个过程可由图 1.3.4 说明,受激辐射是激光技术发展的物理基础.爱因斯坦由这三种辐射而推导出了普朗克的黑体辐射公式.

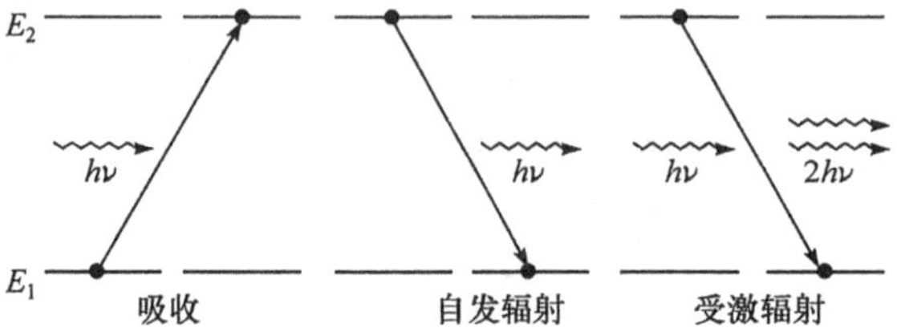

图 1.3.4　吸收、自发辐射与受激辐射,$E_2 - E_1 = h\nu$

1.4　类氢原子

1.4.1　原子核质量的影响

由于原子核的质量远大于电子的质量,在上一节推导氢原子能量的公式时,我们作了简化,假设原子核是静止的.实际上,原子核的质量并非无穷大,它在库仑力的作用下也要运动.因此,氢原子中的电子并不是绕静止的原子核运动,而是两者都在库仑力作用下运动.我们可以把它们的运动分解为质心的运动以及相对质心的运动.当原子不受外力作用时,其质心保持静止或匀速运动,而电子和原子核相对于质心的运动可以转换成电子相对于原子核的运动,这正是我们感兴趣的原子内部运动.

设 M 和 m_e 分别代表原子核的质量和电子的质量.而 r_1、r_2 代表它们离质心的距离,r 是两者的相对距离.因此

$$r_1 + r_2 = r$$
$$Mr_1 = m_e r_2$$

所以

$$r_1 = \frac{m_e}{M + m_e} r = \frac{\mu}{M} r$$
$$r_2 = \frac{M}{M + m_e} r = \frac{\mu}{m_e} r$$

其中,μ 称为约化质量,$\mu = \dfrac{Mm_e}{M + m_e}$.在库仑力作用下,电子和原子核以相同的角速度绕质心运动,它们的速度分别为 $v_2 = r_2\omega$ 和 $v_1 = r_1\omega$.于是电子和原子核相对于质心运动的总动能

$$E_k = \frac{1}{2}Mv_1^2 + \frac{1}{2}m_e v_2^2$$
$$= \frac{1}{2}\mu(r\omega)^2 = \frac{Ze^2}{4\pi\varepsilon_0}\frac{1}{2r} \tag{1.4.1}$$

电子和原子核相对于质心运动的角动量

$$L = Mv_1 r_1 + m_e v_2 r_2 = \mu\omega r^2 \tag{1.4.2}$$

而电子在原子核的库仑场中的势能 $V(r)$只取决于两者的相对距离 r,设质心静止,原子的总能量 E 可用相对坐标表示

$$E = V(r) + E_k$$

将式(1.4.1)代入,得

$$E = -\frac{Ze^2}{4\pi\varepsilon_0}\frac{1}{2r}$$

这些公式和认为原子核质量无穷大时的氢原子的总能量和角动量公式(1.3.2)和(1.3.4),形式上完全一样,唯一的差别是由约化质量 μ 取代了电子质量 m_e. 因此我们只要将上一节的全部公式中的 m_e 换成 μ,就可得出原子核质量为 M 时的原子能级 E_n 和里德伯常量 R_M 的表示式

$$E_n = -\frac{\mu e^4 Z^2}{2(4\pi\varepsilon_0)^2\hbar^2 n^2} \tag{1.4.3}$$

$$r_n = \frac{4\pi\varepsilon_0\hbar^2}{\mu e^2}\frac{n^2}{Z} \tag{1.4.4}$$

$$R_M = \frac{\mu e^4}{(4\pi\varepsilon_0)^2\hbar^3 c\cdot 4\pi} \tag{1.4.5}$$

这里,r_n 是电子绕原子核运动的半径. 而电子绕质心的轨道运动的半径,或原子半径应为

$$r_2 = \frac{\mu}{m_e}r = \frac{4\pi\varepsilon_0\hbar^2}{m_e e^2}\frac{n^2}{Z} \tag{1.4.6}$$

由式(1.3.16)给出的里德伯常量是在假定原子核不动,即认为原子核质量为无穷大时得到的,它为

$$R_\infty = \frac{e^4 m_e}{(4\pi\varepsilon_0)^2\hbar^3 c\cdot 4\pi}$$

而式(1.4.5)给出在考虑原子核的有限质量以后的值,式(1.4.5)可改写为

$$R_M = R_\infty\frac{\mu}{m_e} = R_\infty\frac{M}{m_e+M} = R_\infty\frac{1}{1+\frac{m_e}{M}} \tag{1.4.7}$$

对氢原子 $m_e/M=1/1836.15$,由此可得

$$R_H = R_\infty\left(1-\frac{1}{1837.15}\right) = 1.0967758\times 10^7\ \mathrm{m}^{-1}$$

这就与氢原子光谱的实验数据几乎完全符合了.

里德伯常量随原子核质量的变化曾被用来证实氢的同位素氘的存在.起初人们曾从原子量的测定估计到氢有两种同位素,^{1}H 和^{2}H,^{2}H 称作重氢或氘.^{2}H 的质量比^{1}H 大一倍.但由于天然存在的氢中氘的含量极低(≈0.015%),难以肯定.1932 年,尤里(H.Urey)把 4 升液氢在 14 K 的低温和 53 mm Hg 低压下蒸发,由于原子量的不同,普通氢的蒸发速度比重氢快,因而重氢在液体中逐渐浓缩.他将得到的液氢蒸发到放电管中,测量它的光谱.发现前四条谱线都是双线.这些双线之间的波长差与从假定的氘核质量算得的里德伯常量所造成的波长差符合,从而证实了重氢(氘)的存在.1935 年尤里因此而获得了诺贝尔奖.

在激光同位素分离中正是利用了谱线的同位素位移对某个同位素进行选择性光致电离和激发.

例 1.4.1　试计算氘的里德伯常量,并给出轻氢和重氢的巴耳末系中前四条谱线的波长差.

解　重氢原子的里德伯常量为

$$R_D = R_\infty \frac{2M_H}{2M_H+m_e}$$

$$\frac{R_D}{R_H} = \frac{2(M_H+m_e)}{2M_H+m_e} = 1+\frac{m_e}{2M_H+m_e}$$

设 λ_H 和 λ_D 为氢原子和氘从 n 态到 $m=2$ 态跃迁辐射的光波波长,则

$$\tilde{\nu}_H = R_H\left(\frac{1}{2^2}-\frac{1}{n^2}\right)$$

$$\tilde{\nu}_D = R_D\left(\frac{1}{2^2}-\frac{1}{n^2}\right)$$

所以

$$\lambda_H-\lambda_D = \lambda_H\left(1-\frac{\lambda_D}{\lambda_H}\right) = \lambda_H\left(1-\frac{R_H}{R_D}\right)$$

$$\approx \frac{m_e}{2M_H}\lambda_H \approx \frac{\lambda_H}{3672}$$

计算结果列表如下:

	H_α	H_β	H_γ	H_δ
λ_H/nm	656.285	486.132	434.049	410.173
δ_λ/nm	0.179	0.132	0.118	0.112

1.4.2　类氢离子光谱

类氢离子是原子核外只有一个电子，而核电荷数大于 1 的体系. 如氦原子有两个电子，当它失去一个电子，即一次电离后只剩下一个电子的氦离子 He^+. He^+ 和二次电离的锂离子 Li^{++} 等，它们都具有类似氢原子的结构.

1897 年，天文学家毕克林(W.H.Pickering)在星体的光谱中发现了一个很像氢原子巴耳末系的光谱线系，称为毕克林线系. 图 1.4.1 给出毕克林线系和巴耳末线系的前四条谱线. 由图可看出：毕克林线系每隔一条谱线就与巴耳末线系的谱线几乎重合，两者的波长只有很小的差别；在相邻的两条巴耳末线之间又另有一条毕克林线. 里德伯指出毕克林线系的波数可用下式表示：

$$\tilde{\nu} = R\left(\frac{1}{2^2} - \frac{1}{k^2}\right) \tag{1.4.8}$$

其中 $k=2.5,3,3.5,\cdots$，此式与巴耳末线系的公式相同，只是 k 除了整数还出现半整数. 起先人们以为它是天体中一种特殊氢的谱线，后来发现在氢中掺入一些氦就会出现毕克林线系，才明白毕克林线系是氦离子 He^+ 所发射的.

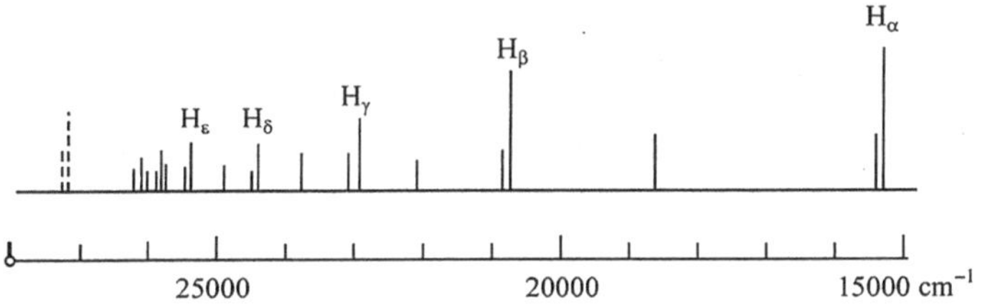

图 1.4.1　毕克林线系和巴耳末线系的谱线

氦离子的 $Z=2$，用玻尔氢原子理论可知原子的能量 E 和 Z^2 成正比，因此得

$$\tilde{\nu} = 4R\left(\frac{1}{m^2} - \frac{1}{n^2}\right) \tag{1.4.9}$$

其中 $m=1,2,3,\cdots; n=m+1,m+2,\cdots$. 设 $m=4$，则有

$$\tilde{\nu} = 4R\left(\frac{1}{4^2} - \frac{1}{n^2}\right), \qquad n = 5,6,7,\cdots$$

可改写为

$$\tilde{\nu} = R\left[\frac{1}{\left(\frac{4}{2}\right)^2} - \frac{1}{\left(\frac{n}{2}\right)^2}\right] = R\left(\frac{1}{2^2} - \frac{1}{k^2}\right)$$

其中，$k = n/2 = 2.5, 3, 3.5, \cdots$. 此式和式(1.4.8)完全一样. 因此由玻尔原子理论可以很好地解释了氦离子的毕克林系，并预言了后来发现的 He^+ 的其他谱线系：福勒系及第一和第二莱曼系. 它们相应的波数公式为

$$\tilde{\nu}_F = 4R\left(\frac{1}{3^2} - \frac{1}{n^2}\right) \qquad \text{(1914 年发现)}$$

$$\tilde{\nu}_{L1} = 4R\left(\frac{1}{1^2} - \frac{1}{n^2}\right) \qquad \text{(1916 年发现)}$$

$$\tilde{\nu}_{L2} = 4R\left(\frac{1}{2^2} - \frac{1}{n^2}\right) \qquad \text{(1916 年发现)}$$

按照玻尔理论的式(1.4.9)，若量子数 m, n 取得合适，氦离子的部分谱线应和氢原子的谱线完全重合. 但如上所述，实验观测到的它们的波数是略有差别. 导致此差别的原因是由于不同原子或离子的里德伯常量值的差别. 由式(1.4.7)可算得对氦离子

$$R_{He} \approx R_\infty\left(1 - \frac{1}{4 \times 1836.15}\right)$$
$$\approx 1.097224 \times 10^7\ \mathrm{m^{-1}}$$

和实验值 $R_{He} = 1.0972227 \times 10^7\ \mathrm{m^{-1}}$ 几乎完全符合.

对二次电离的锂离子和三次电离的铍离子等类氢离子的光谱也与氦离子的类似，观察到的谱线波数和理论值，即由氢原子的波数乘以 Z^2，并用对原子核质量修正的里德伯常量计算的值非常符合. 由上面的讨论可以看到，玻尔理论不仅能成功地说明氢原子的光谱，而且还能成功地说明类氢离子的光谱.

1.4.3 特殊的类氢原子

1. μ^- 原子

μ^- 粒子就像是质量很重的电子，带有和电子相同的电荷. 它的质量是电子质量的 206.8 倍，它的半衰期 $T_{1/2} = 2.2 \times 10^{-6}$ s. μ^- 子会通过下面的反应自发衰变为电子(e^-)：

$$\mu^- \rightarrow e^- + \tilde{\nu}_e + \nu_\mu$$

当高能 μ^- 子穿过物质时，由于和原子核的电磁相互作用而损失能量，逐渐慢化后被原子核俘获而进入轨道半径较大的原子轨道，从而形成 μ^- 原子. 形成的 μ^- 原子

一般处于量子数较高的能态,由较高能态向较低能态跃迁过程中所发射的辐射一般在 X 射线甚至 γ 射线(MeV)能区. 由于 μ^- 子的行为基本和电子类似,可用玻尔模型来讨论,由式(1.4.6),μ^- 子绕原子体系质心的半径

$$r_n = \frac{4\pi\varepsilon_0 \hbar^2}{Ze^2 m_\mu} n^2 = a_0 \frac{n^2 m_e}{Z m_\mu}$$

所以 μ^- 子在原子中的轨道要比电子的小的多. 对镁原子 $_{12}$Mg 而言,

$$\text{电子原子的半径} \quad r_1(e^-) = \frac{0.53}{12} \text{Å} = 4.4 \times 10^{-12}\ \text{m}$$

$$\mu^- \text{ 原子的半径} \quad r_1(\mu^-) = \frac{r_1(e^-)}{206.8} = 2.1 \times 10^{-14}\ \text{m}$$

由此可见,在原子中 μ^- 子离原子核非常近,对重核,μ^- 子有一定概率在原子核内. 因此通过对 μ^- 原子的特性,它的辐射的研究,可以提供原子核内的电荷密度,核磁矩的分布及核四极变形的信息.

2. 里德伯原子

原子中电子被激发到很高能级状态时,激发电子的轨道远离其他电子,内部是由原子核和所有的内电子组成的一个电荷为 +e 的“原子实”,这种原子称为里德伯原子,它的行为在许多方面类似氢原子的高激发态. 里德伯原子具有一些奇特的性质:①原子半径很大,激发态原子的直径正比于 n^2,可达 $10^3 \sim 10^4$ 倍原子基态时的直径. ②这些激发态有非常长的寿命,可达毫秒甚至到秒的量级. 一般低激发态的寿命约在 10^{-8}秒. 在量子数为 n 和 n' 两个态间自发跃迁的概率约和频率 ν^3 成正比,所以寿命可近似为和 n^3 成正比. ③在相对弱的电场下就可以被很强的极化.

实验室中用激光技术对 n 在 10~290 的原子的能级,寿命和外电磁场的影响等进行了测量并和理论预言比较. 在围绕灼热星体的稀薄电离气体云即气态星云中就可能产生高激发的原子. 在天体中用射电天文观测已观测到 n 高达 350 的原子. 观测到氢、氦、碳在射频段的这些谱线. 根据这些观测可以获得许多信息,例如氦的丰度,这个量对检验宇宙起源的大爆炸理论有重要意义. 这些谱线的强度和宽度可以用来估计星云的温度,谱线的位置提供有关距离和速度的信息.

1.5 弗兰克-赫兹实验

玻尔理论中一个重要的基本假设是原子内部能量的量子化. 玻尔理论很好地解释了氢原子和类氢原子的光谱,在光谱的研究中得到了证实. 那么在其他类型的实验中是否能得到证实呢? 我们知道,经电场加速的电子,其速率一般远大于常温下原子的热运动. 当具有一定能量的电子和原子发生碰撞时,由于原子的质量远大

于电子的质量,原子在碰撞后虽然获得一定的动量,但获得的动能非常小,可忽略不计.而电子在碰撞后的动能有两种可能情况:一种是碰撞前后电子的动能基本不变,电子几乎不损失能量,只是运动方向改变,这就是发生弹性碰撞.另一种情况是非弹性碰撞,即电子失去了一部分或全部动能,所失去的动能转化为原子内部的能量,使原子激发或电离.如果原子的能量状态是分立的,原子从基态跃迁到较高的能态,那电子的能量损失将也是分立的.弗兰克(J.Franck)和赫兹(G.Hertz)在玻尔理论发表后的第 2 年(1914 年),在他们设计的电子和汞原子碰撞的实验中,正是利用非弹性碰撞使汞原子从低能级激发到高能级,通过测量碰撞后电子的能量分布,对原子能量的量子化进行了验证.

图 1.5.1 是弗兰克-赫兹实验装置的简图.在充有汞蒸气的真空容器中,电子从热阴极 K 发出,经栅极 G 加速而射向阳极 A.在阳极 A 和栅极 G 之间加反偏压,使阳极电压比栅极电压约低 0.5 V,这样动能很小的电子通过栅极后,若没有足够的动能不会被阳极收集.实验时改变栅极和阴极间的电压 V_G,测量阳极收集到的电流 I 和 V_G 的关系,得到如图 1.5.2 所示的曲线.随着电压的增加,电流呈周期性变化,电流峰值的间隔约为 4.9 V.

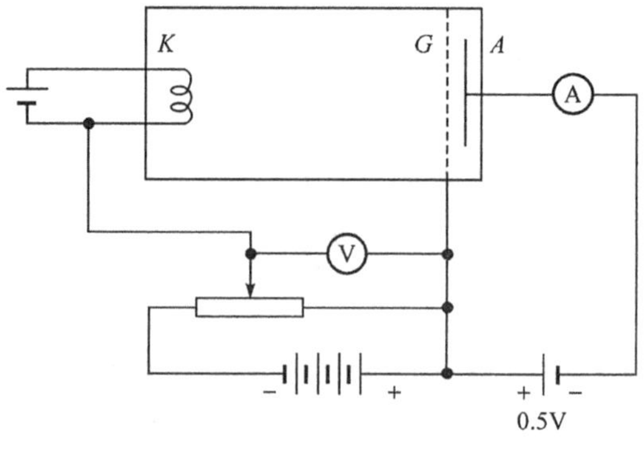

图 1.5.1　实验装置的简图

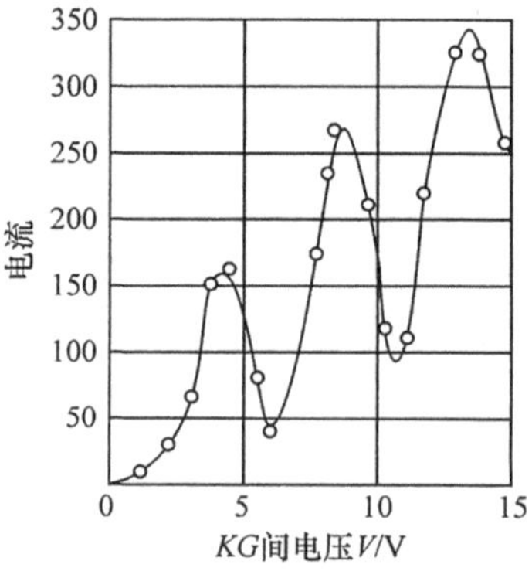

图 1.5.2　实验测得的电流-电压曲线

这实验现象可以用原子能量量子化的理论给以解释.当 V_G 由零逐渐增加时,在开始阶段电流随着电压 V_G 的增加而增加,电流基本按 $V^{3/2}$ 规律迅速增加,与真空二极管的特性曲线相似.在电子从阴极到栅极的路径中,电子有一定的概率和汞原子发生碰撞,碰撞过程中就有可能把能量转移给汞原子.一般情况下,绝大多数汞原子是处于基态(最低能极)上,获得能量后就可能跃迁到激发态.设激发态和基态间的能量差为 E,则电子的动能至少要等于或大于 E 时才可能引起原子的激发.当 V_G 值较小时,电子的动能还较低,小于 E,不足以和原子发生非弹性碰撞,只能与汞原子发生弹性碰撞.当 $V_G = V_1$ 后,即电子的动能 eV_1 大于或等于 E 时,电子在栅极附近和原子就可能发生非弹性碰撞,使汞原子从基态跃迁到第一激发态. 而电子失去了能量，它的剩余动能不足以克服 G、A 间的反偏压，故达不到 A 极，致使电流 I 下降，因而电流曲线形成一个峰. 电压继续增加使电子经非弹性碰撞后又得到加速而增大了能量，从而电流再次增加. 当电压为 V_2 时，一部分电子会由于发生两次非弹性碰撞而失去能量，使电流又下降，形成第二个峰. 继续下去在 $V_3, V_4, \cdots$ 处电流又再出现峰. 实验测得这些峰值处的电压差为 4.9 V.

显然 4.9 eV 应当是汞原子基态与其第一激发态能级之间的能量间隔. 这一点在汞原子的发射光谱中也得到了证实. 上述实验测量的是汞的第一激发电势，用改进了的装置可以测量汞原子的更高的激发电势及电离电势.

弗兰克-赫兹实验表明，汞原子和电子碰撞时，能够从电子处接收的能量不是任意的，只能是一定数量的能量，如 4.9 eV，从而说明了原子分立能级的存在. 他们用不同于光谱的方法表明了原子能量的量子化现象，弗兰克-赫兹也因此而获得 1925 年的诺贝尔物理学奖.

例 1.5.1　在气体放电管中，一束能量为 10 eV 的电子和单原子气体发生碰撞，发射出的辐射波长有：140.2 nm，253.6 nm 和 313.2 nm. 其中 253.6 nm 的光谱较其他两个成分强. 请给出相应的能级图，并给出到达阳极的电子的能量.

解　由光子波长可算得各辐射相应的能量间隔的跃迁，若 λ 是以 nm 为单位，则由式

$$E = \frac{1242}{\lambda}\ \mathrm{eV}$$

算得能级间隔：$E = 8.84$ eV，4.89 eV，3.96 eV.

由题意得知 253.6 nm 的谱线较强，说明这可能相应于原子获取能量后，由基态跃迁到第一激发态，再退激发而发出的辐射. 而它相应的能量间隔为 4.89 eV. 由此，可推测 8.84 eV 相应于第二激发态. 3.96 eV 几乎正好等于这两个激发态之间的能量差. 因此，这些跃迁有关的能级图如图 1.5.3 所示.

图 1.5.3　与辐射相应的原子能级

到达阳极的电子能量有下列几种：

(1) 没和原子发生非弹性碰撞的电子，其能量仍为 10 eV.

(2) 和原子发生非弹性碰撞，使原子激发到第一激发态，因而电子的能量损失 4.89 eV，所以到阳极的电子能量为 $10 - 4.89 = 5.11$ eV.

(3) 和原子发生非弹性碰撞，使原子激发到第二激发态，因而电子的能量损失 8.84 eV，所以到阳极的电子能量为 $10 - 8.84 = 1.16$ eV.　□

弗兰克和赫兹开创了用带电粒子和原子的碰撞实验来研究原子和分子的物理和化学问题，其中包括原子、分子激发态和电离态的结构与动力学的问题. 图 1.5.4 是一个典型的现代电子碰撞实验装置——电子能量损失谱仪. 它可精确测定电子的能量损失谱，其能量分辨率可达几十毫伏，还可测量散射电子的角分布.

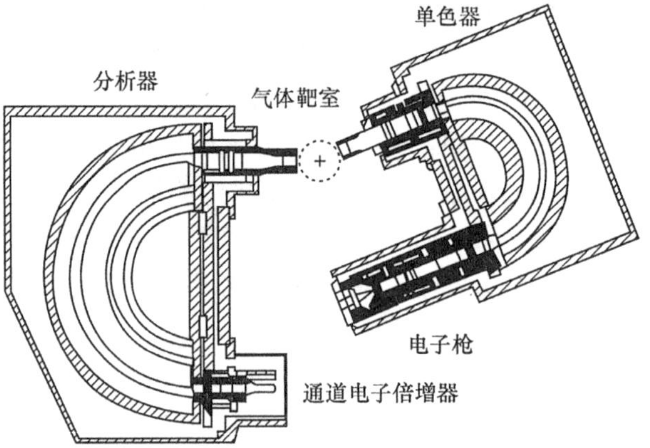

图 1.5.4　电子能量损失谱仪

上两节的讨论说明，由玻尔理论得到的能级公式，能够很好地解释氢原子以及类氢原子的光谱现象，这是玻尔理论的重大成功. 而更具普遍意义的是他提出的一些量子化假设：

(1) 原子的能量是量子化的，只能取某些分立的数值. 这个观点不仅为氢原子以及类氢原子的光谱所证实，而且弗兰克-赫兹实验证明，对于汞那样的复杂原子也是正确的. 实际上玻尔关于原子能量量子化的假设比他的氢原子理论更有普遍意义.

(2) 定态的概念. 处于某一确定的能量状态的原子并不辐射电磁波，只有当原子从一个能量状态跃迁到另一能量状态时才发射(或吸收)光子. 光子的频率(或波数)由式(1.3.3)决定. 事实表明这一结论对于各种原子也是普遍正确的.

(3) 由玻尔量子化条件得出了角动量量子化这一普遍规律.

玻尔的这些假设都是与经典力学、经典电磁理论相违背的. 正是由于他冲破了经典思想的束缚，才获得了成功. 玻尔理论的成功说明经典物理的规律不能完全适用于原子内部的运动规律，而需要附加量子化的假设. 这个理论促进了当时原子物理的发展，推动了新的实验和理论工作，为人们认识微观世界以及为近代量子理论的建设打下了基础.

由于玻尔理论仍然是建立在经典粒子运动的概念上的，仍用宏观物体的运动来类比原子中电子的运动，并用此来计算电子的轨道. 这个理论中包含了某些不正确的概念，而且引进的量子化条件又没有理论的根据；因此玻尔理论是经典理论和量子化条件并存，缺乏逻辑的统一性. 玻尔模型一方面抛弃了经典力学而提出了只允许某些特定的轨道，另一方面却用经典力学来计算轨道. 玻尔模型在处理经典物理和量子化间的矛盾时提出了“对应原理”作为桥梁. 即在量子数 n 很大时，经典与量子理论的预言相互接近，原子的行为和经典预言应一致. 玻尔模型成功地预言了原子发射或吸收光的频率，但不能解释光谱线的强度、极化和选择定则. 玻尔理论无法解释比氢原子更为复杂的原子的光谱现象，在研究氦原子的光谱现象时，就遇到了不可克服的困难. 许多物理学家为此做了许多工作，在玻尔理论的基础上做了推广，如索末菲将玻尔的量子化条件推广为二维量子化条件等，但仍未解决氦原子的困难. 如何真正揭示微观粒子运动的规律性，是在量子力学建立以后才较好地得以解决.

习　题

1.1　根据汤姆孙的原子模型，已知氢原子的电离能是 13.6 eV.

(1) 试确定氢原子的半径(请先写出均匀电荷分布球内的电势)；

(2) 若氢原子的辐射波长为 0.6 μm，试估算原子的半径.

1.2　动能 $T=0.87$ MeV 的质子轰击静止的汞核，当散射角 $\theta=\frac{\pi}{2}$ 时，求它们之间的最小距离和瞄准距离.

1.3　一窄束动能为 100 keV 的质子垂直地入射在厚度为 1.0 mg/cm^2 的金箔上，计数器记录以 60°角散射的质子. 计数器圆形输入孔的面积为 1.0 cm^2，它到金箔散射区的距离保持 10 cm，输入孔垂直对着射到它上面的质子. 试求射进计数器的质子的百分数(金 Au: $A=197$, $Z=79$, $\rho=1.93\times10^4$ kg/m^3).

1.4　动能 $T=1.20$ MeV 的质子和金原子核散射，散射在从 $\theta=\frac{\pi}{3}$ 到 π 的角间隔内，试计算与此相应的散射截面.

1.5　一束动能为 1.0 MeV 的强度为 3.6×10^4个/秒的 α 粒子，垂直地射在厚度为 1.0 μm 的金箔上. 试求 10 min 内被金原子散射到下列角间隔里的 α 粒子数目.

(1) 59°～61°；

(2) $\theta>\theta_0=60°$；

(3) $\theta<\theta_0=10°$.

1.6　对于氢原子、He^+、Li^{++}，若认为原子核是不动的，试计算

(1) 前两个玻尔轨道的半径及电子在这些轨道上的速度；

(2) 电子在基态的动能和它的结合能；

(3) 第一激发电势及共振线(指第一激发态和基态间的跃迁辐射)的波长.

1.7　已知氢原子的电离能为 13.6 eV. 试求 B^{++++}类氢离子从 $n=2$ 能级跃迁到 $n=1$ 的辐射能量.

1.8　已知氢原子的巴耳末系及 He^+ 的毕克林系的线系限为 2 741 940 m^{-1}和 2 743 059

m^{-1},求质子与电子质量之比.

1.9 能量为 6.0 MeV 的质子束被金箔散射,其中有 1.0×10^{-4}的入射质子的散射角大于 60°,求金箔的厚度.

1.10 当氢原子跃迁到激发能为 10.19 eV 的状态时,发射一个波长为 485 nm 的光子,试确定初始能态的结合能.

1.11 某种类氢离子的光谱中,已知属于同一线系的三条谱线的波长分别为 99.2 nm、108.5 nm 和 121.5 nm.试问还可以预言哪些光谱线?

1.12 若氢原子被激发到 $n=10$ 的能级,试问氢可能发射的谱线有多少条?

1.13 气体放电管用能量为 12.2 eV 的电子去轰击氢原子,试确定此时的氢所发射的谱线的波长.

1.14 对于一个正电子和负电子所组成的原子体系(电子偶素),试求出:

(1) 在基态时粒子之间的距离;

(2) 电离电势和第一激发电势;

(3) 里德伯常量和共振线(指第一激发态和基态间的跃迁辐射)的波长.

1.15 若有一个质量为 207 m_e,负电荷的 μ 介子和 $Z=1$ 的原子核组成一个原子,试计算:

(1) 基态时 μ 介子和核之间的距离;

(2) 当原子核是质子和氘(^2H)核时,原子基态的能量.

1.16 设氢原子原来是静止的,求当由 $n=4$ 的态直接跃迁到 $n=1$ 的态时原子的反冲速度、发射光子的波长,并给出与不考虑反冲时光子的波长的差别.

1.17 氢原子由基态激发到 $n=4$ 的状态:

(1) 计算原子吸收的能量;

(2) 原子回到基态时可能发射光子的波长.并标明它们属于哪个谱系?

1.18 玻尔认为在量子数很大即电子轨道半径很大时,量子物理计算的结果应和经典物理的规律计算的应该是一致的,称作对应原理.试将这思想运用在氢原子的情形,计算轨道半径并推出轨道角动量量子化的公式.

第 2 章　量子力学的初步介绍

玻尔理论虽然在解释氢原子及类氢原子光谱方面取得了巨大成功，但对于复杂原子的光谱，例如氦原子光谱，玻尔理论就遇到了极大困难，不但定量上无法处理，对有的问题甚至在原则上或定性地给以解释也无法解决. 另外，玻尔理论只提出了计算光谱线频率的规则，对谱线强度、选择定则等未能很好解决. 这些促使新一代物理学家努力寻求更完整、更准确、应用面更为广泛的关于原子的理论. 20 世纪 20 年代发展起来了一个新的理论体系——量子力学. 1924 年法国青年物理学家德布罗意(L. de Broglie)提出了关于实物粒子具有波动性的假设，在一个很短时期内，在理论和实验方面都出现了非常活跃及重要的工作. 1925 年，薛定谔(E. Schrödinger)在德布罗意物质波假设的基础上发展了一个微观体系的新理论，称为波动力学. 同年，海森伯(W. Heisenberg)提出一个关于原子现象的新理论，称为矩阵力学. 这两种理论在数学形式上差别很大，但实质上是完全相同的，是同一种力学的两种不同的表述. 量子力学是微观体系的基本理论. 本章只能介绍量子力学的一些基本概念，由于薛定谔理论所使用的数学工具是较为熟悉的微分方程，本章将对薛定谔理论作一初步的介绍，并通过一些简单例子的应用，以给出量子力学的初步知识.

2.1　波粒二象性

2.1.1　光的二象性

光的波动性，这不仅为光的干涉、衍射及其他许多有关光传播的现象所证实，而且在麦克斯韦的理论中得到完美的证明，然而在电磁辐射和物质相互作用所引起的一些现象，如在黑体辐射、光电效应、康普顿散射等过程中的一些现象，都很难以光的波动理论解释，这些现象的物理解释向经典的电磁理论提出了挑战.

1. 黑体辐射

早在 19 世纪初，人们就开始了对热辐射现象的研究，当时已认识到热辐射和光辐射都是电磁波，并通过实验测量，研究热辐射的电磁波强度在不同频率的分布谱，发现它与物体的温度密切相关. 但进一步的实验表明，热辐射现象不仅与温度有关，还与材料成分、表面性质等有关. 为了研究热辐射与温度的关系，需要排除这些因素的干扰. 一个物体如果能全部吸收到达它表面的电磁辐射，这种物体称为黑体. 长期以来，人们已积累了由窗口观察炉膛的颜色来判断炉子温度的经验. 1859

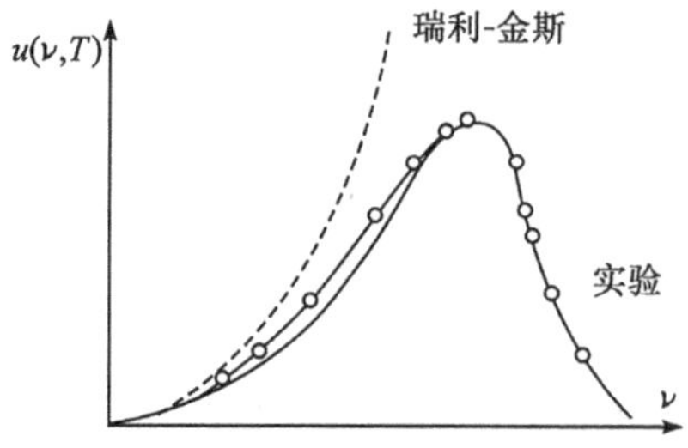

图 2.1.1　黑体辐射谱

年,基尔霍夫用热力学证明,在平衡条件下,黑体辐射只和物体的温度有关,与构成黑体的材料、形状等其他因素无关.因而研究黑体辐射可只体现温度与辐射的关系.用人工方法可获得较理想的黑体,如在空腔的壁上挖一小孔,一束射入小孔的光很难再从腔中逃离,经过多次反射,其能量很快被腔壁吸收,所以腔壁小孔具有黑体表面的性质.实验测得,在平衡温度 T 下,黑体辐射的能量密度 $u(\nu,T)$ 随辐射的电磁波频率 ν 的变化如图 2.1.1 所示.$u(\nu,T)$ 表示在频率间隔 $(\nu,\nu+\mathrm{d}\nu)$ 辐射的能量.

由热力学和电磁理论可以得到一些关于黑体辐射的规律,除了上面提到的基尔霍夫定律以外,斯特藩(J.Stefan)由实验发现黑体辐射的能量和温度的四次方成正比,而后玻尔兹曼(L.Boltzmann)由热力学和麦克斯韦理论推出此定律,但如何在理论上解释黑体辐射谱仍是当时的一个难题.物理学家尝试了用经典热力学、电磁理论来计算黑体辐射谱.由于黑体辐射与辐射体的特性无关,根据电磁理论可以把黑体辐射产生的机制看作是:在一定温度下,辐射体物质中的带电粒子以一定的频率振动,构成电谐振子.带电粒子的加速度运动将引起电磁波的发射.因而电磁波的频率应该与振子的频率一致.振子的能量与振幅的平方成正比,由于振幅是可以连续变化的,因而振子的能量也应该是可以连续变化的.基于上述考虑,瑞利(J.W.Rayleigh)和金斯(J.H.Jeans)计算得到的结果为

$$u(\nu,T)=\frac{8\pi}{c^3}kT\nu^2 \tag{2.1.1}$$

其中,T 是温度,k 是玻尔兹曼常量,c 为光速.这公式称作瑞利-金斯公式.在低频部分,此公式与实验曲线还比较符合,但在高频段与实验结果相差很大.按公式 $u(\nu,T)$ 随 ν 的增加而增加,这就引出荒谬的结果,即当 $\nu\to\infty$ 时,$u(\nu,T)\to\infty$,显然这与实验不符,且会导致总的辐射能量将是无穷大(即所谓的"紫外发散困难").

德国物理学家普朗克(M.Planck),多年一直从事热力学和热辐射的研究工作.他认为黑体辐射的问题不涉及原子模型或其他特殊的假设,是一个基础性的课题,用已有的物理理论应该可以解释.在推导黑体辐射谱时,为计算方便,他将振子的能量 E 表示为 $E=n\varepsilon$,其中 n 是正整数,ε 是一个小量.按经典理论,他预期 ε 可以是一个任意小量,只是计算过程中的工具.然而,他发现为了要使得到的公式和实验结果符合,ε 却必须是有限的值,且其值和振子的频率成正比,即

$$\varepsilon=h\nu \tag{2.1.2}$$

h 是一个常数.这样可得到与实验结果符合得很好的公式

$$u(\nu, T) = \frac{8\pi}{c^3} \frac{h\nu^3}{e^{h\nu/kT} - 1} \tag{2.1.3}$$

普朗克当时给出 h 的值为 6.55×10^{-34} J·s(目前的精确测定值为 $6.626\ 068\ 8\times10^{-34}$ J·s).普朗克在公式的推算中实际上是引入了量子化假定,即黑体空腔器壁内谐振子的能量是量子化的,辐射的能量也是以“量子”的方式进行的.若振子的频率为 ν,则其能量 E 只能取分立的值,即振子能量

$$E = nh\nu, \qquad n = 1,2,3,\cdots \tag{2.1.4}$$

h 是一个常数,后来称为普朗克常量.这种电磁辐射能量不连续的概念是经典电磁学无法解释的,也是出乎普朗克本人预料的.然而,公式却能和当时最精确的实验数据相符.那么,在这公式中一定蕴藏着非常重要的科学原理.普朗克的结果实际上具有革命性的意义,它打破了经典物理概念对人们的束缚.虽然当时对其深刻意义并未得到认识,但后人对普朗克的量子化假设给以极高的评价,认为它是量子学说诞生的标志.

2. 光电效应

1887 年,德国物理学家赫兹(H.Hertz)首先发现了光电效应,进一步的实验研究表明,当紫外线照射到金属表面时,会有电子从表面发射出来.这种电子称作光电子.实验发现光电效应有下列规律:

(1) 对应于每一种金属材料的电极,有一个确定的临界频率 ν_0,当照射光的频率 $\nu<\nu_0$ 时,无论光的强度多大,也不会观察到光电子从电极逸出.

(2) 从金属表面逸出的电子具有一定的初始动能,其动能值只与照射光的频率有关,随光的频率 ν 的增加而增加,而与光的强度无关.光的强度只影响光电流的大小.

(3) 当照射的频率 $\nu>\nu_0$ 时,不管光多微弱,只要光照射到金属表面,几乎立刻就能观测到光电子,实验测得响应时间小于 10^{-9} s.

经典电磁理论认为电磁波的能量是由电磁波的幅度,即由光强决定的,和频率无关.因而光电子的初始动能应与光强成正比,和频率无关.而且,如果光强越大,则金属中一个电子获得足够能量而逸出金属表面所需的时间越短.因此响应时间应和光的强度有关.这样,按经典理论得出的结论与实验事实都是相反的.

普朗克在解释黑体辐射中提出的“量子”假设,引起了爱因斯坦(A.Einstein)的注意.普朗克在处理黑体辐射问题时,只考虑了黑体腔壁的谐振子能量是量子化的,而腔内的辐射场仍是连续的电磁场,是非量子化的.1905 年爱因斯坦在解释光电效应实验现象的论文中,第一次提出了光辐射量子的假设.他认为辐射场是由一个数目有限的,局限于很小空间中的,以速度 c 传播的能量子组成的,它们在运动中并不瓦解,只能整个地被吸收或发射.爱因斯坦称这种能量子为光量子,每一个光量子的能量和辐射场的频率的关系是

$$E = h\nu \tag{2.1.5}$$

其中，ν 是光量子的频率，h 为普朗克常量.

采用了光量子概念之后，光电效应问题就迎刃而解了. 当光量子投射到金属表面，便把能量 $h\nu$ 传递给金属中的电子，当这一能量大于表面电子为克服内部束缚能，即逸出功 W 时，电子便能从金属中逸出，并具有动能

$$\frac{1}{2}m_{e}v^{2} = h\nu - W \tag{2.1.6}$$

W 与金属材料的性质和表面特性有关. 由上式可知，光电子的动能只和照射光的频率有关，和光强无关. 并且由于光电子的发射是电子接受了单个光子能量的结果，因此，光电效应的响应时间与光强无关. 光强的大小仅是光子数目的多少的反映，并不影响每个光子的能量，所以不会改变响应时间.

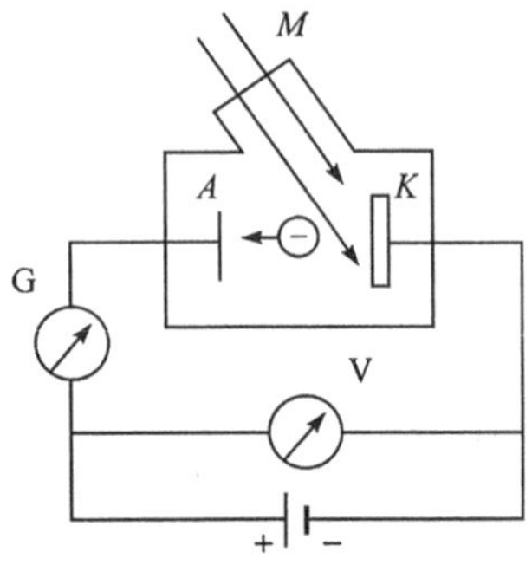

图 2.1.2

1916 年，密立根(R.A.Millikan)对光电效应进行了精确的测定. 图 2.1.2 是研究光电效应的实验的示意图. 光束通过石英窗投射到金属阴极 K 上，电子从阴极逸出后在电场作用下飞向阳极 A，因此电路中便有电流流动. 由电流表和电压表测量电极间的电流和电压. 如果逐渐降低阳极的电压，则电流也逐渐减小. 但当电压降至零时，电流并不为零. 只有当电压变为负值，且值为 $-V_s$ 时，电流才降至零. 这时，光电子的初始动能全部用于克服电场所做的功，若再增加反向电压，则光电子不可能到达阳极 A. 因此，V_s 称为截止电压，它的值由初始动能决定，即

$$eV_{s} = \frac{1}{2}m_{e}v^{2} \tag{2.1.7}$$

由爱因斯坦关系式(2.1.6)及式(2.1.7)可得

$$V_{s} = \frac{h}{e}\nu - \frac{W}{e} \tag{2.1.8}$$

因此，由爱因斯坦的光量子说可预言，截止电压与照射光频率的关系函数，必定是一条直线，它的斜率与阴极材料的性质无关. 密立根的实验测量得 V_s 与 ν 的线性关系，其斜率为 h/e. 由于 e 是已知的，所以可由斜率来测定 h. 密立根实验精确地验证了爱因斯坦关系式，当时他测得 $h = 6.56\times10^{-34}$ J·s，与用其他方法所测定的值符合得很好.

爱因斯坦在电磁理论建立了 40 年后，在肯定电磁波理论的同时，首先提出电磁场量子化，建立光量子学说. 1926 年美国化学家路易斯(G.N.Lewis)将光量子命名为光子. 光子的能量和光的频率的关系如式(2.1.5)所示. 由狭义相对论的质

能公式

$$E = mc^2 \tag{2.1.9}$$

光子以光速运动，因此光子的动量为 p，它的大小为

$$p = mc = \frac{E}{c} = \frac{h\nu}{c} = \frac{h}{\lambda}$$

所以，光子的动量 p 与辐射场的波长 λ 的关系为

$$p = h/\lambda \tag{2.1.10}$$

即光子的动量与波长成反比.

例 2.1.1　当光投射到物体上时，将引起光子动量的变化，于是物体应感受到压力(称为光压). 若激光器以 $\tau = 0.15$ ms 时间宽度的脉冲射出能量 $E = 10$ J 的光束，光束在它垂直的表面上形成直径 $d = 10$ μm 的光斑，表面的反射系数 $\rho = 0.5$，试求在脉冲时间内此光束对表面的平均压强.

解　表面受到的冲力为

$$F\tau = \Delta p$$

$$p = \frac{E}{c}$$

表面的压强为 $P = \dfrac{F}{S}$. 因为，反射光子的动量改变为 $2p$，被吸收的光子动量的改变为 p，因此平均来说，光子的动量改变量为

$$\Delta p = 3\rho p = 1.5p$$

这样可得

$$P = \frac{4E \times 1.5}{\pi d^2 c\tau}$$

$$P = 4.3 \times 10^5 \text{ kg/m}^2$$

即相当于表面感受到 43 个大气压的压力.　□

由相对论静止质量和能量的普遍关系

$$(m_0c^2)^2 = E^2 - (cp)^2$$

若式中 m_0 是光子的静止质量，由上式可知光子的静止质量为零. 但对于任何参考系，光子都不会是静止的. 光子概念明确地表明光子具有质量、动量等“粒子”的属性，而光的干涉，衍射现象又表明它具有波动性. 粒子与波动这两种似乎是截然相反的属性在同一物体上表现出来，我们称这是光的波粒二象性. 由普朗克-爱因斯坦关系式(2.1.5)和式(2.1.10)可以看到作为一个“粒子”的光子的能量 E 和动量 p，是与电磁波的频率 ν 和波长 λ 不可分割地联系在一起的.

3. 康普顿效应

早在 1912 年，就有人发现 X 射线(波长在 0.1 nm 左右或更短的光)被物质散射

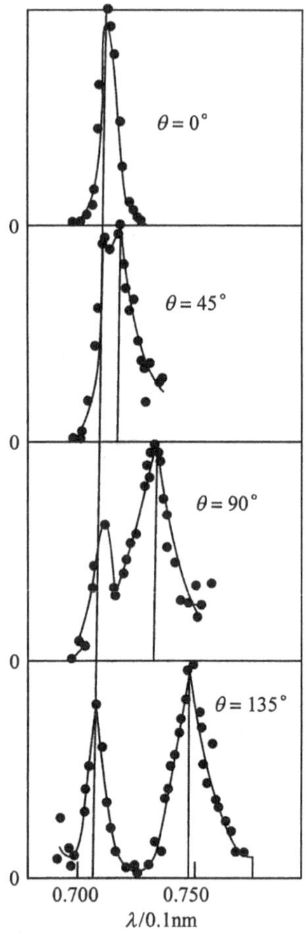

图 2.1.3

后波长有变长的现象. 1922 年,康普顿(A.H.Compton)作了大量实验证实了这种实验现象,发现散射光除了有波长不改变的部分外,还有波长变长的部分. 后人把这个现象称作康普顿效应. 康普顿的实验用波长 $\lambda_0=0.071$ nm的X射线照在石墨散射体上,测得不同散射角 θ 处散射光强度和波长的分布如图 2.1.3 所示. 我国物理学家吴有训也系统地进行了对X射线与不同物质散射的实验研究,得出散射光子的波长与散射角的实验规律. 散射光和入射光的波长差 $\Delta\lambda$ 只与散射角有关,与散射物质和入射光的波长都无关.

经典电磁理论认为,散射光是由于物质在入射电磁波作用下,物质中的电子以相同于入射波的频率振动,这些带电振子便向不同方向发出和入射光频率相同的散射波. 因此,经典理论无法解释散射光中有比入射光波长更长的成分的存在. 康普顿提出应把散射现象看成是由X射线的光子与原子中的电子碰撞而引起的. 由于X射线光子的能量一般在 $10^3\sim10^4$ eV 的范围,而原子中外层电子的束缚能大约为 $1\sim10$ eV,与X射线的能量相比,可近似把这些电子看作是自由电子. 在光子和自由电子碰撞过程中,入射光子将一部分能量传递给了电子,所以散射光子的能量就小于入射光子,即散射光的波长比入射光的长. 这样就定性地解释了上述现象.

康普顿根据碰撞过程中的能量与动量守恒规律,定量地计算了 $\Delta\lambda$ 与散射角的关系式. 由于光子是以光速 c 运动的,电子在大多数情况下也可能以很大的速度反冲,所以在计算时应采用相对论的能量动量公式. 光子和自由电子散射可以图 2.1.4 表示. 设入射光子的频率为 ν,能量为 E,动量为 p,散射光子频率 ν',能量为 E',动量为 p'. 散射前后靶电子的能量和动量分别为 E_e、p_e 和 E'_e、p'_e.

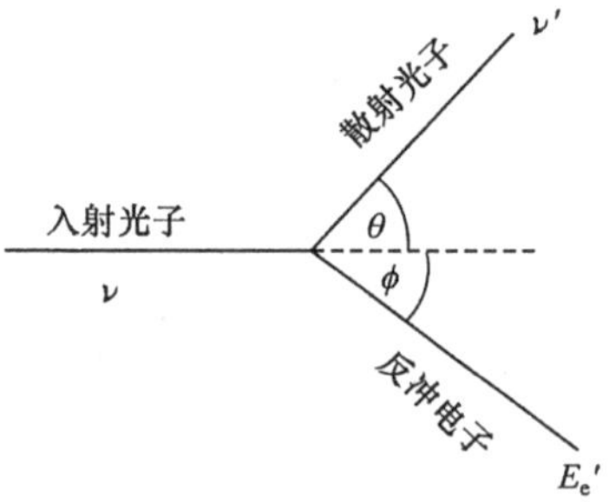

图 2.1.4

散射前光子的能量和动量为

$$E = h\nu, \qquad p = \frac{h\nu}{c}$$

可近似认为电子动量 $p_e=0, E_e=m_e c^2$. 其中 m_e 为电子静止质量.

散射后光子和电子的能量动量分别为

$$E'=h\nu',\qquad p'=\frac{h\nu'}{c}$$

$$E_e'^2=m_e^2c^4+c^2p_e'^2$$

在散射过程中应遵守能量守恒原理，所以

$$h\nu+m_ec^2=h\nu'+\sqrt{m_e^2c^4+c^2p_e'^2}\tag{2.1.11}$$

由动量守恒得

$$\boldsymbol{p}-\boldsymbol{p}'=\boldsymbol{p}_e'$$

由图 2.1.4 中的三角关系得

$$h^2\nu^2+h^2\nu'^2-2h^2\nu\nu'\cos\theta=c^2p_e'^2$$

将式(2.1.11)及上式整理并求解，可得

$$\nu'=\frac{\nu}{1+\dfrac{h\nu}{m_ec^2}(1-\cos\theta)}\tag{2.1.12}$$

用波长表示则可得

$$\Delta\lambda=\lambda'-\lambda=\frac{h}{m_ec}(1-\cos\theta)\tag{2.1.13}$$

其中 λ 是入射 X 射线光子的波长，λ'是散射光子的波长，θ 是散射光子的出射方向. 由于电子在碰撞前并不是静止的，它在原子中是运动的. 所以实验测量到的 $\Delta\lambda$ 实际上有一定的分布，而实验结果的强度最高峰处的 $\Delta\lambda$ 正好和式(2.1.13)的理论计算值符合. 由以上的讨论看出，散射光波长的增加是由于碰撞时入射光子将部分能量给了电子的结果，如果电子被原子束缚得很紧，不能从光子处获取能量，那么散射光的波长也不会发生变化. 图 2.1.3 中波长不变的散射，正是光子与那些被原子紧束缚的电子的散射. 这也说明了为什么 X 射线对轻元素散射时，散射光的长波部分就相对的强些. 式(2.1.13)中的系数 h/m_ec 称为电子的康普顿波长.

康普顿散射实验是对光子概念的一个强有力的支持. 证实了：散射过程中是整个光子(而不是它的一部分)被散射；普朗克-爱因斯坦关系式是正确的；在微观的单个碰撞事件中，动量及能量守恒律仍然是成立的.

2.1.2　实物粒子的波动性

1. 德布罗意假设

光具有波动性和粒子性. 那么，实物粒子，就是那些静止质量不为零的粒子，是

否具有波的性质呢？年轻的法国学者德布罗意，当时他在物理界并不知名，在1923年首先提出了这个问题.在玻尔原子模型中，原子中电子的角动量、能量都只能取一些值的整数倍，如电子的轨道角动量

$$L = n\hbar, \qquad n = 1,2,3,\cdots$$

他认为这种整数现象是波的特征，如波的衍射现象.在他的博士论文中大胆地提出了电子、质子等实物粒子具有波动性的假设.并认为对光子的能量，动量公式 $E = h\nu$ 和 $p = h/\lambda$ 也适用于实物粒子.

对能量为 E，动量为 p 和静止质量为 m_0 的粒子.在相对论情形下

$$E = \frac{m_0 c^2}{\sqrt{1-(v/c)^2}} = h\nu$$

$$p = \frac{m_0 v}{\sqrt{1-(v/c)^2}}, \qquad \lambda = \frac{h}{p}$$

由上面的关系式可知，粒子速度 v 增大时，λ 则减小；对有相同速度的粒子，m_0 越大则 λ 越小.若以 E_k 表示粒子的动能，则

$$E = E_k + m_0 c^2$$

$$c^2 p^2 = E^2 - m_0^2 c^4$$

$$\lambda = \frac{hc}{\sqrt{E^2 - m_0^2 c^4}} = \frac{hc}{\sqrt{E_k(E_k + 2m_0 c^2)}} = \frac{h}{\sqrt{2m_0 E_k}} \frac{1}{\sqrt{1 + \dfrac{E_k}{2m_0 c^2}}}$$

当粒子速度比光速 c 小许多时，为非相对论情形，由于$\dfrac{v^2}{c^2} \ll 1$，$\dfrac{E_k}{2m_0 c^2} \ll 1$，所以有关系式

$$\lambda \approx \frac{h}{\sqrt{2m_0 E_k}} = \frac{h}{m_0 v} \tag{2.1.14}$$

例 2.1.2 求动能为 100 eV 的电子的德布罗意波长.

解 由于电子的静止质量能 $m_0 c^2 = 0.511$ MeV 远比它的动能大，所以可用非相对论的公式.由式(2.1.14)

$$\lambda \approx \frac{h}{\sqrt{2m_e E_k}} = \frac{hc}{\sqrt{2m_e c^2 E_k}} = \frac{12.4 \text{ keV} \cdot \text{Å}}{\sqrt{2 \times 511 \times 0.1 \text{ keV}}}$$

$$= \frac{1.226}{\sqrt{100}} \text{ nm} = 0.123 \text{ nm}$$

□

在原子物理的计算中，由于涉及的能量很小，因此有时使用电子伏作为能量单位.这里 h 的值表示为 4.14×10^{-18} keV·s.式中的 $1\text{Å} = 10^{-10}$ m.

德布罗意认为，玻尔原子模型中允许的电子运动轨道，必须是那些有稳定的驻波的轨道，即轨道的长度必须为波长的整数倍. 由此引出整数，而引入量子化规则. 这样，由波长和动量之间的关系式，可推出玻尔的量子化规则.

2. 戴维孙和革末实验

德布罗意关于物质波的观点是否可以用实验来验证呢？实物粒子的粒子性是由大量实验事实所揭示的. 对于电子，正是由于确认了电子在空间是定域的，可用空间坐标来表示它的位置，运动时具有确定的轨迹、确定的能量、动量等，我们才认为电子是粒子. 在汤姆孙实验中就是根据这些定出了电子的荷质比. 从光学中我们知道，光的波动性是由干涉、衍射等实验所揭示的，在光学实验中，只要光学仪器的有关线度如障碍物、孔的线度与光的波长可比拟或小于光的波长时，就能观察到波动形态所特有的干涉和衍射现象. 那么，对于实物粒子，当物质波的波长和障碍物或“孔”的线度可比拟时，是否也能显示出波动性呢？对于那些从宏观观点来说是很小的质点，例如，一个质量 m 是 10 μg 的粒子，它的速度 $v=1$ cm/s，由式(2.1.14)计算得它相应的德布罗意波的波长 $\lambda\approx6\times10^{-22}$ cm. 这样的波长太小了，在宏观物理中观察不到它的波动性. 因此为观察物质波的存在，必须要使波长可与仪器的某些几何参数相比拟. 具体地说，就是要找出一种可以用来观察它的衍射现象的光栅.

由公式可知，如想要得到大的波长，应该选择质量小的实物粒子. 在各类实物粒子中，电子的质量最小（$m_e=0.511\ \mathrm{MeV}/c^2$）. 当它低速运动时，相应的波长较长. 由上面例题的计算可知，100eV 的电子的德布罗意波长与晶体中原子之间的距离恰好相近，从而可以用晶体作为“光栅”.

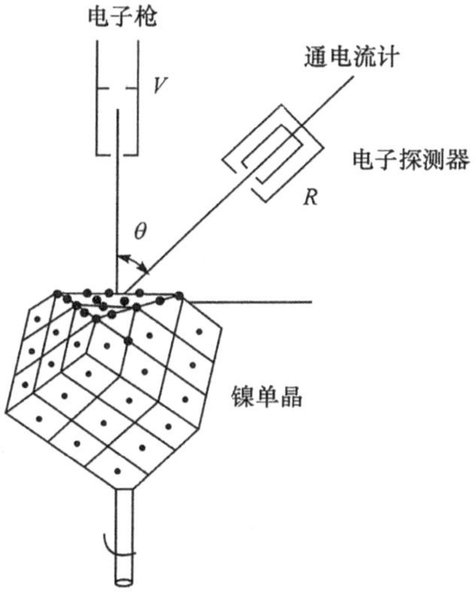

图 2.1.5

戴维孙(C.J.Davisson)在 1922～1923 年期间正在贝尔实验室研究电子和金属弹性散射的特性，发现了弹性散射电子的强度随散射的角度而变化. 在德布罗意论文发表以后，一直到 1926 年，戴维孙在一次物理学会议上报告他的工作，在讨论中才认识到衍射实验将能证实电子波的存在. 因而开展了对一定角度取向的单晶体的弹性散射的研究. 1927 年，由戴维孙和革末(L.H.Germer)合作完成了镍晶体的电子衍射实验，对电子波给出了明确的实验验证.

戴维孙在实验中采用低能电子束，将它们垂直投到晶体表面，如图 2.1.5 所示. 他们在对电子的一定加速电压下，测量散射束强度与散射角的关系. 又在固定

的 θ 角下,测量散射电子束强度与加速电压的关系,以验证德波罗意的关系式.实验结果如图 2.1.6 所示,由图可看到,在加速电压为 54 V 时,散射电子在 50°处有明显增强.这现象用电子的德布罗意波的衍射能很好地解释.对电子束,可以认为散射基本上在晶体表面进行.由于在磨光的平面上成列地排列着整齐的原子,晶面可以看成是许多线型光栅的集合.在垂直入射的情况下,单晶表面相当于一个反射光栅,相应的光栅间距 d 决定于晶格常数和表面的取向.出现反射波加强的条件为

$$d\sin\theta = n\lambda, \qquad n = 1,2,\cdots \tag{2.1.15}$$

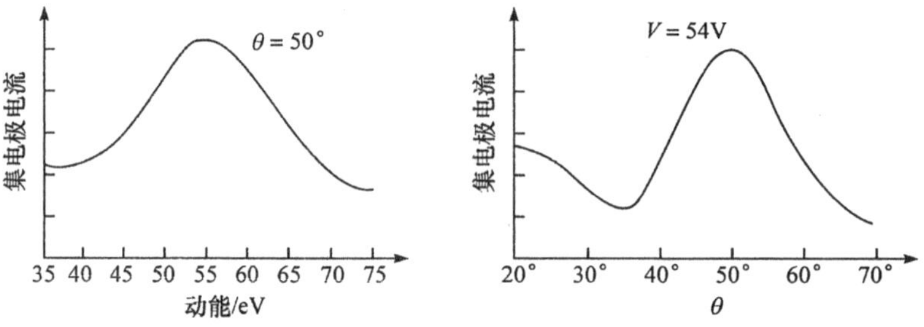

图 2.1.6

已知镍单晶表面的 $d=2.15$ Å(由 X 射线实验测得),电子能量 54 eV,相应的波长为

$$\lambda = \frac{h}{\sqrt{2mE_k}} = \frac{hc}{\sqrt{2mc^2E_k}}$$

$$= \frac{12.26}{\sqrt{V}}\text{ Å} = 1.67\text{ Å} = 0.167\text{ nm}$$

由(2.1.15)式,对 $n=1$,可算得 $\theta=51°$,和实验测量值相符.

同年,汤姆孙(G.P.Thomson)用能量 10～40 keV 电子束射在多晶的金属铂薄箔,透射电子的散射波发生干涉.在金属薄箔后面的照相底片上记录到的由同心圆组成的衍射图样,令人信服地证实了电子具有波动性,并在测量准确度范围内证明了 $\lambda=h/p$ 的正确性.

在 1929 年,德布罗意获得了诺贝尔物理学奖,1937 年,戴维孙和汤姆孙因电子的衍射现象,证实电子波而共同获得诺贝尔物理学奖.

物质波,在经典物理中是绝对不可能解释的现象,而这是量子力学的核心.物理学家通过各种实验来检验和证实.19 世纪初,杨氏双缝实验证实光的波动性,1909 年,泰勒(G.I.Taylor)用很弱的光源(相当于在 1 英里外的一枝蜡烛的光)观测到干涉条纹.狄拉克把这陈述为“每个光子只是和它自身干涉”.戴维孙和汤姆孙的实验都是电子打在晶体引起的干涉,并没有完成电子的双缝实验.1961 年第一个电子双缝实验成功,类似于杨氏实验.1989 年用非常弱的电子源(每次只可能有

一个电子通过棱镜,两个电子同时通过的概率极低)和电子双棱镜,经过 20 分钟的数据积累后观测到条纹图案,图 2.1.7 给出实验的示意图[图(a)]和经过不同时间的数据积累的图形[图(b)、图(c)、图(d)],类似于上面对光波动性的泰勒实验.粒子的干涉不仅在电子的实验中得到证实,而且中子、氦原子和氢分子,甚至大到像碳-60 和碳-70 这样的大分子的波动性都得到验证.而且波长都符合德布罗意波 $\lambda = h/p$ 的关系式.原子和分子的实验意义更深刻,它们和电子不同,都是由电子和其他一些粒子组成的复合体系.原子和分子也具有波动性充分表明了波动性的普遍存在.实物粒子的波动性已在科学实验和技术中得到了广泛应用,例如电子显微镜、慢中子衍射技术等.

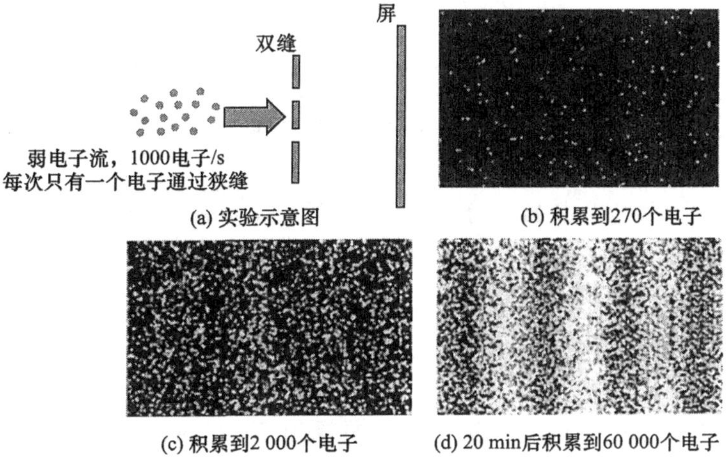

图 2.1.7　电子双缝实验

2.2　物质波的统计解释和海森伯不确定原理

2.2.1　波函数的统计解释

在上节介绍了光与物质粒子的波粒二象性.在有些实验条件下,光(或物质粒子)显示出它们具有粒子的特性,而在另一些实验中它们又表现出波动的特征.那么它们(如电子)究竟是什么?是粒子还是波?应该说,它既不是“经典粒子”也不是“经典的波”.由宏观物理中得到的概念是,一个粒子,它意味着这样的一个客体,它有一定的质量、电荷等属性.可以用牛顿力学来描述它的运动状态,每一时刻,它在空间都有确定的位置和速度,即有确切的运动轨道.一个波,意味着某种实际的物理量的空间分布有周期性的变化,如经典电磁理论中的电磁波,它的电场强度和磁场强度在空间的传播可用函数,例如平面单色波可用 $B(x,t) = B_0\cos(\omega t - kx)$ 及 $E(x,t) = E_0\cos(\omega t - kx)$ 表示.所以电磁波很具体地和电场强度在空间的周期性的变化联系了起来,它的波幅和电场强度相对应.由于波具有相干叠加性,因而会呈现干涉和衍射现象.在宏观物理中这些经典的概念和理论取得了极大的成功.那么和物质粒子相联系的德布罗意波或称物质波的波函数怎么表示呢?对于实物粒子,如果不受外力,即是自由粒子,它的能量和动量将保持不变.根据爱因斯坦公式和德布罗意公式

$$E = h\nu, \qquad p = \frac{h}{\lambda}$$

自由粒子的德布罗意波的波长和频率是不变的.这是一平面单色波.若用 Ψ 表示波函数,则平面单色波可以写为

$$\Psi(\boldsymbol{r}, t) = \Psi_0 \cos(\boldsymbol{k} \cdot \boldsymbol{r} - \omega t)$$

式中,$\boldsymbol{k} = \frac{2\pi \boldsymbol{p}}{h} = \frac{\boldsymbol{p}}{\hbar}$,其中$\hbar = \frac{h}{2\pi}$,称作约化普朗克常量或就称普朗克常量.$\boldsymbol{k}$称为波矢,它的方向表示波的传播方向,与粒子的运动方向一致.若用复数形式可表示为

$$\Psi(\boldsymbol{r}, t) = \Psi_0 \exp[\mathrm{i}(\boldsymbol{k} \cdot \boldsymbol{r} - \omega t)]$$

在量子力学中常用粒子的能量和动量为参数来表示,利用关系式 $\boldsymbol{p} = \hbar \boldsymbol{k}, E = \hbar\omega$ 则可写为

$$\Psi(\boldsymbol{r}, t) = \Psi_0 \exp\left[\frac{\mathrm{i}}{\hbar}(\boldsymbol{p} \cdot \boldsymbol{r} - Et)\right] \tag{2.2.1}$$

这就是自由粒子的波函数,它表示一个振幅恒定,在时间和空间上无限延展的波.在一般情况下,粒子受外力作用,它的波函数就不再是平面波而会有更复杂的形式.

在宏观物理中,由于普朗克常量非常之小,以致宏观世界里实物粒子的波动性不明显.例如在室温下,氦原子的波长近似 0.9 Å,中子的波长 $\lambda \approx 1.8$ Å,而宏观物理对象的线度一般是它的 10^7 倍以上.另外在与宏观尺度可比拟的波长范围内,如对 $\lambda = 5000$ Å 的光,每个光子的能量 $h\nu = h\frac{c}{\lambda} \approx 2.5$ eV $\approx 4 \times 10^{-19}$ J,而一般宏观物理所涉及的辐射能量约是焦尔量级,因此光的粒子性也不明显.但是,在微观世界里实物粒子的德布罗意波长与我们所关心的体系(例如原子)的特征长度是可比拟的,于是就必须考虑实物粒子的波动性.当讨论辐射与物质相互作用而交换能量时,它的动量、能量与微观体系的动量、能量可比拟,粒子性就显示出来了.所以若仍然用经典的概念和理论来处理就会遭到失败.例如,在戴维孙的电子衍射实验中,电子打到晶体表面发生散射,如果将许多计数器紧密地分布在不同的 θ 角方向,以测量各散射角方向上的散射电子数.由于电子具有波动性,若按经典波的概念,电子的散射波应延展到整个空间,并沿不同方向传播开去.当电子束很弱,电子

一个一个地射到晶体表面时,这样在空间不同方向上的计数器观测到的将是“一个电子的一部分”.显然,这是和实验完全矛盾的.实验中计数器每次要么测到“一个完整的电子”,即计录到一个电荷单位,要么是没有信号,即没有电子到达.而经过长时间的测量后,各计数器测到的散射电子的数目沿 θ 的分布呈现出衍射的图像.这说明电子呈现的粒子性,表现出它的“不可分割”性,它总是以一定的质量、电荷这些固有属性的客体出现在实验中,并不与“有确切的轨道”的概念有必然的联系.而电子呈现波动性,只是波的叠加性,并不一定与某种实际物理量的空间分布联系在一起.因此,波动性和粒子性是客观实体的内在本性,对波和粒子不可用经典的概念来理解.

再以戴维孙的实验为例,如果在 θ 方向上的计数器对应一个 $\Delta\theta$.那么,计数器测到的散射电子数目应与散射波的强度成正比,或者说,与电子出现在 θ 方向的概率成正比.设衍射波幅用 $\Psi(\theta)$描述,与光学中光的强度用电磁波幅度的平方来描述相似,衍射花样的强度分布用波函数幅度的平方 $|\Psi(\theta)|^2$ 描述.但是这里波的强度 $|\Psi(\theta)|^2$ 是用来描述电子出现在 θ 角附近的概率大小的一个量,更确切地说,$|\Psi(\theta)|^2$ 代表在 θ 角处单位体积内发现粒子的概率,即概率密度. $\Psi(\theta)$并不具有经典波中的含义.这就是玻恩(M.Born)在 1927 年提出的波函数的概率解释.电子呈现出来的波动性反映了微观客体运动的一种统计规律性,因此称为概率波,波的强度表示粒子出现的概率.显然,这种概率波的概念与其服从统计规律性,和牛顿力学能够确切地预言每个粒子的速度、坐标的规律性有着极大的不同.概率波的观点在物理界曾引起了激烈的争论,物理进展到这种阶段最困难之处在于抛弃一些重要的旧概念.任何好的物理学家都愿意接受新概念,但即使是最优秀的物理学家有时却不愿意放弃某些显然不可靠的旧概念,在量子力学的发展中人们不能从旧概念中摆脱出来的情绪也是十分强烈的.以爱因斯坦为首的反对派,包括德布罗意、狄拉克(P.A.M.Dirac),他们认为完善的理论不应是统计性的.随着这些争辩,导致对量子理论的理解进一步深入,并引出一些新概念,导致了一些新的应用,如量子计算机、量子密码等.

概率波正确地把物质粒子的波动性与粒子性统一起来了,并经历了大量实验的考验.根据波函数的统计解释,在非相对论情况下,即没有粒子的产生与湮灭现象时,很自然地要求一个粒子在空间各点出现的概率的总和为 1.设在空间位置 x 处的波函数为 $\Psi(x)$,则 $\Psi(x)$要满足

$$\int_{-\infty}^{\infty} |\Psi(x)|^2 \mathrm{d}^3 x = 1, \qquad \mathrm{d}^3 x \equiv \mathrm{d}x\mathrm{d}y\mathrm{d}z \tag{2.2.2}$$

这称为波函数的归一化条件.对于概率分布来说,重要的是相对概率的分布.所以 $\Psi(x)$与 $C\Psi(x)$(其中 C 是一个常数)所描述的相对概率分布是完全相同的.就是说 $C\Psi(x)$与 $\Psi(x)$所描述的概率波是完全一样的.因此波函数可以有一个常数因

子的不定性,在这一点上,概率波与经典波(如水波、声波等)有本质的差别,经典波波幅的绝对值平方代表一个实际的物理量.经典波的波幅若增加1倍,则相应的波动能量将增加4倍,那将是一个完全不同的波动状态.由波函数的统计解释,还要求在空间各点,波函数 $\Psi(x)$是单值、有限和连续的.

2.2.2 海森伯不确定原理

由电子的波粒二象性看来,应该抛弃在原子中的电子轨道的概念,但是当电子穿过云雾室时,在云雾室中人们看到了电子留下的径迹,这径迹是不是电子的轨道呢?对波粒二象性,如何从数学公式着手寻找自洽的解释.

海森伯在发展矩阵力学过程中,发现有些力学量是不对易的,1927年海森伯进一步提出,若两个力学量 p 与 q 不对易(简单地,不很确切地说即 $pq-qp\neq 0$),则力学量 p 与 q 不能同时具有确定的值.这就是海森伯的不确定原理(或称测不准原理).由量子力学可得出这一原理的数学表示式,设力学量 p 与 q 的不确定值或均方根误差为 Δp 与 Δq,则它们必须满足

$$\Delta p\cdot\Delta q\geqslant\hbar/2 \tag{2.2.3}$$

式(2.2.3)称为海森伯不确定关系.

1. 位置和动量的不确定关系

当用动量和位置描述一个粒子运动状态时,可分别确定动量或位置,在精确度上并不受到任何限制.但是同时确定位置和动量时,它们的精确度受到原则性的限制.若在直角坐标中,粒子的动量和位置分别用 p 和(x,y,z)来描述,它的动量和位置的不确定值不可能同时为零,它们受以下不确定关系的限制:

$$\begin{aligned}\Delta p_x\Delta x&\geqslant\frac{\hbar}{2}\\ \Delta p_y\Delta y&\geqslant\frac{\hbar}{2}\\ \Delta p_z\Delta z&\geqslant\frac{\hbar}{2}\end{aligned} \tag{2.2.4}$$

坐标的不确定性越小,则动量的不确定性越大.如果坐标完全确定了,即坐标的误差为零,则动量就完全不能确定.如何理解不确定关系呢?以单缝衍射为例,设具有确定动量的电子束沿水平方向以动量 p 射到单缝上,如图2.2.1所示.缝在 y 方向上的宽度为d,因而穿过狭缝的电子在 y 方向的位置的不确定范围为d.由于电子的波动性如果在缝的后面放一个屏,在屏上可观察到电子束的衍射花样,在单缝的直接投射区以外也有电子射在屏上.这就是说,电子原来只有水平动量 p,但经过狭缝以后电子有了垂直方向的分动量 p_y.动量沿 y 方向的分量也是不确定的,随电子落在屏上的位置而不同.它的大小等于

$$p_y = p\sin\theta \tag{2.2.5}$$

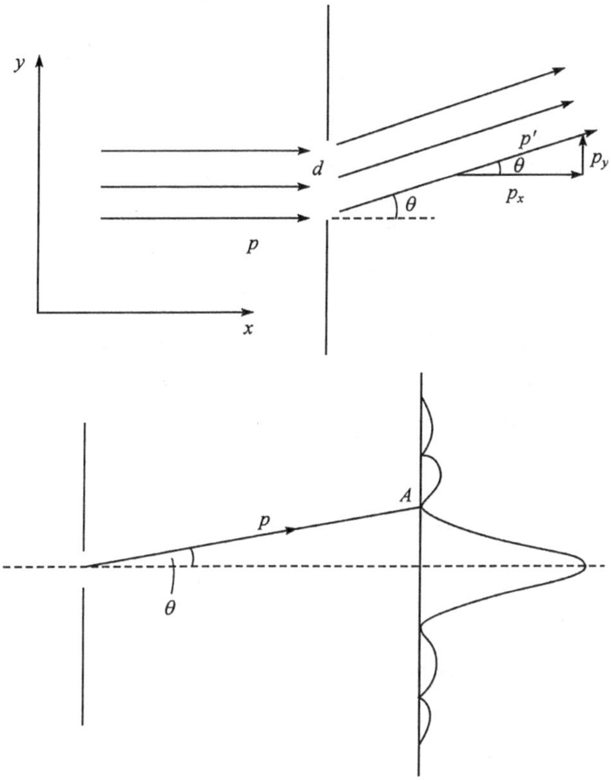

图 2.2.1

由光学中单缝衍射公式可知,大部分电子落在衍射花样的中央亮区,而第一个最小(即图中 A 点处)所对应的 θ 值应满足

$$d\sin\theta = \lambda \tag{2.2.6}$$

所以可知落在 A 处的电子的分动量为

$$p_y = p\frac{\lambda}{d}$$

而落在中央亮条峰处电子的分动量 $p_y=0$,因此 p_y 的不确定范围 Δp_y 约为

$$\Delta p_y = \frac{p\lambda}{d} - 0 = \frac{h}{d} \tag{2.2.7}$$

式(2.2.7)中缝宽 d 就是 y 坐标的不确定值范围,可近似地认为 $\Delta y = d$,代入式(2.2.7)得

$$\Delta y \Delta p_y = h \tag{2.2.8}$$

式(2.2.8)和式(2.2.4)不完全相同,这是由于在上面的讨论中并未对不确定值(或

误差)作严格定义,只是以不确定范围的估计值及粒子的波动性近似地得到的.而不确定关系式是可由量子力学严格推导出的.上面的讨论说明,不确定原理本质上是由粒子的波动性决定的.由式(2.2.4)可知,在两个相互垂直的方向上,坐标和动量之间不存在任何制约关系.例如在单缝实验衍射实验中,狭缝限制了电子的 y 坐标,引起 y 方向的衍射分布,动量 p_y 是不确定的.但这时对 x 和 z 方向的动量的误差没有任何限制,即 p_x 和 p_z 是可以有确定值的.

也可由另一角度来讨论不确定关系.按照玻恩对物质波的统计解释,粒子出现在空间某一点的概率与波函数在该点的振幅绝对值的平方成正比.如果该点的波函数振幅为零,粒子将不会在该点出现.设粒子处于某一状态时,其波函数除了一个小的 Δx 范围外,其余区域的振幅都为零,那么粒子就只有一定的概率出现在 Δx 范围内.对于这样形状的波函数,波长失去了严格的意义,但可以把这种波看成是许多不同波长的正弦波的叠加.这样由该波函数所表示的粒子也就可具有与这些波长所对应的不同动量,这样它的动量就不大确定了.可以粗略地认为波列长度正比于 Δx,而 Δx 中包括完整波的数目为 n,若 n 越大则由此定出的 λ 越准确,即确定动量越准确. $\frac{\Delta\lambda}{\lambda}=\frac{\Delta p}{p}\approx\frac{1}{n}$,而 $\Delta x\approx n\lambda$,所以 $\frac{\Delta p}{p}\approx\frac{\lambda}{\Delta x}$,$\Delta x\cdot\Delta p\approx h$.

经典物理学认为是可以确定力学变量到任意精度的,由上面的讨论知道,原则上这是不对的.只是 h 很小,在宏观物理中,海森伯原理给出的限制比实验的误差小很多,因而不会显露出来.在汤姆孙确定电子荷质比的实验中,电子的动能 E 约为 100 eV,相应的物质波波长 $\lambda\approx1.23$ Å,而装置中电子束的准直缝宽是 1 mm,对应的位置不确定 $\Delta y=10^7$ Å,比波长大 10^7,这时就可用电子的轨道来描述.

2. 能量和时间的不确定关系

量子力学证明在时间和能量之间也存在不确定关系

$$\Delta E\cdot\Delta t\geqslant\hbar/2 \tag{2.2.9}$$

设想空间某一点的波函数随时间变化是这样的,它只在 Δt 内有不为零的值,而在其他时间区域上波函数的振幅都为零.对于这样一个形状的波函数,它不是正弦波,频率失去了严格的意义.但可以把这种波看成是许多不同频率的正弦波的叠加.我们知道一个严格的正弦波具有确定的频率,也就是说其波函数与正弦波对应的粒子具有确定的能量.因此,对只在 Δt 内有不为零的值的波函数所对应的粒子就没有确定的能量.Δt 越大,合成该波所需的不同频率的正弦波越少,故能量的不确定范围越小.Δt 越小,合成这样的波需要许多不同频率的正弦波,所以能量的不确定范围越大.这表明,对只在短时间间隔 Δt 内持续的任何不稳定现象,其能量必定是一个不确定量,它们之间满足式(2.2.9)的关系.另外也可把 Δt 看作观测的持续时间.那么,测量能量 E 的不确定量和对它进行观测的持续时间,也存在不确定关系.

能量和时间不确定关系，经常应用在讨论原子或其他的微观系统上. 如，处在激发态的氢原子，它会自发地跃迁到较低的能态，就是说它处在某一状态有一定的时间范围，它处在该状态的平均时间 τ 称为寿命. 可以认为 $\Delta t=\tau$，由不确定关系给出这个状态的能量的不确定范围 ΔE，或称这能级有一宽度 Γ，$\Gamma\approx\frac{\hbar}{\tau}$，实验测量确实证实了这一关系.

2.3　薛定谔方程

德布罗意波的假设提出以后，人们希望建立一种新的原子理论，用以描述微观客体的运动规律. 1925 年薛定谔对德布罗意假设作了仔细研究，完成了波动力学的创立工作，提出了薛定谔方程. 并在解决氢原子问题中得到了与实验相符的结果. 在差不多同一时期，海森伯、玻恩、若尔当(P. Jordan)等从微观客体的波动性为出发点，运用代数方法，创立了矩阵力学. 运用这种理论讨论了角动量、谱线强度、选择定则等有关问题. 狄拉克运用数学变换理论，建立了严密的理论体系，把波动力学和矩阵力学统一了起来，并作了普遍推广，建立了相对论量子力学. 这些不同的数学表示在形式上差别很大，但实质上却是相同的理论，在解决实际问题中得到的结果都是一致的. 在量子力学的建立和发展过程中，是先有了数学方式，然后逐渐理解和探索这种数学方式所包含的物理概念. 由于薛定谔理论所采用的数学我们比较熟悉，这里将对薛定谔理论作初步介绍.

2.3.1　薛定谔方程的建立

在经典力学中，质点运动可用牛顿方程，$\boldsymbol{F}=m\boldsymbol{a}=m\frac{\mathrm{d}\boldsymbol{v}}{\mathrm{d}t}$来描述. 只要给出初始条件，即 t_0 时刻质点的位置和速度，通过解这个微分方程就可知道任一时刻质点的运动状态. 而微观粒子体系的运动状态要用波函数来描述，那怎样建立一个相应的微分方程，然后通过解这个微分方程而得到在各种具体情况下微观体系的波函数是量子力学进一步发展的一个重要问题. 薛定谔的波动方程成功地解决了这个问题. 这是非相对论量子力学最基本的方程，其地位与牛顿方程在经典力学中的地位可以比拟.

怎样来建立这一微分方程呢? 首先，要建立的方程是以德布罗意的假设为基础的，所以它必须满足德布罗意关系式

$$\lambda=\frac{h}{p},\qquad \nu=\frac{E}{h}$$

其中，p 是粒子的动量，E 是粒子的总能量. 再则，所讨论的是非相对论性运动，所

以，在讨论的微观粒子体系中没有粒子的产生和湮灭现象．因此在任何给定的物理条件下，所涉及的时间过程中，每一种粒子的数目是保持不变的．另外，由于有关速度足够小，粒子的总能量 E 与动能和势能 V 有如下关系式：

$$E = \frac{p^2}{2m} + V$$

我们先讨论自由粒子的情形．由上节已知与自由粒子相关联的物质波是单色平面波，它的波函数可表示为

$$\Psi = \Psi_0 \exp \frac{\mathrm{i}}{\hbar}(\boldsymbol{p} \cdot \boldsymbol{r} - Et)$$

若将波函数对时间 t 微分，得

$$\left.\begin{aligned} \frac{\partial \Psi}{\partial t} &= -\frac{\mathrm{i}}{\hbar} E\Psi \\ \left(\mathrm{i}\hbar \frac{\partial}{\partial t}\right)\Psi &= E\Psi \end{aligned}\right\} \tag{2.3.1}$$

将波函数对 x、y、z 作一次偏微商

$$\begin{aligned} \left(-\mathrm{i}\hbar \frac{\partial}{\partial x}\right)\Psi &= p_x \Psi \\ \left(-\mathrm{i}\hbar \frac{\partial}{\partial y}\right)\Psi &= p_y \Psi \\ \left(-\mathrm{i}\hbar \frac{\partial}{\partial z}\right)\Psi &= p_z \Psi \end{aligned} \tag{2.3.2}$$

于是有

$$\left.\begin{aligned} &-\mathrm{i}\hbar\left(\boldsymbol{i}\frac{\partial}{\partial x} + \boldsymbol{j}\frac{\partial}{\partial y} + \boldsymbol{k}\frac{\partial}{\partial z}\right)\Psi = (\boldsymbol{i}p_x + \boldsymbol{j}p_y + \boldsymbol{k}p_z)\Psi \\ &-\mathrm{i}\hbar\nabla\Psi = \boldsymbol{p}\Psi \end{aligned}\right\} \tag{2.3.3}$$

其中，$\boldsymbol{i}$、$\boldsymbol{j}$、$\boldsymbol{k}$ 分别是 x、y、z 方向的单位矢量，$\nabla \equiv \boldsymbol{i}\frac{\partial}{\partial x} + \boldsymbol{j}\frac{\partial}{\partial y} + \boldsymbol{k}\frac{\partial}{\partial z}$．将 $\Psi(\boldsymbol{r}, t)$ 对坐标进行二次微分可得

$$\begin{aligned} -\hbar^2 \frac{\partial^2 \Psi}{\partial x^2} &= p_x^2 \Psi \\ -\hbar^2 \frac{\partial^2 \Psi}{\partial y^2} &= p_y^2 \Psi \\ -\hbar^2 \frac{\partial^2 \Psi}{\partial z^2} &= p_z^2 \Psi \end{aligned}$$

即

$$-\hbar^2 \nabla^2 \Psi = p^2 \Psi \tag{2.3.4}$$

其中，$\nabla^2 \equiv \frac{\partial^2}{\partial x^2} + \frac{\partial^2}{\partial y^2} + \frac{\partial^2}{\partial z^2}$，称作拉普拉斯算符.

对自由粒子，它不受外力作用，它的总能量就是它的动能

$$E = \frac{p^2}{2m}$$

在上式两边乘以 Ψ，再以 $\mathrm{i}\hbar\frac{\partial \Psi}{\partial t}$代替 $E\Psi$，以 $-\hbar^2 \nabla^2 \Psi$ 代替 $p^2 \Psi$，即得自由粒子波函数 Ψ 所满足的微分方程

$$\mathrm{i}\hbar\frac{\partial \Psi}{\partial t} = -\frac{\hbar^2}{2m}\nabla^2 \Psi \tag{2.3.5}$$

下面来建立在外场中运动的粒子波函数所满足的微分方程. 设粒子的势能为 $V(\boldsymbol{r}, t)$它不依赖于 $\boldsymbol{p}$ 和 E. 在非相对论情形下

$$E = \frac{p^2}{2m} + V(\boldsymbol{r}, t)$$

两边乘以 Ψ 后，以式(2.3.1)及式(2.3.4)代入，即得

$$\mathrm{i}\hbar\frac{\partial}{\partial t}\Psi = -\frac{\hbar^2}{2m}\nabla^2 \Psi + V(\boldsymbol{r}, t)\Psi \tag{2.3.6}$$

这就是薛定谔波动方程，它描写了一个质量为 m 的粒子在势场 $V(\boldsymbol{r}, t)$中的运动状态随时间的变化. 由于薛定谔方程中只含时间的一次微商，因此只要初始时刻($t=0$)的状态 $\Psi(\boldsymbol{r}, 0)$给定了，以后任何时刻 t 的状态 $\Psi(\boldsymbol{r}, t)$原则上也就完全确定了. 因此薛定谔方程给出了波函数随时间的因果关系，只是因果律的实际含义与经典力学的不同. 薛定谔波动方程揭示了微观世界中物质运动的基本规律，提供了系统地、定量地处理微观粒子运动的理论.

由上面的讨论可知，在建立薛定谔波动方程的过程中并没有从更根本的定理出发来推导或证明. 它的正确性只能从它对各种具体问题解得的结论与实验结果的符合情况来检验. 薛定谔波动方程提出以后，人们很快便把它应用到原子物理的许多问题上，如氢原子的定态能量，并取得显著成功.

与经典的波动方程不同，薛定谔波动方程式(2.3.6)中对时间的微商是一阶的，方程中含有虚数 i，因此，由它解出的波函数就一定是复数. 有物理意义的物理量都是由实数表示的，由上一节的讨论可知，量子力学中波函数本身不代表什么物理意义. 然而，它的绝对值平方是实数，它具有明确的物理意义，代表粒子在空间出现的概率密度.

2.3.2 定态薛定谔方程

薛定谔方程是一个偏微分方程，解偏微分方程时经常用分离变量的方法，即试探一下能否把方程的解表示为一些函数的乘积，在每个函数中只含一个独立变量．利用这个方法我们就可以把偏微分方程化成一组常微分方程．而常微分方程一般都比较容易求解．式(2.3.6)中如果势场 V 不显含 t，此时就可用分离变量法求解．设此时 $\Psi(\boldsymbol{r},t)$ 可写成

$$\Psi(\boldsymbol{r},t) = u(\boldsymbol{r})f(t) \tag{2.3.7}$$

代入式(2.3.6)，并在等式两边都除以 $u(\boldsymbol{r})f(t)$，则得

$$\frac{\mathrm{i}\hbar}{f(t)}\frac{\mathrm{d}f}{\mathrm{d}t} = \frac{1}{u(\boldsymbol{r})}\left[-\frac{\hbar^2}{2m}\nabla^2 u(\boldsymbol{r}) + V(\boldsymbol{r})u(\boldsymbol{r})\right]$$

上式左边与 $\boldsymbol{r}$ 完全无关，只是时间 t 的函数，而右边只是 $\boldsymbol{r}$ 的函数，因此等式两边都必须等于一个既不依赖 t 也和 $\boldsymbol{r}$ 无关的常数，这样等式才能成立．设这常数为 E．这样

$$\frac{\mathrm{i}\hbar}{f(t)}\frac{\mathrm{d}f}{\mathrm{d}t} = E \tag{2.3.8}$$

$$\frac{1}{u(\boldsymbol{r})}\left[-\frac{\hbar^2}{2m}\nabla^2 u(\boldsymbol{r}) + V(\boldsymbol{r})u(\boldsymbol{r})\right] = E \tag{2.3.9}$$

由式(2.3.8)得

$$\frac{\mathrm{d}f}{\mathrm{d}t} = \frac{E}{\mathrm{i}\hbar}f(t)$$

这就是一个常微分方程，其解可以表示为

$$f(t) = f(0)\exp\left(\frac{-\mathrm{i}Et}{\hbar}\right) \tag{2.3.10}$$

将式(2.3.10)代入式(2.3.7)，并将常数 $f(0)$ 并入 $u(\boldsymbol{r})$ 则得

$$\Psi(\boldsymbol{r},t) = u(\boldsymbol{r})\exp\left(\frac{-\mathrm{i}Et}{\hbar}\right) \tag{2.3.11}$$

其中 $u(\boldsymbol{r})$ 是满足方程

$$\left[-\frac{\hbar^2}{2m}\nabla^2 + V(\boldsymbol{r})\right]u(\boldsymbol{r}) = Eu(\boldsymbol{r}) \tag{2.3.12}$$

的解．式(2.3.12)中不含时间变量，称为定态薛定谔方程．

定态方程解得的波函数所描述的状态称为定态．波函数 $\Psi(\boldsymbol{r},t)$ 中 $\exp\left(\frac{-\mathrm{i}Et}{\hbar}\right)$ 是一个随时间振荡的函数，振荡频率 $\omega = \frac{E}{\hbar}$，而我们知道与粒子相联系

的物质波的频率是由粒子的总能量决定的，所以这个在上面分离变量的运算中引入的常数 E 就是粒子的总能量的值.这说明了处于定态的粒子的总能量是不随时间变化的.另外，由于 $\left|\exp\left(\frac{-\mathrm{i}Et}{\hbar}\right)\right|^2 = 1$，状态的概率密度 $\Psi^*(\boldsymbol{r},t)\cdot\Psi(\boldsymbol{r},t) = u^*(\boldsymbol{r})u(\boldsymbol{r})$，只取决于 $u(\boldsymbol{r})$，即只和位置坐标有关而与时间无关，这说明粒子出现在空间的概率密度分布不随时间变化.这些都是定态的主要特征.

从数学上说，对于常数 E 的任意值，方程式(2.3.12)都应有解，但并不是所有的数学解都有物理意义的.在物理上，波函数 $u(\boldsymbol{r})$的绝对值平方表示粒子出现在空间某一处的概率密度.因此只有满足单值性、有限性和连续性，这三个条件的波函数才能满足物理上的要求.

2.4 力学量的平均值、算符表示和本征值

2.4.1 力学量的平均值

对于一个微观体系，如果能写出它的薛定谔方程，原则上我们就可以求出这个体系的波函数，从而得出粒子在空间任一位置出现的概率和体系的其他特征力学量的性质.在波函数所描述的状态下，虽然不是所有的力学量都有确定的观察值，但它们都有确定的概率分布，因而有确定的平均值.这里，我们以几个力学量为例来说明，怎样由波函数计算体系力学量的平均值.在量子力学中常把平均值称为期望值.

先计算粒子的平均位置，设粒子的波函数为 $\Psi(\boldsymbol{r},t)$，在任一时刻 t，粒子出现在位矢 $\boldsymbol{r}$ 附近 $\mathrm{d}\boldsymbol{r}$ 范围内的概率是

$$P(\boldsymbol{r},t)\mathrm{d}\boldsymbol{r} = \Psi^*(\boldsymbol{r},t)\Psi(\boldsymbol{r},t)\mathrm{d}\boldsymbol{r}$$

其中 $P(\boldsymbol{r},t)$ 是概率密度，$P(\boldsymbol{r},t) = \Psi^*(\boldsymbol{r},t)\Psi(\boldsymbol{r},t)$.这里我们假定波函数是已经归一化了的，即$\int_{-\infty}^{\infty}P(\boldsymbol{r},t)\mathrm{d}\boldsymbol{r} = 1$.计算粒子的平均位置应采用加权平均，即将 $\boldsymbol{r}$ 乘以粒子出现在该处的概率，然后对全空间积分

$$\langle \boldsymbol{r}\rangle = \int_{-\infty}^{\infty}\boldsymbol{r}P(\boldsymbol{r},t)\mathrm{d}\boldsymbol{r} = \int_{-\infty}^{\infty}\Psi^*(\boldsymbol{r},t)\boldsymbol{r}\Psi(\boldsymbol{r},t)\mathrm{d}\boldsymbol{r} \tag{2.4.1}$$

式中，$\mathrm{d}\boldsymbol{r}=\mathrm{d}x\mathrm{d}y\mathrm{d}z$ 为体积元.下面计算势能 $V(\boldsymbol{r},t)$的平均值.由于势能只是位置和时间的函数，可以仿照平均位置的算法直接写出其平均值的表示式

$$\begin{aligned}\langle V(\boldsymbol{r},t)\rangle &= \int_{-\infty}^{\infty}V(\boldsymbol{r},t)P(\boldsymbol{r},t)\mathrm{d}\boldsymbol{r}\\ &= \int_{-\infty}^{\infty}\Psi^*(\boldsymbol{r},t)V(\boldsymbol{r},t)\Psi(\boldsymbol{r},t)\mathrm{d}\boldsymbol{r}\end{aligned} \tag{2.4.2}$$

但是动量的平均值怎样计算呢？按照上面的方法，我们先要把动量表示为 $\boldsymbol{r}$ 和 t 的函数，才能用 $P(\boldsymbol{r},t)$来计算其平均值. 在经典力学中是完全可以把动量表示成位置和时间的函数的. 但在量子力学中，由于微观粒子的波粒二象性，粒子的动量是与波长相联系的，而波是用以描述波动在空间变化快慢的，是属于整个波动的量，“空间某一点的波长”这种说法是没有意义的. 海森伯不确定原理表明动量和位置不可能同时有确定的值，因此“粒子在空间某一位置的动量”也是没意义的. 这样就不能像求位置或势能那样求动量的平均值. 给定波函数后，粒子的动量在($\boldsymbol{p}$, $\boldsymbol{p}+\mathrm{d}\boldsymbol{p}$)中的概率是$|\varphi(\boldsymbol{p})|^2\mathrm{d}\boldsymbol{p}$ 其中 $\varphi(\boldsymbol{p})$可以通过傅里叶变换得到

$$\varphi(\boldsymbol{p}) = \frac{1}{(2\pi\hbar)^{3/2}}\int_{-\infty}^{+\infty}\Psi(\boldsymbol{r},t)\exp(-\mathrm{i}\boldsymbol{p}\cdot\boldsymbol{r}/\hbar)\mathrm{d}\boldsymbol{r}$$

因此可以由 $\varphi(\boldsymbol{p})$来间接计算动量平均值

$$\langle\boldsymbol{p}\rangle = \int_{-\infty}^{+\infty}|\varphi(\boldsymbol{p})|^2\boldsymbol{p}\,\mathrm{d}\boldsymbol{p}$$

经过计算上式可化为

$$\langle\boldsymbol{p}\rangle = \int_{-\infty}^{+\infty}\Psi^*(\boldsymbol{r},t)(-\mathrm{i}\hbar\nabla)\Psi(\boldsymbol{r},t)\mathrm{d}\boldsymbol{r} \tag{2.4.3}$$

这样，我们就找到了一个用 $\Psi(\boldsymbol{r},t)$来直接计算动量平均值的公式. 将式(2.4.3)和式(2.4.1)比较，可看到在运算时实际上就是以($-\mathrm{i}\hbar\nabla$)代替“动量”. 这里出现了一个新的数学工具——算符，在量子力学中，算符代表对波函数的一种运算. 令

$$\hat{p} = -\mathrm{i}\hbar\nabla \tag{2.4.4}$$

将式(2.4.4)代入式(2.4.3)则可得

$$\langle\boldsymbol{p}\rangle = \int_{-\infty}^{+\infty}\Psi^*(\boldsymbol{r},t)\hat{p}\Psi(\boldsymbol{r},t)\mathrm{d}\boldsymbol{r} \tag{2.4.5}$$

其中 $\hat{p}$ 称为动量算符. 式(2.4.5)是一个矢量式，动量的三个分量也有对应的表示式

$$\left.\begin{aligned}\langle p_x\rangle &= \int_{-\infty}^{+\infty}\Psi^*(\boldsymbol{r},t)\left(-\mathrm{i}\hbar\frac{\partial}{\partial x}\right)\Psi(\boldsymbol{r},t)\mathrm{d}\boldsymbol{r}\\ \langle p_y\rangle &= \int_{-\infty}^{+\infty}\Psi^*(\boldsymbol{r},t)\left(-\mathrm{i}\hbar\frac{\partial}{\partial y}\right)\Psi(\boldsymbol{r},t)\mathrm{d}\boldsymbol{r}\\ \langle p_z\rangle &= \int_{-\infty}^{+\infty}\Psi^*(\boldsymbol{r},t)\left(-\mathrm{i}\hbar\frac{\partial}{\partial z}\right)\Psi(\boldsymbol{r},t)\mathrm{d}\boldsymbol{r}\end{aligned}\right\} \tag{2.4.6}$$

对于动能 $T=p^2/2m$ 也可作相似的运算

$$\langle T\rangle = \int_{-\infty}^{\infty} \Psi^*(\boldsymbol{r},t)\left(-\frac{\hbar^2}{2m}\nabla^2\right)\Psi(\boldsymbol{r},t)\mathrm{d}\boldsymbol{r} \tag{2.4.7}$$

同样,粒子的总能量 $E = p^2/2m + V(\boldsymbol{r},t)$的平均值

$$\begin{aligned}\langle E\rangle &= \int_{-\infty}^{\infty} \Psi^*(\boldsymbol{r},t)\left[-\frac{\hbar^2}{2m}\nabla^2 + V(\boldsymbol{r},t)\right]\Psi(\boldsymbol{r},t)\mathrm{d}\boldsymbol{r} \\ &= \int_{-\infty}^{\infty} \Psi^*(\boldsymbol{r},t)\hat{H}\Psi(\boldsymbol{r},t)\mathrm{d}\boldsymbol{r}\end{aligned} \tag{2.4.8}$$

式中,$\hat{H} = -\frac{\hbar^2}{2m}\nabla^2 + V(\boldsymbol{r},t)$,通常称为哈密顿算符.由式(2.3.6)薛定谔方程

$$\mathrm{i}\hbar\frac{\partial}{\partial t}\Psi = -\frac{\hbar^2}{2m}\nabla^2\Psi + V(\boldsymbol{r},t)\Psi$$

可知,能量的平均值也可用下式来计算:

$$\langle E\rangle = \int_{-\infty}^{\infty} \Psi^*(\boldsymbol{r},t)\left(\mathrm{i}\hbar\frac{\partial}{\partial t}\right)\Psi(\boldsymbol{r},t)\mathrm{d}\boldsymbol{r} \tag{2.4.9}$$

一般说来,粒子的任何一个力学量 A 的平均值可以表示为

$$\langle A\rangle = \int_{-\infty}^{\infty} \Psi^*(\boldsymbol{r},t)\hat{A}\Psi(\boldsymbol{r},t)\mathrm{d}\boldsymbol{r} \tag{2.4.10}$$

$\hat{A}$ 是与力学量 A 相应的算符.

2.4.2　力学量的算符表示

在前面建立薛定谔方程的过程中,由式(2.3.1)和式(2.3.3)看到,能量 E 和动量 $\boldsymbol{p}$ 分别乘波函数 $\Psi(\boldsymbol{r},t)$时,相当于算符 $\mathrm{i}\hbar\frac{\partial}{\partial t}$和 $-\mathrm{i}\hbar\nabla$作用在波函数 $\Psi(\boldsymbol{r},t)$上.另外,在计算微观粒子的动量和能量平均值时,由式(2.4.10)可看到需要将它们表示成算符.一般说来,在量子力学中有关微观粒子运动的每个力学量都可用一个算符表示.下面列出一些与常见力学量对应的算符.

(1) 位矢所对应的算符就是 $\boldsymbol{r}$ 本身,这表示以 $\boldsymbol{r}$ 相乘的运算;

(2) 只与坐标有关的势能 $V(\boldsymbol{r})$,其算符就是 $V(\boldsymbol{r})$;

(3) 动量算符:$\hat{p} = -\mathrm{i}\hbar\nabla$;

(4) 动能算符:$\hat{T} = -\frac{\hbar^2}{2m}\nabla^2$;

(5) 能量算符:哈密顿量 $H = T + V$,它的相应算符 $\hat{H} = -\frac{\hbar^2}{2m}\nabla^2 + V(\boldsymbol{r})$;

(6) 角动量算符:角动量 $\boldsymbol{L}$ 可表示为$\boldsymbol{L} = \boldsymbol{r}\times\boldsymbol{p}$,它是位矢 $\boldsymbol{r}$ 与动量 $\boldsymbol{p}$ 的函数,

只要将表示式中的位矢 $\boldsymbol{r}$ 与动量 $\boldsymbol{p}$ 换成算符,即可得到角动量算符

$$\hat{\boldsymbol{L}} = \hat{\boldsymbol{r}} \times \hat{\boldsymbol{p}}$$

这是一个矢量算符,它的三个分量算符可以表示为

$$\hat{L}_x = y\hat{p}_z - z\hat{p}_y = -\mathrm{i}\hbar\left(y\frac{\partial}{\partial z} - z\frac{\partial}{\partial y}\right)$$

$$\hat{L}_y = z\hat{p}_x - x\hat{p}_z = -\mathrm{i}\hbar\left(z\frac{\partial}{\partial x} - x\frac{\partial}{\partial z}\right)$$

$$\hat{L}_z = \hat{x}\hat{p}_y - \hat{y}\hat{p}_x = -\mathrm{i}\hbar\left(x\frac{\partial}{\partial y} - y\frac{\partial}{\partial x}\right)$$

2.4.3 力学量的本征值

前一节建立的定态薛定谔方程式(2.3.12)

$$\left[-\frac{\hbar}{2m}\nabla^2 + V(\boldsymbol{r})\right]u(\boldsymbol{r}) = Eu(\boldsymbol{r})$$

中,$-\frac{\hbar}{2m}\nabla^2 + V(\boldsymbol{r})$正是哈密顿算符 $\hat{H}$.因此,方程可改写为

$$\hat{H}u(\boldsymbol{r}) = Eu(\boldsymbol{r})$$

这方程表示哈密顿算符 $\hat{H}$ 作用在函数 $u(\boldsymbol{r})$上等于一个数值 E 乘以该函数本身,这方程称作算符 $\hat{H}$ 的本征方程,E 称为算符 $\hat{H}$ 的本征值,$u(\boldsymbol{r})$称为算符 $\hat{H}$ 的本征函数.由本征函数表示的态称为本征态,所以定态薛定谔方程的解 $u(\boldsymbol{r})$是能量算符的本征函数,而 $u(\boldsymbol{r})$所表示的状态称为能量本征态.这些定义对其他算符也适用,若一个算符作用在波函数上等于一个数值乘以该波函数本身,则这方程称作该算符的本征方程,这个数就是算符的本征值.这个算符相应的物理量是具有确定值的,如果重复同样的测量,每次的测量值都是它对应的本征值.也就是说,如果 ψ 是某个算符$\hat{\Omega}$ 的本征函数,那它的本征值一定就是它的期望值.

如果波函数 ψ 同时是算符$\hat{\Omega}^{(1)}$(例如,动量)与算符$\hat{\Omega}^{(2)}$(例如,动能)的本征函数,那这两个物理量一定是可以同时有确定值,即可同时测定.这时

$$\hat{\Omega}^{(1)}\hat{\Omega}^{(2)} - \hat{\Omega}^{(2)}\hat{\Omega}^{(1)} = 0$$

记作

$$[\hat{\Omega}^{(1)}, \hat{\Omega}^{(2)}] = 0 \tag{2.4.11}$$

称这两个算符对易(即满足上式的关系),则它们相应的物理量一定可同时测定.反之,如果两个算符不对易(即$[\hat{\Omega}^{(1)}, \hat{\Omega}^{(2)}]\neq 0$),则对应的物理量不可能同时有确定值.

例如,有海森伯不确定关系的位置 x 和动量分量 p_x,它们对应的算符是算符$\hat{x}$和$\hat{p}_x$.

$$\hat{x} = x, \hat{p}_x = (-\mathrm{i}\hbar)\partial/\partial x$$

$$(\hat{x}\hat{p}_x - \hat{p}_x\hat{x})\psi = \left(x\frac{\hbar}{\mathrm{i}}\frac{\partial}{\partial x} - \frac{\hbar}{\mathrm{i}}\frac{\partial}{\partial x}x\right)\psi = -\mathrm{i}\hbar x\frac{\partial\psi}{\partial x} + \mathrm{i}\hbar\frac{\partial}{\partial x}(x\psi)$$

而

$$\frac{\partial}{\partial x}(x\psi) = \frac{\partial x}{\partial x}\psi + x\frac{\partial\psi}{\partial x}$$

所以

$$(\hat{x}\hat{p}_x - \hat{p}_x\hat{x})\psi = \mathrm{i}\hbar\psi$$

$$(\hat{x}\hat{p}_x - \hat{p}_x\hat{x}) = [\hat{x}, \hat{p}_x] = \mathrm{i}\hbar \neq 0$$

即$\hat{x}$和$\hat{p}_x$ 不对易.

2.5　定态薛定谔方程解的几个简例

在这节中我们用薛定谔方程处理几个简单的一维定态问题.这些问题的数学处理比较简单,容易得到解.主要是通过对解的讨论,了解量子力学体系的特征及其物理意义.

设一质量为 m,总能量为 E 的粒子沿 x 轴运动,势能为 $V(x)$,它与时间无关,所以这是一个定态问题,具有能量确定的状态.粒子的波函数可表示为

$$\Psi(x,t) = u(x)\exp\left(\frac{-\mathrm{i}Et}{\hbar}\right) \tag{2.5.1}$$

粒子的定态薛定谔方程可写作

$$-\frac{\hbar^2}{2m}\frac{\mathrm{d}^2u(x)}{\mathrm{d}x^2} + V(x)u(x) = Eu(x) \tag{2.5.2}$$

下面讨论几种势函数情况下的解.

2.5.1　阶跃势、势垒和隧道效应

(1) 粒子在阶跃势场中的运动,所谓阶跃势就是势能在空间某一位置由一个值突然变为另一个值的势场.虽然在实际问题中这种势场并不存在,势场不可能在某一点突变,变化总是发生在一定的空间范围内.但当变化的区域很小时,就可近似为阶跃势,例如,金属中的电子在近表面处的势场就可近似地看成是阶跃势.如

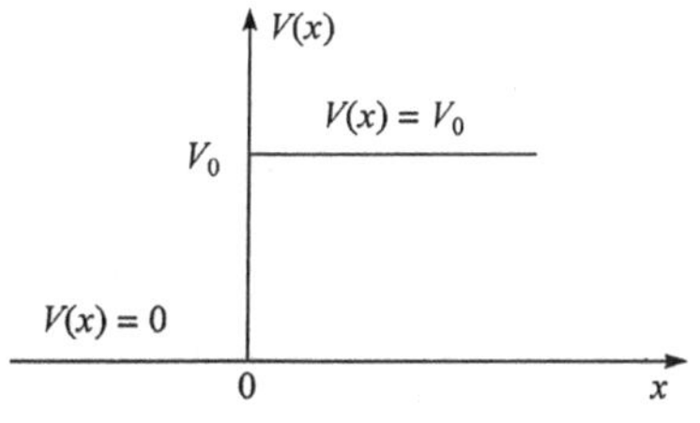

图 2.5.1　阶跃势

图 2.5.1 所示的阶跃势,可表示为

$$V(x)=\begin{cases}0, & x<0\\ V_0, & x>0\end{cases}\tag{2.5.3}$$

在 $x<0$ 的区域内势场为零,粒子作自由运动.设粒子的总能量 $E<V_0$,按照经典力学,粒子只能在 $x<0$ 运动,当粒子由 $x<0$ 运动至 $x=0$ 处时,将被阶跃势反弹回来.在 $x>0$ 的区域,粒子的总能量小于势能,它的动能只能在负值,这是不可能的.因此,经典力学认为它不可能进入 $x>0$ 的区域.

量子力学在这种情形下给出的结果是什么呢?我们只需解定态薛定谔方程式(2.5.1).对 $x<0$ 的区域,$V(x)=0$,式(2.5.2)化为

$$-\frac{\hbar^2}{2m}\frac{\mathrm{d}^2u_1}{\mathrm{d}x^2}=Eu_1$$

$$\frac{\mathrm{d}^2u_1}{\mathrm{d}x^2}=-\frac{2mE}{\hbar^2}u_1=-k_1^2u_1\tag{2.5.4}$$

其中

$$k_1=\sqrt{\frac{2mE}{\hbar^2}}\tag{2.5.5}$$

式(2.5.4)的通解为

$$u_1(x)=A\mathrm{e}^{\mathrm{i}k_1x}+B\mathrm{e}^{-\mathrm{i}k_1x}\tag{2.5.6}$$

其中 A,B 为任意常数.

对 $x>0$ 的区域,$V(x)=V_0$,式(2.5.2)化为

$$\frac{\mathrm{d}^2u_2}{\mathrm{d}x^2}=\frac{2m(V_0-E)}{\hbar^2}u_2=k_2^2u_2\tag{2.5.7}$$

其中

$$k_2=\sqrt{\frac{2m(V_0-E)}{\hbar^2}}\tag{2.5.8}$$

式(2.5.7)的通解为

$$u_2(x)=C\mathrm{e}^{k_2x}+D\mathrm{e}^{-k_2x}\tag{2.5.9}$$

其中 C、D 为任意常数,这样我们已在数学上解出了相应两个区域的波函数.下面需检查这些波函数是否满足物理对波函数的标准条件——单值、有限和连续.很容易看出它们满足单值性的要求.在 $x>0$ 区域的波函数,要使 $u_2(x)$ 满足有限的要求,必须令 $C=0$.为使波函数满足连续性,则在 $x=0$ 处应有

$$u_1(0)=u_2(0)\tag{2.5.10}$$

此外,由于 $V(x)$ 在全区域是有限的,而且 $u(x)$ 和 E 也都是有限的,这样由式(2.5.2)可知 $\frac{d^2u}{dx^2}$ 也将有限.这就要求一阶导数连续.于是有

$$\left.\frac{du_1(x)}{dx}\right|_{x=0} = \left.\frac{du_2(x)}{dx}\right|_{x=0} \tag{2.5.11}$$

将式(2.5.6)和式(2.5.9)代入式(2.5.10)和式(2.5.11)中得

$$A + B = D$$

$$A - B = i\frac{k_2}{k_1}D$$

解这两个联立方程得

$$A = \frac{D}{2}\left(1 + i\frac{k_2}{k_1}\right)$$

$$B = \frac{D}{2}\left(1 - i\frac{k_2}{k_1}\right)$$

于是

$$u(x) = \begin{cases} \frac{D}{2}\left(1 + i\frac{k_2}{k_1}\right)e^{ik_1x} + \frac{D}{2}\left(1 - i\frac{k_2}{k_1}\right)e^{-ik_1x}, & x < 0 \\ De^{-k_2x}, & x > 0 \end{cases} \tag{2.5.12}$$

式(2.5.12)中还有一个任意常数 D,它决定波函数振幅的大小,我们可以利用波函数归一化条件来确定它的值.

现在我们来讨论从上面求得的波函数中可得出些什么物理结果.在 $x<0$ 的区域,波函数 $\Psi(x,t) = u_1(x)\exp\frac{iEt}{\hbar}$,$u_1(x)$ 中的第一项代表向右传播的波,第二项代表向左传播的波.可以认为前者表示粒子向 $+x$ 方向运动,后者表示粒子向 $-x$ 方向运动.因此可以将在 $x<0$ 区域中的波函数看成是向右传播的行波和向左传播的行波的叠加.由于两个行波的振幅的绝对值相等,叠加后将形成驻波.波函数是随时间 t 振荡的函数,其振幅随位置 x 的变化则由 $u(x)$ 给出.图 2.5.2 绘出 $u(x)$ 与概率密度 $\Psi^*(x,t)\Psi(x,t)$ 的图形.

在 $x>0$ 的区域中,概率密度为

$$\Psi^*(x,t)\Psi(x,t) = u^*(x)u(x) = D^*De^{-2k_2x} \tag{2.5.13}$$

概率密度在此区域随 x 的增加而很快指数衰减,但在 $x=0$ 附近并不为零,表明在 $x>0$ 的区域内有一定的概率找到粒子.这是一个重要的结果,因为经典力学认为粒子不可能进入 $x>0$ 的区域.量子力学的这一论断已为许多实验证实.由式

(2.5.13)可知粒子出现的概率只是在 $x=0$ 附近很小的区域,$\Delta x\approx\frac{1}{k_2}$的范围内才有显著的值.超过这个范围就很快地趋于零了.$\frac{1}{k_2}=\frac{\hbar}{\sqrt{2m(V_0-E)}}$,常称为透入距离.

(2) 势垒.在阶跃势问题的讨论中,看到在经典力学禁止粒子进入的区域,量子力学解却说明在这种区域内有粒子出现的概率,这就是很重要的量子力学效应——隧道效应.为进一步说明这种效应,我们来看一下粒子在势垒场中的运动,势场如图 2.5.3 所示.当具有一定能量 E 的粒子从左边向右运动时,按照经典力学只有 $E>V_0$ 的粒子才能越过势垒,进入 $x>a$ 的区域;$E<V_0$ 的粒子由 $x<0$ 向右运动,粒子在 $x=0$ 处要被反弹回来,它不能穿越势垒,所以不能进入 $x>0$ 的区域.

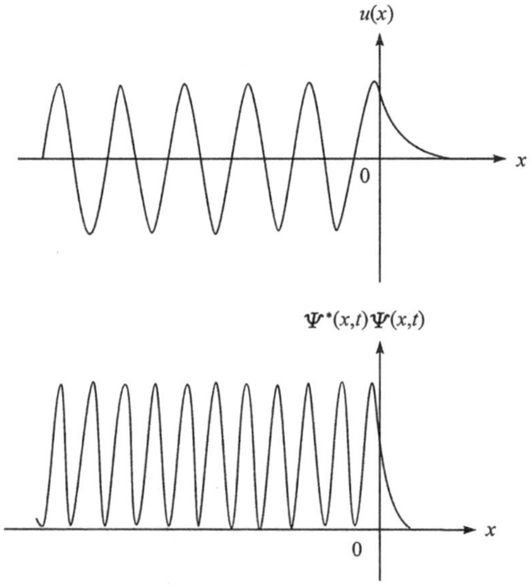

图 2.5.2　阶跃势时粒子的波函数和概率密度

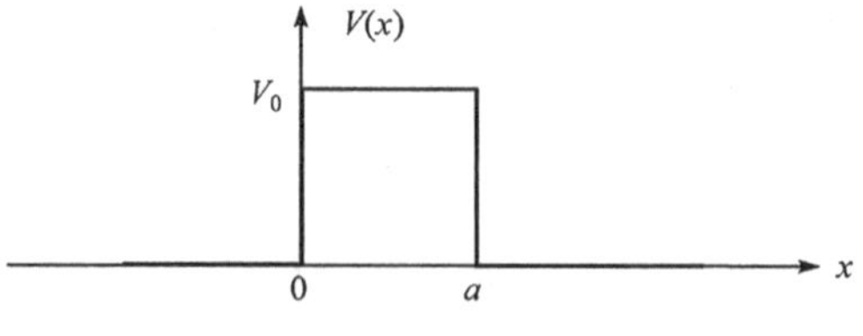

图 2.5.3　方势垒 $V(x)$

下面来讨论对 $E<V_0$ 时量子力学解的结果. 图 2.5.3 所示的势场可表示为

$$V(x)=\begin{cases}0, & x<0\\ V_0, & 0<x<a\\ 0, & x>a\end{cases} \tag{2.5.14}$$

对质量为 m 的粒子的定态薛定谔方程为

$$\frac{\mathrm{d}^2u}{\mathrm{d}x^2}=-\frac{2m}{\hbar^2}[E-V(x)]u(x) \tag{2.5.15}$$

它的解为

$$\begin{cases}u_1=A_1\mathrm{e}^{\mathrm{i}k_1x}+B_1\mathrm{e}^{-\mathrm{i}k_1x}, & x<0\\ u_2=A_2\mathrm{e}^{k_2x}+B_2\mathrm{e}^{-k_2x}, & 0<x<a\\ u_3=A_3\mathrm{e}^{\mathrm{i}k_1x}+B_3\mathrm{e}^{-\mathrm{i}k_1x}, & x>a\end{cases} \tag{2.2.16}$$

其中

$$k_1^2=\frac{2mE}{\hbar^2},\qquad k_2^2=\frac{2m(V_0-E)}{\hbar^2}$$

A_1,B_1,A_2,B_2,A_3,B_3 都是任意常数. 由边界条件及波函数的标准条件来确定它们. 在 $x>a$ 的区域,如前面所述粒子是从左向右运动,因此势垒右方只能有向右传播的波,即只有透射波,不会有反射波,故 $B_3=0$. 由波函数及其一阶微商在 $x=0$ 及 $x=a$ 处应连续,再由归一化条件,可将系数定出. 图 2.5.4 给出了概率密度曲线. 由图可知,在 $0<x<a$ 和 $x>a$ 的区域波函数均不为零,在 $0<x<a$ 处波函数振幅是指数衰减的,在此区域内概率密度随 x 而衰减.

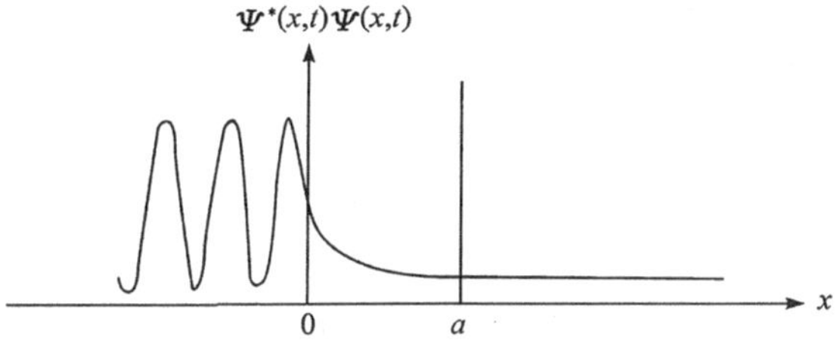

图 2.5.4

粒子穿过势垒进入 $x>a$ 的区域的概率可用透射系数来表示. 透射系数可用透射波概率流密度与入射波概率流密度之比来表示. 概率流密度代表单位时间内粒子经过空间一点并沿某一方向运动的概率. 由于单位时间内粒子经过某一点的概率正比于该粒子在单位时间内所走过的距离. 因此,概率流密度不但正比于概率密度,而且正比于粒子的速度. 在式(2.5.14)所描述的势场情况下,粒子在 $x<0$ 和 $x>a$ 区域的速度相同,所以透射系数 T 为

$$T = \frac{A_3^*}{A_1^*}\frac{A_3}{A_1}$$

若入射粒子能量较低，势垒的高度 V_0 比 E 大得多时或势垒较宽即 $k_2a \gg 1$ 时，则可得

$$T \approx \frac{16E(V_0 - E)}{V_0^2}\mathrm{e}^{-\frac{2a}{\hbar}\sqrt{2m(V_0-E)}} = \frac{16E(V_0 - E)}{V_0^2}\mathrm{e}^{-2k_2a} \quad (2.5.17)$$

式(2.5.17)表明能量 E 小于势垒高度的粒子确实有一定的概率穿越势垒. 透射系数 T 与势垒宽度 a、$(V_0 - E)$和粒子质量有关. 随 a 增加，T 将指数衰减.

例 2.5.1 试计算总能量为 1 eV 的电子，穿越高度 $V_0 = 2$ eV，宽为 $a = 2 \times 10^{-8}$ cm 势垒的概率. 并求当粒子是质子时的透射系数.

解
$$k_2a = \frac{a}{\hbar}\sqrt{2m(V_0 - E)}$$

电子：电子的质量为 0.511 MeV，则

$$k_2a = \frac{a}{\hbar}\sqrt{2m(V_0 - E)} = \frac{2\times 10^{-8}\ \mathrm{cm}}{1970\ \mathrm{eV}\times 10^{-8}\mathrm{cm}}\sqrt{2\times 0.511\times 10^6} \approx 1$$

$$T \approx 4\mathrm{e}^{-2k_2a} \approx 0.51$$

质子：质子的质量为 938 MeV，则

$$k_2a \approx 44$$

$$T \approx 2.5 \times 10^{-38}$$ □

隧道效应已有很多应用，在理论方面如对放射性原子核的 α 衰变的理论解释，在技术上，如电子器件隧道二极管已广泛使用，在 20 世纪 80 年代初研制成功的扫描隧道显微镜(STM)在表面物理、材料科学、生物、化学和微电子技术等领域有重要的应用. 扫描隧道显微镜是 1981 年由宾尼格(G.Binnig)和罗赫尔(H.Rohrer)首先研究成功的. 其工作原理是利用非常尖的金属针作为探针，针尖直径约或小于纳米(nm). 在探针和样品间加一小的电压. 当探针与样品间的间隙为纳米或更小时，就会出现由隧道效应而形成的隧道电流. 隧道电流的大小和针尖及样品表面原子的电子态密度有关，另外由式(2.5.17)可知，它还和针尖和表面的距离(势垒宽度)及所加电压有关. STM 工作时，探针和样品间形成一局限于空间很小区域(nm 量级)的电流，可对表面形貌进行成像. 成像工作时具有极高的空间分辨率，横向分辨率约 0.1 nm，纵向分辨率为 0.001 nm. 可清晰给出表面的原子结构，研究表面微小区域中的结构性缺陷、相变等. STM 还可进行在纳米以下尺度的表面加工、光刻、微区沉积和蚀刻等，因此有可能将微电子学技术向更小的线度发展，且当器件达到纳米，如量子阱器件，甚至更小时量子效应可能起主要作用，有可能发现新的

效应. STM 的针尖作为工具可对原子团或原子在表面的生长、迁移等过程进行研究,以达到控制和安排原子团甚至单个原子的目的.

2.5.2　一维无限深势阱

考虑粒子处在这样势场中,它的势能在一定区域内为零,在此区域外为无限大,这种势阱称为无限深势阱,如图 2.5.5 所示. 实际情形中不存在这种势场,但对有些问题可近似为这种情形. 通过这一简化情形的讨论,主要了解在势阱中量子状态的特点:分立能级、零点能等.

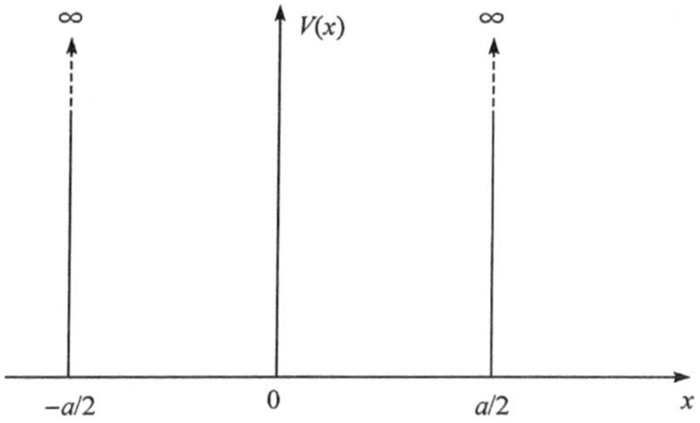

图 2.5.5　一维无限深势阱

在经典力学看来,粒子在这样的势场中运动时,其动量大小保持不变,只能在 $|x|\leqslant\frac{a}{2}$ 区域内运动,在 $|x|=\frac{a}{2}$ 处粒子的运动方向要突然改变,粒子可以具有任何大于零的有限能量. 用量子力学处理这问题,需要解定态薛定谔方程式(2.5.2)即

$$-\frac{\hbar^2}{2m}\frac{\mathrm{d}^2u(x)}{\mathrm{d}x^2}+V(x)u(x)=Eu(x)$$

其中

$$V(x)=\begin{cases}0, & |x|<\dfrac{a}{2}\\ \infty, & |x|>\dfrac{a}{2}\end{cases}\tag{2.5.18}$$

所以式(2.5.2)化为

$$\begin{cases}\dfrac{\mathrm{d}^2u(x)}{\mathrm{d}x^2}=-\dfrac{2mE}{\hbar^2}u(x)=-k^2u(x), & |x|<\dfrac{a}{2}\\ \dfrac{\mathrm{d}^2u(x)}{\mathrm{d}x^2}=\dfrac{2m(V-E)}{\hbar^2}u(x)=\lambda^2u(x), & |x|>\dfrac{a}{2}\end{cases}\tag{2.5.19}$$

其中 $k=\sqrt{\dfrac{2mE}{\hbar^2}}$，$\lambda=\sqrt{\dfrac{2m(V-E)}{\hbar}}$. 上式的解为

$$\begin{cases} u(x) = A\cos kx + B\sin kx, & |x| < \dfrac{a}{2} \\ u(x) = Ce^{\lambda x} + De^{-\lambda x}, & |x| > \dfrac{a}{2} \end{cases} \tag{2.5.20}$$

其中，A,B,C,D 为任意常数. 由于在 $|x|>\dfrac{a}{2}$ 的区域内 $V\to\infty$，故 $\lambda\to\infty$. 要使波函数在此区域满足有限性，必须要令 $C=D=0$. 这样在 $|x|>\dfrac{a}{2}$ 的区域内，$u(x)=0$，这意味着粒子不可能进入这一区域. 再考虑波函数在边界 $x=\pm\dfrac{a}{2}$ 处应连续的条件，则有

$$A\cos\frac{ka}{2} + B\sin\frac{ka}{2} = 0, \qquad x = \frac{a}{2}$$

$$A\cos\frac{ka}{2} - B\sin\frac{ka}{2} = 0, \qquad x = -\frac{a}{2}$$

解上面两个方程得

$$\begin{cases} A\cos\dfrac{ka}{2} = 0 \\ B\sin\dfrac{ka}{2} = 0 \end{cases}$$

可以看出没有一个 k 值能同时满足这两个式子. 而 A、B 又不能同时为零，因为这样会使波函数恒为零. 所以只能要求 $\cos\dfrac{ka}{2}=0$ 及 $B=0$；或者令 $A=0$ 及 $\sin\dfrac{ka}{2}=0$. 这样，将得到两组解

$$\begin{cases} u(x) = A\cos kx, & \text{其中 } \cos\dfrac{ka}{2} = 0 \\ u(x) = B\sin kx, & \text{其中 } \sin\dfrac{ka}{2} = 0 \end{cases}$$

由 $\cos\dfrac{ka}{2}=0$，可知必定要求 $\dfrac{ka}{2}=\dfrac{n\pi}{2}$，$n$ 为奇数. 而由 $\sin\dfrac{ka}{2}=0$，则 $\dfrac{ka}{2}=\dfrac{n\pi}{2}$，$n$ 为偶数. 另外 n 不可能为零，因为当 $n=0$ 时，$u(x)=0$，表明势阱中没有粒子. 由以上讨论可得波函数为

$$\begin{cases} u(x) = A_n\cos k_n x, & n = 1,3,5,\cdots \\ u(x) = B_n\sin k_n x, & n = 2,4,6,\cdots \end{cases}$$

其中，$k=n\dfrac{\pi}{a}$，常数 A_n，B_n 可由波函数的归一化条件来求得. 归一化条件就是粒子在整个空间(在无限深势阱的情形就是势阱中)内出现的总概率为 1.

$$\int_{-a/2}^{a/2} | u_n(x) |^2 \mathrm{d}x = 1$$

因此得

$$A_n = B_n = \sqrt{2/a}$$

于是得到归一化的波函数

$$\begin{cases} u(x) = \sqrt{2/a}\cos k_n x, & n = 1,3,5,\cdots \\ u(x) = \sqrt{2/a}\sin k_n x, & n = 2,4,6,\cdots \end{cases} \tag{2.5.21}$$

图 2.5.6(a)画出了 $n=1,2,3$ 的波函数. 由波函数可得到相应的概率密度 u^2. 图 2.5.6(b)画出了前三个波函数的概率密度. 图中虚线表示经典力学预期的概率密度. 量子力学给出概率是振荡的，在 $-a/2<x<a/2$ 区域内概率密度不是均匀的. 在 $n=1$ 时，$x=0$ 处找到粒子的概率最大. n 越大，振荡次数越多. 当 $n\to\infty$，振荡非常密集，以致无法分辨出概率密度的起伏，测得的平均行为表示出在各处概率相同，这时量子力学的结果就和经典结果相近. 由波函数可得到粒子的平均位置

$$\langle x \rangle = \int_{-a/2}^{a/2} x | A |^2 \sin^2(kx)\mathrm{d}x = \frac{2}{a}\int_{-a/2}^{a/2} x\sin^2(kx)\mathrm{d}x = 0$$

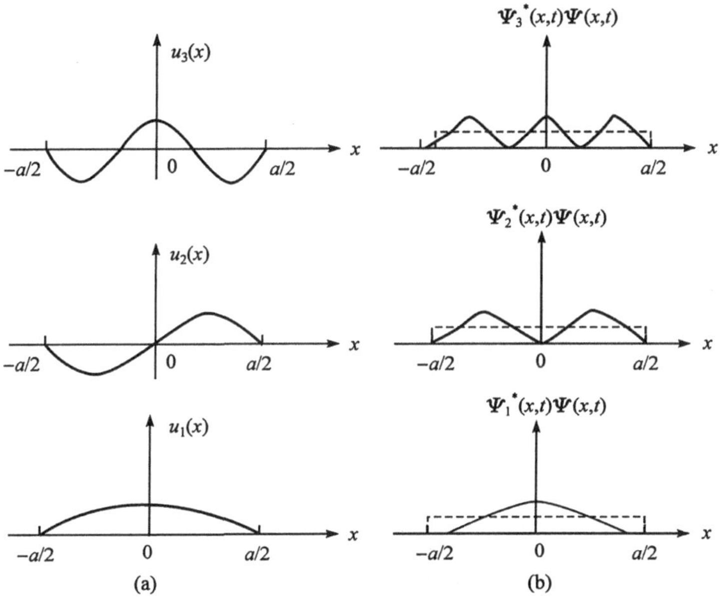

图 2.5.6

下面我们讨论无限深势阱中粒子的能量,由关系式 $k=\sqrt{\frac{2mE}{\hbar^2}}$ 可得

$$E=\frac{\hbar^2k^2}{2m}=\frac{\hbar^2}{2m}\frac{\pi^2}{a^2}n^2,\qquad n=1,2,3,\cdots \tag{2.5.22}$$

可看到只有当 E 取某些值时波函数才能满足所要求的条件.

由上面的解我们可看到,粒子的能量只能有确定值,并有以下的特点:

(1) 势阱内粒子能量是量子化的,这是势阱中的波函数的共同点.能量$\propto n^2$,$\Delta E_n\propto n$,所以 $n\to\infty$,$\frac{\Delta E_n}{E_n}\to\frac{2}{n}\to 0$

(2) $n=0$ 的波函数不存在,最低能量值称为零点能,即最低能量不为零,$E_1=\frac{\hbar^2\pi^2}{2ma^2}$.这是由于粒子的波动性决定的,由不确定原则 $\Delta x\Delta p\geqslant\frac{\hbar}{2}$,在势阱内位置的不确定大小为 $\Delta x\approx a$,因此 $\Delta p\geqslant\frac{\hbar}{2a}$,不可能 $p=0$.

2.5.3 一维谐振子势

一维谐振子是力学中一个基本问题,许多物理问题,如组成分子的原子间的振动和固体晶格上原子的振动都可简化为在平衡值附近的小振动,而用简谐运动来讨论.一维谐振子的位势可以表示为

$$V(x)=\frac{1}{2}kx^2$$

k 是弹性作用力强度的参数,如果振子的质量为 m,由经典力学可知经典谐振子的自然频率为

$$\omega=\sqrt{\frac{k}{m}}$$

所以一维谐振子的位势可表示为

$$V(x)=\frac{1}{2}m\omega^2x^2 \tag{2.5.23}$$

在量子力学中,粒子在一维谐振子势中运动相应的薛定谔方程是

$$-\frac{\hbar^2}{2m}\frac{\mathrm{d}^2\Psi(x)}{\mathrm{d}x^2}+\frac{1}{2}m\omega^2x^2\Psi(x)=E\Psi(x) \tag{2.5.24}$$

由于 $|x|\to\infty$ 时 $V(x)\to\infty$,所以谐振子势是一个无限深势阱,粒子的运动将是局域的,不会到达无穷远处,即

$$\Psi(x).\xrightarrow{|x|\to\infty}0$$

为方便计算,将方程的变量变换为无量纲量

$$\xi=\sqrt{\frac{m\omega}{\hbar}}x$$

并令 $\lambda=\frac{2E}{\hbar\omega}$, $\Psi(x)=u(\xi)$,于是得

$$\frac{\mathrm{d}^2u(\xi)}{\mathrm{d}\xi^2}+(\lambda-\xi^2)u(\xi)=0$$

引入函数变换

$$u(\xi)=\mathrm{e}^{-\frac{\xi^2}{2}}\varphi(\xi)$$

代入上式,

$$\frac{\mathrm{d}^2\varphi}{\mathrm{d}\xi^2}-2\xi\frac{\mathrm{d}\varphi}{\mathrm{d}\xi}+(\lambda-1)\varphi=0$$

在 $|\xi|\to\infty$, $u(\xi)$应满足有限的物理要求,λ 只能是正奇数,即

$$\lambda=2n+1$$

于是得

$$\frac{\mathrm{d}^2\varphi}{\mathrm{d}\xi^2}-2\xi\frac{\mathrm{d}\varphi}{\mathrm{d}\xi}+2n\varphi=0$$

其解为 n 阶的厄米多项式 $H_n(\xi)$

$$H_n(\xi)=\frac{(-1)^n}{\sqrt{2^n n!}}\mathrm{e}^{\xi^2}\frac{\mathrm{d}^n\mathrm{e}^{-\xi^2}}{\mathrm{d}\xi^n}$$

于是,一维量子谐振子的波函数和能量可能的取值的表达式为

$$\begin{cases}\Psi_n(x)=\left(\frac{m\omega}{\pi\hbar}\right)^{1/4}\exp\left(-\frac{m\omega}{2\hbar}x^2\right)H_n\left(\sqrt{\frac{m\omega}{\hbar}}x\right), \\ E_n=\left(n+\frac{1}{2}\right)\hbar\omega,\end{cases}\quad n=0,1,2,\cdots \tag{2.5.25}$$

量子谐振子的位势,最初几个量子数对应的波函数和总能量可用图 2.5.7 表示,图(a)的水平虚线表示量子化的能级,实线表示位势与 x 的函数关系,(b)以 x 为坐标所相应的波函数.

以上只是给出谐振子势的薛定谔方程的解,没有具体讨论解方程的数学过程,主要是讨论解的物理含义.由以上结果可以看出量子谐振子与经典谐振子有显著不同,有以下的特点:

(1) 谐振子的能级是量子化的,等间隔均匀分布的.能量本征值只能取一些断

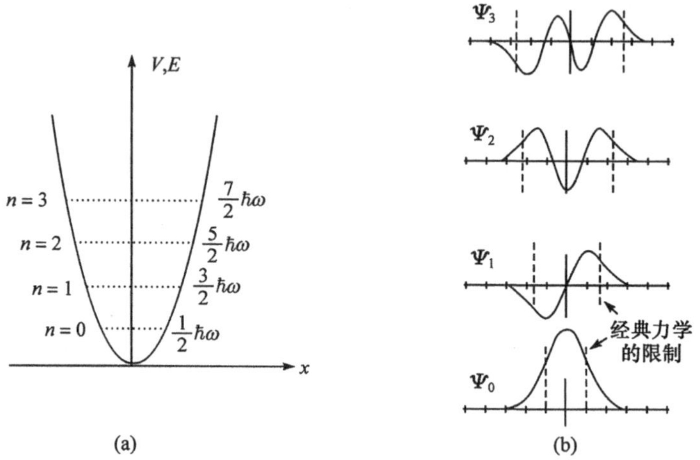

图 2.5.7　一维谐振子的量子能级和波函数

续的值,这是由势场 $V(x)\propto x^2$ 所决定的.能级的间距为$\hbar\omega$,只和谐振子的固有频率有关.

(2) 最低能态(即基态 $n=0$)的总能量为

$$E_0 = \frac{1}{2}\hbar\omega$$

它并不为零,而是大于零.E_0 称为零点能.也就是说,即使当温度趋于绝对零度时,电磁场的简谐振动,或晶体点阵上的原子振动都已处于基态.作为量子谐振子,它们依然在振动,它们的平均动能大于零.电磁场的零点振动可引起可观测的物理量,如原子能级的兰姆移位(在下一章会提到).

(3) 处在谐振子势阱中的质点,质点出现的概率密度分布见图 2.5.8,图中虚线是由经典力学给出的分布.经典结果认为质点处在 $x=0$ 处的概率最小,而量子力学的结果在基态时,即 $n=0$ 时,在 $x=0$ 处的概率最大,经典和量子的结果差别很大.但经典的结果和量子数 n 大时的结果就比较接近,可以认为 n 很大时,量子力学的结果就会和经典的趋于一致.

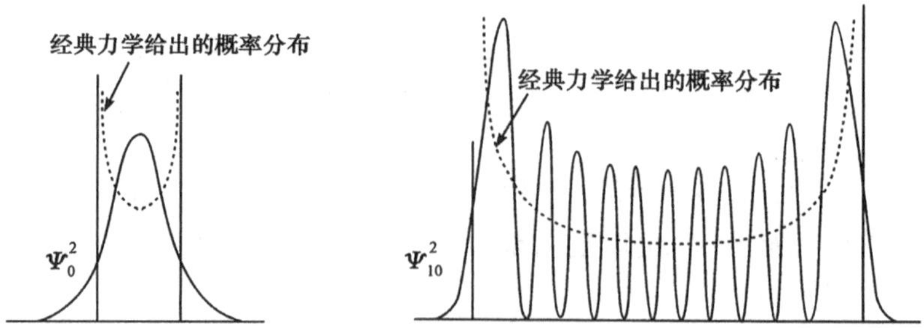

图 2.5.8　在谐振子势阱中质点出现的概率分布

上面我们介绍了三种简单的也是典型的势场下的薛定谔方程解，可看到量子力学解和经典物理解的根本区别. 但需要再次指出薛定谔方程虽是量子力学的一种基本方程，但它是非相对论性的. 在方程中，对时间是一次导数，而对空间是二次导数.

$$i\hbar\frac{\partial \Psi}{\partial t} = \left(-\frac{\hbar}{2m}\nabla^2 + V\right)\Psi$$

按照薛定谔方程，粒子出现的总概率(或粒子数)是守恒的，在运动过程中没有粒子的产生或湮灭现象. 薛定谔方程对于描述原子与分子的绝大多数现象，它是相当成功的. 因为在原子或分子中，粒子运动速度远比光速小，相对论效应是很小的，所以薛定谔方程是一个好的近似.

习　题

2.1　氦氖激光器发出波长为 632.8 nm 的红光，求激光束中光子的能量.

2.2　钾的功函数为 2.2 eV，用波长 350.0 nm 的紫外光照射钾表面，计算光电子的最大动能值.

2.3　(1) 若一个 100 MeV 的光子被一个质子散射，计算在 90°方向散射光子的能量；

(2) 求反冲质子的速度(质子的静止能量为 938.26 MeV).

2.4　波长为 0.071 nm 的 X 射线光子被自由电子散射到 135°散射角，求散射光子的能量.

2.5　计算下列粒子的德布罗意波长：

(1) 50 eV 的光子；

(2) 动能为 50 eV 的电子；

(3) 动能为 50 eV 的中子(中子的静止能为 940 MeV).

2.6　气体分子在室温下的动能为 0.025 eV，请计算室温下氢分子的德布罗意波长，设氢分子的静止能为 1877 MeV.

2.7　(1) 显微镜可以分辨的最小线间隔，原则上约等于照射光的波长. 一般电子显微镜的电子束能量为 50 keV. 计算这种电子显微镜的最高分辨本领.

(2) 计算动能为 12.4 GeV(1 GeV = 10^9 eV)电子的德布罗意波长.

2.8　同时确定一个 15 eV 的电子的位置和动量，若位置的误差为 0.1 nm，试求动量的不确定量.

2.9　下列各粒子限制在线度 L 的一维盒中，请利用海森伯不确定关系式估计它们具有的最小动能：

(1) 电子限制在 $L = 1$ Å 的盒子中；

(2) 电子限制在 $L = 10$ fm(原子核尺寸)的盒子中，1 fm = 10^{-15} m；

(3) 中子(静止能量为 940 MeV)限制在 $L = 10$ fm 的盒子中；

(4) 质量为 $m = 10^{-6}$ g 的粒子限制在 $L = 10^{-6}$ m 的盒中.

2.10 金属中的电子在近表面处所受到的势场可近似为阶跃势场，试估算铜中的自由电子的透入距离（设铜的功函数为 4 eV）.

2.11 质量为 m 的粒子在一无限深势阱中运动，它的能量本征函数 $u(x)=\sin kx$，试计算它的非相对论动能.

2.12 质量为 m 的粒子在一维势场 $V(x)=\frac{1}{2}m\omega^2x^2$ 中运动.

(1) 写出它的定态薛定谔方程；

(2) 已知它的哈密顿算符的本征函数为

$$u_0(x)=\mathrm{e}^{-\left(\frac{m\omega}{2\hbar}\right)x^2}$$

$$u_1(x)=2\sqrt{\frac{m\omega}{\hbar}}x\mathrm{e}^{-\left(\frac{m\omega}{2\hbar}\right)x^2}$$

试计算每个本征函数的能量本征值；

(3) 试由不确定关系，$\Delta x\Delta p\approx\hbar$，证明粒子的最低能量$\approx\frac{1}{2}\hbar\omega$.

2.13 氢原子的 $2p_{3/2}$态的平均寿命是 1.6×10^{-9} s，试求这个状态能量的不确定量（能级的自然宽度）.

2.14 假如电子被束缚在一个宽度为 1 Å 的无限深势阱中，试计算它处在最低的三个能态的能量.

2.15 分别以波长为 5000 Å 和 0.1 Å 的光照射到某金属上，求 $\theta=90°$方向上的康普顿散射光的波长.

2.16 粒子相应的约化康普顿波长表示为 $\lambda_c=\frac{\hbar}{mc}$，$m$ 是粒子的静止质量. 电子的经典半径 $r_e=\frac{e^2}{4\pi\varepsilon_0 m_e c^2}$，其中 m_e 是电子的静止质量，e 是电子的电荷.

(1) 计算电子的约化康普顿波长及经典半径和氢原子的玻尔半径之比，即$\frac{\lambda_c}{a_0}$，$\frac{r_e}{a_0}$，并以$\hbar$，c，e 表示；

(2) 已知精细结构常数 $\alpha=\frac{e^2}{4\pi\varepsilon_0\hbar c}\approx\frac{1}{137}$，请给出 λ_c 和 r_e 的数值. 已知玻尔半径 $a_0=\frac{4\pi\varepsilon_0\hbar^2}{me^2}\approx0.53$ Å；

(3) 计算 π 介子的康普顿波长（π 介子的静止质量为 140 MeV/c^2）.

2.17 在大气层上部由于太阳光子的作用氧分子解离为两个氧原子. 光子能引起氧解离的最长波长为 $\lambda=1.75\times10^{-7}$ m. 求氧分子的束缚能.

2.18 人的裸眼能察觉黄光的极限是视网膜接受到的功率为 1.8×10^{-18} W. 黄光的波长约 6000 Å. 求此情况下每秒落在视网膜上的光子数目.

2.19 在室温（～25 ℃）时处于热平衡下的中子称为热中子. 中子的质量为 1.675×10^{-27} kg

(939.5MeV/c^2),中子不带电.求:

(1) 热中子的动能和其相应的德波罗意波长;

(2) 当平行热中子束射在晶格间距为 2.82 Å 的 NaCl 晶体,反射束发生第一个最大时的入射束的角度.

2.20　设一个电子在离质子很远处是静止的,在与质子的库仑作用下向质子靠近.求当电子距质子 1 m 和 0.5 Å 处时,它相应的德波罗意波长.

第3章 单电子原子

这一章将介绍量子力学对氢原子问题的处理.由求定态薛定谔方程对单电子原子,如氢原子和类氢离子问题的解,得到原子的波函数、能级和角动量等.与玻尔理论相比,薛定谔理论更正确地反映原子的跃迁概率和选择定则等.

薛定谔理论给出的氢原子的能级及角动量量子化的结果,能成功地解释氢原子光谱的谱线位置与强度,并定性地对原子的空间量子化现象给以解释.但薛定谔理论并不能准确地解释原子在磁场中的行为.另外,对光谱的精密测量发现原来的一条氢原子谱线实际上包含着两条波长非常接近的谱线.这种情形称为光谱的精细结构,这实际是反映了氢原子能级的精细结构.对这些现象的解释既需要用到量子力学,又需要考虑相对论效应.狄拉克(P. A. M. Dirac)在1929年提出了相对论性量子力学,这一理论能很自然地解释这些现象.不过,这方面的理论的讲述已超出本课程的范围.由于对一般的原子,这些相对论效应是很小的.作为近似,可以在薛定谔理论的基础上引入一些修正来解释这些现象.在3.4节中我们将由实验事实出发,引入电子自旋概念,然后讨论相对论效应对能级的修正、能级的精细结构等.

在本章我们主要是了解量子力学方程解对原子的描述、物理内容及物理解释,因此只介绍计算的步骤,不详细进行数学推导.

3.1 氢原子的定态薛定谔方程解

3.1.1 中心力场薛定谔方程及其解

在氢原子中,原子核和电子之间的相互作用主要是库仑力作用.在库仑力作用下电子和原子核都要运动,但由于原子核的质量比电子大很多,因此我们在这里可近似假设原子核基本上不动,位于坐标的原点,电子相对原子核运动.电子的静电势能为

$$V(r)=-\frac{e^2}{4\pi\varepsilon_0 r} \tag{3.1.1}$$

由上式可知这个势场与时间无关,只是电子与原子核之间距离 r 的函数,是一个中心力场.由于原子核与电子之间是吸引力,因此若设当 $r\to\infty$ 时的势能为零,则在 r 为有限值时,势能为负.由于势函数具有球对称性,采用球极坐标系,即用 r、θ、φ 来描述粒子的位置,如图3.1.1所示,这样处理会比较方便.球极坐标的拉普

拉斯算符为

$$\nabla^2=\frac{1}{r^2}\frac{\partial}{\partial r}\left(r^2\frac{\partial}{\partial r}\right)+\frac{1}{r^2\sin\theta}\frac{\partial}{\partial\theta}\left(\sin\theta\frac{\partial}{\partial\theta}\right)+\frac{1}{r^2\sin^2\theta}\frac{\partial^2}{\partial\varphi^2} \tag{3.1.2}$$

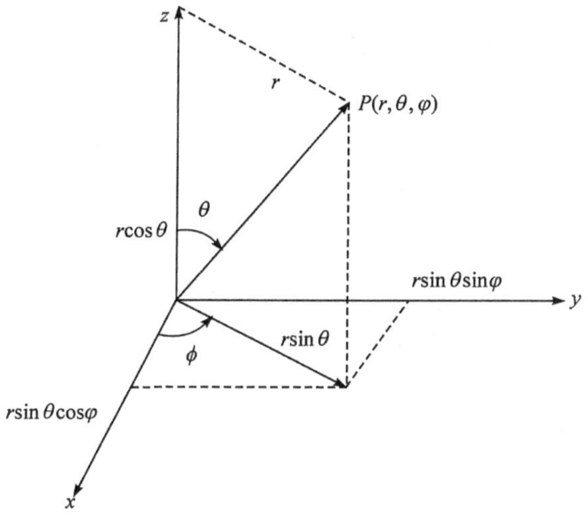

图 3.1.1　球极坐标

原子中电子的定态薛定谔方程可写为

$$-\frac{\hbar^2}{2m}\nabla^2u(r,\theta,\varphi)-\frac{e^2}{4\pi\varepsilon_0 r}u(r,\theta,\varphi)=Eu(r,\theta,\varphi) \tag{3.1.3}$$

这是一个有三个变量的偏微分方程.解这种方程的标准方法是将它分解为三个一般的微分方程.假定方程的解是三个单变量函数的乘积,即它可表示为

$$u(r,\theta,\varphi)=R(r)\Theta(\theta)\Phi(\varphi) \tag{3.1.4}$$

那么就可以采用分离变量的方法,将式(3.1.4)代入方程式(3.1.3),并除以 $R(r)\Theta(\theta)\Phi(\varphi)$,整理后可得

$$\frac{\sin^2\theta}{R}\frac{\partial}{\partial r}\left(r^2\frac{\partial R}{\partial r}\right)+\frac{\sin\theta}{\Theta}\frac{\partial}{\partial\theta}\left(\sin\theta\frac{\partial\Theta}{\partial\theta}\right)+\frac{2mr^2}{\hbar^2}\sin^2\theta\cdot\left(E+\frac{e^2}{4\pi\varepsilon_0 r}\right)=-\frac{1}{\Phi}\frac{\partial^2\Phi}{\partial\varphi^2} \tag{3.1.5}$$

在式(3.1.5)的左边是 r 和 θ 的函数,而右边是 φ 的函数.等式两边是相互独立的变量,因此只有方程两边都等于同一常数时方程才成立.令这常数为 m_l^2,则方程右边为

$$\frac{\mathrm{d}^2\Phi}{\mathrm{d}\varphi^2}+m_l^2\Phi=0 \tag{3.1.6}$$

这样我们得到了第一个微分方程,它只有一个变量 φ.

方程式(3.1.5)的左边整理后可得

$$\frac{1}{R}\frac{\partial}{\partial r}\left(r^2\frac{\partial R}{\partial r}\right)+\frac{2mr^2}{\hbar^2}\left(E+\frac{e^2}{4\pi\varepsilon_0 r}\right)=\frac{m_l^2}{\sin^2\theta}-\frac{1}{\Theta\sin\theta}\frac{\partial}{\partial\theta}\left(\sin\theta\frac{\partial\Theta}{\partial\theta}\right)$$

这样等式两边又分别是不同变量的函数,因此方程两边必定是等于同一常数.等式右边 θ 的变化范围是 0 到 π,但在 $\theta=0$ 和 π 处是方程的两个奇点,因此只有在常数等于特定值时,方程的解才能满足有限的要求.最方便的选择是令它等于 $l(l+1)$,其中 l 是一个参数.于是又可把上式分离为两个微分方程

$$-\frac{1}{\sin\theta}\frac{\mathrm{d}}{\mathrm{d}\theta}\left(\sin\theta\frac{\mathrm{d}\Theta}{\mathrm{d}\theta}\right)+\frac{m_l^2}{\sin^2\theta}\Theta=l(l+1)\Theta \tag{3.1.7}$$

$$\frac{\mathrm{d}}{\mathrm{d}r}\left(r^2\frac{\mathrm{d}R}{\mathrm{d}r}\right)+\frac{2mr^2}{\hbar^2}\left(E+\frac{e^2}{4\pi\varepsilon_0 r}\right)R=l(l+1)R \tag{3.1.8}$$

至此我们已将氢原子的定态薛定谔方程式(3.1.3)分离为 3 个微分方程了,下面就是要分别得到它们的解.

方程(3.1.6)的解很容易得到,它为

$$\Phi(\varphi)=A\mathrm{e}^{\mathrm{i}m_l\varphi}=A[\cos(m_l\varphi)+\mathrm{i}\sin(m_l\varphi)] \tag{3.1.9}$$

作为波函数它必需满足标准条件即连续、有限和单值.Φ 显然满足函数有限的条件.而要使 Φ 在 φ 的变化范围,即在 $\varphi=0$ 到 2π 区域内满足单值,即

$$\Phi(\varphi)=\Phi(\varphi+2\pi)\quad 或\quad \Phi(0)=\Phi(2\pi)$$

那只有当 m_l 是整数时才能满足,即

$$m_l=0,\pm1,\pm2,\pm3,\cdots$$

我们常用 m_l 来标记对应的波函数 Φ.由归一化条件确定式(3.1.9)中的常数 A,这样得波函数 Φ 为

$$\Phi_{m_l}(\varphi)=\frac{1}{\sqrt{2\pi}}\mathrm{e}^{\mathrm{i}m_l\varphi},\quad m_l=0,\pm1,\pm2,\cdots \tag{3.1.10}$$

解方程(3.1.7)的数学较复杂,这里我们只叙述它的结果.由于要求 Θ 在所讨论范围内有限,它的解为缔合勒让德多项式

$$\Theta=BP_l^m(\cos\theta) \tag{3.1.11}$$

并只有当参数 l 等于或大于 $|m_l|$ 时,这些解才能成立,即

$$l=|m_l|,|m_l|+1,|m_l|+2,\cdots$$

这样 l 只能是 0 或正整数

$$l=0,1,2,\cdots \tag{3.1.12}$$

因而对一给定的 l 值,m_l 只能为

$$m_l=0,\pm1,\pm2,\cdots,\pm l \tag{3.1.13}$$

由上面讨论可知函数 Θ 是由 l 和 m_l 两个参数作标记的.我们在表 3.1.1 中列出 $l=0\sim2$的 Θ,Φ 函数.

表 3.1.1　$l=0\sim2$ 的 Θ,Φ 函数

l	m_l	Θ_{lm}	Φ_m
0	0	$\frac{1}{\sqrt{2}}$	$\frac{1}{\sqrt{2\pi}}$
1	0	$\sqrt{\frac{3}{2}}\cos\theta$	$\frac{1}{\sqrt{2\pi}}$
1	±1	$\sqrt{\frac{3}{4}}\sin\theta$	$\frac{1}{\sqrt{2\pi}}e^{\pm i\varphi}$
2	0	$\sqrt{\frac{5}{8}}(3\cos^2\theta-1)$	$\frac{1}{\sqrt{2\pi}}$
2	±1	$\sqrt{\frac{15}{4}}\sin\theta\cos\theta$	$\frac{1}{\sqrt{2\pi}}e^{\pm i\varphi}$
2	±2	$\sqrt{\frac{15}{16}}\sin^2\theta$	$\frac{1}{\sqrt{2\pi}}e^{\pm 2i\varphi}$

下面求方程式(3.1.8)的解.式(3.1.8)可改写为

$$\frac{d^2}{dr^2}(rR)+\left[\frac{2m}{\hbar^2}\left(E+\frac{e^2}{4\pi\varepsilon_0 r}\right)-\frac{l(l+1)}{r^2}\right](rR)=0$$

令 $R(r)=\frac{\chi(r)}{r}$,则得

$$\frac{d^2}{dr^2}\chi(r)+\left[\frac{2m}{\hbar^2}\left(E+\frac{e^2}{4\pi\varepsilon_0 r}\right)-\frac{l(l+1)}{r^2}\right]\chi(r)=0$$

1. 在给出方程的解之前,先讨论一下在 $r\to\infty$ 时解的渐近行为

当 $r\to\infty$ 时,方程中$\frac{e^2}{r}$和$\frac{l(l+1)}{r^2}$都趋于零,可忽略这两项.

① $E>0$ 的情形,可写为$\frac{d^2}{dr^2}\chi(r)+\frac{2m}{\hbar^2}E\chi(r)=0$,这方程的一般解为

$$\chi(r)=c_1e^{ikr}+c_2e^{-ikr}\quad 即\quad R(r)=\frac{1}{r}(c_1e^{ikr}+c_2e^{-ikr})$$

如果乘以与时间有关的因子 $\exp(-i\omega t)$,则 $r^{-1}\exp(ikr)\exp(-i\omega t)$表示向外传播的球面波,而 $r^{-1}\exp(-ikr)\exp(-i\omega t)$是向内的球面波.这些从无穷远来又向无穷远去的球面波,对应于经典开普勒问题的双曲线轨道.$E>0$,相应于非束缚态,粒子能量可以具有连续值.

② $E<0$,在 $r\to\infty$ 时,方程为$\frac{d^2}{dr^2}\chi(r)-\frac{2m}{\hbar^2}|E|\chi(r)=0$,其解为

$$\chi(r)=c_1\mathrm{e}^{kr}+c_2\mathrm{e}^{-kr}$$

由于波函数在所有范围都应该是有限的,所以系数 $c_1=0$.这样得到的解

$$R(r)=\frac{c}{r}\mathrm{e}^{-kr}$$

因为 R 的绝对值平方表示发现粒子的概率,这个量随 r 的增加而指数下降.这说明电子是局限在一定的空间范围内的.这相应于经典物理电子的椭圆轨道.

2. 讨论方程(3.1.8a)在 $E<0$,即相应于束缚态的解

令 $\rho=\left[\dfrac{8m|E|}{\hbar^2}\right]^{1/2}r$,$n=\dfrac{e^2}{4\pi\varepsilon_0\hbar}\left(\dfrac{m}{2|E|}\right)^{1/2}$,于是方程(3.1.8a)可写为

$$\frac{\mathrm{d}^2\chi(\rho)}{\mathrm{d}\rho^2}+\left[\frac{n}{\rho}-\frac{1}{4}-\frac{l(l+1)}{\rho^2}\right]\chi(\rho)=0$$

在 $\rho\to\infty$ 时 $\chi(\rho)=\mathrm{e}^{-\frac{\rho}{2}}$,于是上式的解 $\chi(\rho)$,可能是 $\chi(\rho)=\mathrm{e}^{-\frac{\rho}{2}}f(\rho)$,这里不作更多的数学推导了.

在 $E<0$ 情形,即原子中的电子具有负能量时,处在束缚态.只有当 n 是整数及

$$n\geqslant l+1 \tag{3.1.14}$$

时才有物理上可接受的解.由前面 ρ 和 n 的关系得

$$\rho=\frac{2me^2}{4\pi\varepsilon_0\hbar^2 n}r=\frac{2}{na_0}r$$

其中,$a_0=\dfrac{4\pi\varepsilon_0\hbar^2}{me^2}$是氢原子基态的玻尔半径.于是,径向波函数的解可写为

$$R_{n,l}=C_{n,l}\exp\left(-\frac{r}{na_0}\right)\left(\frac{2r}{na_0}\right)^l L_{n+l}^{2l+1}\left(\frac{2r}{na_0}\right) \tag{3.1.15}$$

式中的 $L_{n+l}^{2l+1}(\rho)$是缔合拉盖尔(associated Laguerre)多项式,$C_{n,l}$是$R_{n,l}$的归一化常数.由上面讨论可知,径向波函数 R 由 n, l 两个整数来标记.表 3.1.2 列出归一化后的 $n\leqslant 3$ 的径向波函数 $R_{n,l}(r)$.

图 3.1.2 给出了 $n=1,2,3$ 时 $R_{n,l}(r)$的曲线.由图可看出当 $r\to 0$ 时,对$l\neq 0$ 的那些 $R_{n,l}(r)$也趋于零,但对 $l=0$ 的 $R_{n,l}(r)$则趋于不为零的数值.

至此我们求得了三个微分方程的解.由式(3.1.4)可知氢原子的波函数

$$u_{n,l,m_l}(r,\theta,\varphi)=R_{n,l}(r)\Theta_{l,m_l}(\theta)\Phi_{m_l}(\varphi) \tag{3.1.16}$$

整数 n, l, m_l 的允许值满足下列一组关系式:

$$\left.\begin{aligned}&n=1,2,3,4,\cdots\\&0\leqslant l\leqslant n-1,\text{即 } l=0,1,2,\cdots,(n-1)\\&-l\leqslant m_l\leqslant l,\text{即 } m_l=-l,-l+1,\cdots,l-1,l\end{aligned}\right\} \tag{3.1.17}$$

对 $n\leqslant 3$ 的原子核电荷为 Ze 的类氢离子的波函数列于表 3.1.3.

表 3.1.2　$n \leqslant 3$ 的径向波函数 $R_{n,l}(r)$

n	l	$R_{n,l}(r)$
1	0	$\frac{2}{a_0^{3/2}}\exp\left(-\frac{r}{a_0}\right)$
2	0	$\left(\frac{1}{2a_0}\right)^{3/2}\left(2-\frac{r}{a_0}\right)\exp\left(-\frac{r}{2a_0}\right)$
2	1	$\frac{1}{2\sqrt{6}a_0^{3/2}}\left(\frac{r}{a_0}\right)\exp\left(-\frac{r}{2a_0}\right)$
3	0	$\frac{2}{81\sqrt{3}a_0^{3/2}}\left(27-18\frac{r}{a_0}+2\frac{r^2}{a_0^2}\right)\exp\left(-\frac{r}{3a_0}\right)$
3	1	$\frac{4}{81\sqrt{6}a_0^{3/2}}\left(6-\frac{r}{a_0}\right)\frac{r}{a_0}\exp\left(-\frac{r}{3a_0}\right)$
3	2	$\frac{4}{81\sqrt{30}a_0^{3/2}}\frac{r^2}{a_0^2}\exp\left(-\frac{r}{3a_0}\right)$

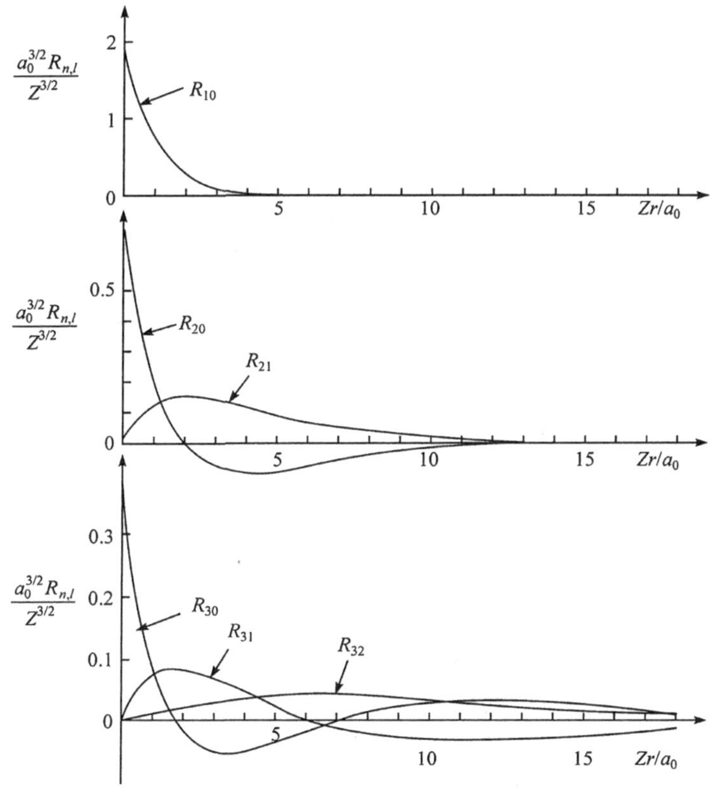

图 3.1.2　$n=1,2,3$ 时的 $R_{n,l}(r)$

表 3.1.3　类氢离子的波函数

n	l	m_l	$u_{n,l,m_l}(r,\theta,\varphi)$
1	0	0	$\frac{1}{\sqrt{\pi}}\left(\frac{Z}{a_0}\right)^{3/2}\exp\left(-\frac{Zr}{a_0}\right)$
2	0	0	$\frac{1}{4\sqrt{2\pi}}\left(\frac{Z}{a_0}\right)^{3/2}\left(2-\frac{Zr}{a_0}\right)\exp\left(-\frac{Zr}{2a_0}\right)$
2	1	0	$\frac{1}{4\sqrt{2\pi}}\left(\frac{Z}{a_0}\right)^{3/2}\frac{Zr}{a_0}\cos\theta\exp\left(-\frac{Zr}{2a_0}\right)$
2	1	±1	$\frac{1}{8\sqrt{\pi}}\left(\frac{Z}{a_0}\right)^{3/2}\frac{Zr}{a_0}\sin\theta\exp\left(-\frac{Zr}{2a_0}\right)e^{\pm i\varphi}$
3	0	0	$\frac{1}{81\sqrt{3\pi}}\left(\frac{Z}{a_0}\right)^{3/2}\left(27-18\frac{Zr}{a_0}+2\frac{Z^2r^2}{a_0^2}\right)\exp\left(-\frac{Zr}{3a_0}\right)$
3	1	0	$\frac{\sqrt{2}}{81\sqrt{\pi}}\left(\frac{Z}{a_0}\right)^{3/2}\left(6-\frac{Zr}{a_0}\right)\frac{Zr}{a_0}\cos\theta\exp\left(-\frac{Zr}{3a_0}\right)$
3	1	±1	$\frac{1}{81\sqrt{\pi}}\left(\frac{Z}{a_0}\right)^{3/2}\left(6-\frac{Zr}{a_0}\right)\frac{Zr}{a_0}\sin\theta\exp\left(-\frac{Zr}{3a_0}\right)e^{\pm i\varphi}$
3	2	0	$\frac{1}{81\sqrt{6\pi}}\left(\frac{Z}{a_0}\right)^{3/2}\left(\frac{Zr}{a_0}\right)^2(3\cos^2\theta-1)\exp\left(-\frac{Zr}{3a_0}\right)$
3	2	±1	$\frac{1}{81\sqrt{\pi}}\left(\frac{Z}{a_0}\right)^{3/2}\left(\frac{Zr}{a_0}\right)^2\sin\theta\cos\theta\exp\left(-\frac{Zr}{3a_0}\right)e^{\pm i\varphi}$
3	2	±2	$\frac{1}{162\sqrt{\pi}}\left(\frac{Z}{a_0}\right)^{3/2}\left(\frac{Zr}{a_0}\right)^2\sin^2\theta\exp\left(-\frac{Zr}{3a_0}\right)e^{\pm 2i\varphi}$

氢原子的波函数是在三维空间中解薛定谔方程求得的，它的波函数需由三个量子数来标记．对于不同的 n,l,m_l 值，波函数 $u_{n,l,m_l}(r,\theta,\varphi)$的具体表示式也不同．量子数不同的波函数互相是线性独立的．

3.1.2　概率密度

波函数知道后我们就可以得到概率密度

$$\Psi^*\Psi = u^*_{nlm_l}e^{+i\frac{E_nt}{\hbar}}u_{nlm_l}e^{-i\frac{E_nt}{\hbar}} = u^*_{nlm_l}u_{nlm_l}$$
$$= R^*_{nl}R_{nl}\Theta^*_{lm}\Theta_{lm}\Phi^*_m\Phi_m$$

因此在 $d\tau$ 体积元内发现电子的概率，若以球极坐标表示则为

$$\Psi^*\Psi d\tau = R^*_{nl}R_{nl}\Theta^*_{lm}\Theta_{lm}\Phi^*_m\Phi_m r^2\sin\theta drd\theta d\varphi \tag{3.1.18}$$

电子一定存在于全空间内，因此有

$$\int_\infty u^*_{nlm_l}u_{nlm_l}d\tau = 1 \tag{3.1.19}$$

在前面计算波函数时已经分别要求对 R_{nl}、Θ_{lm}、Φ_m 归一化了，所以式(3.1.19)一定成立.将式(3.1.18)对 r 及 θ 积分就可得出在$(\varphi,\varphi+\mathrm{d}\varphi)$区间发现电子的概率

$$P(\varphi)\mathrm{d}\varphi=\Phi_m^*\Phi_m\mathrm{d}\varphi=\frac{1}{2\pi}\mathrm{d}\varphi$$

它是一个常数，故在不同 φ 角处发现电子的概率是相同的.在$(\theta,\theta+\mathrm{d}\theta)$区间发现电子的概率

$$P(\theta)\mathrm{d}\theta=\Theta_{lm}^*\Theta_{lm}\sin\theta\mathrm{d}\theta$$

图3.1.3示意地给出氢原子的几个低能级状态的电子概率密度的分布.可以看出

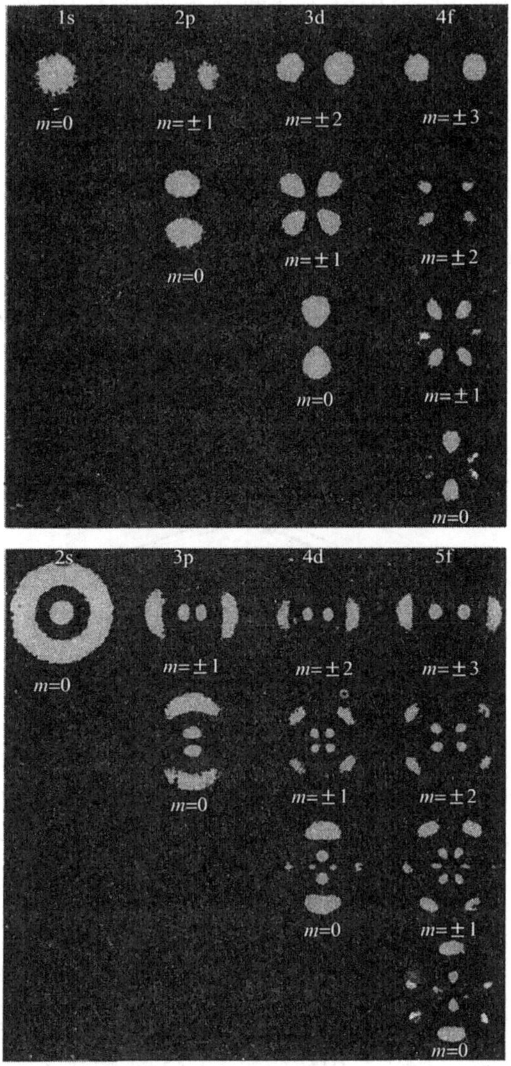

图3.1.3　氢原子中电子概率密度分布的示意图

概率密度的角分布对 z 轴是对称的. 对 $l=0$ 的状态,概率密度是球对称分布的. 对 l 相同但不同 m_l 的各状态,当 $|m_l|$ 增大时,概率密度从集中于 z 轴方向逐步移到与 z 轴垂直的方向. 可以证明对于同一 l 值不同 m_l 的各状态的概率密度之和与 θ,φ 无关,即具有球对称性.

在$(r,r+\mathrm{d}r)$的球壳内发现电子的概率为

$$\begin{aligned}P(r)\mathrm{d}r &= \int_0^{\pi}\Theta_{lm_l}^*\Theta_{lm_l}\sin\theta\mathrm{d}\theta\int_0^{2\pi}\Phi_{lm_l}^*\Phi_{lm_l}\mathrm{d}\varphi \times R_{nl}^*R_{nl}r^2\mathrm{d}r \\ &= R_{nl}^*R_{nl}r^2\mathrm{d}r\end{aligned}$$

$P(r)$称为径向概率密度,它给出电子径向分布的图像. 图 3.1.4 表示径向概率密度随 r 的变化. 从图可看出,当原子处于量子数 n,l 表示的状态时,只是在某些 r 值的附近,径向概率密度才有较大的值,即只是在这些 r 值处电子出现的概率较大. 因而,可以形象地想像电子分布在一些以原子核为中心的"壳层"上.

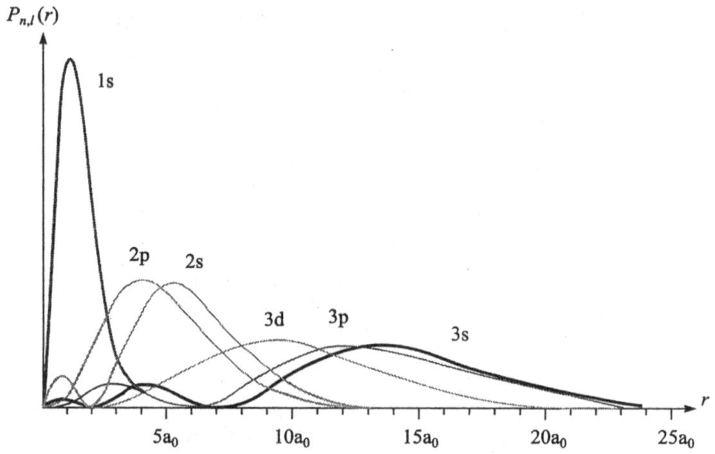

图 3.1.4　氢原子电子径向概率密度的分布

由图可知,$P_{10}(r)$的最大值出现在 $r_{\mathrm{m}}=a_0$ 处,对应于玻尔半径. 另外,对于同一个 n 值,当 l 具有最大允许值时,径向概率密度 $P(r)$只有单一的极大峰,如对 $P_{21}(r)$概率只有一个极大值在 $r_{\mathrm{m}}=4a_0$ 处,与玻尔理论的第二轨道半径相符. 一般,对$l=n-1$ 的态,概率密度最大值在 $r_{\mathrm{m}}=n^2a_0$ 处,与玻尔理论中的轨道半径值是一致的. 因此,在薛定谔理论中,可由电子的概率密度分布来解释玻尔轨道. 但当 l 值较小时,除有一个最大峰外另有其他峰出现在靠近原点处,如 $P_{20}(r)$分别在 $r=0.764a_0$ 和 $r=5.23a_0$ 处有极大,即有两个极大值. 只是在靠近原点附近的峰较小,如 $P_{20}(5.236a_0)/P_{20}(0.764a_0)=3.678$,说明在 $r=0$ 附近电子出现的概率不大. 但对同一 n 值随着 l 的减小,电子出现在原子核附近的概率将逐渐增大.

因此,对 $l=0$ 的情形,在 $r=0$ 附近电子出现的概率并不太小,这在某些情况下可能产生重要影响,因为原子中电子的势能在 r 很小处的绝对值是很大的.总的说来量子力学得出的结论是,原子中电子有一定的概率出现在 $r=(0,\infty)$ 的范围内,在相应于玻尔理论的电子轨道处出现的概率最大.

由径向概率密度可以计算电子分布半径及对半径 k 次方即 r^k 的平均值(有时也记作 $\overline{r^k}$).

$$\overline{r^k}=\langle r^k\rangle=\int_0^\infty R_{n,l}^{*}r^kR_{n,l}r^2\mathrm{d}r$$

对类氢离子,可得

$$\begin{aligned}
\overline{r}&=\frac{1}{2}[3n^2-l(l+1)]\frac{a_0}{Z}\\
\overline{r^2}&=\frac{1}{2}[5n^2+l-3l(l+1)]n^2\left(\frac{a_0}{Z}\right)^2\\
\overline{r^{-1}}&=\frac{1}{n^2}\left(\frac{Z}{a_0}\right)\\
\overline{r^{-2}}&=\frac{2}{(2l+1)n^3}\left(\frac{Z}{a_0}\right)^2
\end{aligned}\tag{3.1.20}$$

由式(3.1.20)可知:电子分布半径的平均值 $\langle r\rangle_{nl}$ 主要由 n 决定,对同一 n 值,$\langle r\rangle_{nl}$ 随 l 的增大而减小.用量子力学方法求得氢原子基态电子半径的分布的平均值为 $1.5a_0$,与玻尔半径(a_0)相近但并不相同.玻尔半径相应的是电子分布概率最大的半径,即最概然半径.

例 3.1.1 求基态氢原子的最概然半径及半径的期望值和氦离子半径的期望值.

解 基态时,氢原子的径向概率密度

$$P(r)=\left(\frac{2}{a_0^{3/2}}\mathrm{e}^{-r/a_0}\right)^2r^2=\frac{4r^2}{a_0^3}\mathrm{e}^{-2r/a_0}$$

电子分布概率极大值处 $\frac{\mathrm{d}P}{\mathrm{d}r}=0$,即

$$2r\mathrm{e}^{-2r/a_0}-\frac{2}{a_0}r^2\mathrm{e}^{-2r/a_0}=2r\mathrm{e}^{-2r/a_0}\left(1-\frac{r}{a_0}\right)=0$$

得

$$r=a_0=0.0529\ \mathrm{nm}$$

氢原子基态时电子在玻尔半径处的概率最大.氢原子基态时电子半径的期望值即半径的平均值

$$\langle r\rangle=\int_0^\infty rP(r)\mathrm{d}r=\frac{4}{a_0^3}\int_0^\infty r^3\mathrm{e}^{-2r/a_0}\mathrm{d}r$$

用分部积分

$$\langle r\rangle=\frac{4}{a_0^3}\left[\mathrm{e}^{-2r/a_0}\left(\frac{-a_0r^3}{2}-\frac{3a_0^2r^2}{4}-\frac{3a_0^3r}{4}-\frac{3a_0^4}{8}\right)\right]_{r=0}^{r\to\infty}$$

所有含有 r 的项都为零,

$$\langle r\rangle=\frac{4}{a_0^3}\times\frac{3a_0^4}{8}=\frac{3}{2}a_0$$

类氦离子的半径期望值:氦离子的 $Z=2$,得

$$\langle r\rangle_{\mathrm{He}}=\frac{3a_0}{2\times2}=\frac{3}{4}a_0$$

3.1.3 原子波函数的宇称

波函数的宇称就是讨论波函数空间反演的对称性. 对坐标原点反演,即 $\hat{P}\varphi(\boldsymbol{r})=\varphi(-\boldsymbol{r})$,这里 $\hat{P}$ 是宇称算符. 若再一次的运算即 $\hat{P}^2\varphi(\boldsymbol{r})=\varphi(\boldsymbol{r})$, $\hat{P}$ 的本征值 $\eta=\pm1$. $\eta=+1$ 的波函数是空间对称,我们称它具有偶宇称,$\eta=-1$ 的波函数是空间反对称的,我们称它具有奇宇称. 宇称是相乘性算符,相乘函数的宇称等于各个函数宇称的相乘.

空间反演相当于坐标变换 $(r,\theta,\varphi)\to(r,\pi-\theta,\pi+\varphi)$. 我们现在讨论波函数 $u(r,\theta,\varphi)=R_{nl}\Theta_{lm}\Phi_m$ 的空间反演特性. 由于 R 只是半径的函数,空间反演下保持不变,$R_{nl}(r)$ 是空间对称的. 若令 $Y_{lm_l}(\theta,\varphi)=\Theta_{lm_l}\Phi_{m_l}$,由此可见,波函数的宇称决定于 $Y_{lm_l}(\theta,\varphi)$ 的对称性. $Y_{lm_l}(\theta,\varphi)$ 称为球谐函数. 由它的特点可得

$$Y_{lm_l}(\pi-\theta,\pi+\varphi)=(-1)^lY_{lm_l}(\theta,\varphi)$$

所以原子波函数的空间对称性取决于 l 是奇数还是偶数. 若 l 是偶数,则 $Y_{lm_l}(\theta,\varphi)$ 具有偶宇称;若 l 是奇数,则 $Y_{lm_l}(\theta,\varphi)$ 具有奇宇称.

3.2 量子数的物理解释

3.2.1 主量子数 n、单电子原子的能级

定态薛定谔方程是一个能量的本征方程

$$\hat{H}u=Eu$$

哈密顿算符, $-\dfrac{\hbar^2}{2m}\nabla^2+V(r)$,是系统总能量的算符. 由前一节的讨论已知单电子原子哈密顿算符的本征函数是由三个量子数 n,l,m_l 来标记的. 当电子束缚于原

子内时，即 $E<0$ 时的情形，能量本征值只由量子数 n 决定. 由上节关于 n 的定义关系式

$$n=\frac{\sqrt{2m}}{2\hbar\sqrt{|E|}}\cdot\frac{e^2}{4\pi\varepsilon_0} \tag{3.2.1}$$

可求得能量本征值. 对更普遍的形式，我们设原子核的电荷为 Ze，对氢原子 $Z=1$，对类氢离子，如一价氦离子 $Z=2$，于是

$$n=\frac{\sqrt{2m}}{2\hbar\sqrt{|E|}}\cdot\frac{Ze^2}{4\pi\varepsilon_0}$$

$$n^2=\frac{m}{2\hbar^2|E_n|}\left(\frac{Ze^2}{4\pi\varepsilon_0}\right)^2$$

整理后得

$$\begin{aligned} E_n &= -\frac{m}{n^2 2\hbar^2}\left(\frac{Ze^2}{4\pi\varepsilon_0}\right)^2=-\left[\frac{e^2}{4\pi\varepsilon_0\hbar c}\right]^2\frac{mc^2Z^2}{2n^2} \\ &= -\alpha^2\frac{mc^2Z^2}{2n^2} \end{aligned} \tag{3.2.2}$$

其中，$\alpha=\dfrac{e^2}{4\pi\varepsilon_0\hbar c}\approx\dfrac{1}{137}$，$\alpha$ 称作精细结构常数.

由于 n 只能取分立正整数值，所以能量 E_n 只能具有分立值. 就是说对 $E<0$ 时，单电子原子的能量是量子化的. 这与玻尔理论以及有关的实验结果相符，但这里得出能量量子化的结论是由解薛定谔方程给出的必然结果，比玻尔理论更为自然. 从这一节及前一章的讨论可以看出在所有的束缚势情形，不论是库仑势阱还是方势阱，只要是势阱都会导致体系能量的量子化. 而且体系的最低总能量都在势能的极小值以上，即都具有零点能. 正是由于有与零点能相联系的零点运动，说明了原子中的电子为什么不会落到原子核上. 由于原子的总能量取决于 n，故将 n 称为主量子数.

主量子数 n 给定后，原子的总能量就确定了. 但是波函数并没有完全确定，因为对于同一个 n 值还可以有不同的 l 和 m_l. 因此对于同一能量，可以对应有几个不同的波函数. 也就是说，不同的状态可以具有相同的能量，这种情形称为简并，氢原子的能量对量子数 l 和 m_l 是简并的. 简并是由体系势能的某些特性引起的. 单电子原子的势能只与坐标 r 有关，是球对称的. 因此无外场时总能量与原子的轨道角动量在空间的取向无关，所以会有关于 m_l 的简并性(将在后面对 m_l 的讨论中说明). 另外，单电子原子的势场是“库仑势”，对 r 有特殊的依赖关系(与 r^{-1}成正比)，这样得到对于 l 的简并性. 在多电子原子的情形，由于原子核外电子对原子核电场的屏蔽及核外电子之间的相互作用，原子中的势场就不再有 r^{-1}的关系，因此，多电子原子的能量不再对 l 量子数简并.

对于同一个 n 值,可以有 n 个不同的 l 值,而同一个 l 又可有 $(2l+1)$ 个 m_l 值.因此,对于同一能级共有数目为

$$\sum_{l=0}^{n-1}(2l+1) = 1 + 3 + \cdots + (2n-1) = \left[\frac{1+(2n-1)}{2}\right]n = n^2 \quad (3.2.3)$$

个不同的波函数与其对应.所以说与主量子数 n 相对应的能级是 n^2 重简并的,对量子数为 n,l 的能级是 $(2l+1)$ 重简并的.图 3.2.1 画出了氢原子的能级及其对 l 的简并情况.图中还按照光谱学的习惯对量子数 $l=0,1,2,3,4,\cdots$ 的状态,分别用字母 s,p,d,f,g,…标出.当 $n=1$ 时,氢原子具有最低的能量 E_1,相当于基态.当 $n=\infty$ 时,$E_\infty=0$,电子不再束缚在原子核的周围,而完全脱离原子核,原子被电离了.E_∞ 与 E_1 的能量之差称为电离能 E_{i}.氢原子的电离能 E_{i} 为

$$\begin{aligned} E_{\mathrm{i}} &= E_\infty - E_1 = -E_1 = \frac{\alpha^2 mc^2}{2} \\ &\approx 0.5 \times \left(\frac{1}{137}\right)^2 \times 511 \times 10^3 = 13.6\ \mathrm{eV} \end{aligned}$$

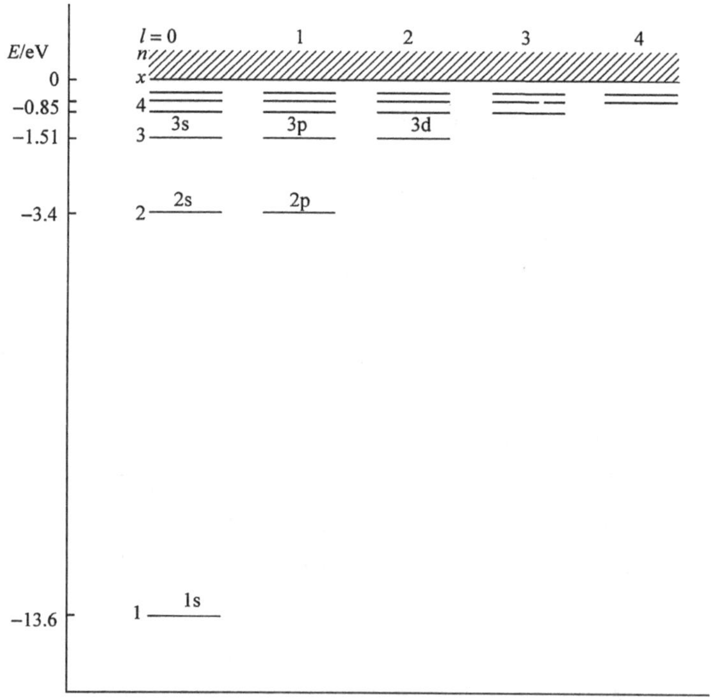

图 3.2.1　氢原子的能级

3.2.2　轨道角动量及量子数 l

按照经典力学，电子作轨道运动的角动量为 $\boldsymbol{l}=\boldsymbol{r}\times\boldsymbol{p}$，$\boldsymbol{p}$ 为电子的线动量．将角动量矢量定义式中的各个量都换成相应的算符就可得到量子力学的轨道角动量的算符表示式

$$\hat{\boldsymbol{l}}=\frac{\hbar}{\mathrm{i}}\boldsymbol{r}\times\nabla \tag{3.2.4}$$

它的三个直角坐标分量为

$$l_x=yp_z-zp_y\rightarrow-\mathrm{i}\hbar\left(y\frac{\partial}{\partial z}-z\frac{\partial}{\partial y}\right)$$

$$l_y=zp_x-xp_z\rightarrow-\mathrm{i}\hbar\left(z\frac{\partial}{\partial x}-x\frac{\partial}{\partial z}\right)$$

$$l_z=xp_y-yp_x\rightarrow-\mathrm{i}\hbar\left(x\frac{\partial}{\partial y}-y\frac{\partial}{\partial x}\right)$$

将直角坐标转换为球极坐标，得到方程组

$$\left.\begin{aligned}\hat{l}_x&=\mathrm{i}\hbar\left(\sin\varphi\frac{\partial}{\partial\theta}+\cot\theta\cos\varphi\frac{\partial}{\partial\varphi}\right)\\ \hat{l}_y&=\mathrm{i}\hbar\left(-\cos\varphi\frac{\partial}{\partial\theta}+\cot\theta\sin\varphi\frac{\partial}{\partial\varphi}\right)\\ \hat{l}_z&=-\mathrm{i}\hbar\frac{\partial}{\partial\varphi}\end{aligned}\right\} \tag{3.2.5}$$

轨道角动量平方算符为

$$\begin{aligned}\hat{l}^2&=\hat{l}_x^2+\hat{l}_y^2+\hat{l}_z^2\\&=-\hbar^2\left[\frac{1}{\sin\theta}\frac{\partial}{\partial\theta}\left(\sin\theta\frac{\partial}{\partial\theta}\right)+\frac{1}{\sin^2\theta}\frac{\partial^2}{\partial\varphi^2}\right]\end{aligned} \tag{3.2.6}$$

我们将式(3.1.7)两边都乘以 Φ，则可写为

$$-\frac{1}{\sin\theta}\frac{\mathrm{d}}{\mathrm{d}\theta}\left(\sin\theta\frac{\mathrm{d}\Theta\Phi}{\mathrm{d}\theta}\right)+\frac{m_l^2}{\sin^2\theta}\Theta\Phi=l(l+1)\Theta\Phi$$

而由式(3.1.6)，$m_l^2=-\dfrac{\partial^2\Phi}{\Phi\partial\varphi^2}$代入上式，并在两边都乘以$\hbar^2$，则得

$$-\hbar^2\left[\frac{1}{\sin\theta}\frac{\partial}{\partial\theta}\left(\sin\theta\frac{\partial\Theta\Phi}{\partial\theta}\right)+\frac{1}{\sin^2\theta}\frac{\partial^2\Theta\Phi}{\partial\varphi^2}\right]=l(l+1)\hbar^2\Theta\Phi \tag{3.2.7}$$

令 $Y(\theta,\varphi)=\Theta(\theta)\Phi(\varphi)$，将它代入式(3.2.7)，则得

$$-\hbar^2\left[\frac{1}{\sin\theta}\frac{\partial}{\partial\theta}\left(\sin\theta\frac{\partial}{\partial\theta}\right)+\frac{1}{\sin^2\theta}\frac{\partial^2}{\partial\varphi^2}\right]Y(\theta,\varphi)=l(l+1)\hbar^2Y(\theta,\varphi) \tag{3.2.8}$$

式左边实际就是 l^2 算符,可以写作

$$\hat{l}^2 Y(\theta,\varphi)=l(l+1)\hbar^2 Y(\theta,\varphi) \tag{3.2.9}$$

式(3.2.9)具有本征方程的形式. l^2 算符只是 θ 和 φ 的函数,若两边都乘 $R_{n,l}$,即

$$\hat{l}^2 R_{n,l} Y(\theta,\varphi)=l(l+1)\hbar^2 R_{n,l} Y(\theta,\varphi)$$

则

$$\hat{l}^2 u(r,\theta,\varphi)=l(l+1)\hbar^2 u(r,\theta,\varphi) \tag{3.2.10}$$

因此,单电子原子的能量本征函数也是轨道角动量平方算符的本征函数,l^2 的本征值是 $l(l+1)\hbar^2$.这也说明轨道角动量矢量的平方具有确定值,它为 $l(l+1)\hbar^2$.由此可得轨道角动量的大小为

$$|\boldsymbol{l}|=\sqrt{l(l+1)}\hbar \tag{3.2.11}$$

量子态为(n,l,m_l)的单电子原子的轨道角动量只依赖于量子数 l,所以将 l 称作轨道角动量量子数.式(3.2.11)与玻尔理论给出的公式 $l=n\hbar$ 不同.如对 $n=1$ 的情形,按照玻尔理论,此时 $l=\hbar$,而量子力学给出的是 $l=0$.大量的实验表明量子力学的结果,式(3.2.11)是正确的.

3.2.3 磁量子数 m_l

由方程组(3.2.5),轨道角动量的 z 分量算符

$$\hat{l}_z=-\mathrm{i}\hbar\frac{\partial}{\partial\varphi}$$

明显看出

$$\hat{l}_z\Phi_{m_l}(\varphi)=m_l\hbar\,\Phi_{m_l}(\varphi) \tag{3.2.12}$$

其中

$$\Phi_{m_l}(\varphi)=\frac{1}{\sqrt{2\pi}}\mathrm{e}^{\mathrm{i}m_l\varphi}$$

式(3.2.12)是 l_z 的本征方程. Φ_{m_l}及 $Y(\theta,\varphi)$和 $u(r,\theta,\varphi)$都是 l_z 的本征函数,$m_l\hbar$ 是 l_z 的本征值,这表明 l_z 在原子的(n,l,m_l)量子态时有确定值

$$l_z=m_l\hbar \tag{3.2.13}$$

对于给定的 l 量子数,磁量子数 m_l 的可能值

$$m_l=0,\pm1,\pm2,\cdots,\pm l$$

说明轨道角动量矢量在空间的某一特定方向,如 z 轴方向,只可以有$(2l+1)$个可能取向.特定方向 z 轴可能是由外磁场引起的,这样在磁场中原子的能量就不再对 m_l 简并.因此量子数 m_l 称作磁量子数.

3.2.4　角动量的矢量模型

由以上讨论知道，u_{nlm_l}是 l^2 和 l_z 的本征函数.原子处在能量本征态下，它的角动量大小和在 z 轴的分量都具有确定值.进一步的计算表明，在(n, l, m_l)量子态时，l_x 和 l_y 的平均值为零，即

$$\langle l_x \rangle = \langle l_y \rangle = 0$$

而且，u_{nlm_l}不是 l_x 和 l_y 的本征函数，它们在(n, l, m_l)量子态下没有确定值.这意味着在球对称势场中运动的电子，其轨道角动量是守恒的，但其轨道角动量是没有完全确定的方向.这从经典的观点是无法理解的.按照经典力学观点，角动量守恒意味着它的大小和方向都保持不变，角动量在 x、y、z 三个方向上的分量都应具有确定的值.从这里可以看出，角动量的三个分量 l_x、l_y 和 l_z 不可能同时具有确定值，是量子力学中角动量的一个普遍性质.在量子力学中角动量守恒意味着，角动量的平方 l^2 具有确定的值，角动量在 z 轴上的投影 l_z 有确定值.

既然角动量的三个分量 l_x、l_y 和 l_z 不可能同时具有确定值，就无法用具有确定方向的矢量来表示角动量.在原子物理中，通常采用所谓的矢量模型来形象化地表示角动量.在该模型中，角动量 $\boldsymbol{l}$ 由位于以 z 轴为主轴的圆锥面上的矢量来表示，如图 3.2.2 所示.圆锥面的斜高(母线)长为$\sqrt{l(l+1)}\hbar$，代表 $\boldsymbol{l}$ 的大小.圆锥面的高为 $m_l\hbar$，代表 l_z 的大小.由于这两个量是确定的，故圆锥面的顶角是确定的，半顶角 θ 就是矢量 $\boldsymbol{l}$ 和 l_z 间的夹角，它由下式决定：

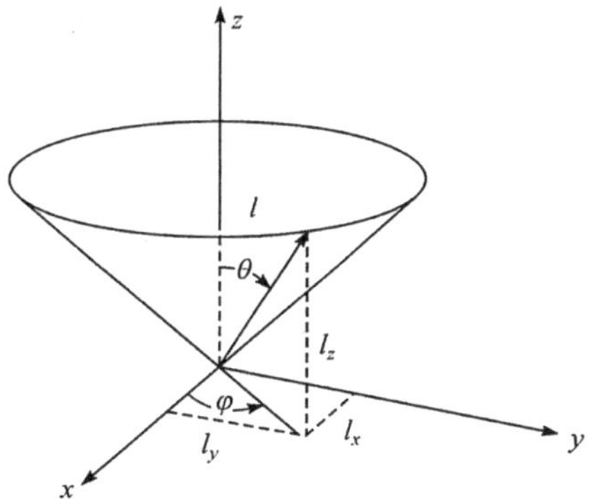

图 3.2.2

$$\cos\theta = \frac{l_z}{|\boldsymbol{l}|} = \frac{m_l}{\sqrt{l(l+1)}} \tag{3.2.14}$$

但 l_x 和 l_y 的值不确定，因此矢量 $\boldsymbol{l}$ 的圆锥面上的方位也就不确定.由 l_x 和 l_y 的平均值为零可知，矢量 $\boldsymbol{l}$ 随机地位于圆锥面上任何方位的概率都相同.

对于具有相同 l 量子数的角动量，它在 z 轴的分量有 $2l+1$ 个不同的 m_l 值，图 3.2.3 画出 $l=2$ 的角动量的相应的状态.由式(3.2.14)可知，角动量和 z 轴的夹角 θ 只能有$(2l+1)$个值，也就是轨道角动量在空间只能有$(2l+1)$个不同的取向，是不能任意取向的.这一情形称为空间量子化.l_z 的最大值为 $l\hbar$，它总是小于 $\boldsymbol{l}$(它的大小是$\sqrt{l(l+1)}\hbar$)，这表示轨道角动量的矢量不可能与 z 轴完全平行或反平行.

3.3 跃迁概率和选择定则

3.3.1 原子处在定态时不发射电磁辐射

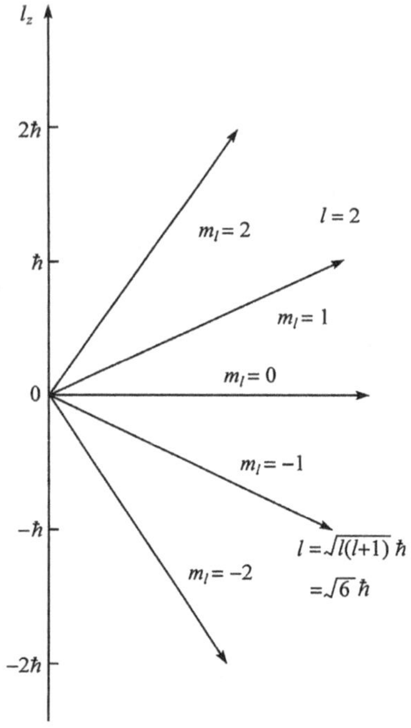

图 3.2.3

玻尔的氢原子理论中假设在允许轨道上的电子不辐射能量.为了说明原子有一定的大小并且是稳定的以及有关的大量实验事实,玻尔假设是必须的,然而玻尔假设却明显和麦克斯韦电磁理论相抵触,因为按照电磁理论,作圆轨道运动的电子必定会发射电磁波,而玻尔理论无法在物理上给出处于定态的原子不发射电磁辐射解释.

由量子力学的观点看,在薛定谔理论中,当原子处于定态时其概率密度不随时间变化.原子的电荷密度是由它的概率密度和电子电荷决定的,因此定态时原子的电荷密度不随时间变化.按电磁理论,一个稳定的电荷分布体系是不会发射电磁辐射的.所以定态时原子是不辐射电磁波的.

3.3.2 原子跃迁和混合态

讨论更普遍的包含时间变量的非定态薛定谔方程

$$\mathrm{i}\hbar\frac{\partial\Psi}{\partial t}=H\Psi$$

的解.我们知道薛定谔方程是线性的,它的各个解的线性组合也是该方程的解.若定态波函数 $\Psi_{\mathrm{i}}(r,\theta,\varphi,t)$、$\Psi_{\mathrm{f}}(r,\theta,\varphi,t)$是方程的解,则波函数

$$\Psi=C_{\mathrm{i}}\Psi_{\mathrm{i}}+C_{\mathrm{f}}\Psi_{\mathrm{f}} \tag{3.3.1}$$

也是方程的解,必然也代表原子所能具有的一种状态.式(3.3.1)所表示的波函数显然是一个混合态,我们可用概率解释来认识这种状态.当 $C_{\mathrm{i}}=1,C_{\mathrm{f}}=0$ 时,$\Psi=\Psi_{\mathrm{i}}$,相当于原子处于初态的情形.当 $C_{\mathrm{i}}=0,C_{\mathrm{f}}=1$ 时,$\Psi=\Psi_{\mathrm{f}}$,相当于原子处在末态.在原子的跃迁过程中 C_{i} 和 C_{f} 将都不为零.由式(3.3.1)表示的波函数,它的概率密度为

$$\begin{aligned}\Psi^*\Psi&=(C_{\mathrm{i}}^*\Psi_{\mathrm{i}}^*+C_{\mathrm{f}}^*\Psi_{\mathrm{f}}^*)(C_{\mathrm{i}}\Psi_{\mathrm{i}}+C_{\mathrm{f}}\Psi_{\mathrm{f}})\\&=C_{\mathrm{i}}^*C_{\mathrm{i}}\Psi_{\mathrm{i}}^*\Psi_i+C_{\mathrm{f}}^*C_{\mathrm{f}}\Psi_{\mathrm{f}}^*\Psi_{\mathrm{f}}+C_{\mathrm{i}}^*C_{\mathrm{f}}\Psi_{\mathrm{i}}^*\Psi_{\mathrm{f}}+C_{\mathrm{i}}C_{\mathrm{f}}^*\Psi_{\mathrm{i}}\Psi_{\mathrm{f}}^*\end{aligned}$$

由于 Ψ_i、Ψ_f 态的能量只决定于主量子数，所以波函数可简单地表示为

$$\Psi_i = u_i e^{-iE_n t/\hbar} \text{和} \ \Psi_f = u_f e^{-iE_{n'} t/\hbar}$$

将它们代入上式，得

$$\begin{aligned}\Psi^* \Psi = & C_i^* C_i u_i^* u_i + C_f^* C_f u_f^* u_f + C_i^* C_f u_i^* u_f e^{i(E_n - E_{n'})t/\hbar} \\ & + C_i C_f^* u_i u_f^* e^{-i(E_n - E_{n'})t/\hbar}\end{aligned} \tag{3.3.2}$$

式(3.3.2)中前两项与时间无关，但后两项中含有随时间振荡的因子，而且是以频率

$$\nu = \frac{E_n - E_{n'}}{h} \tag{3.3.3}$$

随时间的振荡，这频率和玻尔频率规则所给出的相同. 概率密度随时间振荡意味着在原子核周围发现电子的概率随时间振荡. 因此，混合态时原子的电荷分布将随时间振荡，原子必定会辐射. 这说明原子不仅可能处在不辐射的定态，也可以处在辐射的非定态、混合态.

可以认为原子在跃迁过程中是处在以式(3.3.1)所表示的混合态. 那原子是怎样形成如式(3.3.1)表示的由两个定态组成的混合态的呢？每个原子都有一组分立的自然频率(或称共振频率)，其频率值由式(3.3.3)的玻尔规则给定. 假设一个处于初态 i(n)的原子受到外来的辐射场作用，如果该场的辐射谱中正好有等于原子的其中一个共振频率，$\nu_{nn'} = \dfrac{E_n - E_{n'}}{h}$，的光子存在. 那么这种光子(称作施感光子)将和原子发生"共振"相互作用，使原子感应出同频率的电荷振荡，这种振荡正是混合态的特征. 于是原子处于态 n 和 n' 的混合态，在两个态之间振荡，直至完成辐射能量的转换，原子吸收了辐射能量，从初态跃迁到末态. 如果原子的初态是处在较高的能量，在外辐射场的作用下同样也会有态的混合. 在混合态中电子的振荡最终将导致原子跃迁到较低能态. 在跃迁过程中伴随着发射出频率 $\nu_{nn'}$ 的光子. 原子在外辐射场的感应下而发射光子的现象称为受激(或感生)发射. 受激发射的概念首先是由爱因斯坦提出的. 玻尔理论中只提出了原子的自发发射(处于高能级的原子会自发跃迁到较低能级)和共振吸收(处于低能级的原子吸收外来辐射后跃迁到较高能级). 爱因斯坦认为原子在外辐射场作用下感应出相同频率的电荷振荡，因而引起辐射. 受激发射的主要特征是除了感生的辐射与施感光子的能量相同外，并且与施感光子具有相同的相位、传播方向和极化. 正是受激发射的这些特征构成了激光的主要物理基础.

实验表明，激发态原子能自发地辐射，处在激发态的原子自发发射的并不要求存在外界电磁场. 那么这种自发发射又是怎样引起的呢？原子核的库仑场是一个静态场，不会引起自发发射. 这只能由量子电动力学来解释，辐射场也是量子化的. 量子电动力学认为即使不存在外来的辐射场，原子周围也存在与零点能相联系的

辐射场.所以原子周围总有施感光子存在,从而可以引发自发发射.

3.3.3　跃迁率、平均寿命

原子对光的吸收和发射是原子体系与光相互作用产生的现象.对这类现象的精确解释需要考虑电磁场的量子化,这属于量子电动力学的范畴,严格地说不能在薛定谔理论的范畴内处理,但在大多数的情形,在较简单的讨论中可以近似地将光波看作经典的电磁波,而只对原子体系用量子力学来处理,将经典电磁波和原子之间的相互作用看作是原子系统的一个微扰.处于某一能级上的原子在单位时间内跃迁到另一个能级去的概率称为跃迁率.用量子力学可以计算跃迁率,但由于计算和推导都较繁,在这里我们用经典电磁理论来讨论.

1. 跃迁率

处于混合态的原子,它的电荷分布随时间振荡,可以看成是它的负电荷的重心与原子核的距离的振荡,犹如一个带电振子.因此我们可用电振子的能量发射来讨论原子的辐射和跃迁过程.经典电动力学中最简单的振子是电偶极振荡.一个振荡的电偶极子在单位时间内辐射的平均能量为

$$P=\frac{4\pi^3\nu^4}{3\varepsilon_0 c^3}|\boldsymbol{p}_0|^2 \tag{3.3.4}$$

其中 ν 是振子的振荡频率,p_0 是电偶极矩的大小,c 是光速.这种经典的表示式要用到量子系统中,必须假定辐射能量是以光子的形式发射的.这样可得激发态原子在单位时间内发射光子的概率,即原子在单位时间内由初状态 i 跃迁到终状态 f,发生非极化辐射的概率为

$$\lambda_{\mathrm{if}}=\frac{P}{h\nu}=\frac{4\pi^3\nu^3}{3\varepsilon_0 hc^3}|\boldsymbol{p}_0|^2 \tag{3.3.5}$$

由上式可知,跃迁率与频率的三次方 ν^3 和电偶极矩振幅的平方成正比.对一任意电荷分布 $\rho(\boldsymbol{r})$的电偶极矩$<e\boldsymbol{r}>=\int \boldsymbol{r}\rho(\boldsymbol{r})\mathrm{d}v$, 对原子来说 $\rho(\boldsymbol{r})=-e\boldsymbol{\Psi}^*\boldsymbol{\Psi}$,因此它的电偶极矩的平均振幅为

$$<e\boldsymbol{r}>=-\int e\boldsymbol{\Psi}^*\boldsymbol{r}\boldsymbol{\Psi}\mathrm{d}v$$

估算得

$$\lambda_{\mathrm{if}}=\frac{16\pi^3\nu^3}{3\varepsilon_0 hc^3}|\boldsymbol{p}_{\mathrm{if}}|^2 \tag{3.3.6}$$

其中

$$\boldsymbol{p}_{\mathrm{if}}=-e\int u_{\mathrm{i}}^*\boldsymbol{r}u_{\mathrm{f}}\mathrm{d}v$$

例 3.3.1　试估计氢原子由 $n=3$ 跃迁到 $n=2$ 能级的跃迁率的数量级.

解　这里我们用电子电荷与玻尔半径 a_0 的乘积来近似氢原子的电偶极矩的振幅.

$$h\nu = E_3 - E_2 = \frac{\alpha^2 mc^2}{2}\left(\frac{1}{2^2}-\frac{1}{3^2}\right)=\frac{5}{72}\alpha^2 mc^2$$

$$\lambda_{32}=\frac{16\pi^3\nu^3}{3\varepsilon_0 hc^3}|ea_0|^2\approx 5\times 10^7\ \mathrm{s}^{-1}$$ □

2. 平均寿命与谱线宽度

在一个有大量原子的体系中,假设每个原子的退激发都是独立进行的.如果处在激发态的同种原子很多,那么大量统计的结果必然是,在 $\mathrm{d}t$ 时间间隔内从初态跃迁到终态的原子数 $\mathrm{d}N_{\mathrm{if}}$显然将与跃迁率、处于初态的原子数 N_{i} 及时间间隔成正比.

$$\mathrm{d}N_{\mathrm{if}}=\lambda_{\mathrm{if}}N_{\mathrm{i}}\mathrm{d}t \tag{3.3.7}$$

发生跃迁的原子数 $\mathrm{d}N_{\mathrm{if}}$也就是处于初态的原子减少的数目,$\mathrm{d}N_{\mathrm{if}}=-\mathrm{d}N_{\mathrm{i}}$.将此代入上式,并积分得

$$N_{\mathrm{i}}(t)=N_{\mathrm{i}}(0)\mathrm{e}^{-\lambda_{\mathrm{if}}t} \tag{3.3.8}$$

式中,$N_{\mathrm{i}}(t)$、$N_{\mathrm{i}}(0)$表示在 t 时刻和 $t=0$ 时刻初态的原子数.式(3.3.8)表示处于初态的原子数随时间按指数衰减.对某一个激发态原子而言,它什么时间发生跃迁是不确定的,它停留在初态的时间可能在 0 到∞的区间内变化.但对大量原子是有一定的统计规律的.设在 $t=0$ 时刻有 $N_{\mathrm{i}}(0)$个原子处在初态 i,然而在$(t,t+\mathrm{d}t)$的时间间隔内有 $\mathrm{d}N_{\mathrm{if}}$个原子发生了跃迁,也就是说它们存在于初态的时间为 t,即有 $\mathrm{d}N_{\mathrm{if}}$个原子初态的寿命是 t.对大量原子的统计平均就可得初态原子的平均寿命

$$\tau = \frac{1}{N_{\mathrm{i}}(0)}\int_0^\infty t\mathrm{d}N_{\mathrm{i}} = \frac{1}{N_{\mathrm{i}}(0)}\int_0^\infty N_{\mathrm{i}}\lambda_{\mathrm{if}}t\mathrm{d}t = \frac{1}{\lambda_{\mathrm{if}}} \tag{3.3.9}$$

将式(3.3.9)代入式(3.3.8),得当 $t=\tau$ 时,初态原子的数目减少到 1/e.

对一个激发态原子而言,它处在该状态的时间是不确定的.根据海森伯不确定原则

$$\Delta t\Delta E \geqslant \frac{\hbar}{2}$$

也就是说状态的能量相应的有 ΔE 的不确定值.说明量子态的能量在一有限的时间间隔内不可能被精确测定.对具有有限寿命的系统,它的能量必定有一不确定值.所以,原子发射(或吸收)的光谱线必然会有一定宽度,常以谱线强度峰值一半处的谱线宽度 $\Delta\omega$ 来度量.由此引起的光谱线宽度称谱线的自然宽度.其相应的能量宽度 Γ 常称作能级宽度,$\Gamma=\Delta E=\hbar\,\Delta\omega$.若以用平均寿命来表示时间不确定度

的大小，则可得

$$\tau \approx \frac{\hbar}{\Gamma} \tag{3.3.10}$$

即 $\tau \approx \frac{1}{\Delta\omega}$. 激发态原子寿命的典型值为 $\tau \approx 10^{-8}$ s，对一条波长为 500 nm 的谱线，谱线的自然宽度约为 $\Delta\lambda \approx 1.3 \times 10^{-5}$ nm. 很明显，可见光谱线的自然宽度是很小的. 在实验测量原子光谱时由于原子的热运动而引起的多谱勒加宽和由于原子间的碰撞与相互作用引起的压力加宽会使测到的谱线宽度比自然线宽更宽.

3. 电偶极辐射的选择定则

原子辐射中最主要的模式是电偶极辐射. 由式(3.3.6)给出的跃迁率可知，跃迁率除了与 ν^3 成正比外还与电偶极矩振幅的平方 $|\boldsymbol{p}_{\mathrm{if}}|^2$ 成正比. 现在来讨论在什么条件下原子非定态的电偶极矩振幅才不会是零，即原子可能发生辐射或吸收.

原子非定态的电偶极矩 $\boldsymbol{p}_{\mathrm{if}} = -e\int u_{\mathrm{i}}^* \boldsymbol{r} u_{\mathrm{f}} \mathrm{d}v = -e\int u_{nlm_l}^* \boldsymbol{r} u_{n'l'm_l'} \mathrm{d}v$，其中包含对 r、θ 和 φ 的积分，只有三个积分都不为零时，电偶极矩才不为零. 可以证明，只要 n 和 n' 是整数，对 r 的积分就不为零. 而只有当 $l' - l = \pm 1$ 即 $\Delta l = \pm 1$ 时，对 θ 的积分才不为零. 对 φ 的积分要具体对电偶极矩在坐标系 x、y、z 的三个分量分别讨论. 设空间的特殊方向(如外场的方向)为 z 轴方向，则

$$x = r\sin\theta\cos\varphi = r\sin\theta\,\frac{\mathrm{e}^{\mathrm{i}\varphi} + \mathrm{e}^{-\mathrm{i}\varphi}}{2}$$

$$y = r\sin\theta\sin\varphi = r\sin\theta\,\frac{\mathrm{e}^{\mathrm{i}\varphi} - \mathrm{e}^{-\mathrm{i}\varphi}}{2\mathrm{i}}$$

$$z = r\cos\theta$$

p_{if}对 φ 的部分为

$$\int_0^{2\pi} \mathrm{e}^{-\mathrm{i}m_{\mathrm{f}}\varphi} r \mathrm{e}^{\mathrm{i}m_{\mathrm{i}}\varphi} \mathrm{d}\varphi$$

于是，积分的 x、y、z 的分量和 φ 有关的部分各为

$$\int_0^{2\pi} \mathrm{e}^{\mathrm{i}(m_{\mathrm{i}} - m_{\mathrm{f}} + 1)\varphi} + \mathrm{e}^{\mathrm{i}(m_{\mathrm{i}} - m_{\mathrm{f}} - 1)\varphi} \mathrm{d}\varphi$$

$$\int_0^{2\pi} \mathrm{e}^{\mathrm{i}(m_{\mathrm{i}} - m_{\mathrm{f}} + 1)\varphi} - \mathrm{e}^{\mathrm{i}(m_{\mathrm{i}} - m_{\mathrm{f}} - 1)\varphi} \mathrm{d}\varphi$$

$$\int_0^{2\pi} \mathrm{e}^{\mathrm{i}(m_{\mathrm{i}} - m_{\mathrm{f}})\varphi} \mathrm{d}\varphi$$

所以要使 xy 平面上的电偶极矩不为零，必须

$$\Delta m = m_{\mathrm{i}} - m_{\mathrm{f}} = \pm 1$$

要使 z 方向上的电偶极矩不为零，必须

$$\Delta m = m_{\mathrm{i}} - m_{\mathrm{f}} = 0$$

综上所述,只有在初态和末态的量子数满足如下关系时:

$$\begin{cases}\Delta m = m - m' = 0, \pm 1 \\ \Delta l = l - l' = \pm 1\end{cases} \tag{3.3.11}$$

电偶极矩的振幅才不为零. 式(3.3.11)给出电偶极跃迁概率不为零的条件,称为电偶极跃迁的选择定则. 服从选择定则的跃迁称为容许跃迁. 图 3.3.1 给出氢原子能级间的容许跃迁. 状态间量子数不符合上述选择定则时,电偶极跃迁的概率为零,但这两个状态间并不是完全不能发生跃迁,它们仍可以发射或吸收其他类型的辐射. 磁极矩振荡和电四极矩振荡也会引起跃迁而有相应的辐射,只是和电偶极跃迁相比,它们的跃迁概率要小得多,是电偶极跃迁概率的 10^{-3}或更小. 不满足电偶极跃迁选择定则的跃迁称禁戒跃迁.

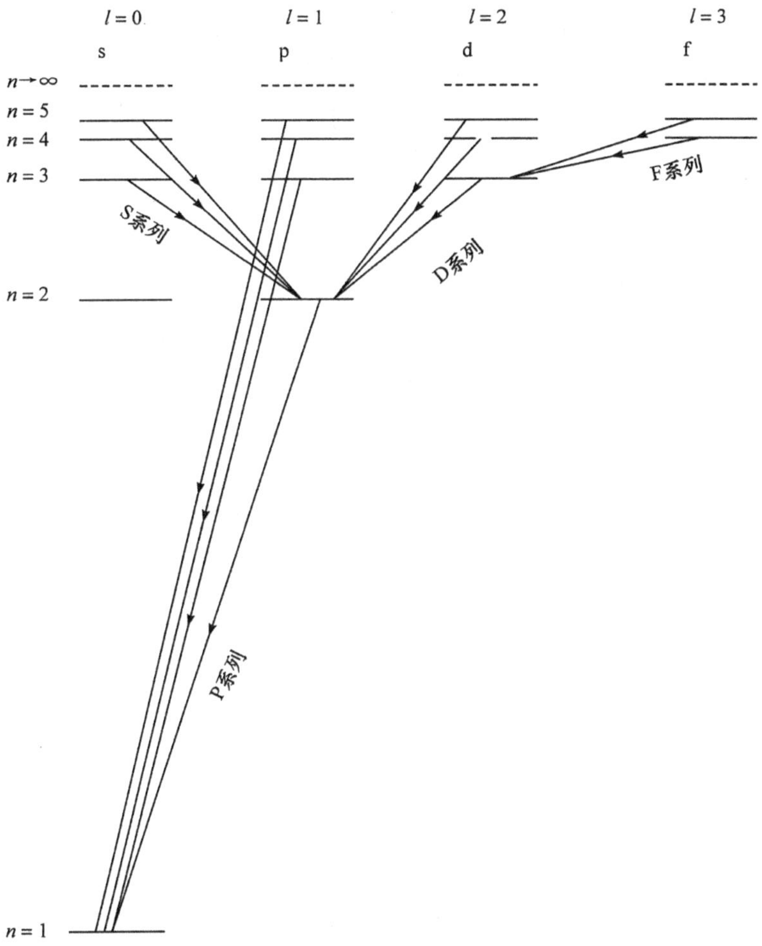

图 3.3.1　氢原子能级间的容许跃迁

式(3.3.11)中角量子数 l 的选择定则 $\Delta l=\pm 1$,从物理上可以这样来理解.在式(3.3.6)的被积函数中,$\boldsymbol{r}$ 是奇函数,只有当 $u_i^* u_f$ 也是奇函数时积分才不为零.这就是初态和末态波函数的宇称必须相反.初态和末态波函数的宇称分别取决于 $(-1)^l$ 和 $(-1)^{l'}$,所以 l 和 l' 之差应为奇数.另外,按照量子电动力学和实验的证实,光子具有角动量,光子的角动量为 $1\hbar$.一个孤立体系应遵守角动量守恒的规律,如果将原子和发射(或吸收)的光子看作一个体系,那么跃迁前后原子的角动量的改变量必定是 $\pm 1\hbar$.所以跃迁前后的 $\Delta l=\pm 1$.

3.4 电子自旋

在前面的讨论中,我们知道由于原子中的库仑力场是中心力场,在空间不存在任何特殊方向,所以孤立原子的能量对磁量子数是简并的.如果原子处在外场中,例如外磁场,那么磁场方向就是一个特定方向了.这时原子所受的力场就不再是球对称的了.原子轨道角动量空间取向量子化的效果,由于原子磁矩和外磁场的作用就会显现出来.

3.4.1 轨道磁矩

原子中的电子有轨道角动量,由于电子是带电粒子,因此就应有相应的磁矩,称为轨道磁矩.由量子力学计算得到的结果和经典电磁学的基本是一样的,只是在计算中需用量子力学的角动量代入.电磁学中由电流环引起的磁矩定义为

$$\boldsymbol{\mu}_l = \oint i\,\frac{1}{2}\boldsymbol{r}\times \mathrm{d}\boldsymbol{s}$$

其中 i 是轨道电流,$\mathrm{d}\boldsymbol{s}$ 是轨道路径元,$\frac{1}{2}\boldsymbol{r}\times\mathrm{d}\boldsymbol{s}$ 是面积元,于是

$$\boldsymbol{\mu}_l = \oint \frac{1}{2}\boldsymbol{r}\times\frac{\mathrm{d}\boldsymbol{s}}{\mathrm{d}t}\mathrm{d}q = \frac{1}{2m_e}\oint \boldsymbol{r}\times\boldsymbol{p}\,\mathrm{d}q$$

$$\boldsymbol{\mu}_l = -\frac{e}{2m_e}\boldsymbol{l} \tag{3.4.1}$$

其中 $-e$ 和 m_e 是电子的电荷和质量.式(3.4.1)可改写为

$$\boldsymbol{\mu}_l = -\frac{g_l e}{2m_e}\boldsymbol{l} \tag{3.4.2}$$

由上式可知,$\boldsymbol{\mu}_l$ 和 $\boldsymbol{l}$ 的数值比和 g_l 及物理常数有关.$g_l=1$,称为轨道 g 因子.磁矩 $\boldsymbol{\mu}_l$ 和轨道角动量 $\boldsymbol{l}$ 的方向相反.轨道磁矩的大小

$$\mu_l = g_l\,\frac{e\hbar}{2m_e}\sqrt{l(l+1)} \tag{3.4.3}$$

原子磁矩常以玻尔磁子 μ_B 作为单位，μ_B 是原子磁矩的最小单位.

$$\mu_B=\frac{e\hbar}{2m_e}=0.927\times10^{-23}\ \mathrm{J\cdot T^{-1}}=0.578\ 8\times10^{-4}\ \mathrm{eV\cdot T^{-1}} \tag{3.4.4}$$

将 μ_B 代入式(3.4.2)，则得

$$\boldsymbol{\mu}_l=-\frac{g_l\mu_B}{\hbar}\boldsymbol{l} \tag{3.4.5a}$$

$$\mu_z=-m_lg_l\mu_B \tag{3.4.5b}$$

其中 $m_l=0,\pm1,\cdots,\pm l$. 磁矩在 z 方向上的最大值是 $l\cdot\mu_B$.

磁偶极子在磁流密度为 $\boldsymbol{B}$ 的均匀外磁场中，会受到一个力矩 $\boldsymbol{\tau}$ 的作用

$$\boldsymbol{\tau}=\boldsymbol{\mu}\times\boldsymbol{B}$$

在磁场中磁偶极子的势能

$$V_{磁}=-\boldsymbol{\mu}\cdot\boldsymbol{B}$$

即当磁偶极子的取向和磁场方向一致时势能最小. 陀螺受到力矩作用会作进动. 陀螺在力矩 $\boldsymbol{\tau}$ 作用下的进动频率 ω_p 为

$$\omega_p=\frac{|\boldsymbol{\tau}|}{(|\boldsymbol{l}|\sin\alpha)}$$

这里 $\boldsymbol{l}$ 是陀螺的角动量，α 是 $\boldsymbol{l}$ 和 $\boldsymbol{B}$ 间的夹角，见图 3.4.1(a).

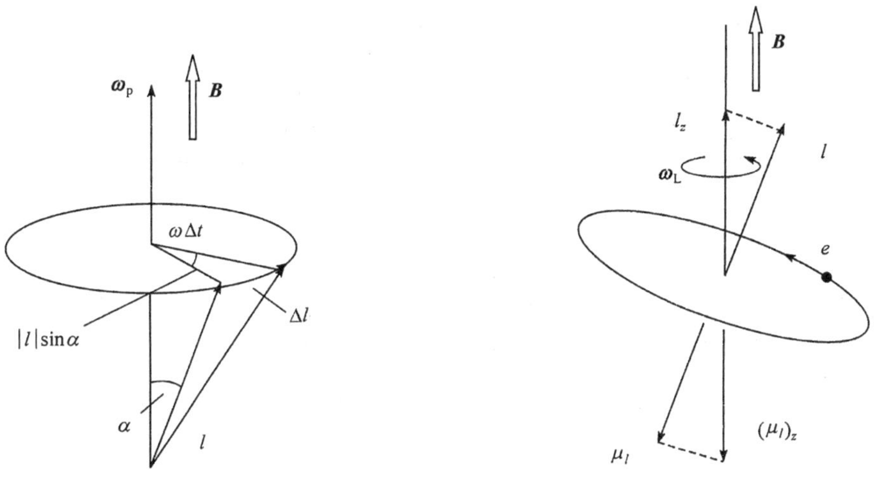

(a) 一个角动量为l、磁矩为μ的陀螺在磁场中进动频率的矢量图

(b) 原子轨道角动量、磁矩及进动的矢量关系

图 3.4.1

按玻尔模型，原子中的电子在轨道上运动，可类似于力学中的陀螺. 将上面的考虑用到原子陀螺的情形，在磁场中电子轨道的进动频率为拉莫尔(Larmor)频率，

可写为

$$\boldsymbol{\omega}_{\mathrm{L}}=\frac{|\boldsymbol{\tau}|}{(|\boldsymbol{l}|\sin\alpha)}=\frac{\mu_l\boldsymbol{B}\sin\alpha}{|\boldsymbol{l}|\sin\alpha}=\left(\frac{g_l\mu_{\mathrm{B}}}{\hbar}\right)\boldsymbol{B}=\gamma\boldsymbol{B}$$

这里引入一个新的量 γ,称作旋磁比(gyromagnetic ratio).它的值就是原子轨道磁矩与轨道角动量之比,也是原子轨道角动量在 1T(特斯拉)的外场中的进动频率.进动频率和外磁场强度成正比,与轨道角动量的大小和取向(α)无关,各矢量间的符号与方向关系见图 3.4.1(b).由于磁矩 $\boldsymbol{\mu}_l$ 绕外场 $\boldsymbol{B}$ 进动,所以 $\boldsymbol{\mu}_l$ 在 x 和 y 方向上的分量的平均值都为 0,只有 z 分量可观测到.

3.4.2　塞曼效应

1896 年,荷兰物理学家塞曼(P. Zeeman)发现,当光源放在外磁场中,其原子所发射的光谱线会分裂成几条分支谱线,而且分裂后的各条谱线是偏振的.后人称这种现象为塞曼效应.

当一个原子处在外磁场中的时候,由于原子磁矩和外磁场的作用,磁矩在磁场中的势能

$$\Delta E=-\boldsymbol{\mu}_l\cdot\boldsymbol{B} \tag{3.4.6}$$

用原子磁矩代入,设磁场方向为 z 轴,按照薛定谔理论则

$$\Delta E_m=\left(\frac{\mu_{\mathrm{B}}}{\hbar}\right)g_l\boldsymbol{l}\cdot\boldsymbol{B}=m_lg_l\mu_{\mathrm{B}}B \tag{3.4.7}$$

具有不同 m_l 量子数的态的势能不相同.而磁矩在磁场中可能有 $2l+1$ 个取向,因此一个具有角动量 l 的原子态,若它的能量在没有外磁场时为 E_l,在外磁场中它的能量就可能处在$(2l+1)$个子能级中的某一个上,它的能量值 E_m 为

$$E_{m_l}=E_l+\Delta E_{m_l} \tag{3.4.8}$$

能级分裂如图 3.4.2 所示.

设磁场 B 的方向为 z,原子在能级 E_2 和 E_1 间跃迁,在无磁场时原子发射的谱线频率为 ν, $h\nu=E_2-E_1$.在外磁场下能级发生分裂

$$E'_2=E_2+\Delta E_2=E_2\pm m_l\mu_{\mathrm{B}}B$$

$$E'_1=E_1+\Delta E_1=E_1\pm m_{l'}\mu_{\mathrm{B}}B$$

因此,原子发射的谱线的频率为 ν',

$$h\nu'=E'_2-E'_1=(E_2-E_1)\pm(m_l-m_{l'})\mu_{\mathrm{B}}B$$

有磁场时的谱线与原谱线的频率之差为

$$h(\nu'-\nu)=\Delta m\mu_{\mathrm{B}}B \tag{3.4.9}$$

原子发射的谱线应满足磁量子数的选择定则,即

$$\Delta m=0,\ \pm1$$

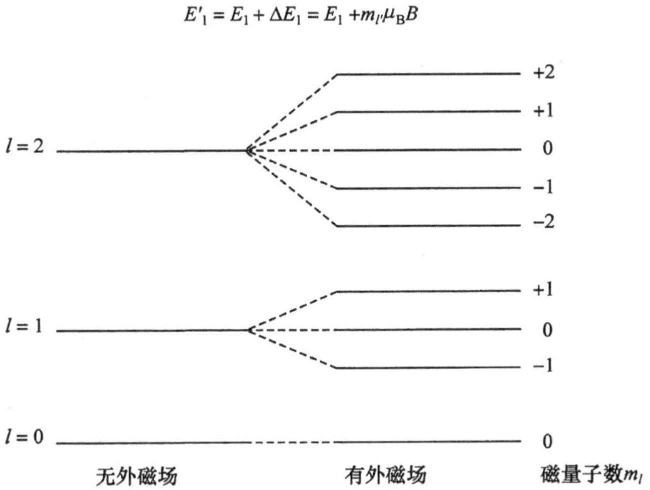

图 3.4.2　在磁场中能级的分裂

所以原有的一条谱线分裂成三条，如图 3.4.3 所示. 其中一条在原来的位置，其频率不变，相应于选择定则 $\Delta m=0$ 的跃迁；另外两条的频率为 $\nu+\Delta\nu$ 和 $\nu-\Delta\nu$ 相应于选择定则 $\Delta m=\pm 1$ 的跃迁. 谱线间的频率差是等同的，为 $h\Delta\nu=\mu_B B$，它只取决于磁场强度 B，而与其他因素无关. 将镉光源放在磁场中可以观察到它所发出的波长为 643.8 nm 的红色谱线发生了分裂. 并且观察的方向不同，所见到的谱线分裂情形也不相同. 设磁场的方向为 z 轴，如果在垂直于磁场的方向上进行观察，将

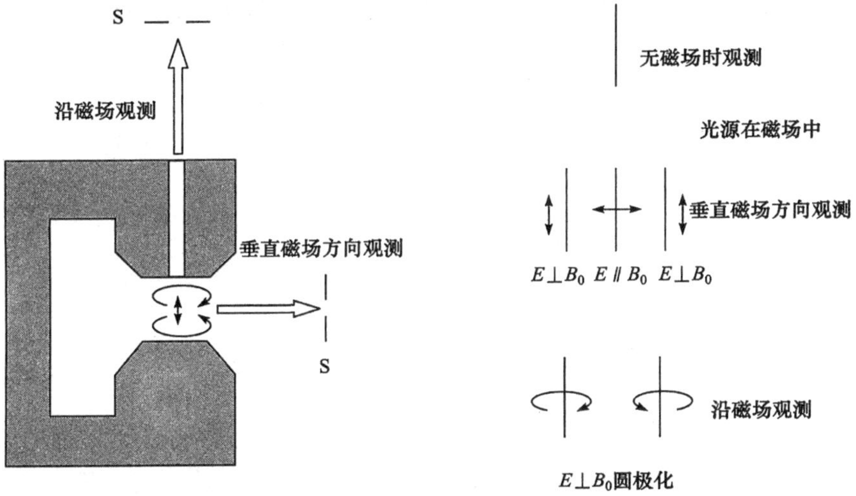

图 3.4.3　正常塞曼效应，由电矢量 $\boldsymbol{E}$ 表示谱线的极化特性

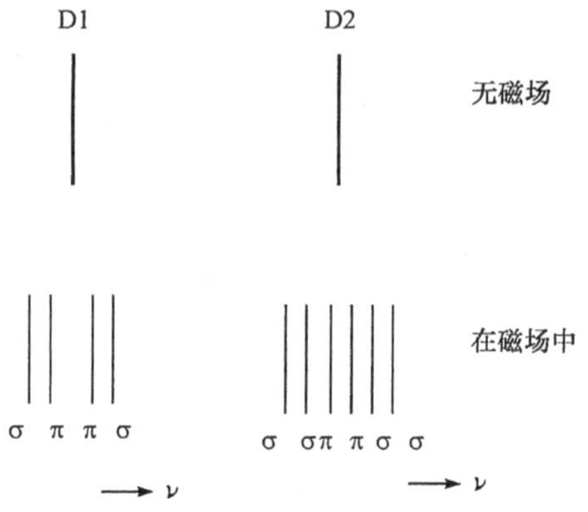

图 3.4.4　反常塞曼效应，钠光谱 D 线在磁场中的分裂

会发现这一红色谱线分裂成三条频率等间隔的谱线，这三条谱线都是线偏振的，中间一条谱线的偏振平行于磁场，另两条的偏振垂直于磁场. 若沿磁场方向观察，则只观察到两条频率改变的谱线，且它们都是圆偏振的. 这些现象都和上面分析的薛定谔理论的预言相符.

但很多原子光谱在磁场中的分裂不能以式(3.4.9)来解释. 实验上观察到的，如钠原子的 5896 Å 谱线，实际上是分裂成 4 条，它的 5890 Å 谱线分裂成 6 条，即分裂的谱线数不是 3 条，分裂后各谱线之间的频率间隔也不是 $h\Delta\nu=\mu_B B$，而且不出现频率不变的谱线，见图 3.4.4. 这种现象称为反常塞曼效应，不能简单地由薛定谔理论来解释.

3.4.3　施特恩-格拉赫实验

在塞曼效应的分析中已用到了空间量子化的概念，但并没有直接观察到能级的 $(2l+1)$ 多重结构. 1921 年，施特恩(O. Stern)和格拉赫(W. Gerlach)提出一个实验方案可直接显示原子的空间量子化和测量原子的磁矩. 实验的基本原理如下：

由电磁理论知道，磁矩在不均匀磁场中除了由于受到力矩的作用，产生绕磁场的进动外，还将受到一个平移力 $\boldsymbol{F}$，

$$\boldsymbol{F}=\nabla(\boldsymbol{\mu}\cdot\boldsymbol{B}) \tag{3.4.10}$$

它取决于磁矩和磁场梯度. 若磁场是在 z 轴方向，且只是在 z 轴方向是不均匀的，则平移力也在 z 轴方向，

$$F_z=\mu_z\frac{\mathrm{d}B}{\mathrm{d}z} \tag{3.4.11}$$

将式(3.4.5)代入得

$$F_z=-m_l g_l \mu_B\frac{\mathrm{d}B}{\mathrm{d}z} \tag{3.4.12}$$

式中的负号表示当 m_l 负值时，μ_z 和磁场同方向，平移力沿磁场增加方向. 很明显，磁矩受力的情况和角动量在空间取向的量子化有关. 如果将原子射入磁场区，若磁场梯度 $\frac{\mathrm{d}B}{\mathrm{d}z}$ 和原子束流方向垂直，则在平移力的作用下，原子将沿磁场梯度方向发生位移. 这样，对处在轨道角动量态量子数 l 的原子的束线，在经过一个不均匀磁

场区域后，由于它的磁矩的不同取向，束线将分散成 $2l+1$ 个空间成分. 因此由分裂的束线数目可以定出 l，如果已知磁场梯度，测定原子束的位移就可推断出磁矩的大小.

施特恩-格拉赫实验就是基于以上的原理设计的，其装置示意图如图 3.4.5. 在真空室中将银放在一加热容器中，蒸发后的银原子从容器的小孔射出，通过准直缝后成为细束. 银原子束垂直射入不均匀磁场，穿过磁场区后原子束射在真空室内的屏上，银原子冷凝在屏上形成斑纹. 施特恩-格拉赫实验结果，观察到屏上在垂直于束流方向形成两条斑纹，它们对称地分布在原束线位置的两侧，但原束线位置处并没有斑纹. 由经典力学的观点认为由于原子束中原子的轨道角动量的取向是随机分布的，所以在屏上应观察到一连续分布的斑痕. 因此施特恩-格拉赫实验肯定了空间量子化的理论，但由薛定谔理论的分析，轨道磁矩 $\mu_{lz}=-m_l g_l \mu_B$，对于原子的状态量子数 l，则应有 $2l+1$ 条. 不论 l 是何值，都应该有奇数条斑痕. 而实验的结果却出现了偶数，即两条斑纹.

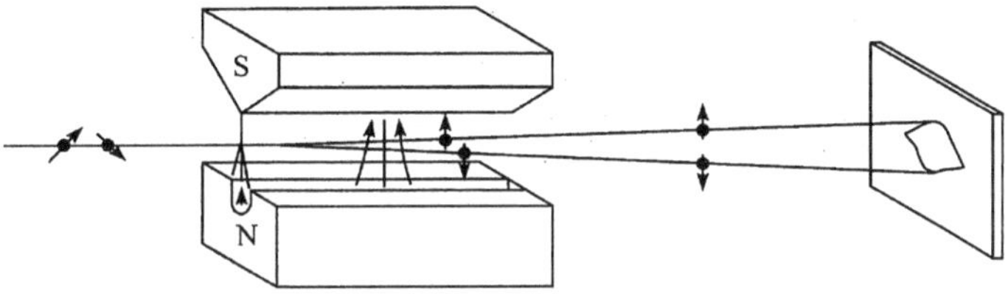

图 3.4.5　施特恩-格拉赫实验示意图

1927 年，用氢原子做了施特恩-格拉赫实验. 已知氢原子处于基态时的量子态，它的轨道角动量为零，即 $l=0$，轨道磁矩也为零. 按薛定谔理论氢原子束在不均匀磁场中不应该分裂，在屏上只应在原束线位置上有一条斑纹. 但实验结果是氢原子束分裂成两束，在屏上出现两条分立的斑纹. 这样就提出了新问题，薛定谔理论的判断与实验结果的不一致，表明该理论并不完全正确，同时也说明原子中或电子还有未被我们认识的属性. 实验结果说明基态氢原子一定也有磁矩. 实验中的磁场梯度是可以测定的，通过测量束线经磁场后的偏转位移得到

$$\frac{F_z}{\mu_B \dfrac{dB}{dz}} = -mg \approx \pm 1$$

氢原子中只有一个电子，而磁矩总是和角动量联系在一起的. 因此，原子中电子除了可以有轨道角动量以外还可能具有其他的角动量，而且这个角动量是电子固有的.

由原子束的施特恩-格拉赫实验结果可以引出下列结论：

(1) 证实了空间量子化，原子的磁矩在磁场中只能有几个离散的不连续的取向.

(2) 对原子束通过不均匀磁场后位移的定量计算,可以测量原子磁矩.

(3) 对单价原子即最外层只有一个电子的原子(如银原子和氢原子),在磁场中受到的平移力都是相同的.这说明所有原子内层电子的角动量和磁矩都相互抵消了,实验测量的只是最外层电子的效应.

(4) 氢原子基态的磁矩为一个玻尔磁子,这只能是由电子本身磁矩的贡献.

例3.4.1 银原子的施特恩-格拉赫实验,实验时加热银蒸气的炉温为1320 K,不均匀磁场区的长度 d 为0.1 m,磁场梯度是2300 T/m,冷凝屏放在磁场末端.屏上两条斑痕的间隔为4 mm.求银原子的磁矩.

解 设银原子以水平初速度 v 射入磁场中,原子经过不均匀磁场所需的时间是 $t=\frac{d}{v}$.在通过磁场区后原子沿磁场方向的偏离位移为

$$S=\frac{1}{2}at^2=\frac{1}{2}\frac{F_z}{M}\left(\frac{d}{v}\right)^2$$

其中 M 是银原子质量.原子的均方根速率 $v=\sqrt{\frac{3kT}{M}}$,所以

$$S=\frac{1}{2}\left(\mu_z\frac{\mathrm{d}B}{\mathrm{d}z}\right)\frac{d^2}{3kT}=0.002$$

将数字代入

$$\begin{aligned}\mu_z&=\frac{3\times1.38\times10^{-23}\times1320\times0.004}{2300\times0.1^2}\\&=0.95\times10^{-23}\approx\mu_{\mathrm{B}}\end{aligned}$$

所以,银原子的磁矩约为一个玻尔磁矩.

3.4.4 电子自旋

电子具有固有的角动量,这一想法曾有不少人提出过,但一般都把引进这一概念的荣誉归于乌伦贝克(G.E.Uhlenbeck)和古兹米特(S.A.Goudsmit)两人.1925年,当他们还是研究生时,试图弄清楚为什么氢原子光谱和碱金属原子光谱中的谱线有精细结构.光谱的精细结构是指当人们用分辨本领高的光谱仪观察原子光谱时,发现原来的一条谱线实际上包含着两条或几条波长非常接近的谱线.氢原子的精细结构光谱显示出,巴耳末系中的每一谱线都具有双线结构,双线间隔约为0.36 cm^{-1},相应的能级分裂为 4.5×10^{-5} eV.当时对氢原子光谱的精细结构可以采用索末菲(A.Sommerfeld)的相对论修正来解释.索末菲认为按照相对论,电子运动时其质量要随速度而变化,这将对电子的能量产生影响.由此出发对玻尔模型的能级公式进行了修正,所得的结果与氢原子光谱相当符合.但将索末菲的理论应用到碱金属原子时遇到了困难.在碱金属原子中,价电子的运动速度较氢原子中的电子速度要慢,其质量随

速度的变化很小，相应的能量的修正很小. 因此而引起的谱线的分裂应很小. 但实际观察到的是，钠原子光谱的波长为 589.3 nm 谱线，它精细结构的双线间隔为 $\Delta\nu=17$ cm^{-1}，相应的能量分裂 $\Delta E=2.1\times10^{-3}$ eV. 可以看到碱金属原子谱线的分裂比氢原子谱线的分裂要大得多. 为解释这种现象，乌伦贝克和古兹米特提出了电子具有固有角动量的假设. 这种固有角动量称为自旋角动量，简称自旋.

电子具有电荷，如果电子有固有角动量，就会有固有磁矩，即自旋磁矩. 这样，电子在原子的内部磁场中将具有一定取向势能. 取向势能的大小和正负与自旋磁矩相对于磁场的取向有关，亦即与自旋角动量相对于磁场的取向有关. 假定电子的自旋角动量具有角动量的普遍特性，可用自旋量子数 s 和自旋磁量子数 m_s 来描述. 只要设自旋量子数 $s=1/2$，自旋磁量子数 m_s 就只能有 $\pm1/2$ 两个值，自旋磁矩相对于磁场只有两个取向，这就能解释碱金属原子光谱的精细结构. 电子的自旋量子数 $s=1/2$，除了能解释原子能级的精细结构双线外，也被其他的实验所证实，如前面介绍的氢原子的施特恩-格拉赫实验也证明氢原子有半整数的角动量. 设 $\boldsymbol{s}^2$ 是自旋角动量平方，s_z 代表自旋角动量 z 分量，由角动量的规则，则

$$\boldsymbol{s}^2=s(s+1)\hbar^2,\quad s=1/2 \tag{3.4.13}$$

$$s_z=m_s\hbar,\qquad m_s=\pm1/2 \tag{3.4.14}$$

与轨道角动量的情形相似，自旋角动量的三个分量不能同时具有确定值. 若 s_z 具有式(3.4.14)所示的确定值，那自旋角动量在 x 方向和 y 方向的分量 s_x 和 s_y 没有确定值，其平均值为零.

在本节讨论轨道磁矩时得轨道磁矩的表示式为

$$\boldsymbol{\mu}_l=-\frac{g_l\mu_{\mathrm{B}}}{\hbar}\boldsymbol{l}$$

轨道磁矩与轨道角动量成正比，这自然地会使人联想到自旋磁矩应与自旋角动量成正比，可以将自旋磁矩表示为

$$\boldsymbol{\mu}_s=-g_s\mu_{\mathrm{B}}\boldsymbol{s}/\hbar \tag{3.4.15}$$

式中的比例系数 g_s 称为电子的自旋 g 因子. 乌伦贝克和古兹米特假设 $g_s=2$，这样 μ_s 的 z 分量的大小正好等于一个玻尔磁矩 μ_{B}. 由氢原子的施特恩-格拉赫实验的结果得出

$$\frac{F_z}{\mu_{\mathrm{B}}\dfrac{\mathrm{d}B}{\mathrm{d}z}}=-mg\approx\pm1$$

氢原子基态的轨道角动量为零，它的磁矩只能是自旋磁矩，即实验得到的是 $m_s g_s\approx1$，而 $m_s=1/2$，因此定出 $g_s\approx2$，实验支持这假设. 电子自旋角动量与轨道角动量不同，电子自旋量子数只有 1/2 一个值，自旋角动量没有相应的经典模型. 用经

典的概念，点粒子不可能具有旋转角动量. 如果把电子看作是一个半径为 $r_e = 2.8 \times 10^{-15}$ m 的小球，像陀螺一样绕自身轴旋转. 那自旋角动量为$\frac{1}{2}\hbar$ 的电子，它表面的线速度将大大超过真空中光速，它的磁能相应的等效质量将比质子还要大，除非电子的半径大于 10^{-10} m(几乎和原子一样大). 目前的实验已证实至少直到 10^{-18}m 还没观察到电子有任何结构，因此可以认为电子是一个点粒子. 电子自旋完全不能用经典物理来描述. 自旋是微观粒子的属性，只能用量子力学来描述. 但由于薛定谔方程只是一个非相对论的近似理论，所以没能预言电子自旋的存在. 1929 年，狄拉克建立了相对论量子力学，给出电子的相对论波动方程，在方程中自然地得出电子具有固有角动量——自旋，自旋量子数为 1/2，且只能为 1/2. 从狄拉克方程也导出，质量为 m 的电子具有的磁矩为$\frac{e\hbar}{2m}$，即具有式(3.4.15)表示的自旋磁矩，而且给出 $g_s = 2$，和实验观察值基本符合. 但在 1947 年，库什(P. Kusch)对电子自旋磁矩的仔细测量发现测得的磁矩，并不严格与狄拉克方程预言的一致，于是认为电子有反常磁矩. 通常以 g_s 值和 2 的差别来标志反常磁矩的大小，以 $g_s = 2(1 + a)$，a 称为反常磁矩，$a \approx 1.15 \times 10^{-3}$. 电子磁矩和狄拉克方程的预言值的差异是量子力学无法解释的. 后来发展起来的量子电动力学对电子具有反常磁矩作出了理论解释，它考虑到电子产生的电磁场对电子本身的作用，电子在电磁场中运动除零级辐射外，还有高级辐射，考虑辐射修正后得到 a 的理论计算值

$$a_{\text{理论}} = 1159652133(29) \times 10^{-12}$$

式中括弧内的数字表示计算误差. 最新给出的实验测量平均值是

$$a_{\text{实验}} = 1159652187(4) \times 10^{-12}$$

理论值和实验值在高精度下符合得非常好，这一方面说明量子电动力学的精确性，另一方面也是当今实验技术的一大成就.

3.5 自旋和轨道相互作用

上一节已引入了电子自旋和自旋磁矩，同时还提到原子内部由于带电粒子的运动，会产生磁场，这就是原子的内磁场. 电子处在这内磁场中，其自旋磁矩与磁场要发生相互作用，由此引起能级的分裂. 原子内部磁场是和电子的轨道角动量有直接联系的，因此常将这种相互作用称作自旋-轨道相互作用. 前面我们考虑了原子中电子和原子核的静电相互作用，它是原子组成成分间相互作用的主要项，它决定了能级的主要特征，如能量随 n^2 而增加. 而自旋-轨道相互作用是磁相互作用，这种作用较弱，只使原子能级发生细微的改变，而产生精细结构.

在原子中电子感受到内磁场，由玻尔模型可以这样来解释. 设电子相对于原子

核的位矢为 $\boldsymbol{r}$，并以速度 $\boldsymbol{v}$ 绕原子核运动. 这种运动，在一个相对于电子静止的坐标系中观察，相当于原子核位于 $-\boldsymbol{r}$ 处，以速度 $-\boldsymbol{v}$ 绕电子运动，如图 3.5.1 所示. 显然，在电子看来，原子核的这一运动要产生磁场. 电子就处在这个电流环产生的磁场内. 原子核带的正电荷为 $+Ze$，当它以速度 $-\boldsymbol{v}$ 运动时，这相当于一电流元 $\boldsymbol{j}=-Ze\boldsymbol{v}$. 根据毕奥-萨伐尔(Biot-Savart)定律，这一电流元在电子所在处产生的磁场为

$$\boldsymbol{B}'=\frac{\mu_0}{4\pi}\frac{\boldsymbol{j}\times\boldsymbol{r}}{r^3}=-\frac{\mu_0}{4\pi}\frac{Ze}{r^3}\boldsymbol{v}\times\boldsymbol{r}=\frac{\mu_0}{4\pi}\frac{Ze}{m_e r^3}\boldsymbol{r}\times m_e\boldsymbol{v}$$
$$=\frac{1}{m_e c^2}\frac{1}{4\pi\varepsilon_0}\frac{Ze}{r^3}\boldsymbol{l}$$

在得出最末一个等式时我们用了关系式 $\mu_0\varepsilon_0=\dfrac{1}{c^2}$，及轨道角动量 $\boldsymbol{l}=\boldsymbol{r}\times m_e\boldsymbol{v}$.

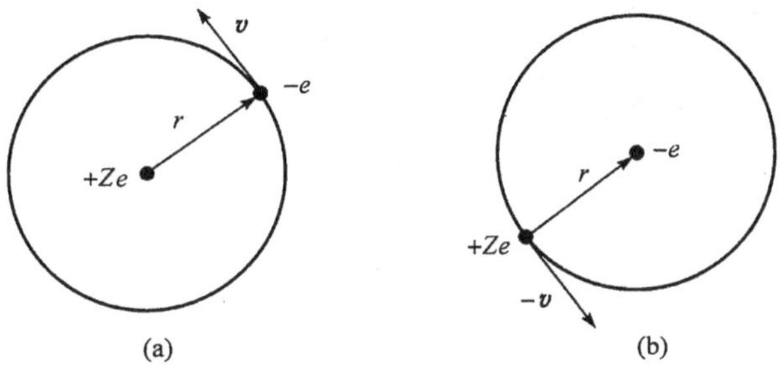

图 3.5.1

这是在相对于电子静止的坐标系中观察到的磁场表示式，我们希望得到相对于原子核静止的实验室坐标系中的磁感应强度. 由于电子运动的速度和加速度不在同一方向上，在实验室坐标系中看来，相对于电子静止的坐标系在随电子运动的同时还具有进动. 1926 年，托马斯(L. H. Thomas)通过坐标系转换给出，在实验室坐标系中，这一磁场为

$$\boldsymbol{B}=\frac{1}{2}\frac{1}{m_e c^2}\frac{1}{4\pi\varepsilon_0}\frac{Ze}{r^3}\boldsymbol{l} \tag{3.5.1}$$

与前式相比，相差一因子 1/2. 式(3.5.1)表明电子因其轨道运动将感受到一与轨道角动量成正比的磁场，且 $\boldsymbol{B}$ 和 $\boldsymbol{l}$ 同向.

3.5.1　自旋-轨道耦合能

由电磁学可知，对一磁矩为 $\boldsymbol{\mu}$ 的粒子在磁场中具有取向势能. 由于电子自旋磁矩，电子在磁场中将具有势能

$$W=-\boldsymbol{\mu}_s\cdot\boldsymbol{B} \tag{3.5.2}$$

这势能使电子的能量有一增量 ΔE. 在量子力学中,与这一取向势能对应的算符也具有这一形式. 将电子自旋磁矩的 $\boldsymbol{\mu}_s = -\frac{e}{m}\boldsymbol{s}$ 和式(3.5.1)代入上式,得

$$\Delta E = W = -\boldsymbol{\mu}_s \cdot \boldsymbol{B} = \frac{1}{4\pi\varepsilon_0}\frac{Ze^2}{2m_e^2c^2r^3}\boldsymbol{s}\cdot\boldsymbol{l} \tag{3.5.3}$$

由上式可知,ΔE 正比于 $\boldsymbol{s}\cdot\boldsymbol{l}$. 电子的自旋量子数 $s = 1/2$, $\boldsymbol{s}$ 只能有两个取向. $\boldsymbol{s}\cdot\boldsymbol{l}$ 可以有两个值,对应于能级分裂为两层结构. 而对轨道角动量量子数 $l=0$ 的原子态 $\Delta E = 0$,能级不分裂.

3.5.2 总角动量和原子磁矩

1. 总角动量

原子中的电子具有轨道角动量 $\boldsymbol{l}$ 和自旋角动量 $\boldsymbol{s}$,如果不考虑自旋-轨道相互作用,那么它们都是守恒量,$\boldsymbol{l}$、$\boldsymbol{s}$ 的大小和 z 分量 l_z 和 s_z,即 $\boldsymbol{l}^2$、l_z、$\boldsymbol{s}^2$、s_z 都有确实值. 电子的状态可由量子数 l、s、m_l 和 m_s 来表示. 然而由于自旋-轨道相互作用的存在,不仅电子自旋磁矩在原子内部磁场作用下受到一个力矩的作用,同样轨道运动也受到自旋磁矩磁场的作用. 自旋-轨道相互作用使 $\boldsymbol{l}$ 和 $\boldsymbol{s}$ 的取向彼此相关,轨道角动量和自旋角动量都不再是守恒量.

若我们定义一个新的物理量——总角动量 $\boldsymbol{j}$,它是轨道角动量和自旋角动量的矢量之和,

$$\boldsymbol{j} = \boldsymbol{s} + \boldsymbol{l} \tag{3.5.4}$$

总角动量的大小服从余弦定律,即

$$\boldsymbol{j}^2 = \boldsymbol{s}^2 + \boldsymbol{l}^2 - 2\boldsymbol{s}\cdot\boldsymbol{l} \tag{3.5.5}$$

自旋-轨道相互作用是原子内部的作用力,所以在原子没有外力矩作用的时候,总角动量 $\boldsymbol{j}$ 是一个守恒量,因此它的大小和 z 分量 j_z 都有确定值. 与量子力学中所有的角动量一样,$\boldsymbol{j}$ 可用量子数 j、m_j 来描述,并有关系式

$$\boldsymbol{j}^2 = j(j+1)\hbar^2 \tag{3.5.6}$$

$$j_z = m_j\hbar \tag{3.5.7}$$

j 和 m_j 分别称为总角动量量子数和总角动量磁量子数. j 和 m_j 之间有如下的关系:

$$m_j = j, j-1, \cdots, -j \tag{3.5.8}$$

而量子数 j 的值可用角动量矢量的相加法则确定,即

$$j = l+s, l+s-1, \cdots, |l-s|$$

因为 $s=1/2$,所以 j 只能有两个值

$$j = l+1/2, |l-1/2| \tag{3.5.9}$$

考虑自旋-轨道相互作用之后,由图 3.5.2 可看出电子的轨道角动量和自旋角

动量绕 $\boldsymbol{j}$ 的进动将使它们的 z 分量 l_z 和 s_z 不再确定.这样量子数 m_l 和 m_s 也就失去了意义,不再适于表征电子的状态,它们不再是好量子数.但电子的轨道角动量和自旋角动量的大小仍保持不变,总角动量的大小及其 z 分量 j_z 仍具有确定值.所以电子的状态可用量子数(n,l,j,m_j)来表征,我们称(n,l,j,m_j)是描述原子状态的好量子数.在没有外磁场的情况下,具有相同的 n、l、j 的状态是简并的,这种简并态称为原子的多重态,我们用如下的符号来表示具有多重态结构的原子态,对不同的轨道量子数 $l=0,1,2,3$ 等,用大写字母 S、P、D、F 等来表示,并在它的左上角以值为 $2s+1$ 的数字来代表能级结构的多重数,如 $s=1/2$ 时,$2s+1=2$,即表示能级有双重结构,在字母的右下角标明量子数 j.例如氢原子的基态为 $^2S_{1/2}$.

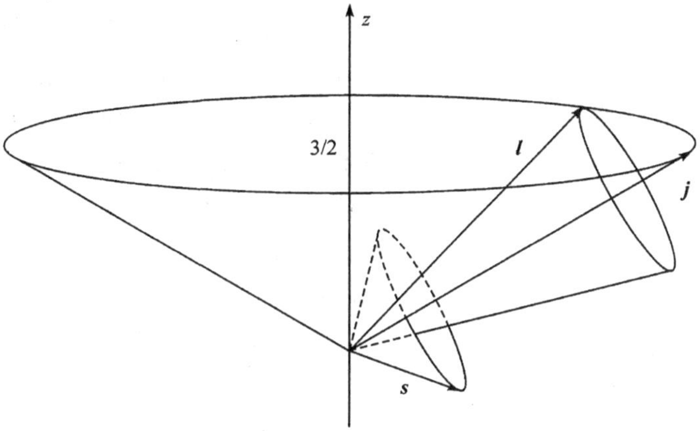

图 3.5.2

2. 原子磁矩

在研究外磁场和原子的相互作用时,原子的磁矩是一个重要的物理量.原子中的电子具有和轨道运动相应的轨道磁矩以及自旋磁矩,它们都可以用玻尔磁子 $\mu_B=\dfrac{e\hbar}{2m_e}$来度量.除了电子具有磁矩,原子核也具有磁矩.将原子中电子的轨道磁矩、自旋磁矩和原子核的磁矩合起来即得到原子的总磁矩.原子核的磁矩一般是用核磁子 μ_N 来度量的,$\mu_N=\dfrac{e\hbar}{2m_N}$,其中 m_N 是质子的质量.由于 m_N 比 m_e 约大 2 000 倍,因此核磁矩比电子的磁矩要小三个数量级,所以在讨论原子磁矩时一般可不考虑核磁矩.

单电子原子的总磁矩为

$$\boldsymbol{\mu}=\boldsymbol{\mu}_l+\boldsymbol{\mu}_s=-\frac{\mu_B}{\hbar}(g_l\boldsymbol{l}+g_s\boldsymbol{s}) \tag{3.5.10}$$

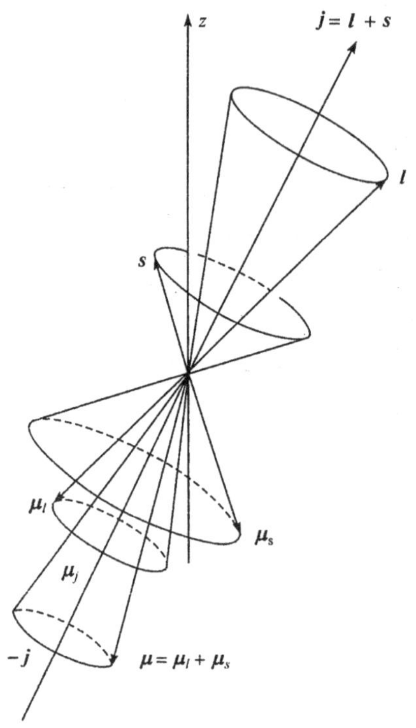

图 3.5.3

式中，$\boldsymbol{l}$ 和 $\boldsymbol{s}$ 是电子的轨道角动量和自旋角动量. 图 3.5.3 表示 $\boldsymbol{\mu}$、$\boldsymbol{\mu}_l$、$\boldsymbol{\mu}_s$ 和 $\boldsymbol{l}$、$\boldsymbol{s}$ 之间的关系. 由图可看出 $\boldsymbol{\mu}_l$ 和 $\boldsymbol{\mu}_s$ 分别与 $\boldsymbol{l}$ 和 $\boldsymbol{s}$ 的方向相反，但由于 g_l 和 g_s 不等，因此合成的总磁矩 $\boldsymbol{\mu}$ 不与总角动量 $\boldsymbol{j}$ 共线，$\boldsymbol{\mu}$ 的方向与 $\boldsymbol{j}$ 的方向不一致. 但 $\boldsymbol{l}$、$\boldsymbol{s}$ 分别绕 $\boldsymbol{j}$ 进动，因此 $\boldsymbol{\mu}_l$、$\boldsymbol{\mu}_s$ 和总磁矩 $\boldsymbol{\mu}$ 也随之绕 $\boldsymbol{j}$ 进动. 我们可以将 $\boldsymbol{\mu}$ 分解成垂直于 $\boldsymbol{j}$ 的分量和平行于 $\boldsymbol{j}$ 的分量. 垂直于 $\boldsymbol{j}$ 的分量因绕 $\boldsymbol{j}$ 进动而不断改变方向，只要进动角速度 ω 相当大，在一个短时间内它的平均值将为零. 但平行于 $\boldsymbol{j}$ 的分量却有恒定的值. 因此，只要外磁场比较弱，$\boldsymbol{l}$、$\boldsymbol{s}$ 绕 $\boldsymbol{j}$ 的进动不受破坏，原子的总磁矩中实际有物理意义的只是它的平行于 $\boldsymbol{j}$ 的分量 μ_j，称作原子的有效磁矩. 在讨论弱磁场中的原子时，可以用 μ_j 来代替原子的总磁矩.

如上所述，$\boldsymbol{\mu}_j$ 是 $\boldsymbol{\mu}$ 在 $\boldsymbol{j}$ 方向上的分量，为

$$\boldsymbol{\mu}_j = \frac{\boldsymbol{\mu}\cdot\boldsymbol{j}}{j^2}\boldsymbol{j} = (\boldsymbol{\mu}_l\cdot\boldsymbol{j} + \boldsymbol{\mu}_s\cdot\boldsymbol{j})\boldsymbol{j}/|\boldsymbol{j}|^2$$

$$= -\frac{\mu_{\mathrm{B}}}{\hbar}(g_l\boldsymbol{l}\cdot\boldsymbol{j} + g_s\boldsymbol{s}\cdot\boldsymbol{j})\boldsymbol{j}/|\boldsymbol{j}|^2$$

因为

$$\boldsymbol{s}\cdot\boldsymbol{s} = (\boldsymbol{j}-\boldsymbol{l})\cdot(\boldsymbol{j}-\boldsymbol{l})$$

$$\boldsymbol{s}^2 = \boldsymbol{j}^2 + \boldsymbol{l}^2 - 2\boldsymbol{l}\cdot\boldsymbol{j}$$

得

$$\boldsymbol{l}\cdot\boldsymbol{j} = \frac{\boldsymbol{j}^2 + \boldsymbol{l}^2 - \boldsymbol{s}^2}{2} \tag{3.5.11}$$

同样可得

$$\boldsymbol{s}\cdot\boldsymbol{j} = \frac{\boldsymbol{j}^2 + \boldsymbol{s}^2 - \boldsymbol{l}^2}{2} \tag{3.5.12}$$

于是 $\boldsymbol{\mu}_j$ 可写为

$$\boldsymbol{\mu}_j = -\frac{\mu_{\mathrm{B}}}{\hbar}\left(g_l\frac{\boldsymbol{j}^2 + \boldsymbol{l}^2 - \boldsymbol{s}^2}{2\boldsymbol{j}^2} + g_s\frac{\boldsymbol{j}^2 + \boldsymbol{s}^2 - \boldsymbol{l}^2}{2\boldsymbol{j}^2}\right)\boldsymbol{j}$$

令

$$g=g_l\frac{\boldsymbol{j}^2+\boldsymbol{l}^2-\boldsymbol{s}^2}{2j^2}+g_s\frac{\boldsymbol{j}^2+\boldsymbol{s}^2-\boldsymbol{l}^2}{2j^2}$$

则

$$\boldsymbol{\mu}_j=-g\frac{\mu_{\mathrm{B}}}{\hbar}\boldsymbol{j} \tag{3.5.13}$$

式中 g 称为朗德 g 因子,将 $g_l=1, g_s=2$ 代入,得

$$g=\left(1+\frac{\boldsymbol{j}^2-\boldsymbol{l}^2+\boldsymbol{s}^2}{2j^2}\right)$$

以 $\boldsymbol{j}^2$、$\boldsymbol{l}^2$ 和 $\boldsymbol{s}^2$ 的本征值,$\boldsymbol{j}^2=j(j+1)\hbar^2$,$\boldsymbol{l}^2=l(l+1)\hbar^2$,$\boldsymbol{s}^2=s(s+1)\hbar^2$ 代入,则得单电子原子的朗德 g 因子

$$g=1+\frac{j(j+1)+s(s+1)-l(l+1)}{2j(j+1)} \tag{3.5.14}$$

g 因子表示有效磁矩与总角动量之比,它是一个和原子态的量子数直接有关的量,如 $l=0$ 时 $g=2$,$l=1$,$j=1/2$ 时 $g=2/3$,$l=1$,$j=3/2$ 时 $g=4/3$.

将式(3.5.6)代入式(3.5.13),则有效磁矩 μ_j 及它的 z 分量可写为

$$\mu_j=g\sqrt{j(j+1)}\,\mu_{\mathrm{B}} \tag{3.5.15}$$

$$\mu_{jz}=-gm_j\mu_{\mathrm{B}} \tag{3.5.16}$$

其中 $m_j=j, j-1, \cdots, -j$.

3.6　单电子原子能级的精细结构

3.6.1　精细结构

氢原子能级的主结构是由原子中电子和原子核间的静电作用决定的,通过解薛定谔方程计算氢原子的能级,能够很好地解释用一般分辨本领的光谱仪测得的氢原子光谱.用高分辨本领的光谱仪观察氢原子的光谱,发现了光谱线的精细结构,这反映了氢原子能级的精细结构.氢原子能级的精细结构是由相对论效应引起的,通过解狄拉克的相对论量子力学方程可以得到能级的精确解.然而,由于相对论效应是很小的,因此可以在非相对论的薛定谔方程解得的能级结构的基础上,再对相对论效应作修正.相对论效应包含三项,下面分别作计算.

1. 动能的相对论修正

在相对论情况下,自由粒子的总能量 E 和动量 p 之间的关系式为

$$E^2=m_0^2c^4+c^2p^2$$

m_0 为粒子的静止质量.粒子的动能为

$$T = E - m_0c^2 = \sqrt{m_0^2c^4 + c^2p^2} - m_0c^2$$

$$= m_0c^2\left(\sqrt{1 + \frac{p^2}{m_0^2c^2}} - 1\right) \tag{3.6.1}$$

若 $p^2 \ll m_0^2c^2$,则有

$$T = m_0c^2\left(\frac{1}{2}\frac{p^2}{m_0^2c^2} - \frac{1}{8}\frac{p^4}{m_0^4c^4} + \cdots\right)$$

$$= \frac{p^2}{2m_0} - \frac{p^4}{8m_0^3c^2} + \cdots$$

$$\approx T_0 - \frac{p^4}{8m_0^3c^2}$$

其中,$T_0 = \dfrac{p^2}{2m_0}$是非相对论动能.若只考虑一级修正项,则动能相对论修正应为 $-\dfrac{p^4}{8m_e^3c^2}$.这里已将粒子的静止质量 m_0 换成电子的静止质量 m_e.于是动能相对论修正对应的电子能量的修正 $\Delta E'$ 为

$$\Delta E' = -\frac{p^4}{8m_e^3c^2} = -\frac{1}{2m_ec^2}\left(\frac{p^2}{2m_e}\right)^2$$

$$= -\frac{1}{2m_ec^2}T_0^2 = -\frac{1}{2m_ec^2}[E_n - V(r)]^2$$

其中 E_n 是非相对论薛定谔方程解得的氢原子能量的本征值.r 是电子和原子核之间的距离,$V(r)$是电子在原子核静电场中的势能.我们知道,对一个原子态(n,l,j,m_j),电子的位置并没有确定值,r 有一定的分布,在计算能量修正项 $\Delta E_n'$ 时,应该取 r 的平均值,用< >表示平均值.于是对氢原子和类氢离子

$$\Delta E_n' = -\frac{1}{2m_ec^2}<[E_n - V(r)]^2>$$

$$= -\frac{1}{2m_ec^2}\left\langle\left(E_n + \frac{Ze^2}{4\pi\varepsilon_0 r}\right)^2\right\rangle$$

$$= -\frac{1}{2m_ec^2}\left\langle E_n^2 + 2E_n\left(\frac{Ze^2}{4\pi\varepsilon_0 r}\right) + \left[\frac{Z^2e^4}{(4\pi\varepsilon_0)^2r^2}\right]\right\rangle \tag{3.6.2}$$

在 3.1 节中已知,由类氢离子的薛定谔方程的本征函数可得

$$<r^{-1}> = \frac{1}{n^2}\frac{Z}{a_0}$$

$$<r^{-2}> = \frac{1}{(l+1/2)n^3}\left(\frac{Z}{a_0}\right)^2$$

$$E_n=-\frac{1}{4\pi\varepsilon_0}\frac{Z^2e^2}{2n^2a_0}$$

其中 a_0 是玻尔半径，$a_0=\frac{4\pi\varepsilon_0\hbar^2}{m_e e^2}=\frac{\hbar}{\alpha m_e c}$，$\alpha=\frac{e^2}{4\pi\varepsilon_0\hbar c}$，$\alpha$ 称为精细结构常数. 将这些代入式(3.6.2)，并整理后得

$$\Delta E'_n=-E_n\frac{\alpha^2Z^2}{n^2}\left(\frac{3}{4}-\frac{n}{l+1/2}\right) \tag{3.6.3}$$

可以看出，这时能量由两个量子数 n、l 决定，能级的 l 简并明显消失了，$\Delta E'_n/E_n\propto\alpha^2\approx5.3\times10^{-5}$，是一个微小的修正.

2. 自旋-轨道相互作用能量

在上一节的计算得到式(3.5.3)，即为考虑自旋-轨道相互作用后引起的能量修正

$$\Delta E''_n=\langle\frac{1}{4\pi\varepsilon_0}\frac{Ze^2}{2m_e^2c^2}\frac{1}{r^3}\boldsymbol{s}\cdot\boldsymbol{l}\rangle \tag{3.6.4}$$

由式(3.5.5)得

$$\boldsymbol{s}\cdot\boldsymbol{l}=\frac{1}{2}(\boldsymbol{j}^2-\boldsymbol{s}^2-\boldsymbol{l}^2) \tag{3.6.5}$$

由波函数算得

$$\langle r^{-3}\rangle=\frac{1}{l(l+1/2)(l+1)n^3}\left(\frac{Z}{a_0}\right)^3 \tag{3.6.6}$$

将式(3.6.5)和式(3.6.6)代入式(3.6.4)，整理后得

$$\Delta E''_n=-E_n\alpha^2\frac{Z^2}{n}\frac{j(j+1)-l(l+1)-s(s+1)}{2l(l+1/2)(l+1)},\quad l\neq0 \tag{3.6.7}$$

3. $l=0$ 情况

$l=0$ 是一种特殊情况，这时氢原子的径向波函数在原点($r=0$)处不为零. 在 r 很小的区域，$\frac{Ze^2}{4\pi\varepsilon_0 r}\ll m_e c^2$ 的条件已不满足，必须要作相对论效应的修正. 而 $l=0$时，电子在 r 值很小的区域内的行为是起主要作用的. 相对论效应修正的结果为

$$\Delta E'''_n=\frac{\pi\hbar^2}{2m_e^2c^2}\frac{Ze^2}{4\pi\varepsilon_0}|\Psi(0)|^2,\quad l=0 \tag{3.6.8}$$

式中，$\Psi(0)$是波函数在原点的值，当 $l\neq0$ 时，它为零，这也说明了此项修正只在 $l=0$ 时才有意义. 将$|\Psi(0)|^2$ 代入式(3.6.8)得

$$\Delta E'''_n=-\frac{\alpha^2Z^2}{n}E_n \tag{3.6.9}$$

上述三项修正加在一起即为相对论效应对氢原子能量的修正,但是相加时需要区分 $l\neq 0$ 和 $l=0$ 的情形.

当 $l\neq 0$ 时

$$\begin{aligned}\Delta E_n &= \Delta E'_n + \Delta E''_n \\ &= -E_n\frac{\alpha^2 Z^2}{n}\left\{\left(\frac{3}{4n}-\frac{1}{l+1/2}\right)+\frac{j(j+1)-l(l+1)-s(s+1)}{2l(l+1/2)(l+1)}\right\}\end{aligned}$$

以 $s=1/2, j=l\pm 1/2$ 代入,可得

$$\Delta E_n = -E_n\frac{\alpha^2 Z^2}{n^2}\left(\frac{3}{4}-\frac{n}{j+1/2}\right),\quad l\neq 0 \tag{3.6.10}$$

例 3.6.1　计算氢原子 2p 态能级的精细结构.

解　2p 可组成 $j=1/2$ 和 $j=3/2$ 的两个态,

对 $j=1/2$

$$\Delta E_{2,j=1/2} = -E_2\frac{\alpha^2}{4}\left(-\frac{5}{4}\right)=\frac{5}{16}\alpha^2 E_2 = -5.6\times 10^{-5}\ \text{eV}$$

对 $j=3/2$

$$\Delta E_{2,j=3/2} = -E_2\frac{\alpha^2}{4}\left(-\frac{1}{4}\right)=\frac{1}{16}\alpha^2 E_2 = -1.1\times 10^{-5}\ \text{eV}$$

图 3.6.1 给出动能相对论效应修正及总相对论效应修正后能级的变化情况.

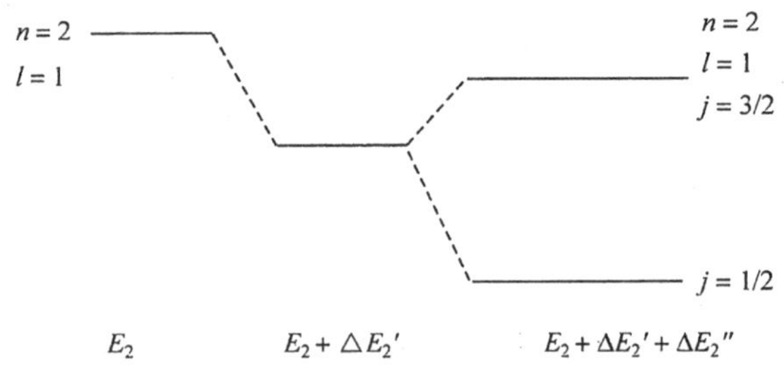

图 3.6.1　氢原子 2p 态能级的分裂

在 $l=0$ 时没有自旋-轨道相互作用,所以

$$\Delta E_n = \Delta E'_n + \Delta E'''_n = -E_n\frac{\alpha^2 Z^2}{n^2}\left(\frac{3}{4}-\frac{n}{j+1/2}\right),\qquad l=0$$

此式和式(3.6.10)完全相同,因此式(3.6.10)可适用全部 l 值,包括 $l=0$ 的情形.这样,包括能级精细结构的氢原子能量公式为

$$E_{n,j} = E_n\left[1-\frac{\alpha^2 Z^2}{n^2}\left(\frac{3}{4}-\frac{n}{j+1/2}\right)\right] \tag{3.6.11}$$

上式表明考虑相对论效应后,氢原子的能量不但与 n 有关,而且还与 j 有关.

对同一 n 值共有 n 个不同的 j 值,即

$$j=\frac{1}{2},\frac{3}{2},\cdots,n-\frac{1}{2}$$

于是原来 $2n^2$ 度简并(计入了电子自旋取向后)的非相对论性能级 E_n 分裂成 n 个不同的能级 E_{nj}. 这一分裂称为精细结构分裂. 分裂后的能级与原来能级的差 ΔE_{nj} 的大小具有 $\alpha^2 E_n$ 的数量级. 虽然三个相对论效应的修正项分别都于 l 有关,但总的修正 ΔE_{nj} 却与 l 无关,对于同一 j 值可有两个不同 l 值相对应($l=j\pm 1/2$),但它们的能量相同,故氢原子能量对 l 的简并仍未完全消除. 图 3.6.2 是考虑相对论效应修正后的氢原子能级图.

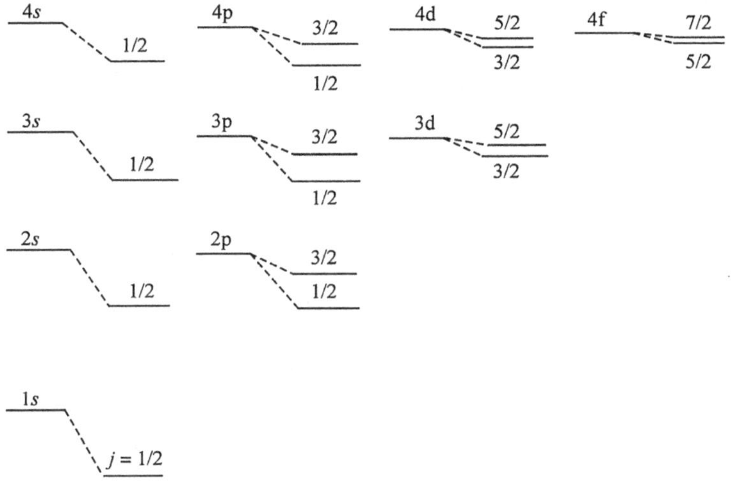

图 3.6.2

ΔE_{nj} 与 α 有关,正是由于这一原因,α 被称为精细结构常数,是一个无量纲量. 如果计算两个电子相距一个康普顿波长 $\lambda_c=\dfrac{\hbar}{m_e c}$ 时,它们之间的静电相互作用能为

$$|E|=\frac{e^2}{4\pi\varepsilon_0(\hbar/m_e c)}$$

它与电子的静质量能 $m_e c^2$ 的比值即为

$$\alpha=\frac{e^2}{4\pi\varepsilon_0(\hbar/m_e c)}\cdot\frac{1}{m_e c^2}=\frac{e^2}{4\pi\varepsilon_0\hbar c}=\frac{1}{137.035\,996}$$

表明电磁相互作用能比静质量能小很多. α 是一个表征静电相互作用大小的量,它与电子电量密切相关,常以它作为静电相互作用的耦合常数. 在研究原子中的电子运动时,静电相互作用起着主要作用,表征原子特性的许多量都和 α 有关. 例如氢

原子基态能量、玻尔轨道半径、原子中的电子速度为

$$E_1=-\frac{1}{2}\alpha^2 m_e c^2$$

$$a_0=\frac{\lambda_c}{\alpha}$$

$$v_1=\alpha c$$

自旋-轨道相互作用能

$$\Delta E\approx Rch\alpha^2$$

自旋-轨道相互作用能是一个小的修正项,仅为静质量能 $m_e c^2$ 的 α^4 倍,即约 3×10^{-9}. 以上均说明电磁相互作用不是一种强耦合.

能级精细结构 $nlj\sim n'l'j'$之间的跃迁形成了谱线的精细结构. 电偶极跃迁除了仍遵守关于量子数 l 的选择定则外,还有关于 j 的选择定则. 可以证明允许跃迁的选择定则为

$$\left.\begin{aligned}\Delta l&=\pm 1\\ \Delta j&=0,\pm 1\end{aligned}\right\}\tag{3.6.12}$$

根据这些选择定则可以得出氢原子光谱精细结构的一些规律. 如由 $np\rightarrow n's$ 跃迁所产生的谱线都包含两个精细结构成分,都有双线结构. $nd\rightarrow n'p$ 的跃迁所产生的谱线则有三个精细结构成分. 这些跃迁形成不同的线系,如 $np\rightarrow n's$ 相应的跃迁称作主线系. 由式(3.6.11)可知能级精细结构之间的能量差随 n 的增大很快减小,因此两个不同 n 的能级之间的跃迁所引起的谱线的精细结构分裂主要取决于下能级的精细结构.

3.6.2 兰姆移位及超精细结构

1. 兰姆移位

前面对氢原子精细结构的计算实质上是狄拉克的相对论量子力学理论的近似,它很好地说明了氢原子光谱的精细结构. 这使人们认为狄拉克的理论成功地解决了单电子原子问题.

下面就氢原子巴耳末系的第一条谱线的分裂进行讨论. 按狄拉克理论对于上能级,$n=3$,$l=2,1,0$,相应的 $j=5/2,3/2,1/2$. 由于能量与 l 无关,仅与 n、j 有关,因此分裂成三条能级. 对于下能级,$n=2$,$l=1,0$,相应的 $j=3/2,1/2$,因此分裂成两条能级. 其能级分裂情况及由选择定则给出的相应的跃迁如图 3.6.3 所示. 图 3.6.3(b)表示用光学方法观察到容许跃迁对应的谱线的精细结构,线的高度示意地表示谱线的强度。由于能级分裂间隔反比于 n^3,下能级的分裂比上能级的分裂大得多,因而测得的谱线形成两个组,像"双线". 两组间隔的理论值为

0.328 cm^{-1}.但是在20世纪30年代许多物理学家,其中有我国物理学家谢玉铭,精密测量了这两组谱线的间隔.测得的结果虽基本与狄克拉理论相符合,但仍有微小的差异,实验值比理论值小.实验研究显示 $2^2S_{1/2}$能级和 $2^2P_{1/2}$能级可能并不重合,而有一微小间隔,其大小约为 $n=2$ 能级的精细结构裂距的十分之一。实验值和理论值之间的差别说明可能还有新的物理现象未被认识。由于谱线的多普勒增宽妨碍了光谱测量的精确程度,当时不少人认为这些实验的结果不足以说明理论的不完善而认为狄拉克的单电子原子理论是完全正确的。直至1947年兰姆(W. E. Lamb)和李瑟福(R. C. Retherford)采用了当时的新技术——射频波谱学方法,才明确地证实了这一间隔的存在,并精确地测出了$2^2S_{1/2}$和$2^2P_{1/2}$这两个能级的能量差。他们发现$2^2S_{1/2}$能级比$2^2P_{1/2}$能级高1057.77 MHz,相当于 $\Delta E = 4.37 \times 10^{-6}$ eV 或0.035 cm^{-1}.实验结果表明,n、j 相同,但 l 不同的能级并不像狄拉克理论预言的那样完全重合.人们将能级相对于狄拉克理论预言的位置的移动称作兰姆移位.对于同一 n 值的态,$j=\dfrac{1}{2}$的能级移位最大,$j>\dfrac{1}{2}$的能级的兰姆移位几

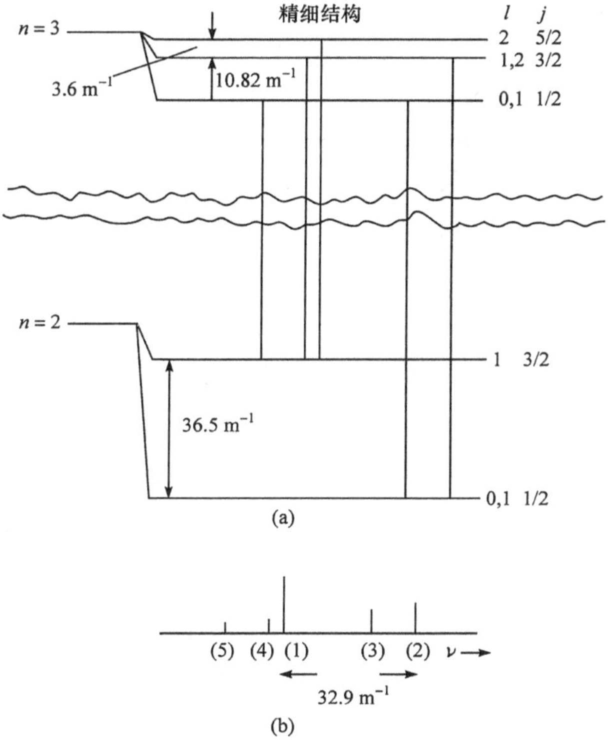

图3.6.3

乎小到可忽略.此外,n 越大,能级的兰姆移位越小.

图 3.6.4 给出兰姆和李瑟福测量兰姆移位的实验装置示意图.在 2 500℃的高温炉内,氢分子热解离为原子,形成氢原子束.原子束经过电子轰击,一部分原子被激发到介稳态$2\,^2S_{1/2}$.$2\,^2S_{1/2}$到基态的辐射跃迁是禁戒的.原子束再通过一个调频射频腔(共振器)而到达钨箔.介稳原子撞到钨箔,释放它的激发能而在金属表面打出电子.测量接收的电流来记录到达的$2\,^2S_{1/2}$态的原子数.若射频腔的频率调到共振频率(~10 000MHz)附近,介稳原子被激发到$^2P_{3/2}$,然后通过允许跃迁而回到基态.这时钨箔上的电流就减少.1947 年,兰姆和李瑟福发现,当共振频率在1000 MHz附近时也有电流减少的现象,说明在这频率发生了吸收或感生发射.这是由于发生了态$2\,^2S_{1/2}$和$2\,^2P_{1/2}$间的跃迁.$2\,^2P_{1/2}$到基态的辐射跃迁是容许的,因而在原子束中$2\,^2S_{1/2}$态的原子束减少,所以电流减小.这实验表明,即使具有同样 j 量子数的态,它们的能量也有差别.在激光光谱技术发展后消除多普勒效应的谱仪可以分辨如图 3.6.5 氢原子的 H_α 线的各成分.

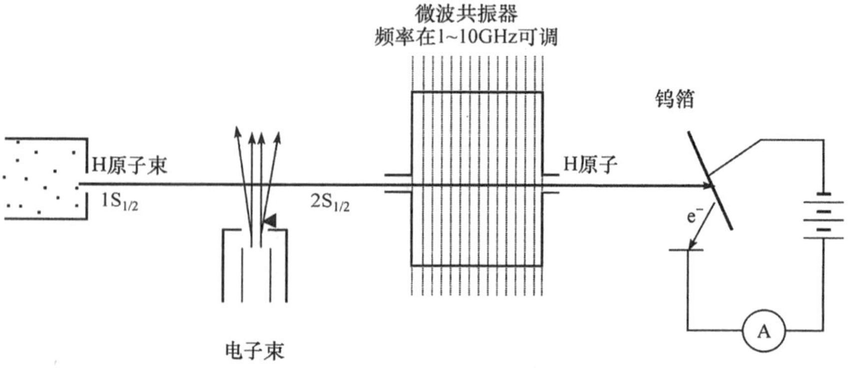

图 3.6.4 测量兰姆移位的实验安排的示意图

对于兰姆移位,狄拉克理论是无法作出解释的.兰姆移位与几乎同时发现的电子反常磁矩暴露了狄拉克相对论量子力学的不足.正是在寻求对这些实验现象的解释过程中发展了量子电动力学,兰姆因此和库什分享了 1955 年的诺贝尔物理学奖.按照量子电动力学,电子和原子核的相互作用中要考虑电子和量子化的电磁场的作用,由此可得出"辐射修正"引起原子能级的移位,从而说明兰姆移位,图 3.6.5 给出了氢原子的 $n=2$ 和 $n=3$ 能级的精细结构及兰姆移位.理论计算出氢原子$2\,^2S_{1/2}$和$2\,^2P_{1/2}$这两个能级的能量差为 1057.91 MHz,与兰姆和李瑟福的实验结果符合得很好.

2. 超精细结构

如果用更高分辨率的仪器,则可发现原子谱线的精细结构又有更细小的分裂.这种精细结构谱线的进一步分裂称作能级的超精细结构.

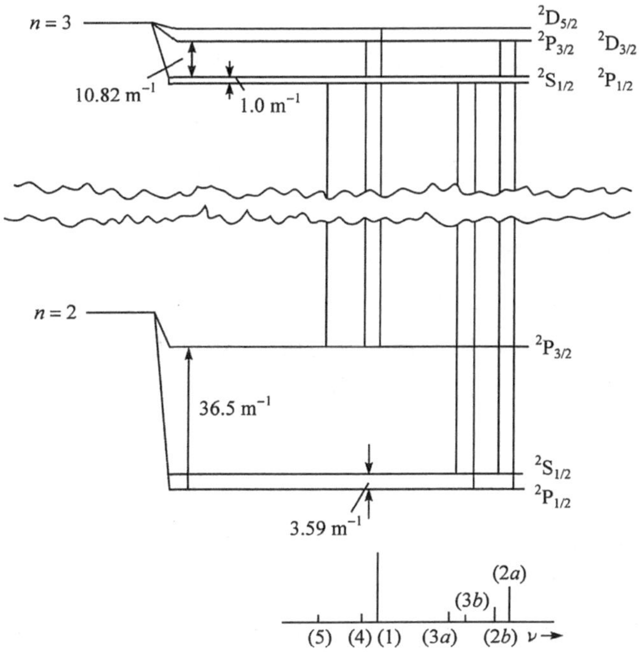

图 3.6.5　氢原子 $n=2, n=3$ 的精细结构能级及兰姆移位

在前面关于原子能级的讨论中，只考虑了原子核具有电荷 $+Ze$ 的质量 M 对原子能级的影响. 但实际上，原子核不是一个质点，它有一定的大小，它的电荷也有一定的分布. 因此，原子核具有自旋角动量 $\boldsymbol{I}$ 及相应的自旋磁矩 $\boldsymbol{\mu}_I$ 和电四极矩 $\boldsymbol{Q}$. 原子核磁矩和电子运动产生的磁场间的相互作用会引起附加的势能，从而使原子能级进一步分裂. 此外，由于同一元素的不同同位素具有不同的核质量和电荷分布，也会引起原子能级的微小移动，这称同位素移位效应. 这些效应对原子能级(原子光谱)影响的大小约为同数量级，统称为超精细结构效应.

氢原子的超精细结构主要是原子核磁矩 $\boldsymbol{\mu}_I$ 和电子运动产生的磁场的相互作用结果. 电子引起的磁场包括两部分，电子自旋产生的磁场及电子的轨道运动所产生的磁场. 由于磁相互作用而产生的附加能量

$$\Delta E = -\boldsymbol{\mu}_I \cdot \boldsymbol{B}_e = A\boldsymbol{I} \cdot \boldsymbol{j} \tag{3.6.13}$$

式中 $\boldsymbol{B}_e$ 表示原子核所感受到的电子磁场，$B_e \propto j$，j 为原子中电子的角动量量子数. 和原子磁矩相似，核磁矩可表示为 $\boldsymbol{\mu}_I = g_I \mu_N \boldsymbol{I}$，其中 $\boldsymbol{I}$ 为原子核的自旋量子数，$\mu_N = \dfrac{e}{2M_p}\hbar$，称为核磁子，其中 M_p 是质子的质量. 计入原子核的自旋后，原子的总角动量为 $\boldsymbol{F}$，即

$$\boldsymbol{F}=\boldsymbol{I}+\boldsymbol{j} \tag{3.6.14}$$

$\boldsymbol{F}$ 同样遵守量子力学的角动量规则,它可能取的值为

$$F=(I+j),(I+j-1),\cdots,|I-j|$$

由于核磁子 μ_N 与电子磁矩的比约为(m_e/M_p),因此氢原子能级的超精细分裂要比精细结构分裂约小 2 000 倍.

氢原子基态的 $j=1/2$,氢原子核(即质子)的自旋 $I=1/2$,由式(3.6.14),$F=1$ 和 0,因此氢原子的基态分裂为两个超精细结构能级. 1989 年诺贝尔物理学奖获得者拉姆齐(N. F. Ramsey)用分离振荡场磁共振的方法,建造了氢原子激射器(maser),并以此测量氢原子基态超精细跃迁频率. 经过近 30 年的不断改进,目前得到的最好测量值为

$$\nu=1\ 420\ 405\ 751.7667\pm0.000\ 9\ \text{Hz}$$

在几小时内的稳定度好于 10^{-15}. 这样高精度的频率测量现已用于作为时间标准,把氢原子超精细跃迁作为时间的标准称为氢原子钟. 单价电子原子铯(^{133}Cs)的核自旋为 7/2,基态的两个超精细能级 $F=4$ 和 3 的能量间隔比氢原子的超精细能级间隔约高 10 倍. 其跃迁谱线相应的频率为

$$\nu=9\ 192\ 631\ 770\ \text{Hz}$$

1967 年,第 13 届国际计量大会正式决定以铯原子钟作为频率标准,把铯原子跃迁振荡9 192 631 770次所经历的时间定义为 1"秒". 目前国际上铯束频标的准确度为 2×10^{-14}.

这相应的时间精度是每天 2 ns,或每 140 万年有 1 s 的误差. 现在广泛应用的原子钟有铯原子钟和铷钟. 它们的精度能适用于广义相对论的检测和跟踪脉冲星频率变化的实验. 原子钟也是全球定位系统(GPS)的重要组成部分.

习　　题

3.1　试问基态氢原子是否能吸收可见光?

3.2　试问氢原子处于 $n=2$ 的能级有多少个不同的状态? 并列出各个状态的量子数.

3.3　已知氢原子的状态波函数为

$$u_{nlm}=\frac{1}{81\sqrt{6\pi}a_0^{3/2}}\left(\frac{r}{a_0}\right)^2 e^{-r/3a_0}(3\cos^2\theta-1)$$

试通过对 u_{nlm} 的主要特征的分析,确定量子数 n,l,m_l 的值.

3.4　试给出氢原子中电子在基态时的平均电势.

3.5　对氢原子中的 2s 和 2p 电子,试分别计算它们进入 $r<10^{-13}$ cm(即在原子核内)的概

率(近似计算,给出数量级).

3.6　(1)计算氢原子 $l=3$ 量子态的角动量矢量的大小.

(2) 给出在外磁场中(设磁场方向为 z),此原子角动量在磁场方向的分量.

3.7　估计跃迁时发射波长为 500 nm 光子的原子激发态的寿命,设电偶极矩振幅 $d\approx 10^{-8}$ cm.

3.8　氢原子处于 $n=3$ 的能态,假设由 $n=3\rightarrow n=2$ 和 $n=3\rightarrow n=1$ 跃迁的电偶极矩是相同的,试估算发射谱线的相对强度.

3.9　试求 $T=3000$ K 时处在主量子数 $n=2$ 状态的氢原子与基态的氢原子的相对数目.

3.10　在原子的两个激发态之间跃迁的结果,产生 $\lambda=532$ nm 的光谱线.原子在这两个激发态的平均寿命等于 1.2×10^{-8} s 和 2.0×10^{-8} s,试估计这条谱线的自然宽度 $\Delta\lambda$.

3.11　试证明对 Ψ_{200} 和 Ψ_{100} 组成的混合态,它的电偶极矩振幅为零.

3.12　氢原子 2p 能级的电偶极辐射的平均寿命是 1.6 ns,试估计一价氦离子的 2p 能级的寿命.

3.13　在施特恩-格拉赫的实验里,窄银原子束通过不均匀磁场而射到屏上.已知磁场区长度 $a=10$ cm,屏和磁场边缘的距离 $b=20$ cm,$v=300$ m/s.试问当磁场强度梯度值为多大时,线束在屏上的裂距为 2 mm?

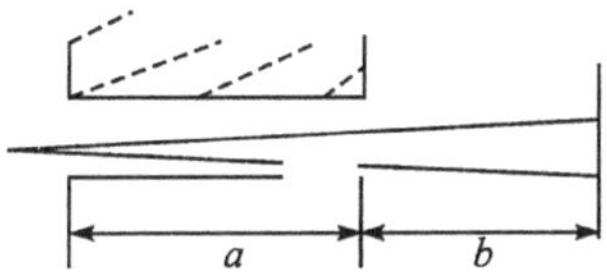

习题 3.13 图

3.14　对于 $l=1$ 和 $s=1/2$,计算 $\boldsymbol{l}\cdot\boldsymbol{s}$ 的可能值.

3.15　计算氢原子 2p 态时电子轨道运动在原子核处所产生的磁场.

3.16　试计算氢原子莱曼线系第一条谱线的精细结构裂距 $\Delta\lambda$.

3.17　试确定氢原子的朗德因子值的变化范围.

3.18　计算处于 $^2D_{3/2}$ 态原子的朗德因子,及实验可测得的磁矩值.

3.19　已知 $s=1/2, j=5/2, g=6/7$,试写出原子态,且以符号表示.

3.20　试计算氢原子基态时的磁矩.

3.21　试求 ^{208}Pb($Z=82$)的 μ 原子 2p 能级的精细结构裂距.(已知 μ 子的质量 $m_\mu=207m_e$.)

3.22　当 n 和 l 增加时,双重态的裂距迅速减小.试问在氢原子中 2p 双重态的裂距与 3d 双重态的裂距之比值为多大?

3.23　考虑氢原子基态和 $n=2$ 的激发态:

(1) 不考虑精细结构,画出它们的能级图;

(2) 考虑相对论效应后画出新能级且表明其光谱符号(n,l,j);

(3) 计算相对论修正引起的能级移动和双层能级的间隔;

(4) 考虑兰姆移位后对能级会有哪些影响?

3.24　一束自由电子经过一个 $B=5000$ Gs 的均匀磁场,试问自旋“平行”和“反平行”于磁

场 $\boldsymbol{B}$ 的电子的能量相差多少？哪种电子的能量较大？

若用与上述能量差相应的光子照射电子，会引起电子的“自旋反转”跃迁．此现象称作“电子自旋共振”．试求能引起共振的光子的波长与频率．

3.25　由于核磁矩的超精细作用使氢原子基态的能级发生劈裂．试给出它的能级图，并表示出它的总角动量量子数 F．

3.26　(1) 以一简单模型来估计氢原子基态时电子运动所产生的磁场：设电子作圆轨道运动，轨道半径为 r，运动的速率为 v，试计算它在质子处所产生的磁场 $\boldsymbol{B}_e$．

(2) 质子的磁矩和它的自旋方向平行，磁矩数值为 $\mu=2.8\mu_N$，$\mu_N=\dfrac{e}{2M_p}\hbar$，$M_p$ 是质子的质量．试证明使质子磁矩反向所需能量为

$$\Delta E=2.8\,\frac{e^2}{4\pi\varepsilon_0}\cdot\frac{\hbar\,v}{M_p c^2 r^2}$$

并估计氢原子基态时，此能量的大小．

(3) 如果氢原子基态超精细能级发生“自旋反转”跃迁，试估计其谱线的波长．

3.27　假定原子核是一个半径为 R、电荷均匀分布的球，试求由体积效应引起的能量修正．

第 4 章　氦原子和多电子原子

在这一章中，我们将讨论多电子原子，即具有一个以上电子的原子．首先讨论最简单的多电子原子——氦原子，通过对它的能级和光谱特点的认识，引入微观世界中全同粒子的一些独特性质以及泡利不相容原理和交换效应等重要物理概念．无论是经典物理或量子力学，对多粒子体系都没有严格处理的方法，只能采用近似方法．我们将以中心力场近似的方法来作为对多电子原子问题处理的初级近似．根据这一近似就可说明原子的壳层结构和元素周期表．然后，简单介绍如何在中心场近似下进一步考虑对一些相互作用的修正后，对多电子原子光谱和能级的特点做出说明．

4.1　氦原子的能级

4.1.1　氦原子的光谱和能级

1868 年，在太阳的日珥光谱中首次观察到了一条波长为 587.5 nm 的黄色谱线，这条谱线与钠原子的 D_1 和 D_2 线非常接近，因此称为 D_3 线．这条谱线不属于当时已知元素的光谱线，被认为是一种新元素的谱线，这种元素称作氦．

氦原子是由原子核和两个电子组成的原子，是最简单的多电子原子．实验发现，它的光谱也有各个谱线系，但所不同的是氦原子的各线系有两套谱线．其两套谱线的精细结构有显著差别，一套谱线全是单线，而另一套谱线却有复杂的结构，若用高分辨率的仪器，则可以观察到原来的一条谱线实际上包含有三条波长非常接近的成分，如著名的黄色 D_3 线的三个成分的波长为 587.596 nm，587.564 nm 和 587.560 nm．早期的观察者曾误认为有两种氦，将有复杂结构光谱的称作正氦，单线光谱的为仲氦．

后来，实验表明这一假说并不正确，事实上周期表中所有的第二族元素，如铍(Be)、镁(Mg)、钙(Ca)、锶(Sr)等的光谱均有与氦相似的光谱结构．由氦原子的光谱可推出它的能级及相应的跃迁如图 4.1.1 所示．氦原子的能级有以下几个特点：

(1) 有两套能级．一套能级是单层的，而另一套有三层结构．与这两套能级相对应的原子多重态称作单态和三重态．表示氦原子的多重态的符号标在图的第一行．在实验观测的光谱中未发现存在三重态和单态之间的跃迁，这说明在两套能级间没有跃迁，只是由每套能级各自的跃迁产生了相应的两套光谱线系．

(2) 基态和第一激发态之间的能量差很大，约为 19.8 eV．而且氦的电离能是

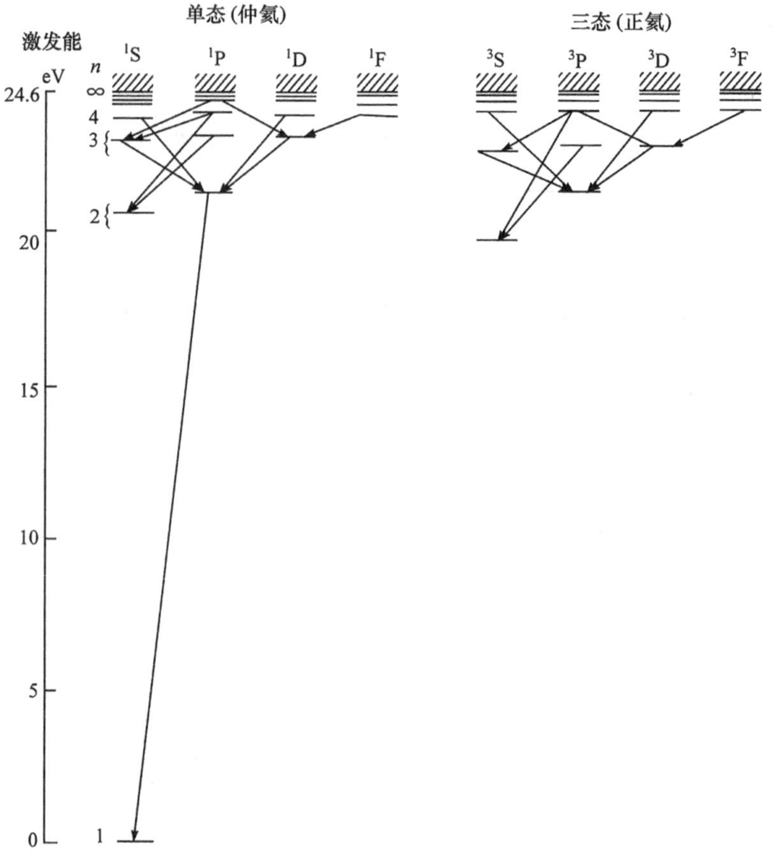

图 4.1.1　氦原子的能级及与其光谱相应的跃迁

所有元素中最大的,其值为 24.58 eV.

(3) 三重态的能级总是低于相应的单态的能级.例如 2^1S_0 比 2^3S_1 高 0.8 eV.

(4) $n=1$ 的原子态不存在三重态.

(5) 第一激发态 2^1S_0 和 2^3S_1 都是亚稳态,如果氦原子被激发到这两个状态,则通过辐射跃迁到基态的概率是极小的,这两个能级的寿命很长,实验测得 2^1S_0 的寿命为 19.5 ms.

4.1.2　氦原子能级的简单讨论

由于在氦原子中有两个核外电子,所以除了原子核和两个电子的库仑相互作用,还有两个电子之间的库仑相互作用,以及每个电子的自旋-轨道相互作用、一个电子的自旋和另一个电子的轨道相互作用、两个电子之间的轨道-轨道相互作用和自旋-自旋相互作用.可以看出氦原子中的相互作用要比氢原子的复杂得多.在氢原子的讨论中,我们已经知道,自旋、轨道之间的相互作用都是磁相互作用,而磁相互作用比起静电相互作用来是很小的,在氢原子中由磁相互作用引起的能量约为10^{-5}eV.如果我们只考虑能级的主要结构(粗结构),而不涉及精细结构,则可以忽略这些较小的相互作用.

为叙述方便,我们用数字 1 和 2 来分别标志氦原子中的两个电子.若以原子核为坐标原点,r_1 和 r_2 分别表示第一个电子和第二个电子与原子核的距离,r_{12}表示两个电子之间的距离.于是在只考虑库仑相互作用时,氦原子中的位势为

$$V(r_1,r_2,r_{12}) = -\frac{Ze^2}{4\pi\varepsilon_0 r_1} - \frac{Ze^2}{4\pi\varepsilon_0 r_2} + \frac{e^2}{4\pi\varepsilon_0 r_{12}} \tag{4.1.1}$$

式中 Ze 为原子核的电荷量,对氦原子 $Z=2$.并假设当两个电子都在无限远时的势能为零.这样得氦原子的定态薛定谔方程

$$\left[-\frac{\hbar^2}{2m_e}(\nabla_1^2+\nabla_2^2)+V(r_1,r_2,r_{12})\right]u(\boldsymbol{r}_1,\boldsymbol{r}_2)=Eu(\boldsymbol{r}_1,\boldsymbol{r}_2) \tag{4.1.2}$$

1. 氦原子基态的能量

由于位势式(4.1.1)中含有 r_{12},在解式(4.1.2)时无法分离变量.要精确解氦原子的薛定谔方程是很困难的,我们先以最粗略的计算,即忽略两个电子间的库仑相互作用,于是位势项可写为

$$V(r_1,r_2) = -\frac{Ze^2}{4\pi\varepsilon_0 r_1} - \frac{Ze^2}{4\pi\varepsilon_0 r_2} \tag{4.1.3}$$

也就是说,把氦原子的两个电子看作是彼此独立地运动.这样,氦原子的薛定谔方程可以写成

$$\left(-\frac{\hbar^2}{2m}\nabla_1^2-\frac{h^2}{2m}\nabla_2^2-\frac{Ze^2}{4\pi\varepsilon_0 r_1}-\frac{Ze^2}{4\pi\varepsilon_0 \mathrm{r}_2}\right)u(\boldsymbol{r}_1,\boldsymbol{r}_2)=Eu(\boldsymbol{r}_1,\boldsymbol{r}_2) \tag{4.1.4}$$

令

$$u(\boldsymbol{r}_1,\boldsymbol{r}_2) = u(\boldsymbol{r}_1)u(\boldsymbol{r}_2) \tag{4.1.5}$$

将它代入式(4.1.4)可以分离为两个类氢离子的方程,解出 $u(\boldsymbol{r}_1)$和 $u(\boldsymbol{r}_2)$.于是

$$E = E_1 + E_2$$

每个电子相应有一组量子化的能量

$$E_n = -\frac{Z^2}{n^2}\left(\frac{e^2}{4\pi\varepsilon_0\cdot 2a_0}\right) = -\frac{4\times 13.6}{n^2} = -\frac{54.4}{n^2}\ \mathrm{eV}$$

其中 E_n 是类氢离子的能量,a_0 是玻尔半径.中性氦原子的基态能量 E_g 为

$$E'_g = 2E_1 = -108.8\ \mathrm{eV}$$

于是,由上面的估算得出,氦的电离能(使氦原子失去一个电子所需的最低能量)为 54.4 eV.而实验值为 24.58 eV,两者差别了 30 eV.显然,电子间的相互作用是不可忽略的,电子间的静电相互作用能量会使能级向上移动.为计算电子间的库仑斥

力对能级的修正，我们以式(4.1.4)解得的波函数，即将只考虑电子和原子核的相互作用作为零级近似. 然后再来计算两电子间的相互作用$\frac{e^2}{4\pi\varepsilon_0 r_{12}}$，作为一级修正来处理. 这样引起的能量平均值

$$\Delta E = \frac{e^2}{4\pi\varepsilon_0}\langle\frac{1}{r_{12}}\rangle \tag{4.1.6}$$

其中$\langle\frac{1}{r_{12}}\rangle$表示两电子之间距离倒数的平均值，用零级近似的波函数算得

$$\Delta E = \frac{5}{4}\frac{e^2}{4\pi\varepsilon_0 a_0} = 34\ \mathrm{eV}$$

于是氦原子基态的能量为

$$E_g = E'_g + \Delta E = -108.8 + 34 = -74.8\ \mathrm{eV}$$

得出氦的电离能的计算值为 $E_i = 20.4\ \mathrm{eV}$，这数值和实验值就比较接近了.

2. 氦原子的激发态

我们用电子组态来描述原子中各个电子所处的状态. 原子中两个电子都处在激发态的情形是很少发生的，与光谱有关的激发态若没有特别指出，一般是指原子中一个电子被激发的情形. 氦原子的激发态就是指，原子中一个电子处在基态即 1s 态，而另一个电子处 $n>1$ 的各种激发态，这样它的电子组态表示为"$1snl$"，n 是电子的主量子数，l 是它的轨道量子数. 氢原子(类氢离子)波函数的径向分布显示 1s 电子的分布比 nl 电子更靠近原子核. 因此在 nl 电子看来，1s 电子起着屏蔽原子核的作用，它等效地受到一个核电荷为(Z^*)的静电作用，$1 \leqslant Z^* < 2$. n、l 的数值越大，这种屏蔽就越完全，当 n 很大时，nl 电子远离原子核. 此时只有 1s 电子完全感受到原子核的静电作用，而 nl 电子和原子核的静电作用被 1s 电子完全屏蔽了，相当于 $Z^*=1$. 这样氦原子的位势式(4.1.1)可近似地写成

$$V = -\frac{1}{4\pi\varepsilon_0}\frac{Ze^2}{r_{1s}} - \frac{1}{4\pi\varepsilon_0}\frac{Z^* e^2}{r_{nl}} \tag{4.1.7}$$

式中 r_{1s}、r_{nl}表示 1s 电子和 nl 电子与原子核的距离. 因此氦原子的激发态能量在 n 和 l 很大时，应该近似地等于类氢离子能量 E_{1s}与氢原子能量 E_{nl}之和. 表 4.1.1 列出氦原子与氢原子能级的数据.

氦原子的能量是以无限远处一个动能为零的电子及 He^+(1s)所组成系统的能量为零来计算的. 由表可看出，随 n 的增大，氦能级的数值与氢能级越来越接近. 然而，氦的能级对 l 的简并消失了，例如在 $n=2$ 时，1s2p 组态比 1s2s 组态的能量平均约大 $9\times10^5\ \mathrm{m}^{-1}$，这是由于 n 相同而 l 不同的电子出现在空间各处的概率不同，在它看来，原子核被屏蔽的程度也就不同. 另外，同一电子组态中三重态的能量比单态要低，且差别相当大，如 1s2s 组态中两者的能量差约为 $6.4\times10^5\ \mathrm{m}^{-1}$.

表 4.1.1　氦原子与氢原子的能级

氦原子的电子组态	原子的多重态	氦 $(-E)/10^5\text{m}^{-1}$	单态与三重态的能量差 $/10^5\text{m}^{-1}$	氢 $(-E)/10^5\text{m}^{-1}$
$1s^2$	^3S	不存在		109.678
	^1S	198.311		
1s2s	^3S	38.461		
	^1S	32.039	6.422	27.419
1s2p	^3P	29.230	2.048	
	^1P	27.182		
1s3s	^3S	15.080	1.628	
	^1S	13.452		
1s3p	^3P	12.752	0.645	12.186
	^1P	12.107		
1s3d	^3D	12.215	0.003	
	^1D	12.212		
1s4s	^3S	8.019	0.643	
	^1S	7.376		
1s4p	^3P	7.100	0.276	
	^1P	6.824		
1s4d	^3D	6.872	0.002	6.854
	^1D	6.870		
1s4f	^3F	6.8644	0.0006	
	^1F	6.8638		

氦原子激发态能级,尤其是它三重态和单态的特性使薛定谔理论陷入极大困境,这对量子力学提出了新的挑战.

4.2　全同粒子和泡利不相容原理

4.2.1　全同粒子与波函数的交换对称性

在宏观世界中,如果仔细地观察"相同"的物体,一般总能找到一些小的差异而可以区分它们.但是,如果进入到微观世界,我们就进入到一个有绝对同一性的世界.自然界存在各种不同类型的粒子,如电子和光子.同一类型的粒子,如电子,具有完全相同的固有属性.这些属性,如静止质量、电荷、自旋、磁矩等,都是粒子固有的,不受外界作用的影响,因此也称为粒子的内禀属性.我们称内禀属性完全相同的粒子为全同粒子.

在经典物理中,尽管全同粒子的固有性质完全相同,但仍然可以分辨它们.因为按照经典力学,每个粒子在运动过程中都有确定的轨道.可以在某一时刻对各个全同粒子进行编号，跟踪它们在各自轨道上的运动，这样在任何时刻都可分辨它们.

在量子力学中，情况就不同了. 由于测不准原理，我们无法同时准确地确定粒子的位置和动量，轨道已不具任何物理意义. 我们即使在某一时刻对各个全同粒子编了号，但却无法跟踪它们. 当两个全同粒子在空间互相靠近时，它们的波函数在空间发生交叠，这样根本不可能区分哪个是第一号，哪个是第二号. 因此，在微观世界中原则上不可能对一组全同粒子进行个别跟踪，也就不可能分辨它们，所以说全同粒子具有不可分辨性.

多电子原子具有一个以上的电子，原子中的电子组成一个全同粒子系统. 由于全同粒子的不可分辨性，将系统中的全同粒子相互对换，系统的状态不应变化. 这是全同粒子系统的基本特性，即系统中任何两个粒子的交换并不会改变这个系统的物理状态. 这种全同粒子的交换"对称性"，无论在经典力学或量子力学中都存在. 然而，在经典物理中由于每个粒子都有确定的轨道，可以用轨道来辨认粒子，这样就可以把交换前后的状态区分开来. 但在微观世界中全同粒子的不可分辨性却使这种对称性引出了非常重要的物理结果.

考虑一个由两个全同粒子组成的系统，为叙述方便，称它们为粒子 1 和粒子 2，用波函数 $\Psi(\boldsymbol{q}_1,\boldsymbol{q}_2)$来描述系统的状态，$\boldsymbol{q}_1$、$\boldsymbol{q}_2$ 分别代表两个粒子的坐标(包括空间坐标和自旋). 若将两个粒子交换，即将粒子 1 换至 $\boldsymbol{q}_2$，粒子 2 换至 $\boldsymbol{q}_1$，于是两粒子交换后系统的波函数为 $\Psi(\boldsymbol{q}_2,\boldsymbol{q}_1)$. 由于全同粒子的不可分辨性，交换前、后是两种完全相同的状态，这两个波函数描述的量子状态应该是相同的，交换前后的概率密度应是相同的，即

$$|\Psi(\boldsymbol{q}_1,\boldsymbol{q}_2)|^2 = |\Psi(\boldsymbol{q}_2,\boldsymbol{q}_1)|^2 \tag{4.2.1}$$

要使式(4.2.1)成立，$\Psi(\boldsymbol{q}_1,\boldsymbol{q}_2)$和 $\Psi(\boldsymbol{q}_2,\boldsymbol{q}_1)$需满足

$$\Psi(\boldsymbol{q}_1,\boldsymbol{q}_2) = +\Psi(\boldsymbol{q}_2,\boldsymbol{q}_1) \tag{4.2.2a}$$

或

$$\Psi(\boldsymbol{q}_1,\boldsymbol{q}_2) = -\Psi(\boldsymbol{q}_2,\boldsymbol{q}_1) \tag{4.2.2b}$$

式(4.2.2a)表示两粒子交换前后的波函数相同，满足这种关系的波函数称为交换对称波函数，满足式(4.2.2b)的称为交换反对称波函数. 这种对称性称为交换对称性.

全同粒子系统的交换对称性给了波函数一个很强的限制，即要求它的波函数必定是交换对称或交换反对称的. 我们以两粒子系统为例来讨论. 假设两粒子间没有任何相互作用，那么系统的薛定谔方程可分解为两个粒子各自的薛定谔方程. 用 $\Psi_\alpha(\boldsymbol{q}_1)$表示粒子 1 处于状态 α 的波函数，$\Psi_\beta(\boldsymbol{q}_2)$表示粒子 2 处于状态 β 的波函数. 那么可以得出

$$\Psi_{\mathrm{I}} = \Psi_{\alpha}(\boldsymbol{q}_1)\Psi_{\beta}(\boldsymbol{q}_2) \tag{4.2.3}$$

和

$$\Psi_{\mathrm{II}} = \Psi_{\alpha}(\boldsymbol{q}_2)\Psi_{\beta}(\boldsymbol{q}_1) \tag{4.2.4}$$

都是系统薛定谔方程的解.但这两个波函数并不一定满足对称性的要求,它们都不一定能描述全同粒子体系.然而,考虑到薛定谔方程是线性的,方程解的线性组合仍是方程的解.所以可以将这两个波函数线性组合起来得到能满足交换对称性要求的解

$$\Psi_{\mathrm{S}}(\boldsymbol{q}_1,\boldsymbol{q}_2) = \frac{1}{\sqrt{2}}[\Psi_{\alpha}(\boldsymbol{q}_1)\Psi_{\beta}(\boldsymbol{q}_2) + \Psi_{\alpha}(\boldsymbol{q}_2)\Psi_{\beta}(\boldsymbol{q}_1)] \tag{4.2.5}$$

$$\Psi_{\mathrm{A}}(\boldsymbol{q}_1,\boldsymbol{q}_2) = \frac{1}{\sqrt{2}}[\Psi_{\alpha}(\boldsymbol{q}_1)\Psi_{\beta}(\boldsymbol{q}_2) - \Psi_{\alpha}(\boldsymbol{q}_2)\Psi_{\beta}(\boldsymbol{q}_1)] \tag{4.2.6}$$

式中$\frac{1}{\sqrt{2}}$是归一化常数.可以看出 $\Psi_{\mathrm{S}}(\boldsymbol{q}_1,\boldsymbol{q}_2)$是交换对称的,即

$$\Psi_{\mathrm{S}}(\boldsymbol{q}_1,\boldsymbol{q}_2) = \Psi_{\mathrm{S}}(\boldsymbol{q}_2,\boldsymbol{q}_1)$$

而 $\Psi_{\mathrm{A}}(\boldsymbol{q}_1,\boldsymbol{q}_2)$是反对称的,即 $\Psi_{\mathrm{A}}(\boldsymbol{q}_1,\boldsymbol{q}_2) = -\Psi_{\mathrm{A}}(\boldsymbol{q}_2,\boldsymbol{q}_1)$.

4.2.2　泡利不相容原理

泡利(W. Pauli)在分析原子能级的经验数据以及在解释元素周期表的理论研究工作的基础上,于 1925 年提出了著名的泡利原理:在多电子原子中,任何两个电子都不可能处在相同的量子态.因此泡利原理又称不相容原理.在解释原子光谱的工作中,泡利首先提出了,在原子中要确定一个电子的状态需要用四个量子数来描述.在电子自旋概念建立之后我们知道,这组量子数是 n、l、j 和 m_j,或 n、l、m_l 和 m_s.泡利原理也就是说原子中任意两个电子都不可能有完全相同的四个量子数.

泡利原理是在量子力学建立之前提出的,后来海森伯、费米(E. Fermi)、狄拉克等发展了量子力学,由波函数的交换对称性进一步说明了泡利原理,泡利不相容原理对多电子系统波函数的交换对称性提出了明确的限制.如果两个粒子具有完全相同的量子态,设都处在 α 态,则反对称波函数由式(4.2.6)可得

$$\Psi_{\mathrm{A}}(\boldsymbol{q}_1,\boldsymbol{q}_2) = \frac{1}{\sqrt{2}}[\Psi_{\alpha}(\boldsymbol{q}_1)\Psi_{\alpha}(\boldsymbol{q}_2) - \Psi_{\alpha}(\boldsymbol{q}_2)\Psi_{\alpha}(\boldsymbol{q}_1)] \equiv 0$$

即波函数恒等于零,系统处于这种状态的概率为零.也就是说,若系统波函数是交换反对称的,那么一定不可能有两个粒子处在相同的量子态.这说明所有反对称波函数都满足泡利不相容原理.泡利不相容原理也可表达为:多电子系统的波函数一定是反对称的.这种表达所包含的限制更为严格.1940 年,泡利进一步指出,全同粒子系统的交换对称性和粒子自旋有确定的关系.凡是由自旋量子数为半整数(其

自旋为$\frac{1}{2}\hbar,\frac{3}{2}\hbar,\cdots$)的粒子组成的全同粒子系统,如由电子或质子组成的系统,它的波函数一定是交换反对称的.它们遵守费米-狄拉克统计,这种粒子称作费米子.而由自旋量子数为整数(其自旋为$0,1\hbar,2\hbar,\cdots$)的粒子组成的全同粒子系统,例如光子,它的波函数一定是交换对称的.它们遵守玻色-爱因斯坦统计,这类粒子称为玻色子.因此泡利不相容原理是适用于费米子系统的普遍规则.(泡利因发现不相容原理获得了1945年的诺贝尔物理学奖.)

4.2.3　交换效应

多电子系统的波函数必须具有交换反对称性,这会对系统的可观察量有什么影响呢?为了进一步说明反对称波函数的特点,我们以氦原子为例来进行讨论.假设两个电子之间的相互作用可以忽略,系统的波函数可用式(4.2.6)表示

$$\Psi_A(\boldsymbol{q}_1,\boldsymbol{q}_2)=\frac{1}{\sqrt{2}}[\Psi_\alpha(\boldsymbol{q}_1)\Psi_\beta(\boldsymbol{q}_2)-\Psi_\alpha(\boldsymbol{q}_2)\Psi_\beta(\boldsymbol{q}_1)]$$

波函数$\Psi(\boldsymbol{q}_1,\boldsymbol{q}_2)$不仅描述体系中电子的空间状态还描述它的自旋状态.若不考虑自旋-轨道相互作用,总的波函数$\Psi(\boldsymbol{q}_1,\boldsymbol{q}_2)$可表示为空间波函数和自旋波函数之积$\Psi=u\chi$,以$u$表示空间波函数,$\chi$表示自旋波函数.电子系统的波函数一定是交换反对称的,所以要求这两个波函数都有确定的交换对称性:空间波函数对称时,自旋波函数必须是反对称的;空间波函数反对称时,自旋波函数必须是对称的.

1. 两电子体系的自旋波函数

解薛定谔方程可得空间波函数,但它并不反映自旋状态.电子的自旋状态与空间变量无关,自旋波函数决定于电子的自旋状态.由于电子只有两个自旋状态,自旋朝上$\left(m_s=+\frac{1}{2}\right)$,自旋波函数以$\sigma_+$表示,及自旋朝下$\left(m_s=-\frac{1}{2}\right)$,以$\sigma_-$表示.在不考虑电子间相互作用的情况下,体系的自旋波函数可写成每个电子的自旋波函数之积.用1,2作为电子的标记,那么两个电子体系的自旋波函数可以有下列四种情形:

$$\sigma_+(1)\sigma_+(2)、\sigma_+(1)\sigma_-(2)、\sigma_-(1)\sigma_+(2)、\sigma_-(1)\sigma_-(2)$$

在这四种情形中只有$\sigma_+(1)\sigma_+(2)$和$\sigma_-(1)\sigma_-(2)$能满足交换对称的要求.其余两个既非交换对称,又非交换反对称,它们不能用来描写全同粒子体系,不过可以把它们线性组合起来.于是描写体系自旋状态的波函数可写为

$$\left.\begin{aligned} \chi_{00} &= \frac{1}{\sqrt{2}}[\sigma_+(1)\sigma_-(2) - \sigma_-(1)\sigma_+(2)] \\ \chi_{11} &= \sigma_+(1)\sigma_+(2) \\ \chi_{10} &= \frac{1}{\sqrt{2}}[\sigma_+(1)\sigma_-(2) + \sigma_-(1)\sigma_+(2)] \\ \chi_{1-1} &= \sigma_-(1)\sigma_-(2) \end{aligned}\right\} \tag{4.2.7}$$

其中 χ_{00}为反对称波函数,其余三个为对称波函数.在 χ_{00}所表示的状态中,两个电子的自旋相反,体系的总自旋 S 为零,它在 z 轴上的分量当然也为零,χ_{00}的两个下标表示此状态的总自旋量子数 S 和M_S,这是一个单态.在 χ_{11},χ_{10},χ_{1-1}所表示的状态中,两个电子的自旋基本平行,总自旋量子数 $S=1$,$M_S=1,0,-1$,用两个下标表示相应的 S 和M_S 的值.这三个态组成一个三重态.图 4.2.1 画出了这些自旋波函数相应的自旋角动量.

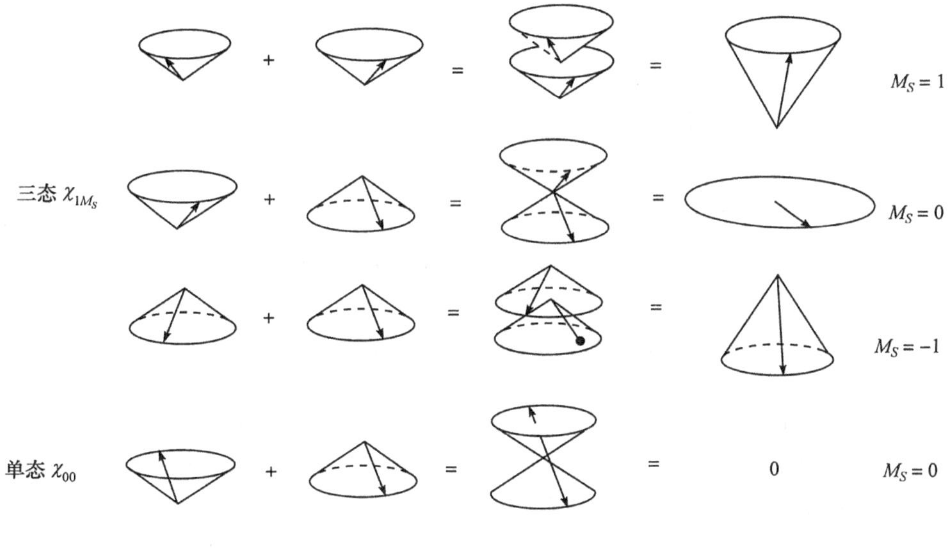

图 4.2.1　两电子体系的自旋角动量

2. 交换效应

前面在讨论氦原子基态能量时已说明,在不考虑两个粒子间有相互作用的零级近似情形下,通过分离变量的方法可以分别解第一个和第二个电子的薛定谔方程而得到它们的空间状态波函数,设它们为 $u_a(\boldsymbol{r}_1)$和 $u_b(\boldsymbol{r}_2)$.那么整个系统的空间状态波函数 $u(\boldsymbol{r}_1,\boldsymbol{r}_2)$应满足交换对称的要求,考虑到薛定谔方程是线性的,其解的线性组合仍然是方程的解,因此我们可以得到满足交换对称性的解

$$u(\boldsymbol{r}_1,\boldsymbol{r}_2)=\begin{cases}\dfrac{1}{\sqrt{2}}[u_a(\boldsymbol{r}_1)u_b(\boldsymbol{r}_2)+u_a(\boldsymbol{r}_2)u_b(\boldsymbol{r}_1)]=u_{\mathrm{S}}(\boldsymbol{r}_1,\boldsymbol{r}_2)\\ \dfrac{1}{\sqrt{2}}[u_a(\boldsymbol{r}_1)u_b(\boldsymbol{r}_2)-u_a(\boldsymbol{r}_2)u_b(\boldsymbol{r}_1)]=u_{\mathrm{A}}(\boldsymbol{r}_1,\boldsymbol{r}_2)\end{cases}\tag{4.2.8}$$

可以看出 $u_{\mathrm{S}}(\boldsymbol{r}_1,\boldsymbol{r}_2)$是对称的，$u_{\mathrm{A}}(\boldsymbol{r}_1,\boldsymbol{r}_2)$是反对称的.

由于所讨论的系统是由电子组成的全同粒子体系，总波函数 $\Psi(\boldsymbol{q}_1,\boldsymbol{q}_2)$应是反对称的. 于是将对称的空间波函数乘以反对称的自旋波函数，或将反对称的空间波函数乘以对称的自旋波函数都可以得到反对称的总波函数. 即

$$\Psi(\boldsymbol{q}_1,\boldsymbol{q}_2)=\begin{cases}u_{\mathrm{S}}(\boldsymbol{r}_1,\boldsymbol{r}_2)\ \chi_{00} & (4.2.9\mathrm{a})\\ u_{\mathrm{A}}(\boldsymbol{r}_1,\boldsymbol{r}_2)\begin{cases}\chi_{11}\\ \chi_{10}\\ \chi_{1-1}\end{cases} & (4.2.9\mathrm{b})\end{cases}$$

式(4.2.9a)表示的是两电子自旋相反的状态，(4.2.9b)表示的是两电子自旋平行的状态.

当体系的两个电子的自旋平行时，即处在式(4.2.9b)表示的状态时，空间波函数是反对称的. 考虑两个电子在空间很靠近的情况，即 $\boldsymbol{r}_1\approx\boldsymbol{r}_2$. 于是有

$$u_a(\boldsymbol{r}_1)u_b(\boldsymbol{r}_2)\approx u_a(\boldsymbol{r}_2)u_b(\boldsymbol{r}_1)$$

因此，反对称空间波函数

$$\begin{aligned}u_{\mathrm{A}}(\boldsymbol{r}_1,\boldsymbol{r}_2)&=\frac{1}{\sqrt{2}}[u_a(\boldsymbol{r}_1)u_b(\boldsymbol{r}_2)-u_a(\boldsymbol{r}_2)u_b(\boldsymbol{r}_1)]\\&\approx\frac{1}{\sqrt{2}}[u_a(\boldsymbol{r}_1)u_b(\boldsymbol{r}_2)-u_a(\boldsymbol{r}_1)u_b(\boldsymbol{r}_2)]=0\end{aligned}$$

这表明两个自旋平行的电子(相应于氦原子的 $S=1$ 态即三重态)在空间很靠近的概率非常小，几乎为零，这时电子好像是相互“排斥”的，就像它们之间有一种“斥力”使它们不能靠近. 这种“斥力”完全是由空间波函数的交换反对称性引起的，它与电子间的库仑排斥作用完全无关，在上面的讨论中式(4.2.9b)是在假设电子间不存在任何相互作用的前提下得到的.

如果两个电子的自旋是相反，即自旋波函数是反对称的 χ_{00}，由式(4.2.9a)，空间波函数是对称的. 当两个电子很靠近时，$\boldsymbol{r}_1\approx\boldsymbol{r}_2$.

$$\begin{aligned}u_{\mathrm{S}}(\boldsymbol{r}_1,\boldsymbol{r}_2)&=\frac{1}{\sqrt{2}}[u_a(\boldsymbol{r}_1)u_b(\boldsymbol{r}_2)+u_a(\boldsymbol{r}_2)u_b(\boldsymbol{r}_1)]\\&\approx\frac{1}{\sqrt{2}}[u_a(\boldsymbol{r}_1)u_b(\boldsymbol{r}_2)+u_a(\boldsymbol{r}_1)u_b(\boldsymbol{r}_2)]\\&=\sqrt{2}u_a(\boldsymbol{r}_1)u_b(\boldsymbol{r}_2)\end{aligned}$$

两个电子靠近的概率密度约是平均概率密度的 2 倍. 因此当两个电子自旋相反时, 它们出现在空间同一位置的概率很大, 好像彼此相互吸引. 总的说来, 多电子体系中, 两个电子的自旋相反时彼此“吸引”, 两个电子的自旋平行时彼此“排斥”.

从上面的讨论可以看到, 由于多电子体系的波函数必定是反对称的, 电子间自旋的相对取向的不同, 会影响电子的空间的分布. 这种特性在经典物理学中是没有的, 纯粹是一种量子力学效应, 完全是由全同粒子的交换对称性引起的, 因此称交换效应.

3. 氦原子能级讨论

下面我们讨论波函数的交换对称性对氦原子的状态和能级的影响. 前面的讨论说明了对两个电子的系统, 如氦原子的一种电子组态由于电子自旋的不同取向会组成 χ_0 和 χ_1 两种自旋波函数. 对称自旋波函数对应于自旋量子数为 1 的三种状态, 即 $S=1, M_S-1, 0, -1$ 三种状态, 称为三重态. 反对称自旋波函数对应自旋量子数为 0 的一种状态, 即单态, 相应于 $S=0, M_S=0$ 的状态. 多重态主要决定于多电子体系的总自旋量子数. 例如 1s2s 组态可以构成三重态 $^3S_1$ 和单态 $^1S_0$, 这里我们用左上标表示原子的多重态 $(2S+1)$. 但是, 对氦原子的基态, 即 1s1s 组态, 两个电子的量子数中有三个都相同: $n_1=n_2=1, l_1=l_2=0, m_{l1}=m_{l2}=0$, 由泡利不相容原理, 它们的第四个量子数必须不同, 因此它们的自旋只能是反平行的, 即只存在 $^1S_0$.

如果不考虑电子间的相互作用, 氦原子处在单态或三重态时, 尽管电子的空间分布有所不同, 但它们的能量是相同的, 也就是说在零级近似下它们的能级是相同的. 在前一节讨论氦原子的基态能级时我们已知道, 电子间的静电相互作用对能级的修正是需要考虑的. 电子间的静电作用使原子能级向能量增大的方向移动. 氦原子的三重态相应于两个电子自旋取向“平行”的态, 交换效应使这两个电子互相“排斥”, 使得电子间平均距离较大. 电子间的静电势正比于 e^2/r_{12}, r_{12}越大, 静电势使能级提高得越小. 而单态时, 两电子的自旋取向是相反的, 交换效应使电子相互“吸引”, 电子靠近的概率较大, 电子间的静电能较大, 因而能级向增大方向移动越多. 所以氦原子三重态的能级比相应的单态能级低, 交换效应产生了可观察的物理结果, 引起氦原子的单态、三重态两套能级. 随着 n、l 的增大, 它所对应的波函数与 1s 电子波函数交叠的程度减小, 交换效应对能级的影响也就减小了, 所以单态和三重态的能量差将逐渐减小.

4.3　多电子原子的电子组态

对具有两个以上电子的多电子原子, 即一个由电荷为 Ze 的原子核和核外 N 个电子组成的系统, 它的哈密顿算符为

$$H = T + V = \sum_i \left(-\frac{\hbar^2}{2m_e} \nabla_i^2 \right) - \sum_i \frac{Ze^2}{4\pi\varepsilon_0 r_i} + \sum_{i>j} \frac{e^2}{4\pi\varepsilon_0 r_{ij}} + V_{SO} + V_{SS} + V_{ll} + \cdots \tag{4.3.1}$$

其中第一项是电子的动能,其他各项是原子中电子和原子核之间及电子和电子之间的各种相互作用势能.它们是:

(1) 电子与原子核的库仑引力作用势;

(2) 电子和电子间的库仑排斥作用势;

(3) V_{SO}是电子的自旋-轨道磁相互作用势;

(4) V_{SS}、V_{ll}为电子之间的自旋-自旋相互作用势和轨道-轨道相互作用势,以及其他一些更弱的相互作用势.

要严格解出这样复杂的薛定谔方程显然是非常困难的.由于这些相互作用势的大小不是同数量级的,所以我们可以采用逐步近似处理的方法:首先只考虑哈密顿算符中最大的相互作用势,解薛定谔方程得到波函数及相应状态的能量,然后再在此基础上逐级计算其他相互作用对状态能量的修正.限于本课程的范围,这里我们只作定性的讨论.

在氢原子能级的研究中我们已经知道,原子内部静电作用的能量远大于各种磁相互作用的能量,因此我们首先考虑静电相互作用.于是复杂原子的哈密顿算符式(4.3.1)可改写为

$$\hat{H} = \sum_{i=1}^{N} \left[-\frac{\hbar^2}{2m_i} \nabla_i^2 - \frac{Ze^2}{4\pi\varepsilon_0 r_i} \right] + \sum_{i>j,j=1}^{N} \frac{e^2}{4\pi\varepsilon_0 r_{ij}} \tag{4.3.2}$$

式中静电斥力项是对全部电子对之间斥力的总和,$r_{ij} = |\boldsymbol{r}_i - \boldsymbol{r}_j|$是第 i 个电子和第 j 个电子间的距离.这项将各个电子的运动耦合在一起,式(4.3.2)无法分离变量.由于对各个电子,如第 j 个电子和其他各电子作用 $\sum\limits_{i>j}^{N} \dfrac{e^2}{4\pi\varepsilon_0 r_{ij}}$ 总的效应可以和它与原子核的相互作用相比拟,所以不能简单地把它作为一级修正来处理.一个较好的近似是中心力场近似:将原子中的每一个电子看成是在原子核势场及其余$(N-1)$个电子的球对称平均场 $S(r_i)$中运动.这样式(4.3.2)可写成

$$\hat{H} = \sum_{i=1}^{N} \left[-\frac{\hbar^2}{2m_i} \nabla_i^2 - \frac{Ze^2}{4\pi\varepsilon_0 r_i} \right] + \sum_{i>j,j=1}^{N} \frac{e^2}{4\pi\varepsilon_0 r_{ij}} + \sum_{i=1}^{N} S(r_i) - \sum_{i=1}^{N} S(r_i) = \hat{H}_0 + \hat{H}_1$$

其中

$$\hat{H}_0 = \sum_{i=1}^{N} \left[-\frac{\hbar^2}{2m_i} \nabla_i^2 - \frac{Ze^2}{4\pi\varepsilon_0 r_i} + S(r_i) \right] \tag{4.3.3}$$

$$\hat{H}_1 = \sum_{i>j,j=1}^{N} \frac{e^2}{4\pi\varepsilon_0 r_{ij}} - \sum_{i=1}^{N} S(r_i) \tag{4.3.4}$$

$\hat{H}_0$ 作为零级近似的哈密顿量．这样近似得到的势场只和各电子与原子核的距离有关，是球对称的，所以称作中心力场近似．$\hat{H}_1$ 代表库仑排斥项中除去球对称平均部分后所剩下的部分，称为剩余库仑相互作用．由式(4.3.4)可看出 H_1 比 $\sum_{i>j,j=1}^{N} \frac{e^2}{4\pi\varepsilon_0 r_{ij}}$ 要小．因此，采用中心力场近似要比直接以各电子与原子核的库仑相互作用作为零级近似要好．

中心力场近似的薛定谔方程为

$$\begin{aligned} H_0 u^{(0)}(\boldsymbol{r}_1,\boldsymbol{r}_2,\cdots,\boldsymbol{r}_N) &= \left[\sum_{i=1}^{N}\left\{-\frac{\hbar^2}{2m_e}\nabla_i^2 + V(r_i)\right\}\right] u^{(0)}(\boldsymbol{r}_1,\boldsymbol{r}_2,\cdots,\boldsymbol{r}_N) \\ &= E^{(0)} u^{(0)}(\boldsymbol{r}_1,\boldsymbol{r}_2,\cdots,\boldsymbol{r}_N) \end{aligned} \tag{4.3.5}$$

式中

$$V(r_i) = -\frac{Ze^2}{4\pi\varepsilon_0 r_i} + S(r_i) \tag{4.3.6}$$

式(4.3.5)中只和每个电子的坐标有关，因此可用分离变量的方法，设 $u^{(0)}(\boldsymbol{r}_1,\boldsymbol{r}_2,\cdots,\boldsymbol{r}_N)$可写成各电子波函数 $u_i(r_i)$的乘积，即

$$u^{(0)}(\boldsymbol{r}_1,\boldsymbol{r}_2,\cdots,\boldsymbol{r}_N) = \prod_i u_i(\boldsymbol{r}_i) \tag{4.3.7}$$

$u_i(\boldsymbol{r}_i)$由单电子的薛定谔方程

$$\left[-\frac{\hbar^2}{2m_e}\nabla_i^2 + V(r_i)\right] u_i(\boldsymbol{r}_i) = E_i u_i(\boldsymbol{r}_i) \tag{4.3.8}$$

式中 E_i 为分离变量常数，它于 $E^{(0)}$之间有如下关系：

$$\sum_{i=1}^{N} E_i = E^{(0)} \tag{4.3.9}$$

式(4.3.8)与氢原子的薛定谔方程很相似，但势场不是库仑势而是具有一般形式的中心力场势．由 $V(r_i)$具有球对称可以证明薛定谔方程的解 $u_i(\boldsymbol{r}_i)$是一径向函数与球谐函数的乘积，第 i 个电子的空间波函数可用量子数 n_i、l_i、m_{li}来描述，其取值与单电子原子的情况相似，仍为

$$n_i = 1,2,3,\cdots$$

$$l_i = 0,1,2,\cdots,n_i - 1$$

$$m_{li} = -l_i, -(l_i - 1), -(l_i - 2), \cdots, (l_i - 1), l_i$$

能量本征值 E_i 对 m_{li}仍是简并的，但对 l_i 的简并取消了，n_i 相同而 l_i 不同的状态具有不同的能量．这是由于这些 n_i 相同、l_i 不同的电子，它在空间出现的概率不同，

因此在它们看来原子核被屏蔽的程度不同，它们感受到的有效电荷不同，从而具有不同的能量.为表示能量与量子数 l_i 有关，式(4.3.9)写成

$$E^{(0)} = \sum_{i=1}^{N} E_{n_i l_i}$$

所以在中心力场近似下，只要知道了每个电子所处状态的(n_i，l_i)，它的能量就确定了，原子的能量也就确定了.原子中各个电子所处状态的(n_i，l_i)合起来称该原子的电子组态.标记电子组态时，一般按照光谱学的记法，将 n_i 用数字表示，l_i 用 s，p，d，…表示，具有相同(n_i，l_i)的电子数目则在 l_i 的右上角用数字表示.例如氦原子的基态时的电子组态为 $1s^2$.

4.4 原子的壳层结构和元素周期表

1869 年，门捷列夫提出如果将元素按原子量排列，元素的化学和物理性质呈现出周期性.图 4.4.1 给出原子的电离势随原子序数变化的曲线，该曲线表明在 $Z=2,10,18,36,\cdots$ 处的电离能都有极大值，这些原子序数对应的是氦、氖、氩、氪、氙等惰性气体原子.在 $Z=3,11,19,37,\cdots$ 处，对应于锂、钠、钾、铷、铯等碱金属原子，电离能都是极小值，它们的化学性质都很活泼.在周期表发明以后的 50 多年里，元素周期表(已改为按原子序数排列)不断地被扩充和修改，但元素性质呈周期性变化的原因一直未得到解释.

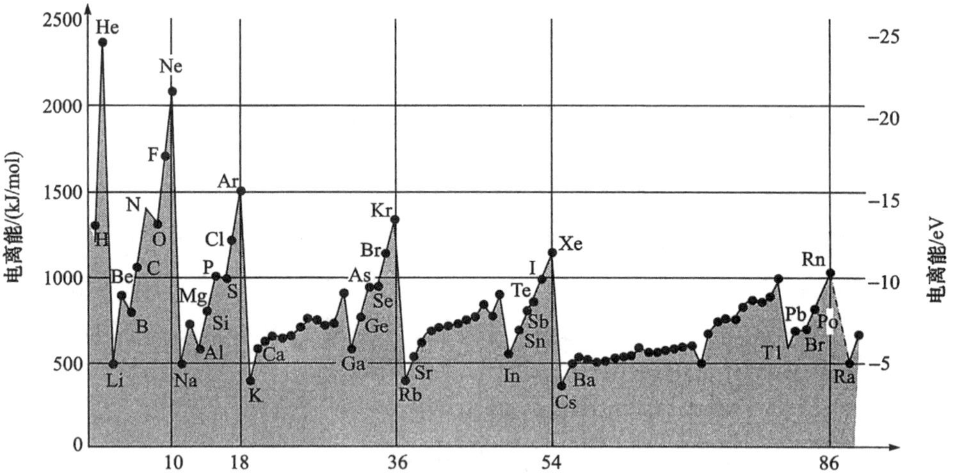

图 4.4.1　原子的电离能的周期性变化

4.4.1　原子中电子的壳层结构

在 1925 年泡利不相容原理提出以后，对元素性质的周期性才有了明确的认识，这主要来源于原子中电子组态的周期性，而电子组态的周期性和特定壳层上可容纳的电子数有关.

在上节可知，在中心力场近似下，原子的能量由原子的电子组态确定：每个电子的波函数可用 n_i, l_i, m_{li}, m_{si} 四个量子数描述. 在旧量子论中，原子中的电子被认为按一定的轨道绕原子核运动，所以很自然地把它们看成分布在一系列的壳层或支壳层上. 量子力学认为电子的径向概率是有一定分布的，对不同的 n 或 l 其概率的极大值出现在不同的 r 处. 例如，2s 状态的径向概率极大的半径值就比 1s 状态的大，可见不同 n 或 l 的电子，其径向概率分布也有内层、外层之分. 壳层和支壳层结构形象化地表示电子的分布情况.

具有相同 n 值的电子称为属于同一壳层的电子. $n=1,2,3,\cdots$ 的壳层常用下列符号表示

$$\begin{aligned} n = 1,\quad & 2,\quad 3,\quad 4,\quad 5,\quad 6,\quad \cdots \\ K,\quad & L,\quad M,\quad N,\quad O,\quad P,\quad \cdots \end{aligned}$$

对主量子数为 n 的电子，它的角量子数 l 可以为 $0,1,2,\cdots,(n-1)$，于是对同一 n，不同 l 量子数又可分成 n 个支壳层. 通常用符号 s, p, d, f, …来代表 $l=0,1,2,3,\cdots$ 支壳层.

1. 各壳层可容纳的最大电子数

泡利不相容原理指出，原子中每个电子的状态都不相同. 因此这就对每一壳层和支壳层中可以容纳的电子数给了限制. 描述电子状态的四个量子数可以是 n、l、m_l、m_s，有的情况下也可用 n、l、j、m_j，这对下面的讨论没有影响. 我们用 n、l、m_l、m_s 来讨论.

具有相同 n、l 的电子属于同一支壳层，可以有 $(2l+1)$ 个不同的 m_l 值，而每一个 m_l，又可以有两个 m_s 值，即 $m_s=1/2$ 和 $-1/2$. 因此，对每个支壳层可以有 $2(2l+1)$ 个不同状态的电子，最多可以容纳的电子数目是

$$N_l = 2(2l+1) \tag{4.4.1}$$

主壳层是以主量子数 n 的数值来划分的，当 n 一定时，l 可以有 n 个不同的取值，$l=0,1,2,\cdots,(n-1)$. 因此每一个主壳层上最大可容纳的电子数目

$$N_n = \sum_{l=0}^{n-1} 2(2l+1) = 2n^2 \tag{4.4.2}$$

各个壳层上可容纳的最大电子数随 n 的增大依次是：2, 8, 18, 32, 50, …. 元素周期表(见书末附表)中各周期的元素数为：2, 8, 8, 18, 18, 32, …. 这两套数值有相似之处，但又不完全相符. 这是因为电子填入各壳层的次序并不简单地由 n 来决定，电

子填入壳层的次序要遵循取最低能量的原则.

2. 电子壳层的能量次序

对原子序数为 Z 的原子,在基态时原子中 Z 个电子的系统应以符合泡利不相容原理的要求分布在可能的最低能量状态.我们如果知道了原子各支壳层所对应的能量 E_{nl} 的高低顺序,就可得出各原子的电子结构,并说明元素的周期系.对各原子具体解方程式(4.3.8)是很复杂的量子力学计算.这里我们只能定性地说明 E_{nl} 的高低顺序.

电子能量随 n 的变化可近似地表示为

$$E_n = -\frac{1}{2}\alpha^2 m_e c^2 \frac{Z^{*2}}{n^2} \tag{4.4.3}$$

其中 Z^* 是原子核的有效电荷数,α 是精细结构常数.对同一壳层的电子来说,可粗略地认为感受到的原子核的有效电荷数是相近的.随 n 增大,Z^* 将减小并趋于1,如 $n=1$,电子几乎受到全部原子核电荷的作用,而当 n 大时,由于内层电子的屏蔽使 Z^* 变小.由式(4.4.3)可知,能量的绝对值和 n^2 成反比、和 Z^* 的平方成正比,因而能量随 n 的增大而增大.而且在 n 值较小时,能量随 n 的增大很快地增大;不过在 n 值大时,能量随 n 的增大就变缓慢了.

同一壳层(即 n 相同)的电子,能量随 l 的增大而增大.因为对 l 小的电子,由它的分布可知它靠近原子核的概率较大,内层电子的屏蔽较小,Z^* 较大,所以能量较低.而 l 较大的支壳层的能量则较高.这样,当 n 值较大时,l 小的支壳层的能级会比$(n-1)$壳层中 l 大的支壳层的能量还低,发生相邻壳层的支壳层能级交错的情形.

4.4.2 电子壳层的填充

下面我们分别对各周期中元素的电子壳层结构及有关性质进行讨论.周期表中(见书末附表)元素的次序是按原子中电子的数目排列,逐个增加的电子填补在最低的能量状态上.

第一主壳层 $K(n=1)$ 中电子的能量最低,因此先从它开始填充电子.氢$(Z=1)$和氦$(Z=2)$原子分别只有一个和两个电子.这些电子填充在能量最低的 K 壳层中,K 壳层中只包含一个支壳层(s 壳层),1s 支壳层最多只能容纳两个电子,所以到氦时它已填满成为一个闭合壳层.氢原子和氦原子的基态的电子组态分别用符号 1s 和 $1s^2$ 表示.第一周期就包含这两个元素.

锂原子中有三个电子,其中两个排在 1s 壳层,另一个应排在 L 壳层 s 支壳层即 2s 壳层,电子组态为 $1s^22s$.随着原子序数 Z 的增加,原子中的电子数也增加,依次填充在 L 壳层上.L 壳层包括 2s 和 2p 两个支壳层,至 $Z=10$ 时,正好将 L 壳层填满,形成第二个闭合壳层,第二周期到此结束.

$Z=11$ 的钠原子开始了对 M 壳层(3s)的填充,也是第三周期的开始. 由 $Z=11$ 到 $Z=18$ 的氩原子 8 种元素逐一在 3s 和 3p 支壳层上排列. 虽然 M 壳层尚有 3d 支壳层未被填充,但第三周期至氩就结束了.

从第四周期起,在支壳层充填的顺序上出现较复杂的情况. 第四周期从 $Z=19$ 的钾原子开始,它的 18 个电子已将 K、L 壳层和 M 壳层中的 3s、3p 支壳层填满. 它们和原子核构成"原子实". 钾的第 19 个电子似乎应该填到 3d 支壳层,但由光谱的观察和钾的化学性质都表明钾具有一个 4s 电子,钾原子的基态电子组态是 $1s^2 2s^2 2p^6 3s^2 3p^6 4s$. 这是由于 s 态的电子出现在 r 小处的概率较大,也就是说它有较大的概率穿过原子实中的电子屏蔽而出现在原子核附近. 因此,虽然 4s 态的主量子数比 3d 态的大,但能量却比 3d 态的能量低,这时发生了支壳层能级的交错. 同理,钙($Z=20$)的第 20 个电子也填在 4s 支壳层. 从 $Z=21$ 的钪原子起所增加的电子开始填充 3d 支壳层,至 $Z=30$,3d 支壳层被填满. 这 10 种元素即所谓的第一组过渡元素. 由于 3d 态和 4s 态的能量非常接近,这两个态的充填出现竞争,例如铬($Z=24$)和铜($Z=29$)的基态都是只有一个 4s 电子而不是两个 4s 电子,这种情形在其他组过渡元素也有. 从 $Z=31$ 起,逐个填充 4p 支壳层,至氪($Z=36$),4p 支壳层被填满. 第四周期结束.

第五周期和第四周期完全类似,它从 $Z=37$ 开始到 $Z=54$ 结束,各元素依次填充 5s、4d、5p 支壳层. 在第五周期中,$Z=39\sim48$ 的元素填充 4d 支壳层构成第二组过渡元素. 由 $Z=49$ 起填充 5p 支壳层,至氙($Z=54$)5p 支壳层被填满.

第六周期($55\leqslant Z\leqslant86$)有 32 个元素,分别填充 6s、4f、5d、6p 支壳层. 从铈($Z=58$)起到镥($Z=71$)这些元素新增的电子不断填充 4f 支壳层,这些元素组成稀土族元素或称镧系元素. 但由于 4f 态能量和 5d 态能量相差很小,这两个支壳层的填充有竞争,以致镧($Z=57$)和钆($Z=64$)的基态电子组态中各有一个电子进入 5d 支壳层而少一个 4f 电子. 从铊($Z=81$)起填充 6p 支壳层,到氡($Z=86$)6p 支壳层填满,第六周期结束.

第七周期从钫($Z=87$)开始,镭($Z=88$)将 7s 支壳层填满. 从 $Z=90$ 到 $Z=103$ 主要填充 5f 支壳层构成锕系元素. 第七周期是一个未满周期,而且自然界存在的元素到铀为止,比铀重的元素都是人工合成的,至今已人工制造出 $Z=112$ 的元素.

由上面的讨论可看出,正是电子结构的周期性导致元素的性质的周期性. 图 4.4.2 给出了原子中支壳层能量次序与原子序数的关系. 由图可看出,各支壳层的填充次序即外层电子能量和 n 及 l 的关系可以用一个经验规律来描述:电子能量随它的量子数$(n+l)$值的增大而增大;当$(n+l)$值相同时,n 较大的能级较高. 根据这一填充顺序就可以说明各周期的元素数目为 2,8,8,18,18,32,…. 但必须注意,这经验规律只是适用于外层电子的能级顺序及其能级对不同的主壳层会有交错,并不适于内层电子.对内层电子而言,其能级基本是按主量子数的次序排列的.

表 4.4.1 列出了各周期中元素原子基态的电子组态.从电子结构来看,各周期都是以填充新壳层的 s 支壳层开始,而以填满 p 支壳层结束.周期表中化学、物理性质相似的元素排在同一竖列中,它们都有相似的电子结构.由图 4.4.2 可看到,每个 p 支壳层和下一壳层的 s 支壳层的能量差特别大. $_{10}$Ne、$_{18}$Ar、$_{36}$Kr、$_{54}$Xe、$_{86}$Rn 原子基态时电子正好将 p 支壳层填满.因此,这些原子的激发态能量都要比基态高很多.所以这些原子的化学性质不活泼,不易和其他元素形成化合物,它们以单原子状态存在于自然界,这就是大家熟悉的惰性气体.表 4.4.1 也给出了原子的电离能 I(以电子伏为单位).可看出惰性气体原子的电离能比相邻原子要高得多.卤族元素都是缺少一个电子而未形成满 p 支壳层,由于满的 p 支壳层是很稳定的,所以卤族元素很容易从其他元素的原子那里获得一个电子构成满 p 支壳层,而与该元素结合形成化合物,因此卤族元素很活泼.碱金属和碱土金属元素的电子结构是在满的 np 支壳层外有一个和两个 ($n+1$)s 电子,这些电子在原子中结合得不牢

表 4.4.1　元素的电子组态

元素			电子组态 (如:$3d^5$ = 5 个 3d 电子)	基态 $^{2S+1}L_J$	电离能 /eV
1	H	Hydrogen	1s	$^2S_{1/2}$	13.5984
2	He	Helium	$1s^2$	$^1S_0$	24.5874
3	Li	Lithium	(He)2s	$^2S_{1/2}$	5.3917
4	Be	Beryllium	(He)$2s^2$	$^1S_0$	9.3227
5	B	Boron	(He)$2s^2$ 2p	$^2P_{1/2}$	8.2980
6	C	Carbon	(He)$2s^2$ $2p^2$	$^3P_0$	11.2603
7	N	Nitrogen	(He)$2s^2$ $2p^3$	$^4S_{3/2}$	14.5341
8	O	Oxygen	(He)$2s^2$ $2p^4$	$^3P_2$	13.6181
9	F	Fluorine	(He)$2s^2$ $2p^5$	$^2P_{3/2}$	17.4228
10	Ne	Neon	(He)$2s^2$ $2p^6$	$^1S_0$	21.5646
11	Na	Sodium	(Ne)3s	$^2S_{1/2}$	5.1391
12	Mg	Magnesium	(Ne)$3s^2$	$^1S_0$	7.6462
13	Al	Aluminum	(Ne)$3s^2$ 3p	$^2P_{1/2}$	5.9858
14	Si	Silicon	(Ne)$3s^2$ $3p^2$	$^3P_0$	8.1517
15	P	Phosphorus	(Ne)$3s^2$ $3p^3$	$^4S_{3/2}$	10.4867
16	S	Sulfur	(Ne)$3s^2$ $3p^4$	$^3P_2$	10.3600
17	Cl	Chlorine	(Ne)$3s^2$ $3p^5$	$^2P_{3/2}$	12.9676
18	Ar	Argon	(Ne)$3s^2$ $3p^6$	$^1S_0$	15.7596

续表

元素			电子组态 (如:$3d^5$=5 个 3d 电子)		基态 $^{2S+1}L_J$	电离能 /eV
19	K	Potassium	(Ar)　$4s$		$^2S_{1/2}$	4.3407
20	Ca	Calcium	(Ar)　$4s^2$		$^1S_0$	6.1132
21	Sc	Scandium	(Ar)$3d\ 4s^2$	过渡元素	$^2D_{3/2}$	6.5615
22	Ti	Titanium	(Ar)$3d^2\ 4s^2$		$^3F_2$	6.8281
23	V	Vanadium	(Ar)$3d^3\ 4s^2$		$^4F_{3/2}$	6.7463
24	Cr	Chromium	(Ar)$3d^5\ 4s$		$^7S_3$	6.7665
25	Mn	Manganese	(Ar)$3d^5\ 4s^2$		$^6S_{5/2}$	7.4340
26	Fe	Iron	(Ar)$3d^6\ 4s^2$		$^5D_4$	7.9024
27	Co	Cobalt	(Ar)$3d^7\ 4s^2$		$^4F_{9/2}$	7.8810
28	Ni	Nickel	(Ar)$3d^8\ 4s^2$		$^3F_4$	7.6398
29	Cu	Copper	(Ar)$3d^{10}\ 4s$		$^2S_{1/2}$	7.7264
30	Zn	Zinc	(Ar)$3d^{10}\ 4s^2$		$^1S_0$	9.3942
31	Ga	Gallium	(Ar)$3d^{10}\ 4s^2\ 4p$		$^2P_{1/2}$	5.9993
32	Ge	Germanium	(Ar)$3d^{10}\ 4s^2\ 4p^2$		$^3P_0$	7.8994
33	As	Arsenic	(Ar)$3d^{10}\ 4s^2\ 4p^3$		$^4S_{3/2}$	9.7886
34	Se	Selenium	(Ar)$3d^{10}\ 4s^2\ 4p^4$		$^3P_2$	9.7524
35	Br	Bromine	(Ar)$3d^{10}\ 4s^2\ 4p^5$		$^2P_{3/2}$	11.8138
36	Kr	Krypton	(Ar)$3d^{10}\ 4s^2\ 4p^6$		$^1S_0$	13.9996
37	Rb	Rubidium	(Kr)　$5s$		$^2S_{1/2}$	4.1771
38	Sr	Strontium	(Kr)　$5s^2$		$^1S_0$	5.6949
39	Y	Yttrium	(Kr)$4d\ 5s^2$	过渡元素	$^2D_{3/2}$	6.2173
40	Zr	Zirconium	(Kr)$4d^2\ 5s^2$		$^3F_2$	6.6339
41	Nb	Niobium	(Kr)$4d^4\ 5s$		$^6D_{1/2}$	6.7589
42	Mo	Molybdenum	(Kr)$4d^5\ 5s$		$^7S_3$	7.0924
43	Tc	Technetium	(Kr)$4d^5\ 5s^2$		$^6S_{5/2}$	7.28
44	Ru	Ruthenium	(Kr)$4d^7\ 5s$		$^5F_5$	7.3605
45	Rh	Rhodium	(Kr)$4d^8\ 5s$		$^4F_{9/2}$	7.4589
46	Pd	Palladium	(Kr)$4d^{10}$		$^1S_0$	8.3369
47	Ag	Silver	(Kr)$4d^{10}\ 5s$		$^2S_{1/2}$	7.5762
48	Cd	Cadmium	(Kr)$4d^{10}\ 5s^2$		$^1S_0$	8.9938

续表

元素			电子组态（如：$3d^5$＝5 个 3d 电子）		基态 $^{2S+1}L_J$	电离能 /eV
49	In	Indium	$(Kr)4d^{10}5s^2 5p$		$^2P_{1/2}$	5.7864
50	Sn	Tin	$(Kr)4d^{10}5s^2 5p^2$		$^3P_0$	7.3439
51	Sb	Antimony	$(Kr)4d^{10}5s^2 5p^3$		$^4S_{3/2}$	8.6084
52	Te	Tellurium	$(Kr)4d^{10}5s^2 5p^4$		$^3P_2$	9.0096
53	I	Iodine	$(Kr)4d^{10}5s^2 5p^5$		$^2P_{3/2}$	10.4513
54	Xe	Xenon	$(Kr)4d^{10}5s^2 5p^6$		$^1S_0$	12.1298
55	Cs	Cesium	$(Xe)6s$		$^2S_{1/2}$	3.8939
56	Ba	Barium	$(Xe)6s^2$		$^1S_0$	5.2117
57	La	Lanthanum	$(Xe)5d\,6s^2$	稀土元素（镧系元素）	$^2D_{3/2}$	5.5770
58	Ce	Cerium	$(Xe)4f\,5d\,6s^2$		$^1G_4$	5.5387
59	Pr	Praseodymium	$(Xe)4f^3 6s^2$		$^4I_{9/2}$	5.464
60	Nd	Neodymium	$(Xe)4f^4 6s^2$		$^5I_4$	5.5250
61	Pm	Promethium	$(Xe)4f^5 6s^2$		$^6H_{5/2}$	5.58
62	Sm	Samarium	$(Xe)4f^6 6s^2$		$^7F_0$	5.6437
63	Eu	Europium	$(Xe)4f^7 6s^2$		$^8S_{7/2}$	5.6704
64	Gd	Gadolinium	$(Xe)4f^7 5d\,6s^2$		$^9D_2$	6.1498
65	Tb	Terbium	$(Xe)4f^9 6s^2$		$^6H_{15/2}$	5.8638
66	Dy	Dysprosium	$(Xe)4f^{10} 6s^2$		$^5I_8$	5.9389
67	Ho	Holmium	$(Xe)4f^{11} 6s^2$		$^4I_{15/2}$	6.0215
68	Er	Erbium	$(Xe)4f^{12} 6s^2$		$^3H_6$	6.1077
69	Tm	Thulium	$(Xe)4f^{13} 6s^2$		$^2F_{7/2}$	6.1843
70	Yb	Ytterbium	$(Xe)4f^{14} 6s^2$		$^1S_0$	6.2542
71	Lu	Lutetium	$(Xe)4f^{14} 5d\,6s^2$		$^2D_{3/2}$	5.4259
72	Hf	Hafnium	$(Xe)4f^{14}5d^2 6s^2$	过渡元素	$^3F_2$	6.8251
73	Ta	Tantalum	$(Xe)4f^{14}5d^3 6s^2$		$^4F_{3/2}$	7.5496
74	W	Tungsten	$(Xe)4f^{14}5d^4 6s^2$		$^5D_0$	7.8640
75	Re	Rhenium	$(Xe)4f^{14}5d^5 6s^2$		$^6S_{5/2}$	7.8335
76	Os	Osmium	$(Xe)4f^{14}5d^6 6s^2$		$^5D_4$	8.4382
77	Ir	Iridium	$(Xe)4f^{14}5d^7 6s^2$		$^4F_{9/2}$	8.9670
78	Pt	Platinum	$(Xe)4f^{14}5d^9 6s$		$^3D_3$	8.9588
79	Au	Gold	$(Xe)4f^{14}5d^{10} 6s$		$^2S_{1/2}$	9.2255
80	Hg	Mercury	$(Xe)4f^{14}5d^{10} 6s^2$		$^1S_0$	10.4375

续表

元素			电子组态（如：$3d^5$=5 个 3d 电子）		基态 $^{2S+1}L_J$	电离能 /eV
81	Tl	Thallium	$(Xe)4f^{14}5d^{10}6s^2\ 6p$		$^2P_{1/2}$	6.1082
82	Pb	Lead	$(Xe)4f^{14}5d^{10}6s^2\ 6p^2$		$^3P_0$	7.4167
83	Bi	Bismuth	$(Xe)4f^{14}5d^{10}6s^2\ 6p^3$		$^4S_{3/2}$	7.2855
84	Po	Polonium	$(Xe)4f^{14}5d^{10}6s^2\ 6p^4$		$^3P_2$	8.4167
85	At	Astatine	$(Xe)4f^{14}5d^{10}6s^2\ 6p^5$		$^2P_{3/2}$	
86	Rn	Radon	$(Xe)4f^{14}5d^{10}6s^2\ 6p^6$		$^1S_0$	10.7485
87	Fr	Francium	$(Rn)\ 7s$		$^2S_{1/2}$	4.0727
88	Ra	Radium	$(Rn)\ 7s^2$		$^1S_0$	5.2784
89	Ac	Actinium	$(Rn)\ 6d\ 7s^2$		$^2D_{3/2}$	5.17
90	Th	Thorium	$(Rn)\ 6d^2\ 7s^2$		$^3F_2$	6.3067
91	Pa	Protactinium	$(Rn)5f^2\ 6d\ 7s^2$		$^4K_{11/2}$	5.89
92	U	Uranium	$(Rn)5f^3\ 6d\ 7s^2$		$^5L_6$	6.1941
93	Np	Neptunium	$(Rn)5f^4\ 6d\ 7s^2$		$^6L_{11/2}$	6.2657
94	Pu	Plutonium	$(Rn)5f^6\ 7s^2$		$^7F_0$	6.0262
95	Am	Americium	$(Rn)5f^7\ 7s^2$	锕系元素	$^8S_{7/2}$	5.9738
96	Cm	Curium	$(Rn)5f^7\ 6d\ 7s^2$		$^9D_2$	5.9915
97	Bk	Berkelium	$(Rn)5f^9\ 7s^2$		$^6H_{15/2}$	6.1979
98	Cf	Californium	$(Rn)5f^{10}\ 7s^2$		$^5I_8$	6.2817
99	Es	Einsteinium	$(Rn)5f^{11}\ 7s^2$		$^4I_{15/2}$	6.42
100	Fm	Fermium	$(Rn)5f^{12}\ 7s^2$		$^3H_6$	6.50
101	Md	Mendelevium	$(Rn)5f^{13}\ 7s^2$		$^2F_{7/2}$	6.58
102	No	Nobelium	$(Rn)5f^{14}\ 7s^2$		$^1S_0$	6.65
103	Lr	Lawrencium	$(Rn)5f^{14}\ 7s^2\ 7p$?		$^2P_{1/2}$?	
104	Rf	Rutherfordium	$(Rn)5f^{14}6d^2\ 7s^2$?		$^3F_2$?	6.0?

固，容易被电离，所以碱金属和碱土金属元素的化学性质比较活泼，而且具有较好的导电性. 至于过渡元素和稀土元素，它们都有未满的内壳层，在有些电离过程中，它们首先失去 s 电子，因此它们的离子具有未满壳层，这就使过渡元素具有顺磁行为. 因而它们具有独特的磁学和光学性质. 对稀土元素，最后一个电子所填充的是能量高但空间更紧凑的支壳层. 因为它们的价电子状态都是 6s(和 5d)，所以它们的化学性质很相似. 它们的颜色和顺磁性主要由内层的 4f 电子引起的. 由于外层 6s 电子对 4f 的屏蔽，甚至固态的稀土元素的光谱都能出现很清晰的谱线，所以它

们很适合用作激光材料,如钕.

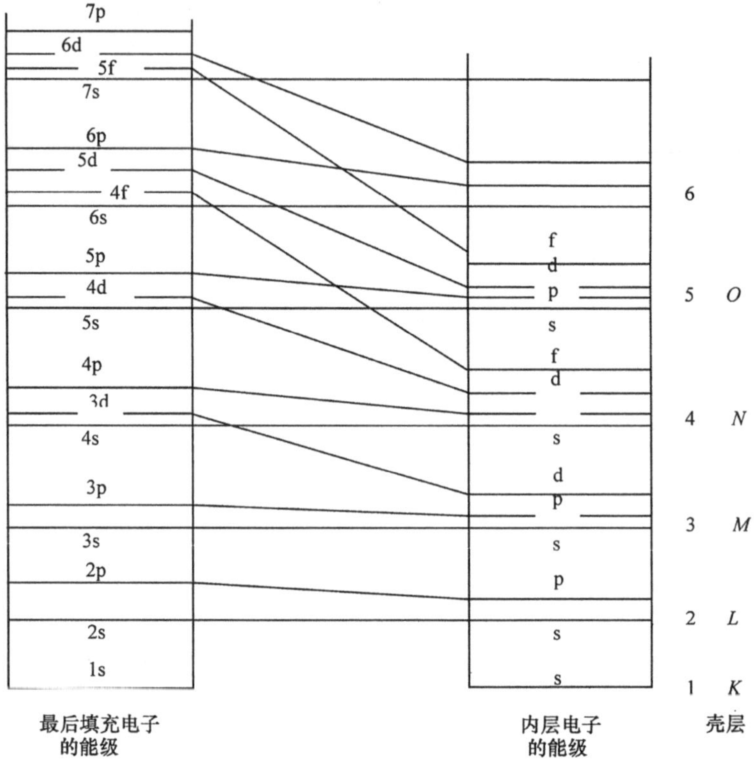

图 4.4.2 原子能级的壳层结构和能级次序

4.4.3 满支壳层电子组态

在第 3 章中,我们提到过对 n、l 相同但 m_l 不同的各状态的概率密度相加得到的总和具有球对称的特点.因此满支壳层组态的电荷分布是球对称的.

对于任意一个支壳层 nl 来说,它的电子可有 $2l+1$ 个 m_l 状态和 $2s+1=2$ 个 m_s 状态,即它可具有 $2(2l+1)$个不同的量子态.然而根据泡利不相容原理,对于一个闭合壳层,其中每个量子态都被一个电子占据.由于 m_l 和 m_s 总是正、负成对出现的,因此,整个闭合壳层的磁量子数 $M_L=\sum m_l$, $M_S=\sum m_s$ 必定等于零,即 $M_L=0$, $M_S=0$.由于 M_L 和 M_S 都只存在等于零的一个状态,因此 L 和 S 只能都为零.由于每个闭合支壳层的角动量为零,那么一个闭合主壳层的角动量也必然为零.因此在考虑原子的角动量时,只要计及未闭合壳层中电子的角动量就可以了.例如碱金属原子的角动量都是由最外层的 s 电子决定,它们基态时的角动量都是 $L=0$, $S=1/2$, $J=1/2$,原子态的光谱符号为$^2S_{1/2}$.

4.5　多电子原子的原子态和能级

在 4.3 节的原子的中心力场近似中，我们只考虑了电子和原子核的库仑相互作用及电子间库仑排斥作用中的球对称部分，而忽略了电子的剩余库仑排斥作用及电子的自旋-轨道相互作用和其他一些相互作用. 在这样的零级近似下多电子原子的能量只由电子组态决定. 这节我们讨论剩余库仑排斥作用和磁相互作用各项对能级和原子态的影响. 在这些被忽略的相互作用中，最主要的是电子的剩余库仑排斥作用及电子的自旋-轨道相互作用. 由式(4.3.4)，多电子原子的剩余库仑排斥作用为

$$H_1 = \sum_{i>j,j=1}^{N} \frac{e^2}{4\pi\varepsilon_0 r_{ij}} - \sum_{j=1}^{N} S(r_i) \tag{4.5.1}$$

而多电子原子的电子自旋-轨道相互作用为

$$H_2 = \sum_{i=1}^{N} \zeta(r_i)\boldsymbol{l}_i \cdot \boldsymbol{s}_i \tag{4.5.2}$$

在这里我们不能具体计算这些修正后的能量，只是定性地讨论在计及 H_1 和 H_2 的修正后对中心场近似给出的能级的影响，我们主要讨论它们所引起的组态能级分裂情况.

在上节的讨论中我们已经说明满壳层的电荷分布是球对称的，由球对称分布的电荷所产生的场一定是中心场. 所以在考虑剩余库仑相互作用 H_1 对原子能级分裂的影响时，只要考虑未满壳层中电子，即价电子之间的相互作用. 对 H_2 项我们可以把它分成两部分：一部分是对满壳层电子的累加，另一部分是对未满壳层电子的累加. 由于 l_i 相同而自旋相反的电子它们的 $\boldsymbol{l}_i \cdot \boldsymbol{s}_i$ 恰好抵消，所以满壳层电子累加的结果为零. 因此在考虑 H_2 的贡献时也只需要计及未满壳层电子的自旋-轨道相互作用.

总的说来，能使组态能量发生分裂的只是未满壳层电子之间的库仑排斥作用和自旋-轨道相互作用. 一般情况下，这两项影响的强弱是不同的，对轻原子，库仑排斥作用的能量在 1 eV 的数量级，而自旋-轨道相互作用的能量约为 10^{-3} eV 的数量级. 所以对原子序数小的轻原子，我们在一级近似中可只考虑剩余库仑相互作用，而把自旋-轨道相互作用项作为更进一步的修正. 在单电子原子能级精细结构的讨论中看到自旋-轨道相互作用与 Z^4 成正比，而库仑相互作用只是与 Z 成正比. 因此随着 Z 的增大，自旋-轨道相互作用修正项将增大. 这样对 Z 大的重原子，可以在一级近似中只考虑自旋-轨道相互作用，而将剩余库仑相互作用作为更进一步的修正. 这里我们的讨论只限于这两种极端情形.

4.5.1 *LS* 耦合

一级修正时只考虑原子中剩余库仑相互作用的近似处理是由罗素和桑德尔斯首先提出的，因此称作罗素-桑德尔斯耦合(Russell-Saunders coupling). 由于在这种处理时要将原子中各电子的轨道角动量和自旋角动量分别耦合成总轨道角动量 $\boldsymbol{L}$ 和总自旋动量 $\boldsymbol{S}$，所以这种耦合也称为 $\boldsymbol{LS}$ 耦合.

1. 剩余库仑相互作用引起的能级分裂

原子中除了 s 态的电子外，处于其他状态电子的电荷分布都不是球对称的. 这些电子间的作用力是非中心力，如果从玻尔轨道的观点来看更容易理解，因为电子之间的库仑排斥力不是沿电子的矢径方向，而是沿两电子的连线，因而产生了力矩. 价电子的轨道角动量受到此力矩的作用，每个价电子的轨道角动量 $\boldsymbol{l}_i$ 不再是守恒量了. 但电子间的库仑斥力所产生的是内力矩，电子系统总的力矩是零，因此原子的总轨道角动量 $\boldsymbol{L}$ 是守恒量. 如果只考虑一级近似，电子间的库仑斥力引起的力矩并不改变各电子轨道角动量的大小 l_i，它只是使轨道角动量矢量 $\boldsymbol{l}_i$ 绕总轨道角动量 $\boldsymbol{L}$ 进动. 因此，各电子的轨道角动量不再有确定的 z 分量，量子数 m_{li} 不再是描述电子状态的好量子数.

各价电子的 $\boldsymbol{l}_i$ 按角动量相加的规则耦合成总轨道角动量. 以两个价电子的情形为例，总轨道角动量 $\boldsymbol{L}$ 的量子数 L 取下列数值：

$$L = l_1 + l_2, l_1 + l_2 - 1, \cdots, |l_1 - l_2| \tag{4.5.3}$$

总轨道角动量 $\boldsymbol{L}$ 的大小为

$$\boldsymbol{L}^2 = L(L+1)\hbar^2 \tag{4.5.4}$$

$\boldsymbol{L}$ 的 z 分量为

$$L_z = M_L \hbar \tag{4.5.5}$$

与总轨道角动量量子数 L 相应的磁量子数 M_L 的值为

$$M_L = L, L-1, \cdots, -L \tag{4.5.6}$$

我们知道原子中电子云的分布与电子的轨道角动量有关，若两电子的轨道角动量相对取向不同，那么电子云的相对分布也不同，它们之间的库仑排斥作用也就不同. 因此，对于不同的 L 值的状态，电子间的库仑排斥作用是不相同的.

多电子原子中电子间的库仑相互作用不仅和各电子的轨道角动量 $\boldsymbol{l}_i$ 的相对取向有关，而且与各电子的自旋角动量 $\boldsymbol{s}_i$ 的相对取向有关. 在讨论氦原子时，我们已经看到当两个电子的自旋平行时，它们在空间同一位置出现的概率为零. 对于多电子原子，由于电子系统的波函数必需满足交换反对称性的要求，各电子的自旋角动量的相对取向要影响电子在空间各处出现的概率，从而影响各电子间的库仑相互作用的大小. 与轨道角动量类似，各电子的自旋角动量 $\boldsymbol{s}_i$ 耦合成总自旋角动量

$\boldsymbol{S}$. 同样，总自旋角动量是守恒的. 由于这一耦合，各自旋角动量 $\boldsymbol{s}_i$ 绕它们的总自旋角动量进动，它们的 z 分量不再有确定值，量子数 m_{s_i} 不再是好量子数.

当两个电子的自旋角动量 $\boldsymbol{s}_1$ 和 $\boldsymbol{s}_2$ 耦合成总自旋角动量 $\boldsymbol{S}$ 时，$\boldsymbol{S}$ 的大小为

$$S^2 = S(S+1)\hbar^2 \tag{4.5.7}$$

其中 S 是总自旋量子数，它的值为

$$S = s_1 + s_2, s_1 + s_2 - 1, \cdots, |s_1 - s_2| \tag{4.5.8}$$

$\boldsymbol{S}$ 具有确定的 z 分量 S_z

$$S_z = M_S \hbar \tag{4.5.9}$$

式中 M_S 是总自旋磁量子数

$$M_S = S, S-1, \cdots, -(S-1), -S \tag{4.5.10}$$

综合上面的讨论，在剩余库仑相互作用下原子的总轨道角动量 $\boldsymbol{L}$ 和总自旋角动量 $\boldsymbol{S}$ 是守恒量，于是有 V 个价电子的原子的状态决定于一组量子数

$$(n_1, l_1), (n_2, l_2), \cdots, (n_v, l_v), L, S, M_L, M_S$$

对于这些不同 L 和不同 S 的状态，由于各电子的相对分布概率不同，它们之间的库仑排斥作用也就不同. 于是计入剩余库仑相互作用后，使由中心场近似给出的电子组态能量按不同 L, S 分裂成不同能级.

剩余库仑相互作用引起分裂而形成的能级仍有 $(2L+1)(2S+1)$ 的简并度. 我们在此基础上再进一步引入更弱的自旋-轨道相互作用. 和单电子原子的情况相似，自旋-轨道相互作用使轨道角动量 $\boldsymbol{L}$ 和自旋角动量 $\boldsymbol{S}$ 耦合为总角动量 $\boldsymbol{J}$

$$\boldsymbol{J} = \boldsymbol{L} + \boldsymbol{S} \tag{4.5.11}$$

$$J^2 = J(J+1)\hbar^2 \tag{4.5.12}$$

其中 J 是总角动量量子数，按照角动量相加的规则，J 与 L 和 S 有如下关系：

$$J = L + S, L + S - 1, \cdots, |L - S| \tag{4.5.13}$$

轨道角动量 $\boldsymbol{L}$ 和自旋角动量 $\boldsymbol{S}$ 在自旋-轨道相互作用下绕 $\boldsymbol{J}$ 进动. 这样 $\boldsymbol{L}$ 和 $\boldsymbol{S}$ 就不再是守恒量了，它们不再有确定的 z 分量，M_L 和 M_S 失去了意义. 但在 $\boldsymbol{LS}$ 近似下，$\boldsymbol{L}$ 和 $\boldsymbol{S}$ 的大小不变，量子数 L 和 S 仍是好量子数. 另外，由于孤立原子不受外力矩的作用，总角动量 $\boldsymbol{J}$ 是守恒量，它具有确定的 z 分量 J_z,

$$J_z = M_J \hbar \tag{4.5.14}$$

式中的 M_J 为总角动量磁量子数

$$M_J = J, J-1, \cdots, -J \tag{4.5.15}$$

这时描述原子状态的量子数，在两个价电子的情形为

$$(n_1, l_1), (n_2, l_2), L, S, J, M_J$$

在 LS 耦合近似下，自旋-轨道相互作用项可写成

$$H'_2 = \zeta(L, S)\boldsymbol{L} \cdot \boldsymbol{S}$$

仿照单电子的自旋-轨道相互作用表示式，可得出自旋-轨道相互作用引起的附加能量

$$\Delta E=\frac{1}{2}\zeta(L,S)[J(J+1)-L(L+1)-S(S+1)]\hbar^2 \qquad (4.5.16)$$

这表明状态能量不仅与量子数 L 和 S 有关，还和 J 有关. 对给定的 L，S，按 J 值分裂为一系列的精细结构成分. 若 $L \geqslant S$，J 可能有 $(2S+1)$ 个值，所以分裂为 $(2S+1)$ 个精细结构成分. 当 $S>L$ 时，J 可能有 $(2L+1)$ 个值，故分裂为 $(2L+1)$ 个精细结构成分. 每一精细结构成分对应于一组 L、S、J 值，原子状态可用这些量子数来标志，通常用符号 ${}^{2S+1}L_J$ 来表示. 具有相同 L、S 状态属于同一多重态，同一多重态的 $\zeta(L,S)$ 值是相同的，它的值可能为正或负. 于是有同一多重态中相邻能级的间隔为

$$E_{J+1}-E_J=\hbar^2\zeta(L,S)(J+1) \qquad (4.5.17)$$

即在一个多重态精细结构中，两个相邻能级的间隔与它们中较大的 J 值成正比. 这称为朗德间隔定则.

例 4.5.1 已知某种原子的一个多重态有三个能级，相邻两对能级的间隔的比例为 3∶5，其能级结构如图 4.5.1 所示. 试给出各能级对应的量子数 S、L、J.

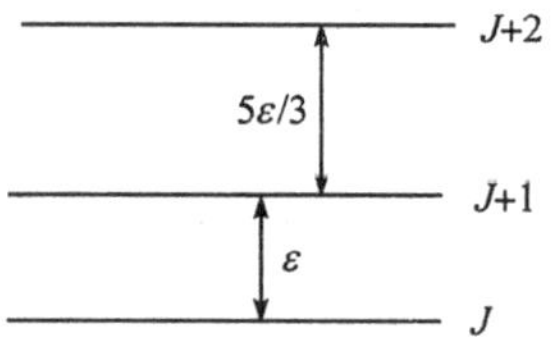

图 4.5.1　某一多重态的能级

解　设下面一对能级的间隔为 ε，于是较高的一对能级的间隔为 $\frac{5}{3}\varepsilon$. 已知相邻能级的 J 值差为 1，所以若最低能级的 J 值为 J_0，则其他两能级有 J_0+1 和 J_0+2.

根据朗德间隔定则，$\varepsilon=\zeta(L,S)(J_0+1)$，而另一对能级间隔为 $\frac{5}{3}\varepsilon=\zeta(L,S)(J_0+2)$，由这两个等式可解得 $J_0=1/2$，所以三能级的 J 值为：1/2，3/2，5/2. 又由 $J=(L+S),\cdots,|L-S|$ 可知

$$|L-S|=1/2$$
$$L+S=5/2$$

如 $S>L$，则得

$$S=3/2,\quad L=1$$

若 $L>S$，则

$$L=3/2,\quad S=1$$

我们知道轨道角动量量子数一定是整数，所以 $L>S$ 的情况是不存在的. 这个多重态对应的量子数是

$$S=3/2, \mathrm{L}=1, \qquad J=1/2,3/2,5/2$$

□

我们以两个价电子的原子为例来说明上面的讨论结果,假设价电子的组态是4p4d,即 $n_1=n_2=4, l_1=1, l_2=2, s_1=s_2=1/2$. 于是可以组成的状态量子数有 $S=0,1$; $L=1,2,3$. 所组成的态用原子态符号表示有:$^1P_1$、$^1D_2$、$^1F_3$、$^3P_{0,1,2}$、$^3D_{1,2,3}$、$^3F_{2,3,4}$,图 4.5.2 用矢量模型表示了两个电子角动量耦合的情况. 图 4.5.3 表示各项对能级的影响. 左侧表示中心场近似得到的能级,剩余库仑相互作用中由交换效应引起的效果是将这能级分裂为 $S=0$ 和 $S=1$ 两个能级. 剩余库仑相互作用中由于轨道角动量相对取向的不同,而使能级又分裂为三个能级,对应于三个 L 值. 自旋-轨道相互作用引起的精细结构又将每一个三重态能级进一步分裂.

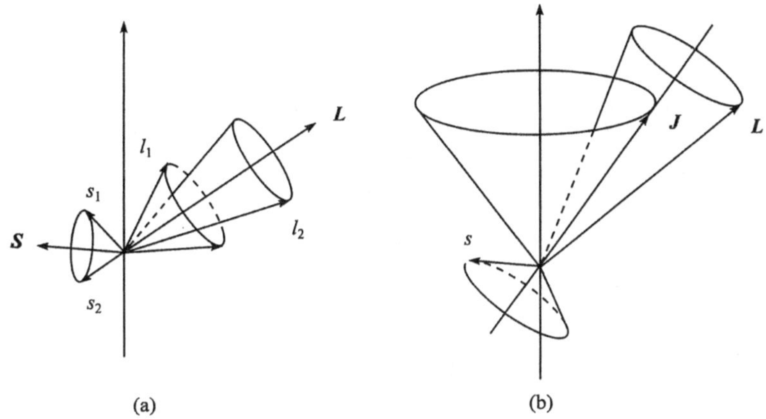

图 4.5.2　LS 耦合下的角动量矢量耦合

两个电子的轨道角动量 l_1 和 l_2 绕 L 进动,自旋角动量 s_1 和 s_2 绕 S 进动;总自旋角动量和总轨道角动量绕总角动量进动

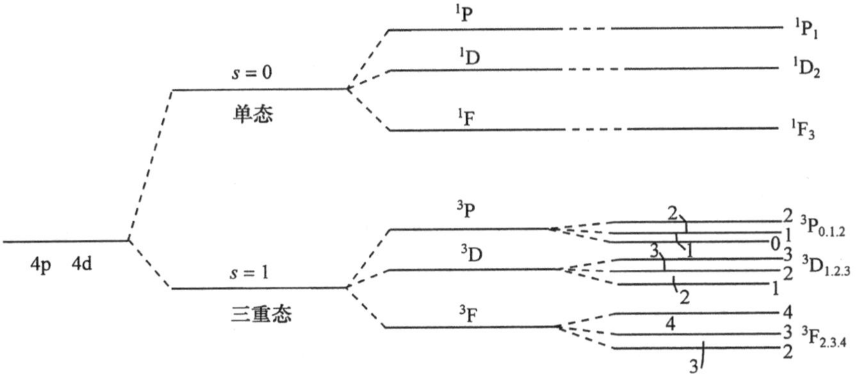

图 4.5.3　4p4d 电子组态在 LS 耦合下形成的能级

无扰动 + 和自旋相关的交换效应 + 和轨道角动量有关的剩余静电势 + 自旋-轨道作用

2. 等效电子组成的原子态

由上面的讨论可知，一种电子组态可以构成很多个原子态. 设原子有 v 个价电子，价电子的量子数为 n_i，l_i，若各电子的(n_i，l_i)都不相同，由于每一电子有($2l_i+1$)个 m_{l_i} 值和 2 个 m_{s_i} 值，它们的组合则可以构成的状态数 G 为

$$G = \prod_{i=1}^{v}[2(2l_i + 1)] = 2^v\prod_{i=1}^{v}(2l_i + 1) \tag{4.5.18}$$

以 3p4p 为例，

$$G(3\mathrm{p}4\mathrm{p}) = 2^2(2+1)\times(2+1) = 36$$

它可构成 36 个具有不同量子数(L，S，J，M_J)的态，它们是 $^1\mathrm{S}_0$，$^1\mathrm{P}_1$，$^1\mathrm{D}_2$，$^3\mathrm{S}_1$，$^3\mathrm{P}_{0.1.2}$，$^3\mathrm{D}_{1.2.3}$.

n 和 l 量子数都相同的电子称为等效电子或同科电子. 在分析等效电子组态构成的原子态时，必须考虑泡利原理对原子态的限制，即电子系统的波函数必定是交换反对称的. 所以等效电子可构成的状态数一定比非等效电子组态要少. 下面我们考虑满壳层外只有两个等效电子$(nl)^2$ 的情形.

两个等效电子的组态为$(ns)^2$ 的情况是最简单的，我们在讨论氦原子时已知道，由于泡利原理的限制，它只能有 $^1\mathrm{S}_0$ 态. 与非等效电子组态 $nsn's$ 相比，它不能形成 $^3\mathrm{S}_1$ 态.

$(np)^2$ 组态的容许谱项可以这样来确定. 以(m_{l_1}，m_{s_1})，(m_{l_2}，m_{s_2})分别表示两个电子的 m_l 和 m_s 的可能值，将它们按表 4.5.1 所示排列，表中最上面的横行列出(m_{l_1}，m_{s_1})，最左面的竖行列出(m_{l_2}，m_{s_2}). 在它们之间有 36 个方框，每一方框处于一组(m_{l_1}，m_{s_1})，(m_{l_2}，m_{s_2})的交点，代表两个电子的状态. 方框中的数字分别为 $M_L = m_{l_1} + m_{l_2}$ 和 $M_S = m_{s_1} + m_{s_2}$. 对 $m_{l_1} = m_{l_2}$ 且 $m_{s_1} = m_{s_2}$ 的状态是泡利不相容原理所禁止的，所以对应于表中对角线上的各方框的态不存在的. 位于对角线两边对称位置的方框所代表的态是不可区分的. 因此只有对角线一边的 15 个状态是允许组成的态. 表中斜线(a)所通过的一组态的 $M_S = 0$，$M_L = 2, 1, 0, -1, -2$. 显然这些态对应于 $S = 0$，$L = 2$，以原子态符号表示即 $^1\mathrm{D}_2$ 态. 斜线(b)(c)(d)通过的 9 个态对应于 $^3\mathrm{P}_{0.1.2}$，最后斜线(e)通过的态对应于态 $^1\mathrm{S}_0$. 因此，等效电子组态$(np)^2$ 可构成的态是 $^1\mathrm{D}_2$，$^3\mathrm{P}_{0.1.2}$，$^1\mathrm{S}_0$.

确定两个等效电子组态构成的原子态时，我们还可以用另一种方法，即直接由波函数的交换对称性来推出. 因为这时空间波函数的交换对称性可由$(-1)^L$ 确定. 在氦原子的讨论中我们已经知道自旋波函数对 $S=0$ 的态是交换反对称的，而对 $S=1$ 的态是交换对称的，所以这时自旋波函数的交换对称性为$(-1)^{S+1}$. 电子系统波函数必定是交换反对称的，因此两个等效电子组态允许构成的态的量子数($L+S$)必定是偶数. 这样我们就有了一种确定两个等效电子组态 nl^2 的容许谱项的简便方

法.按照这个方法就容易推出 np^2 组态体系的 $L=2,1,0$,容许组成的态要满足$(L+S)$是偶数则只能是^{1}D,^{3}P 和^{1}S. nd^2 组态的 $L=4,3,2,1,0$,它能形成原子多重态为^{1}G,^{3}F,^{1}D,^{3}P 和^{1}S.

表 4.5.1

m_{l_2} \ m_{l_1}	m_{s_2} \ m_{s_1}	1	1	0	0	−1	−1
		$\frac{1}{2}$	$-\frac{1}{2}$	$\frac{1}{2}$	$-\frac{1}{2}$	$\frac{1}{2}$	$-\frac{1}{2}$
1	$\frac{1}{2}$						
1	$-\frac{1}{2}$	2　0					
0	$\frac{1}{2}$	1　1	1　0				
0	$-\frac{1}{2}$	1　0	1　−1	0　0			
−1	$\frac{1}{2}$	0　1	0　0	−1　1	−1　0		
−1	$-\frac{1}{2}$	0　0	0　−1	−1　0	−1　−1	−2　0	

(e) $^1S_0$　(d) (c) (b) ^3P　(a) $^1D_2$

每个方框中 $M_L M_S$

3. 原子基态的量子数

由于满壳层电子组合的角动量量子数 $L=0,S=0$.所以对由 v 个等效电子的电子组态$(nl)^v$ 可组成的原子态,与$(nl)^{N-v}$电子组态,其中 $N=2(2l+1)$,可组成的态相同,例如,$(nd)^8$ 可组成的原子态与$(nd)^2$ 的原子态相同.这两种组态的精细结构参数也相同,只是符号相反.

在典型的 LS 耦合下,一个给定的等效电子组态可能形成的各个原子态中,能量最低的原子态的 L 和 S 值可以用洪德定则来确定.这只是一个经验定则,它的内容可陈述如下:

(1) 对给定的电子组态,原子基态必定具有泡利不相容原理所允许的最大 S 值.

(2) 对 S 值确定的状态，在泡利原理允许下，原子基态的 L 量子数取最大值. $L_Z = \sum m_l \hbar = m_L \hbar$，具有最大值. $L = |m_L|$. 所以对一个给定 S 的多重态，L 值越大能量越低.

(3) 最后考虑自旋-轨道耦合，对价电子数 $\nu < (2l+1)$，即小于半满支壳层的电子数的多重态，J 量子数越小的状态能量越低. 这称为“正常”次序. 对价电子数 $\nu > (2l+1)$ 的多重态则能级次序与 J 的关系相反，J 量子数越大的状态能量越低.

大多数原子的基态可用 LS 耦合讨论，因此利用洪德定则可确定大多数原子基态的量子数，图 4.5.4 以碳原子为例给出它的能级次序.

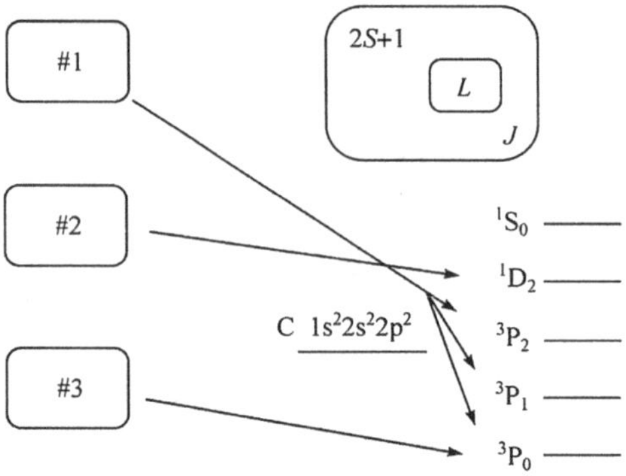

图 4.5.4　由洪德定则给出的碳原子基态电子组态组成的原子态的能级次序

例 4.5.2　试确定硫原子的基态的量子数.

解　硫原子的原子序数 $Z=16$，它基态时的电子组态为 $1s^2 2s^2 2p^6 3s^2 3p^4$. 对 p 壳层最多可容纳的电子数是 6，即硫原子基态时 p 壳层还有两个空位. 由于满壳层的角动量量子数都为零，所以 p^4 可能组成的原子态和 p^2 的情况相同，只是多重态的能级次序相反. 因而我们先求 p^2 可能允许组成的原子态，它们应是通过 LS 耦合为量子数 $L+S$ 是偶数的态，它们是 ^1D、^3P 和 ^1S. 其中 S 量子数最大的态是 $^3P_{0,1,2}$，根据洪德定则关于多重态的能级次序的规定，在 ^3P 多重态中，$J=2$ 态的能级最低，故硫原子基态的量子数 $S=1, L=1, J=2$，它的谱项表示为 $^3P_2$. □

4. 外磁场中原子能级的分裂

(1) 多电子原子的磁矩

由原子态的量子数就可以计算原子总磁矩. 在 LS 耦合情形，总磁矩 μ_J 是由轨道角动量磁矩和自旋磁矩组成，即

$$\boldsymbol{\mu}_J = \boldsymbol{\mu}_L + \boldsymbol{\mu}_S$$

和单电子的情形相似，有物理意义的或可观测的只是 μ_J 在 J 方向的分量 $(\mu_J)_J$，

$$|(\boldsymbol{\mu}_J)_J| = g_J \sqrt{J(J+1)} \mu_B \tag{4.5.19}$$

朗德因子

$$g_J = 1 + \frac{J(J+1) + S(S+1) - L(L+1)}{2J(J+1)} \tag{4.5.20}$$

在给定的 z 方向(如外场)上磁矩的分量由磁量子数 M_J 决定,

$$(\mu_J)_{J,z} = -M_J g_J \mu_B$$

$$M_J = J, J-1, \cdots, -J$$

在下面的叙述中 $(\mu_J)_J$ 就简单地以 μ_J 表示了.

与单电子原子的情形一样,在磁场中测量谱线的劈裂是确定多电子原子状态的一个重要方法.

(2) 电子顺磁共振

在外磁场中,原子能级对磁量子数的简并解除.电子顺磁共振(EPR),有时也称作电子自旋磁共振(ESR),是指不同磁量子数 m 的原子能级间的跃迁.以自由电子的自旋磁矩在外磁场 $\boldsymbol{B}_0$ 中的情形为例.电子自旋磁矩在外磁场 z 方向分量的可能取值为

$$(\mu_s)_z = \pm \frac{1}{2} g_s \mu_B$$

这两个不同取向的能级的势能差为

$$\Delta E = g_s \mu_B B_0 \tag{4.5.21}$$

如果在垂直于 $\boldsymbol{B}_0$ 方向加一个以频率 ω 的正弦变化的磁场 $\boldsymbol{B}_1$,那么当频率 ω 满足

$$\omega = \Delta E/\hbar = g_s \mu_B B_0/\hbar \quad 或 \quad \nu = 2.8026 \times 10^{10} B_0 \ \mathrm{Hz \cdot T^{-1}}$$

的条件时,就会在两个能级间感生跃迁.这种跃迁是磁偶极跃迁,允许在 $\Delta m = \pm 1$ 间的跃迁.能级间跃迁也可看作是磁矩改变它在磁场中的取向,对电子自旋,$s = \frac{1}{2}$,它就会发生自旋翻转,由一个方向翻转到另一个方向.跃迁频率一般在微波频段,跃迁频率正比于外磁场的强度.为了提高灵敏度,则希望用尽可能高的频率,相应于尽可能强的磁场.实际应用的磁场在 0.1～1 T 范围,频率在 GHz(厘米波)区.

原子磁矩不为零的原子,在外磁场中它们的磁矩有向磁场方向取向的趋势,所以称作顺磁原子.上面对自由电子的讨论也适用于自由的顺磁原子.只是要将式(4.5.21)中的电子自旋磁矩改为原子的总角动量磁矩 μ_J.

电子顺磁共振谱仪现在已是许多物理和化学实验室的标准设施.图 4.5.5 是电子顺磁共振装置的示意图.谱仪工作时通常用固定的频率,而改变磁场来满足共振条件和得到 EPR 的吸收跃迁(或发射跃迁).通常样品放在微波共振腔内;经常用的波长是 3 cm.由速调管产生微波辐射,用高频二极管或辐射探测器测量.

(3) 塞曼效应和帕邢-巴克效应

原子能级在磁场中的分裂也可通过原子光谱中谱线的分裂(或移动)观察到.

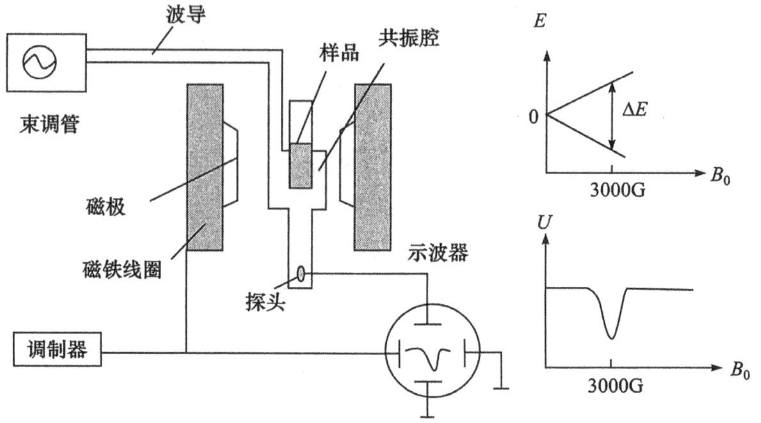

图 4.5.5 电子顺磁共振仪

左图是仪器示意图;右上图:自由电子的能级随外磁场的变化;

右下图:在调制外场 B_0 时高频二极管获得的信号.

由于谱线的分裂很小,一般要用高分辨的谱仪:如衍射光栅谱仪或干涉仪.磁场中,原子在不同量子数(不只是磁量子数)的能级间跃迁时,跃迁谱线的分裂现象称为塞曼效应.

在 3.4.2 节介绍了正常塞曼效应和反常塞曼效应.镉原子的$^1D_2$—$^1P_1$ 间跃迁谱线,在磁场中劈裂为 3 条线.钠的 D1,D2 线,即$^2P_{1/2}$—$^2S_{1/2}$,$^2P_{3/2}$—$^2S_{1/2}$的谱线在磁场中分别分裂成 4 条和 6 条谱线.

上面讨论的是在弱外磁场的情形,"弱"是指在外场中的能级分裂比精细结构小时,也就是自旋-轨道间的耦合比起它们任一个与外磁场的耦合要强时.由于自旋-轨道耦合的强度随核电荷 Z 而很快增加,所以对轻原子来说是强的场,对重原子就不一定了.例如,D 双线的间距是 17.2 cm^{-1},而锂原子谱线相应的间距是 0.3 cm^{-1}.在 B_0 为 30kG 的外磁场中,能级的塞曼劈裂对它们是相同的,约为1 cm^{-1}.这外场对于锂原子是强场,但对钠原子就是弱场.

当磁场 B_0 是强场时,能级的劈裂就更简单了.外场将精细结构的耦合解除了,由矢量模型观点,角动量 L 和自旋 S 是分别绕外场 B_0 进动.总角动量 J 的物理含义就没有了.这个极端情形称作帕邢-巴克效应(Paschen-Back effect).

角动量和自旋在磁场方向的分量是分别量子化的.相应的磁能

$$V_{m_S,m_L} = (M_L + 2M_S)\mu_B B_0$$

谱线的分裂

$$\Delta E = (\Delta M_L + 2\Delta M_S)\mu_B B_0$$

对光学跃迁同样要遵循选择定则,对电偶极跃迁不可能有自旋的翻转,所以选

择定则是

$$\begin{aligned}\Delta M_S &= 0\\ \Delta M_L &= 0, \pm 1\end{aligned} \tag{4.5.22}$$

由这决定谱线在强磁场中劈裂为 3 条,和正常塞曼效应一样. 图 4.5.6 中(a)为钠原子的 D 双线,(b)为塞曼效应,(c)为极强磁扬的帕邢-巴克效应. 对中等场强的情形就比较复杂了,难以给出定量的分析.

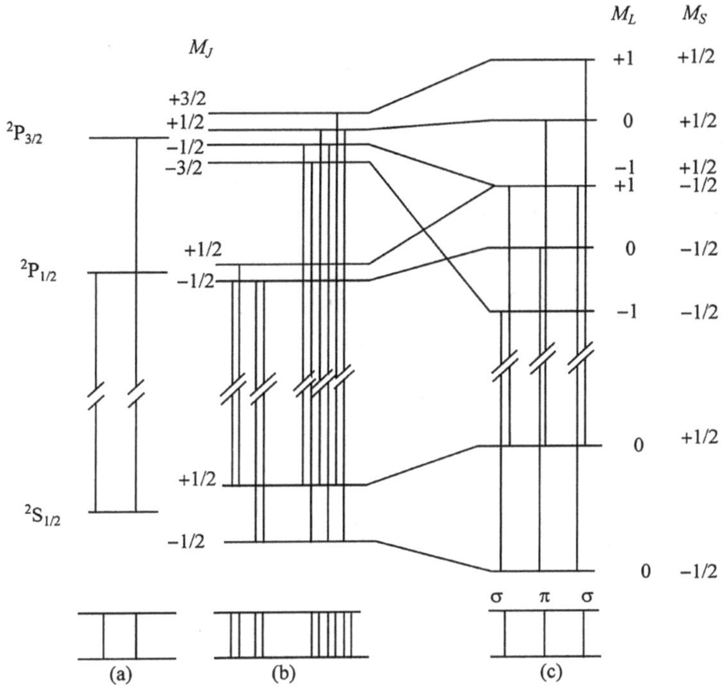

图 4.5.6

(a) 钠原子的 D 双线; (b) 反常塞曼效应; (c) 极强磁场的帕邢-巴克效应

例 4.5.3　试讨论钠的黄色双线(相应于$^2P_{1/2}$、$^2P_{3/2}$态到$^2S_{1/2}$态间跃迁)在磁场中的分裂情况.

解　所讨论的钠原子光谱线所涉及的三个状态,在弱磁场中的朗德因子分别为

$^2S_{1/2}$态:状态量子数为 $S=1/2, L=0, J=1/2$, g 因子由自旋决定,所以 $g=2$. 能级分裂为两条. $\Delta E = \pm \mu_B B$.

$^2P_{1/2}$态:状态量子数为 $S=1/2, L=1, J=1/2$,由式(4.5.20)计算得 $g=2/3$. 能级分裂为两条. $\Delta E = \pm(1/3)\mu_B B$.

$^2P_{3/2}$态:状态量子数为 $S=1/2, L=1, J=3/2$,由式(4.5.20)计算得 $g=4/3$. 能级分裂为四条. $\Delta E = \pm(2/3)\mu_B B$ 和 $\Delta E = \pm 2\mu_B B$.

在弱磁场中能级分裂情况如图 4.5.6(b),选择定则 $\Delta M_J = \pm 1, 0$. 所以 $^2P_{1/2}$ 态到 $^2S_{1/2}$ 的跃迁分裂为四条谱线,$^2P_{3/2}$ 态到 $^2S_{1/2}$ 的跃迁分裂为六条谱线($M_{J\,2} = +3/2$ 与 $M_{J\,1} = -1/2$ 能级间及 $M_{J\,2} = -3/2$ 与 $M_{J\,1} = +1/2$ 能级间的跃迁是禁戒的).

在很强的磁场中,原子的自旋-轨道相互作用比起外磁场的影响要小,能级的精细劈裂解除.跃迁的选择定则为 $\Delta M_S = 0$ 及 $\Delta M_L = \pm 1, 0$. 谱线分裂为三条,如图 4.5.6(c).

4.5.2 *jj* 耦合

在单电子原子的精细结构讨论中,我们知道自旋-轨道相互作用的能量与 Z^4 成正比.而电子间静电能与 Z 成正比,所以随着原子序数 Z 的增大,自旋-轨道相互作用可能大于剩余静电相互作用.当自旋-轨道相互作用很强时,可以把原子中各电子看成是彼此独立的在中心场中运动,这情形与单电子原子很相似.每个电子的自旋-轨道相互作用使它的轨道角动量 l_i 与自旋角动量 s_i 耦合成总角动量 j_i,$\boldsymbol{j}_i = \boldsymbol{l}_i + \boldsymbol{s}_i$. 由于自旋-轨道相互作用较强且暂时忽略了剩余库仑相互作用,所以 $\boldsymbol{j}_i$ 是一个守恒量.这时量子数 j_i、m_{j_i}、l_i、s_i 是表征原子状态的好量子数.如果再进一步计入剩余库仑相互作用对能级的修正,那么在剩余库仑相互作用下,各电子的角动量 $\boldsymbol{j}_i$ 不再是守恒量了,在库仑作用下 $\boldsymbol{j}_i$ 将耦合成总角动量 $\boldsymbol{J}$,$\boldsymbol{J} = \sum_i \boldsymbol{j}_i$,它是一个守恒量.

在 jj 耦合下,我们将自旋-轨道相互作用项式(4.5.2)

$$H_2 = \sum_{i=1}^{N} \zeta(r_i) \boldsymbol{l}_i \cdot \boldsymbol{s}_i$$

作为对能量的一级近似.于是与中心场对应的零级近似下得到的状态(n_i,l_i)分裂为一组用量子数(n_i,l_i,j_i)表征的态.引起的能量修正

$$\Delta E = \sum_i \Delta E_i \tag{4.5.23}$$

其中 ΔE_i 是第 i 个电子的自旋-轨道能.

$$\Delta E_i = \frac{\hbar^2}{2} \zeta(n_i, l_i)[j_i(j_i+1) - l_i(l_i+1) - s_i(s_i+1)]$$

因此一组(n_i,l_i,j_i)代表一个能级.进一步考虑剩余库仑相互作用时,能级再次分裂,分裂后的能级由每个价电子的 j_i 和总角动量量子数 J 表征. jj 耦合形成的原子态用 $(j_1, j_2, \cdots, j_v)_J$ 来标记. 4p4d 组态能级分裂情况可由图 4.5.7 表示,它们的量子数 $l_1 = 1$,$l_2 = 2$. 于是 $j_1 = 3/2, 1/2$,$j_2 = 5/2, 3/2$,由于自旋-轨道相互作用组成了四个能级.这四个能级由于剩余库仑相互作用又分裂为若干能级.

很少发现纯粹的 jj 耦合形式的原子能级,只是重原子的光谱结构比较接近于这种耦合. jj 耦合和 LS 耦合只是两种极端情形,许多原子的能级结构并不能很好

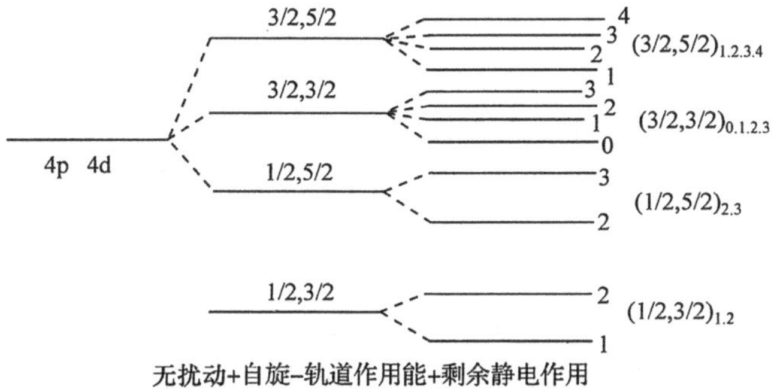

图 4.5.7　在 jj 耦合时组态的能级结构

地用这两种近似来描述.不过,同一电子组态不论是 jj 耦合还是 LS 耦合,所能构成的量子态总数是相同的,两种情形下量子态的 J 值也是一一对应的.所不同的只是能级的分裂间隔不同.

4.6　多电子原子的光谱

在上节讨论了多电子原子的能级结构后,我们来说明多电子原子的光谱.原子并不是在所有的状态间都能通过发射或吸收辐射而进行跃迁的,辐射跃迁只能发生在满足一定条件的状态之间,这些条件可用选择定则表达出来.

4.6.1　选择定则

1924 年,拉波特在分析和研究铁光谱时指出,铁原子的能级可以分为两类,光谱分析观察到的一切跃迁,只是在这两类能级间发生的.1927 年,维格纳指出,拉波特规则实质上就是辐射跃迁(电偶极跃迁)只允许在宇称相反的态之间发生.

对于多电子原子来说,它的哈密顿函数很复杂,但可以证明每个定态都有一个确定的宇称.在中心场近似下,一个电子组态的宇称为 $(-1)^{\sum_i l_i}$,其中 l_i 是各电子的轨道角动量量子数.在电偶极辐射中,光子带走的角动量为$\hbar$,电磁相互作用过程中宇称守恒,因此电偶极跃迁的选择定则是

$$\Delta\Big(\sum_i l_i\Big) = \pm 1$$

原子跃迁时大多数情形是只有一个电子的状态发生改变,这一选择定则就相应于

$$\Delta l_i = \pm 1, \quad \Delta l_{j\neq i} = 0 \tag{4.6.1}$$

Δl_i 为发生电子跃迁的两个能级的角动量量子数之差,其他电子($j\neq i$)的状态不改变.另外一些选择定则和原子中的相互作用情况有关.下面分别给出电偶极跃迁时量子数的选择定则.

1. LS 耦合

$$\Delta S = 0$$

$$\Delta L = 0, \pm 1$$

$$\Delta J = 0, \pm 1(J = 0 \rightarrow J = 0 \text{除外})$$

$$\Delta M_J = 0, \pm 1$$

2. jj 耦合

$$\Delta j = 0, \pm 1(\text{跃迁电子})$$

$$\Delta J = 0, \pm 1(J = 0 \rightarrow J = 0 \text{除外})$$

$$\Delta M_J = 0, \pm 1$$

由上可知,不论是 LS 耦合还是 jj 耦合,对 J 的选择定则是严格成立的.但对 $\Delta S = 0$ 的规则,有些情况下,例如,对原子序数 Z 较大的原子的一些状态,由于自旋轨道相互作用而不能完全以 LS 耦合来近似时,这条选择定则就可能被违反.

4.6.2　碱金属原子的光谱

在本章第四节中我们已经知道碱金属原子的结构是在由原子核和满支壳层组成的原子实外面有一个价电子.由于原子实的电荷是球对称的,将它的电场看作中心场是一个很好的近似,价电子在这中心场中运动.碱金属原子的光谱是由价电子能级间的跃迁引起的.碱金属原子处于基态时,价电子的量子数为 ns,对 Li、Na、K 等原子,n 分别为 2,3,4,故它的基态谱项可写为 $^2S_{1/2}$.当价电子处于 $n's$, $n'p$, $n'd$,…态时($n' \geqslant n$),原子处在激发态,其相应的谱项为 $^2S_{1/2}$、$^2P_{3/2,1/2}$、$^2D_{5/2,3/2}$ 等.原子实的静电势场 $V(r)$ 已不再是简单的与 r^{-1} 成正比的场,因此能级的 l 简并已消失,只是当 n' 较大时,它的能级和氢原子的能级很相似.由于碱金属原子只有一个价电子,因此其跃迁的选择定则与氢原子的选择定则相似,为

$$\Delta l = \pm 1$$

$$\Delta j = 0, \pm 1$$

于是可能的跃迁可分为几组:$^2P_{3/2,1/2} \rightarrow {}^2S_{1/2}$, $^2S_{1/2} \rightarrow {}^2P_{3/2,1/2}$, $^2D_{5/2,3/2} \rightarrow {}^2P_{3/2,1/2}$, $^2F_{7/2,5/2} \rightarrow {}^2D_{5/2,3/2}$ 等.这些跃迁在碱金属原子的光谱中都被观察到了,图 4.6.1 给出了钠原子的能级与跃迁.原子光谱学家将碱金属原子的光谱分成下列几个线系:

(1) 主线系.其中的每条谱线由两条波长非常接近的谱线组成,这两条谱线称为该谱线的精细结构成分.两成分的间隔随着波数的增加而逐渐减小,最后两成分并入一个线系限.主线系相当于 $n'^2P_{3/2,1/2} \rightarrow n^2S_{1/2}$ 的跃迁.著名的钠光谱中黄色双线就是相应于 $3\,^2P_{3/2,1/2} \rightarrow 3^2S_{1/2}$ 跃迁.

(2) 锐线系.亦称第二辅线系.每条谱线也是由两条精细结构成分组成,但两成分的间隔是固定的,不随谱线的波数而变化,因此锐线系有两个线系限.锐线系

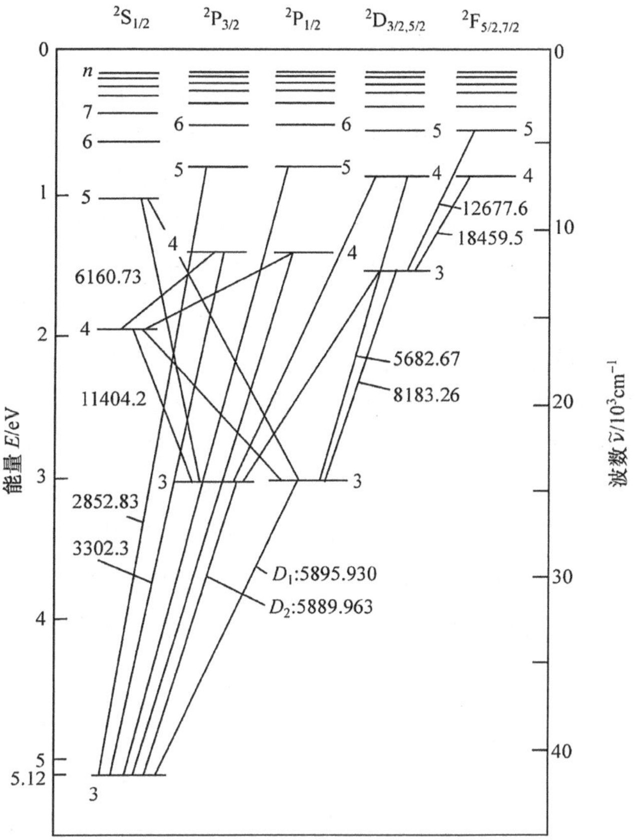

图 4.6.1　钠原子的光谱能级和跃迁

相当于$n'^2S_{1/2}\rightarrow n^2P_{3/2,1/2}$的跃迁.

(3) 漫线系.也称第一辅线系.每条线由三条精细结构成分构成,但最外面两个成分的间隔同锐线系中的间隔相同.而每条谱线中波数较小的两个成分的间隔随着波数的增加而减小,最后并成一个线系限.所以漫线系虽然每条谱线有三个成分,但线系限却只有两个.漫线系相当于$n'^2D_{5/2,3/2}\rightarrow n^2P_{3/2,1/2}$跃迁.

(4) 基线系.也称巴格曼线系.每条谱线也有三个精细结构成分,其情形与漫线系类似.基线系相当于$n'^2F_{7/2,5/2}\rightarrow n^2D_{5/2,3/2}$跃迁.

按照自旋-轨道相互作用引起的能级分裂的理论分析,碱金属原子价电子的 s 能级是单层的,p、d、f 等能级都是双层的.对 l 相同的能级,其分裂的能级间隔随 n 的增大而减小;n 相同的能级,其分裂间距随 l 的增大而减小.由光谱观察到的谱线精细结构及精细结构成分间隔的变化都与此相符,证实了碱金属原子光谱的精细结构确实是自旋-轨道相互作用引起的.

4.6.3 碱土金属原子光谱

氦原子只有两个电子，碱土金属原子在原子实外也只有两个价电子. 实验发现铍、镁、钙、锶、钡碱土金属和锌、镉、汞原子的光谱线系类似于氦原子的线系，都具有两套光谱. 它们有两套主线系、锐线系、漫线系和基线系. 与氦原子不同的是，它们的三重线系的最低项是^{3}P，而不是^{3}S. 对氦和原子序数较小的碱土金属原子，原子中各电子的自旋-轨道相互作用比电子间的剩余库仑相互作用要弱得多，所以 LS 耦合将是很好的近似. 由 LS 耦合可知，这些原子的能级有对应于 $S=0$ 的单态和 $S=1$ 三重态两套能级，与两套光谱相对应. LS 耦合的选择定则 $\Delta S=0$，因此单态和三态间的跃迁是禁戒的，在氦原子光谱中也确实不出现单态和三态间相互跃迁的谱线. 但是在 Z 较大的原子中，自旋-轨道相互作用较强，LS 耦合就不是很好的近似了，选择定则 $\Delta S=0$ 可不再有效. 例如汞原子($Z=80$)基态的电子组态为 $5d^{10}6s^2$，所以基态的谱项是$^1S_0$. 它的最低的两个激发组态是 6s6p(它形成谱项$^1P_1$、$^3P_{0,1,2}$)和 6s7s(形成谱项$^1S_0$ 和$^3S_1$). 图 4.6.2 给出了汞的能级和跃迁. 图中的 253.65 nm 的谱线是违反选择定则 $\Delta S=0$ 的. 然而，对有关 J 的选择定则，不论

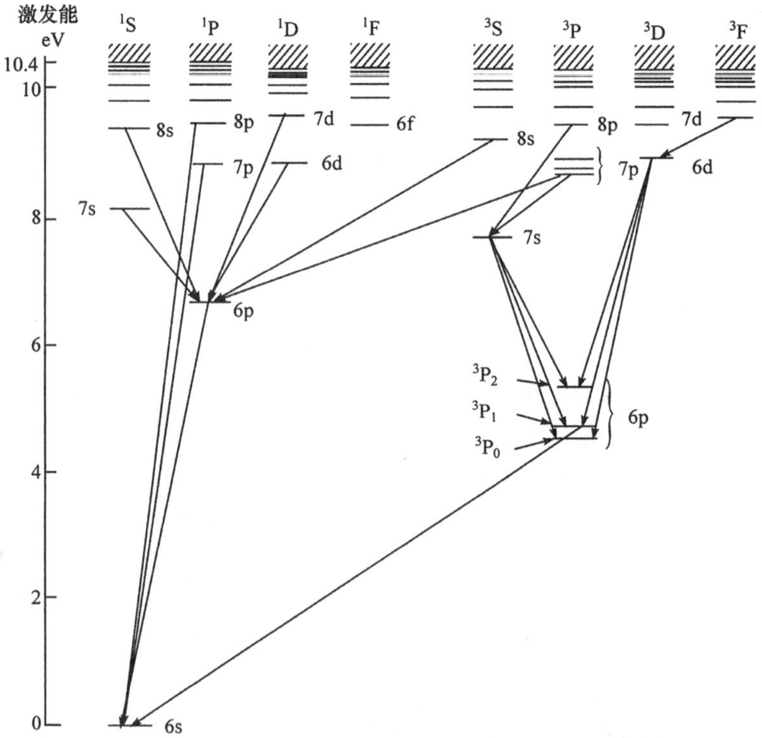

图 4.6.2 汞原子的光谱跃迁和能级

LS 耦合还是 jj 耦合都是必须遵守的.

4.7　原子的内层能级和 X 射线

1895 年,伦琴(W. C. Röntgen)在阴极射线放电管的实验中发现了一种神秘的射线,称为 X 射线. 这种射线具有几个特点:它具有很强的穿透性,能透过纸板、薄铝板和人体等;它以直线传播,不因电磁场作用而偏转;它能使照相底片感光,使气体电离. 1901 年,伦琴因发现 X 射线而成为诺贝尔物理学奖的第一个获得者.

X 射线发现后在全世界引起强烈反响,世界各地的报纸上都刊登了伦琴发现 X 射线的消息及显示人手的骨骼的照片. 物理学家几乎都停下了正在进行的工作,而将兴趣集中在研究这射线的性质及试图去理解新发现的含义上面. 经过 17 年的努力,最后由劳厄(M. von Laue)建议的 X 射线的晶体衍射实验证实 X 射线是波长很短的电磁波. 它的波长范围一般在 10^{-3} nm 到 1 nm. 这个波长范围和晶体的格点间隔相当,在 X 射线发现后不久,很快就在医学、晶体学等领域得到了应用.

4.7.1　X 射线谱

X 射线一般采用高速电子轰击靶的方法产生,如图 4.7.1. 产生的典型 X 射线谱如图 4.7.2 所示. 它包括两个部分:一部分是波长连续变化的连续谱,用不同动能的电子轰击不同材料的靶时,所产生的连续谱有相似的形状,都有确定的最短波长 λ_{min}, λ_{min}的值只和电子的动能有关与靶材料无关;另一部分是具有离散的线状谱,这些谱线的波长只取决于靶材料的化学元素. 每种元素有一套特定的波长的谱线,可作为该元素的标识. 故 X 射线的线状谱称为标识谱. X 射线谱的这些特点可由电子和靶材料原子的相互作用及靶原子的电子壳层结构来解释.

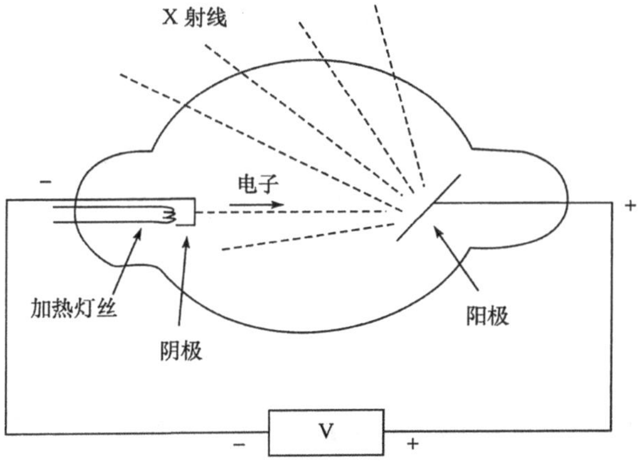

图 4.7.1　X 射线管示意图

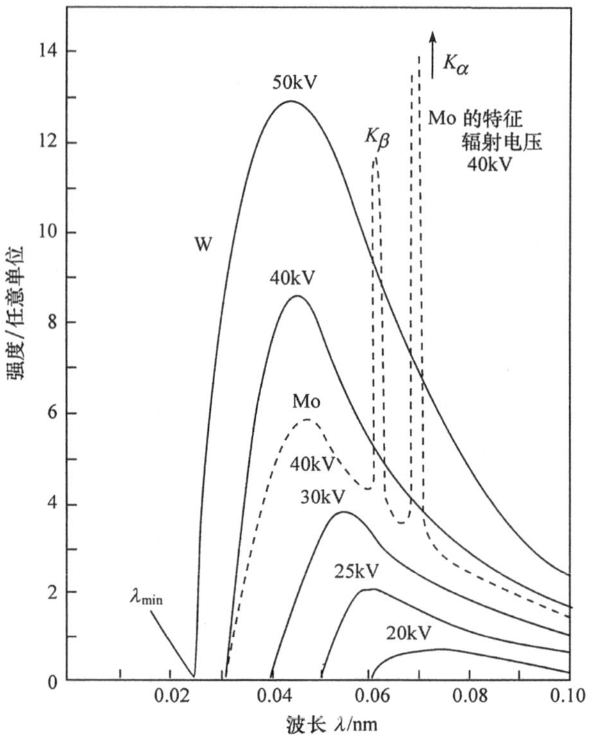

图 4.7.2　不同电压及靶材料(钼和钨)的 X 射线谱

当高速电子打到靶上时，它与靶原子的碰撞过程中，在靶原子核的库仑场作用下，其速度骤然减小，所损失的能量转化为辐射能. 这种方式引起的辐射称为轫致辐射——减速过程中产生的辐射. 设入射电子的动能为 T，电子与靶原子一次碰撞后动能由 T 减至 T'，所损失的动能转化为辐射. 由量子论的观点来看，光子的能量应为

$$h\nu = T - T' \tag{4.7.1}$$

一般，入射电子要经过许多次的碰撞后才失去全部动能，最后停止在靶物体内. 电子每次碰撞损失的能量都不相同，可为小于 T 的任何值，因此由轫致辐射产生的 X 射线的波长呈现连续谱. 如果入射电子在一次碰撞中失去全部动能，则辐射出的光子就具有最短的波长 λ_{min}

$$\lambda_{min} = \frac{hc}{T} \tag{4.7.2}$$

可见短波限只取决于轰击靶的电子的动能 T. 在 X 射线管中电子是通过电势差为 V_a 的电场加速而获得动能的，即有 $T = eV_a$，所以

$$\lambda_{\min} = \frac{hc}{T} = \frac{hc}{eV_a} \tag{4.7.3}$$

这式子说明,只要精确测定 $\lambda_{\min}$和 V_a,可由 e 和 c 定出普朗克常量 h 的值.经典电动力学计算得到的辐射谱是不存在短波限的,存在短波限是量子论的一个实验证据.

用量子力学计算得到能量为 T 的非相对论带电粒子在物质中产生的轫致辐射的微分截面为

$$\frac{\mathrm{d}\sigma}{\mathrm{d}\omega} \approx \frac{16}{3}\frac{Z^2e^2}{c}\left(\frac{z^2e^2}{mc^2}\right)^2\frac{1}{\beta^2}\ln\left[\frac{(\sqrt{T}+\sqrt{T-\hbar\omega})^2}{\hbar\omega}\right] \tag{4.7.4}$$

其中 Z 是靶材料的原子序数,$\beta=v/c$、v、z、m 和 T 分别为入射粒子的速度、电荷数、质量和动能.由式(4.7.4)可看到,质量重的带电粒子的轫致辐射比相同能量电子的辐射要弱得多.轫致辐射的强度和靶原子核的电荷 Z^2 成正比,而它的频率分布与靶材料无关,只由入射粒子的能量,即 X 射线管的加速电压所决定.实验结果证实了理论的正确性.

当外加电压大于某个定值时,在连续谱上出现离散的线状谱(谱线).谱线的波长与入射电子的能量无关,只决定于组成靶极材料的化学元素,即为标识谱.1913 年莫塞莱(H. Moseley)系统地测量了从铝到金共 39 种元素的特征谱,他观察到大多数元素的特征谱包含两组谱线,按波长次序称为 K 系和 L 系,X 射线特征谱的线系对各元素的 K 系或 L 系都有相似的结构.对原子序数大的元素会出现更多的谱系,它们是 M 系、N 系.对同一元素,L 系谱线的频率较 K 系的低.

莫塞莱发现,谱线的频率随原子序数的增加而缓慢增加.K 线系一般可以观察到三条谱线 K_α,K_β,K_γ,其中 K_α 线最强,波长最长.如果把各元素的 K_α 线频率的平方根对原子序数作图,就得到如图 4.7.3 所示的线性关系,显示出元素的特征 X 射线是由原子序数决定的.莫塞莱首先指出原子序数实质上就是原子核的电荷数.莫塞莱总结出 K_α 线的波数服从下面的经验公式:

$$\tilde{\nu}_{\mathrm{K}} = R(Z-1)^2\left(\frac{1}{1^2}-\frac{1}{2^2}\right) \tag{4.7.5}$$

式中 R 是里德伯常量,Z 是原子核电荷数.同样对 L 线系的研究,发现波数的平方根与 Z 也有线性关系,对 L 线系的第一条谱线 L_α 也有类似的公式

$$\tilde{\nu}_{\mathrm{L}} = R(z-7.4)^2\left(\frac{1}{2^2}-\frac{1}{3^2}\right) \tag{4.7.6}$$

由此他提出 X 射线特征谱各线系谱线的波数平方根$\sqrt{\tilde{\nu}}$与原子序数 Z 有线性关系的莫塞莱定律.这些式子和玻尔氢原子的公式非常相似,可用玻尔理论来说明 K_α 线系是电子在 $n=2$ 和 $n=1$ 之间的跃迁所发出的辐射.但不同的是用 $Z-1$ 代替了 Z,这是因为对多电子原子的内壳层 $n=1$ 层出现空位时,考虑到电子的屏蔽效

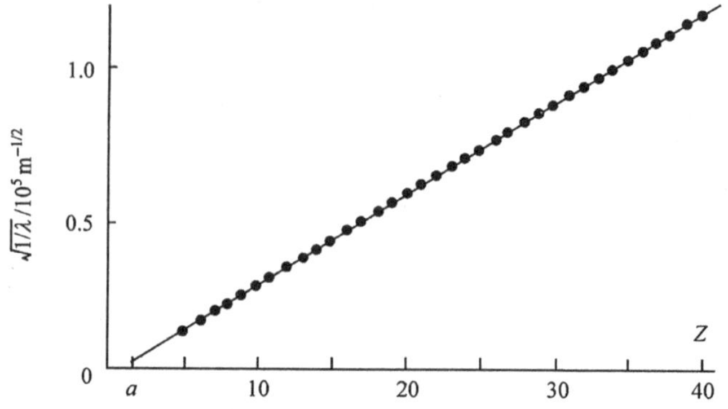

图 4.7.3　元素的 K_α 线波数与原子序数的关系

应,在 $n=2$ 层中的电子感受到的是 $Z-1$ 个正电荷的库仑作用,所以 X 射线的 K_α 谱线频率有式(4.7.5)的形式.同理可将 L_α 谱线解释为对应于内层电子在 $n=3$ 和 $n=2$ 之间的跃迁.这些都说明 X 射线特征谱是由原子中内层电子的跃迁产生的.一般情况下,原子的内壳层都是被电子占满的,由泡利不相容原理可以知道,内层电子之间不可能发生跃迁.因此要产生特征 X 射线的先决条件是,原子内层有未满壳层,即内层有电子空位或空穴,在某些情形下,用高速带电粒子如电子轰击原子或 X 射线照射,使原子内层电子电离而出现空穴,从而原子处在较高的能量状态,即处于激发态,这时较外层的电子才有可能填充到空穴上,发出 X 射线.内层电子受到原子核的束缚要比外层电子强得多,对重原子,使它的内层电子电离需要的能量约为 10^4 eV,所以用来轰击原子的电子或光子的能量必须要大于这电离能,才能出现特征谱.K 线系是 $n>1$ 各层的电子到 $n=1$ 壳层的跃迁,而 L 线是 $n>2$ 各层到 $n=2$ 层跃迁.

4.7.2　原子的内层能级

特征谱产生的过程中,外壳层电子填入内壳层中的空位后在外壳层中留下了一个空位,所以也可以把产生特征谱的过程等效地看成内壳层的空位跃迁到外壳层.内层电子能量主要由 n 量子数决定,随 n 增加而增加(即随 n 增大束缚减弱).在同一 n 值时,随 l 量子数的增大而增大.所以要使 n 较小的电子电离需要的能量较大,因而对空位而言,n 越小能量越大.我们知道满壳层中具有一个空位时其谱项与该壳层中只有一个电子时的谱项相同,只是多重态的次序是相反的.因此满壳层中具有一个空位的状态可以用原来占据该空位的电子的量子数(n,l,j)来表示.用空位跃迁来说明 X 射线的特征谱时用图 4.7.4 所示的能级图.它表示有一个(n,l,j)空位时原子的能量.在 X 射线能级图中,一般以中性原子基态的能量为能量零点,这样图中各能级都具有正的能量值.图 4.7.4 只是示意图,图上的能级间隔并不是按比例的，图上标出和 X 射线有关的跃迁与名称. 这些跃迁服从与单电子原子同样的选择定则，即 $\Delta l = \pm 1; \Delta j = 0, \pm 1$.

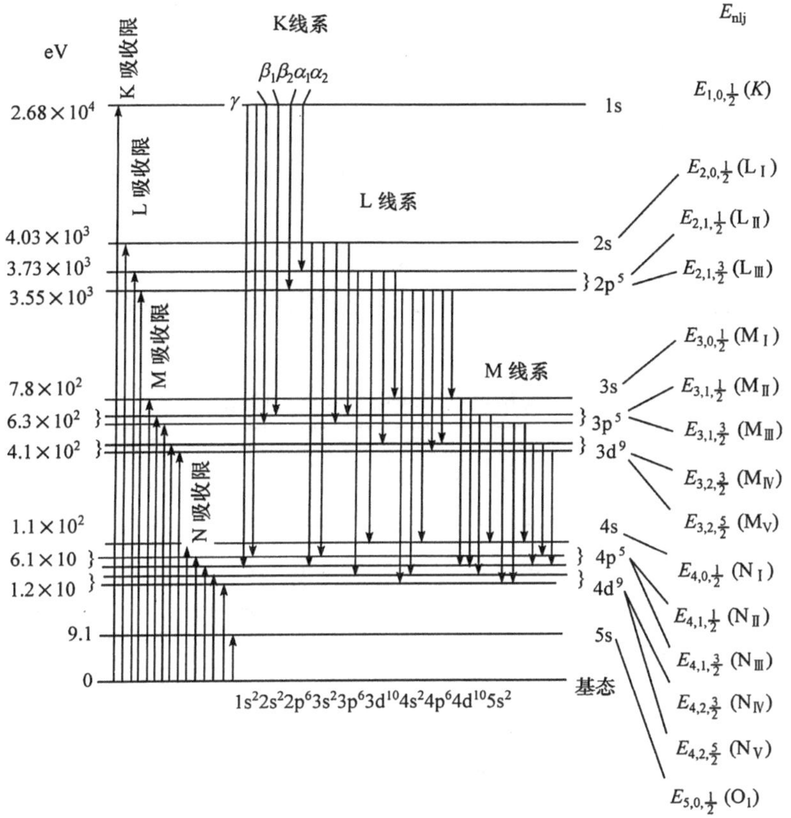

图 4.7.4　镉原子的 X 射线能级示意图

原子的内层电子被激发、电离后原子处于激发状态，外层电子跃入内层空位时，其多余的能量通过发射 X 射线释放，仅是一种可能的退激发过程. 另一种是非辐射过程，通过库仑相互作用将能量转移给另一外层电子. 非辐射效应可用图 4.7.5 表示，称为俄歇效应，所发射出的电子在 1925 年由法国物理学家俄歇(P. P. Auger)首先发现. 俄歇电子的能量决定于原子内层能级的结构，因此对俄歇电子的能量和强度的研究能使我们得到关于原子的结合能、状态量子数信息. 测量固体材料俄歇电子谱可以用来分析材料，特别是关于表面的一些组成和结构的情况. 对于 Z 小的原子，外层电子跃入内层空位通过俄歇效应的概率比发射 X 射线的概率大. 当 Z 超

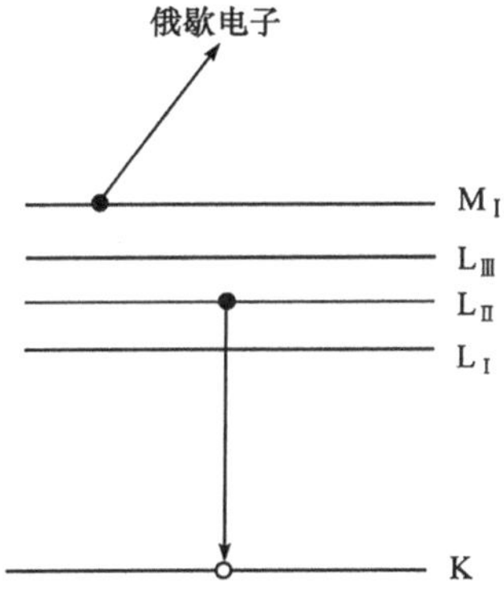

图 4.7.5　俄歇效应

过 35 时，发射 X 射线的概率将超过俄歇效应. 在原子发射俄歇电子后，原子中将出现两个空位，它往往通过发射 X 射线而退激发，因此俄歇效应常伴随有 X 射线的发射.

4.7.3　X 射线的吸收

X 射线，和其他的电磁辐射一样，通过物质时会被吸收和散射. 实验上用衰减系数 μ 来度量它的衰减特性，如果入射的辐射强度为 I_0，通过厚度 x 的物质后，强度衰减为 I，

$$I = I_0\exp(-\mu x)$$

实际应用中常用半吸收厚度，$d = \mu^{-1}\ln 2$，半吸收厚度与被照射的材料和 X 射线的能量有关. 表 4.7.1 给出几个数据.

表 4.7.1　X 射线在铝和铅中的半吸收厚度(cm)

X 射线能量/keV	铝	铅
10	1.1×10^{-2}	7.5×10^{-4}
100	1.6	1.1×10^{-2}

X 射线能穿透物质，但在穿透过程中它的强度变弱. 对不同能量的 X 射线，测量它透过吸收物质时的强度衰减可得 X 射线的吸收谱. 图 4.7.6 是铅的 X 射线吸

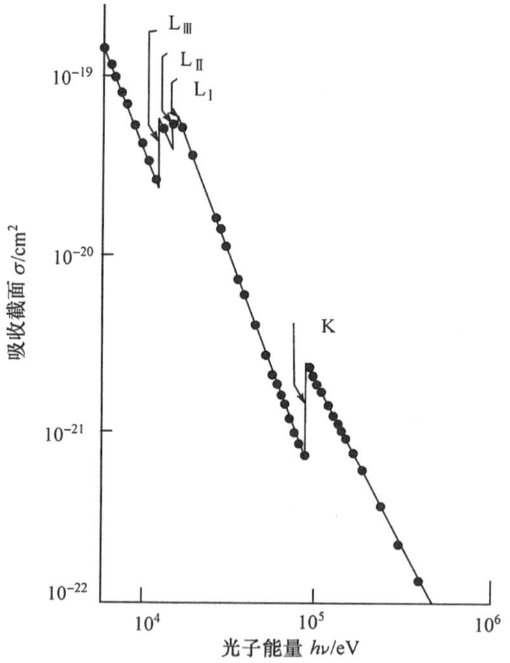

图 4.7.6

收截面随 X 射线能量的变化曲线. 从图中可看出随着入射 X 射线能量的增加,吸收逐渐减少,表明能量越大的 X 射线穿透物质的能力越大. 但是,当 X 射线能量在某些值时吸收截面突然增大,与此对应的能量称为吸收限,或称吸收边缘. 图中 K 吸收限的能量对应于使铅原子的 K 壳层电子电离的能量. 因为此时光子的能量正好足以使 K 层电子电离,该光子被原子吸收. L_{I}、L_{II}、L_{III} 吸收限的情形也如此. 所以,吸收限对应于基态能级和各电离态能级之间的跃迁,它相当于 X 射线发射谱各线系的线系限. 吸收限对应的频率和发射谱线的频率之间有着简单的关系. 例如,K_α 线是由 K 能级和 L 能级之间的跃迁产生的,因此 K_α 线的频率就等于 K 吸收限与 L 吸收限的频率之差.

采用高分辨本领的仪器观察 X 射线吸收谱时,可发现在吸收限附近能量高的一侧吸收截面并不是简单地单调下降,而是具有精细结构. 这些精细结构称为广延 X 射线吸收精细结构(EXAFS),这是由于吸收 X 射线后电离的内层电子为邻近的原子散射所引起的干涉效应. 对这一精细结构的分析可以确定吸收芯周围环境的具体结构,这种方法现已成为结构研究的一种重要手段.

4.7.4　同步辐射

任何带电粒子在加速时都会产生辐射,电动力学的计算表明带电粒子在圆周运动时产生的辐射比直线加速运动时要强得多. 一个电荷为 e,以速度 $v \sim c$ 在半径为 R 的圆形轨道上运动的粒子,辐射的功率为

$$P \approx \frac{1}{6\pi\varepsilon_0}\frac{e^2 c}{R^2}\left(\frac{E}{mc^2}\right)^4 \tag{4.7.7}$$

式中,E 和 m 是粒子的能量和质量. 由式(4.7.7)可以看出,对于相同能量的电子和质子,若它们以相同的轨道半径运动,电子所辐射的能量比质子大 1.1×10^{13} 倍. 虽然在理论上早就预言了这种辐射,但一直到 1947 年才在电子同步加速器上被人们观察到,并因而称它为同步辐射. 1963 年,美国国家标准局的研究人员首次使用同步辐射作为光源来研究气体的吸收光谱,并获得了重要的研究成果,这引起了把同步辐射作为新光源的巨大兴趣. 开始,同步辐射只是高能物理的副产品,随着需要及加速器技术的成熟,现在已建造了许多能量范围在 1～8 GeV 的电子储存环作为专用同步辐射光源,我国北京高能物理所的 1.5～2.8 GeV 电子储存环是兼用的同步辐射光源,中国科学技术大学同步辐射国家实验室的 800 MeV 电子储存环是专用同步辐射光源.

同步辐射光源具有许多优异的特性,主要表现在下述各点:

(1) 光的强度大. 同步辐射的总功率 P(以千瓦为单位)为

$$P = 88.5(E^4 I/R)$$

其中 E 是电子能量(以 GeV 为单位,$1\ \mathrm{GeV}=10^9\ \mathrm{eV}$),$R$ 是电子轨道的曲率半径

(以 m 为单位). 例如合肥电子储存环的电子能量为 800 MeV,轨道曲率半径 2.2 m,电子流强度 0.3 A,它的总辐射功率为 5 kW;北京电子储存环的辐射功率约为 34 kW. 而目前大功率旋转靶 X 射线机的辐射功率在 10～100 W 的范围,比同步辐射可达到的功率要小得多.

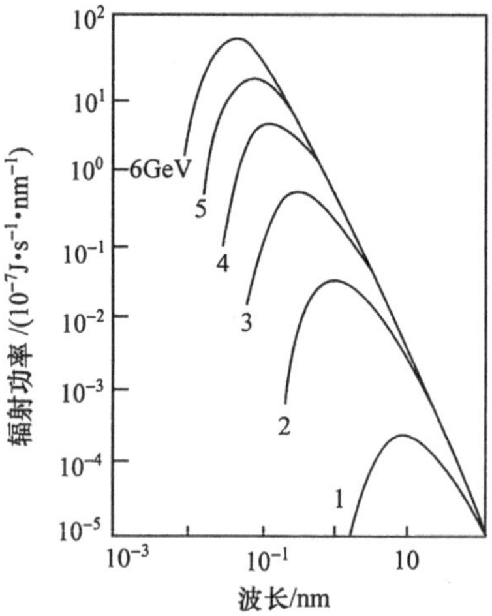

图 4.7.7

(2) 光谱范围宽. 同步辐射的光谱是连续谱,它的光谱范围宽,通常可用波长在0.01～10^3 nm,覆盖了从 X 射线到红外光波段. 目前,激光的波长很难达到小于 100 nm,因此同步辐射是独特的紫外及 X 射线源. 不同电子能量的光谱如图 4.7.7 所示. 合肥同步辐射光源的特征波长(波长小于此值的辐射能量为总能量的一半)$\lambda_c \approx 2.4$ nm,辐射峰值波长≈1.8 nm,可利用的最短波长为 0.5 nm.

(3) 方向性好. 当电子速度接近光速时,同步辐射沿着电子运动的切线方向发射,光束的半张角 $\theta_{1/2} = 1/\gamma$,电子能量为 800 MeV 时,$\theta_{1/2} \approx 0.6$ 毫弧度,已很接近平行束,与激光的张角接近.

(4) 偏振性好. 在电子轨道平面内,沿电子速度方向的辐射几乎是 100%线偏振的.

(5) 时间结构好. 同步辐射的发射是脉冲式的,脉冲宽度很窄,约为 10^{-10} s. 脉冲间隔较长且可调,这对研究与时间有关的现象,如研究生物大分子的结构和它的激发态及能量传递过程等是很重要的.

由于同步辐射的以上特点,它有着越来越广泛的应用. 同步辐射技术扩大了用 X 射线光谱或 X 射线衍射研究材料结构,生物和药物应用中各种蛋白质功能研究等的范围,并可进行动态的研究. 同步辐射是进行光刻的最佳 X 射线光源,它的高强度提供了高的生产能力. 光的斑点小与准直性好,能达到好的分辨本领,这些特点在超大规模集成电路制备工艺中具有重要意义,传统的光刻过程利用可见光或紫外光,需要非常复杂的技术克服衍射问题,才使元件尺寸达到 0.5 μm 左右,然而 X 射线光刻在较简单的光学技术就可达 0.1 μm,预期还可进一步提高分辨. X 射线光刻技术在精微机械制造方面的应用是一项革命性的技术,除了尺寸精细和精确分辨外,X 射线还有强的穿透能力可达 μm 量级深度及散射小的优点,可制造精微的、高集成度的传感器和连接器在医学等领域有诱人的前景.

习　题

4.1　氦原子基态和 $n=2$ 激发态的能级可用下图表示，请给出：

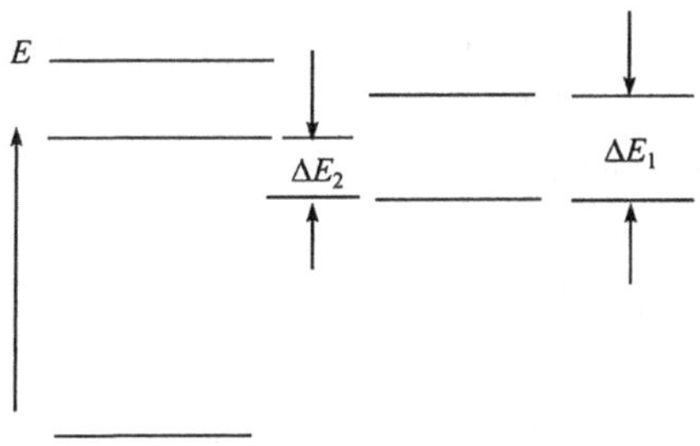

习题 4.1 图

(1) 这五个态的原子态符号；

(2) 解释形成能量差 ΔE_1 和 ΔE_2 物理原因；

(3) 画出这五个能级间的允许跃迁.

4.2　氦原子中两个电子分别激发到 2p 和 3d 状态. 试求原子总轨道角动量量子数 L 的可能取值和可组成的各原子态.

4.3　写出碳原子基态的电子组态，并给出可能组成的原子态.

4.4　请分别写出硫原子($Z=16$)和铁原子($Z=26$)的基态电子组态，并根据洪德定则确定基态原子态.

4.5　分别以 LS 耦合和 jj 耦合写出 3p 和 3d 电子的合成状态，并证明它们具有相等的状态数.

4.6　写出两个等效和非等效 d 电子可以构成的原子状态.

4.7　写出下列谱项表示的原子态的量子数，并指出哪些原子态是不存在的：

$$^2S_{3/2},\ ^3D_2,\ ^5P_3,\ ^5F_0,\ ^1P_2,\ ^2D_2$$

4.8　试画出从 ^4D 态到 ^4P 态的所有可能的跃迁.

4.9　试求出电子组态 $1s^22s^22p^53p^1$ 在 LS 耦合情况下所有可能的谱项，并以惯用的光谱符号 $^{2S+1}L_J$ 表示.

4.10　某种原子服从 LS 耦合，它的一个五重态的相邻能级间隔之比为 1:2:3:4(按能量增加的次序)，试确定这些能级的量子数 S、L、J.

4.11　一个原子的电子组态 $1s^22s^2p^2$，问这个组态可能组成哪些原子态，并给出这个原子基态原子态.

4.12　碳原子某一激发态为三重结构，三层精细结构能级分别比基态高出 60333 cm^{-1}、60353 cm^{-1}、60393 cm^{-1}：

(1) 已知碳原子为 LS 耦合，试确定这些精细结构能级的量子数 L、S、J；

(2) 碳的基态也为三重结构，其 J 值分别为 0,1,2. 试给出这两个态的精细结构能级图，标明相应的光谱符号，画出可能的电偶极跃迁.

4.13　在磁场中钙原子的一条 $\lambda=422.7$ nm 谱线呈现正常塞曼效应. 求 $B=3$ T 时, 分裂谱线的频率差和波长差.

4.14　钠原子从 $3^2P_{1/2}\to3^2S_{1/2}$ 跃迁的光谱线波长为 589.6 nm, 在 $B=2.5\ \mathrm{Wb\cdot m^{-2}}$ 的磁场中发生塞曼分裂. 问从垂直于磁场方向观察, 其分裂为多少条光谱线, 并给出其中波长最长和最短的两条光谱线的波长.

4.15　当镉光源放在 8.6 mT 的磁场中, 在垂直磁场方向上测量光谱时, 镉的红线分裂为三条谱线, 其频率间隔为 120 MHz, 试计算电子的荷质比.

4.16　分析 Cd 原子波长为 6438 Å 由 $^1D_2\to{}^1P_1$ 跃迁产生的谱线的塞曼效应, 说明各谱线的偏振状态, 并分别讨论在垂直与平行于磁场方向进行观察的结果.

4.17　如果原子中电子的状态以量子数 n、l、s、j、m 表示, 试求 $n=3$ 的壳层上最多能容纳多少个电子?

4.18　试证 $l=1$ 支壳层上有五个电子时的角动量状态与有一个电子时的相同.

4.19　硼原子的电离能是 8.3 eV, 它的 1s 电子的结合能为 259.3 eV. 若用电子轰击硼靶, 问电子至少要有多大的动能才能产生 KX 射线?

4.20　已知某元素的 K_αX 射线能量为 6.375 keV, 问这是什么元素?

4.21　X 射线管的加速电压为 45 kV 时, 求发射谱的最短波长.

4.22　当 X 射线管加速电压由 10 kV 增加到 20 kV 时, 发射谱的 K_α 线与短波限的波长差增加了两倍, 试问阳极是哪种元素组成的?

4.23　测得钨的 X 射线 K 吸收限是 0.1782 Å, 试求 K 壳层的电子能量 E_K. 如果将钨原子的电子逐个电离, 只剩下一个电子与原子核构成类氢离子, 试求该离子的基态能量 E_1. 说明为什么 E_1 和 E_K 不相同?

4.24　已知镍的 K_α 线的波长为 1.66 Å, K_β 线的波长为 1.50 Å, K 吸收限为 1.49 Å.

(1) 试确定镍原子的原子序数 Z;

(2) 用高能电子束轰击镍靶, 若要观察到 L_α 线, 问电子的动能至少为多大? 这时产生的连续 X 射线谱的最短波长为多大?

4.25　由下列数据求:

元　素	K 壳层束缚能/keV	K_α/keV	K_β/keV
Zr	17.996	15.7	17.7
Nb	18.986	16.6	18.6
Mo	20.000	17.4	19.6

(1) Zr、Nb、Mo 的 L 壳层的束缚能;

(2) Zr 的原子序数.

4.26　用钼的 K_α 特征 X 射线, 在氯化钠晶体的天然晶面上"反射", 当掠射角 $\theta=7.27°$ 时产生一级衍射极大. 已知晶体的密度为 2165 kg/m³, 求晶体的晶格常数和阿伏伽德罗常量.

4.27　用钨的 K_α 线 ($E=59.1$ keV) 照射放在真空中的银. 由银表面飞出的电子的能量有: 55.8 keV、33.7 keV、21.6 keV 和 18.8 keV. 请分别给出产生这些电子的物理过程. (已知银的 K 吸收限 $E=25.4$ keV, L 吸收限 $E=3.3$ keV, M 吸收限 $E=0.5$ keV.)

4.28　(1) 已知钨的 K 吸收边是 0.0178 nm, K 系线的波长(忽略精细结构)为 K_α: 0.0210 nm, K_β: 0.0184 nm 及 K_γ: 0.0179 nm. 请画出钨的能级及给出 K、L、M 和 N 壳层的能量.

(2) 试给出激发钨的 L 线系的最低能量及 L 线的波长.

4.29　X 射线通过铝片, 每片铝片为 0.4 cm 厚. 当 X 射线通过 0、1、2、3、和 4 片时, 用盖革计数器测得的计数分别是: 8×10^3, 4.7×10^3, 2.8×10^3, 1.65×10^3 和 9.7×10^2 计数/每分钟. 试计算铝的线吸收系数.

4.30　(1) 已知下列元素的原子态: 钒(^4F)、锰(^6S)和铁(^5D), 这些原子束在施特恩-格拉赫实验中分裂为 4、6、9 线. 试计算它们在磁场方向磁矩的最大值.

(2) 一个单态在 $B_0=0.5$ T 的外磁场中能级分裂值为 $\tilde{\nu}=1.4\ \mathrm{cm}^{-1}$, 写出这个态的谱项.

第 5 章 原子核物理

自从 1913 年卢瑟福提出原子的核式模型以来，人们对原子核的了解不断深入. 1896 年发现的天然放射性现象是人们首先观察到的核现象，这一重大发现可看成是核物理学的开端. 20 世纪 40 年代，核物理进入了一个大发展的阶段. 1939 年发现了核裂变，1942 年在世界上建成了第一个热中子链式反应堆，开始了大规模利用原子能的研究及国际上在此领域的剧烈竞争. 1945 年美国洛斯阿拉莫斯(Los Alamos)国家实验室研制成原子弹，1952 年氢弹试验成功. 1954 年苏联建成第一个原子能发电站. 1958 年我国建成第一个原子反应堆，1964 年第一颗原子弹试爆成功，1967 年成功试爆第一颗氢弹，1991 年我国的第一座核电站电力并入电网. 现在核能和核技术已和人类的日常生活密切相关. 如烟雾报警器，放射性同位素(如 $^{99m}_{43}Tc$、$^{60}_{27}Co$、$^{131}_{53}I$、$^{18}_{9}F$)已很普通地应用在疾病治疗和诊断上；核影像技术，正电子发射断层成像(PET)，核磁共振成像和核 CT 在医学研究、工业探伤、材料分析、环境检测等被广泛应用；全世界核能约占总能源的 20%.

粒子加速器、射线探测技术、核电子学和计算技术的飞速发展，为核物理的基础研究提供了必要的技术基础. 使物理学对原子核的基本结构和变化规律有了更深入的认识. 建立了各种模型，对核子在核内的运动等有了较系统的理解. 由于原子核的复杂性，至今还没有建立起系统的完整理论. 目前，核物理进入向纵深发展的阶段，重离子加速器和放射性核束的发展，扩充了研究原子核的手段，从而可以开展高自旋态的核、大形变的核、奇特核和高温高密度核物质态的研究. 核物理是一门在理论和应用方面都十分重要的学科. 本课程只能作一些简单的介绍.

5.1 原子核的基本性质

在前面各章中，在处理原子问题时，我们总是将原子核看作是非常小及非常重(与电子相比)的带电粒子. 在很多场合可以近似认为原子核是点粒子且它的质量与电子质量的比为无限大. 然而，原子核的大小和质量都是有限的.

原子核的基本性质通常是指原子核作为整体所具有的静态性质. 它包括原子核的电荷、质量、半径、自旋等. 这些性质和原子核的结构有密切关系.

5.1.1 原子核的组成

1911 年，卢瑟福通过 α 射线散射实验，确立了原子的核式模型，原子中存在一个带正电的核心，它的大小是 10^{-12}cm 的数量级，其质量却占整个原子质量的 99.9%以上．原子核带正电，原子序数为 Z 的原子核的电量是 Ze，这里 e 是基本电荷量，即一个电子电量的绝对值．

1919 年，卢瑟福又发现用 α 粒子轰击氮，能释放出氢原子的原子核．这是首次用人工实现的核蜕变，卢瑟福认为这是高速的 α 粒子将氮核敲碎成了更轻的核．而氢原子核是最轻的核，他称它为质子，质子是原子核的组成成分．早期人们认为原子核是由质子和电子组成的，即原子核有 A 个质子和 $A-Z$ 个电子组成．这种观点似乎可以让人相信，因为在原子核的 β 衰变中，原子核发射出电子；另外元素的原子量约为氢元素原子量的整数倍．按照这种观点，质量数为 14 的氮原子核应是由 14 个质子和 7 个电子组成．但这种观点存在许多严重的困难：首先，根据不确定原理，要将电子束缚在原子核内要求很深的势阱，而已知的相互作用都不能形成这样的势阱．另外，一些实验都表明氮原子核必须由偶数个费米子组成．质子和电子都是费米子，按照这种模型，氮核有 21 个费米子，是奇数，它的自旋应是半整数，而实验测得氮核的自旋是 1，为整数．

1928 年，玻特(W. Bothe)利用 α 粒子轰击锂、铍等轻元素时，发现它放出一种穿透能力强的中性辐射，这种辐射能穿透很厚的铅板．他们认为这种辐射是 γ 射线，并根据它在铅中的吸收厚度估计出它的能量约为 5 MeV. 1931 年，约里奥·居里夫妇(F. Joliot Curie, I. Joliot Curie)利用他们实验室有强的钋 α 源来进一步研究玻特发现的射线，他们惊奇地发现，当这种射线打在石蜡上，会发射出质子．由质子在空气中的射程，他们推算出质子的能量为 5.2 MeV．他们认为放出质子的过程是 γ 射线和石蜡中的质子发生康普顿散射而将质子射出的．由此，他们推出“γ 射线”的能量约为 50 MeV．显然，这与用吸收法测定的能量相矛盾．这个能量值之大很难令人信服，并且这样得出的碰撞截面比理论预期值要大 10^6 倍．当在卢瑟福实验室工作的查德维克(J. Chadwick)将约里奥·居里夫妇 1932 年 1 月 18 日的实验结果及他们的解释告诉卢瑟福时，卢瑟福表示根本不相信他们的观点．查德维克重复了他们的实验，且不仅将铍发射出的辐射打在氢上，还用氦和氮作靶，比较各种反冲情况，他证明了这种辐射是一种新的、其质量和质子相近的中性粒子，并称这种粒子为中子．他的工作于 1932 年 2 月 17 日发表．约里奥夫妇虽然首先观察到反冲质子的新现象，但错过了这一伟大的发现．查德维克之所以能如此快成功的原因之一，是他在卢瑟福的影响下早就有了关于存在“中子”的概念．他曾设计各种实验企图产生中子，但都没找到，而当中子一旦出现，他立即就抓住了，并明确而令人信服地证实它．

例 5.1.1　用 α 粒子轰击铍产生的辐射照射氮和氢时，分别测出反冲氮核和氢核的反冲速度为 $4.7\times10^6\ \mathrm{m\cdot s^{-1}}$和 $3.3\times10^7\ \mathrm{m\cdot s^{-1}}$．按查德维克的中子概念，计算中子的质量．

解　高速中子和静止核发生弹性碰撞,而将核射出.设碰撞前质量为 m_n 的中子速度是 v_0,质量为 m 的靶核是静止的,碰撞后中子的速度为 v_1,反冲核的速度为 V.由能、动量守恒关系,在正碰撞情况下,有

$$\begin{cases}\frac{1}{2}m_n v_0^2=\frac{1}{2}m_n v_1^2+\frac{1}{2}mV^2\\ m_n v_0=mV-m_n v_1\end{cases}$$

从这两个式子可得

$$V=\frac{2m_n}{m+m_n}v_0$$

查德维克分别测量了氢和氮两种反冲核的速度 V_H,V_N,利用关系式

$$\frac{V_H}{V_N}=\frac{m_N+m_n}{m_H+m_n}$$

其中,$m_N \approx 14m_p$,$m_H=m_p$,将 V_H、V_N 代入,则得

$$m_n=\frac{14V_N-V_H}{V_H-V_N}m_p \approx 1.16m_p$$

现代测量给出 $m_n=1.0014m_p$.　□

中子的发现对原子核物理具有重大和深远的意义.海森伯提出原子核是由质子和中子组成的.中子和质子除有微小质量差别以及电荷不同外,其余性质十分相似.海森伯通称它们为核子,并认为中子与质子只是核子的两个不同状态.按这观点氮原子核由 7 个质子和 7 个中子组成,具有偶数个费米子,应有整数自旋,查德维克因发现中子而获 1935 年诺贝尔物理学奖.

原子核中的质子数等于原子的核外电子数,质子数以 Z 表示.原子核的核子数以 A 表示.具有确定的质子数和核子数的原子叫做核素,用符号 $^A_Z X$ 来表示,其中 X 是元素符号.例如氢的三种核素分别表示为 ^1_1H、^2_1H、^3_1H. ^2_1H 表示 $A=2,Z=1$ 称为重氢或氘,氘核也可用符号 d 表示. ^3_1H 的 A 为 3,称为氚,氚核常用符号 t 表示.核素可以分为几类:

(1) 同位素.具有相同的质子数的核素称为同位素.上面提到的氢的三种核素就是同位素,另外如 $^{235}_{92}U$ 和 $^{238}_{92}U$ 是铀的两种同位素,它们在周期表中占据同一位置.

(2) 同量异位素.具有相同 A 的核素,如 $^{40}_{18}Ar$、$^{40}_{19}K$、$^{40}_{20}Ca$.

(3) 同中子素.中子数相同,质子数不同的核素,例如 ^2_1H 和 ^3_2He.

(4) 同核异能素.质量数和质子数均相同,而能量状态不同的核素.

5.1.2　原子核的大小

实验表明,原子核是接近于球形的,通常用核半径来表示原子核的大小.核半

径一般是通过原子核与其他粒子相互作用来间接测得它的大小. 原子核半径与质量数 A 有关,它们之间可由经验公式

$$R = r_0 A^{\frac{1}{3}} \tag{5.1.1}$$

表示. 根据测量时相互作用的不同,核半径一般有两种定义:

(1) 核力作用半径. 由 α 粒子散射实验发现,在 α 粒子能量足够高的情况下,散射粒子的强度不能由卢瑟福散射公式来描述,见图 5.1.1,表明它与原子核的作用不仅有库仑斥力作用,还有很强的吸力作用,这种作用力叫做核力. 核力有一作用半径,在此半径以外,核力几乎为零. 实验上通过中子、质子或其他原子核与核的作用测得的核半径就是核力作用半径. 用此测得的 $r_0 \approx 1.4\times10^{-13}$ cm $=1.4$ 费米(fm). 费米是核物理中常用的长度单位,1 fm $=10^{-15}$ m. 因此 $R\approx1.4\times A^{1/3}$ fm.

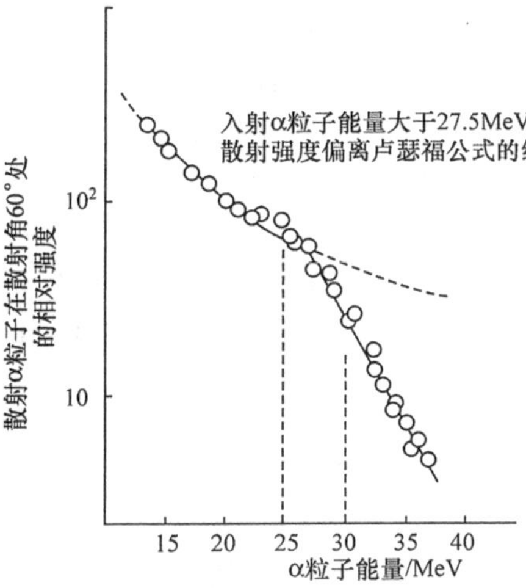

图 5.1.1 较高能量的 α 粒子与核的散射实验结果

(2) 电荷分布半径. 原子核内电荷分布半径实际上就是质子分布的半径. 电子和原子核的作用只能是电子和质子间的库仑相互作用,所以利用高能电子和原子核散射的角分布数据,可以获得核内电荷分布的形状,图 5.1.2 表示电荷分布情况,图中的 ρ 表示核内电荷密度,r 是离原子核中心的距离. 在原子核的中央部分电荷密度几乎是恒定的,在边缘部分逐渐下降. 电荷密度从 90% 下降到 10% 的厚度称为边界厚度 t. 密度 50% 处所对应的距离作为核的半径 R. 由此测得的半径与原子量的关系为

$$R=(1.1-1.2)\times A^{1/3}\ \text{fm}$$

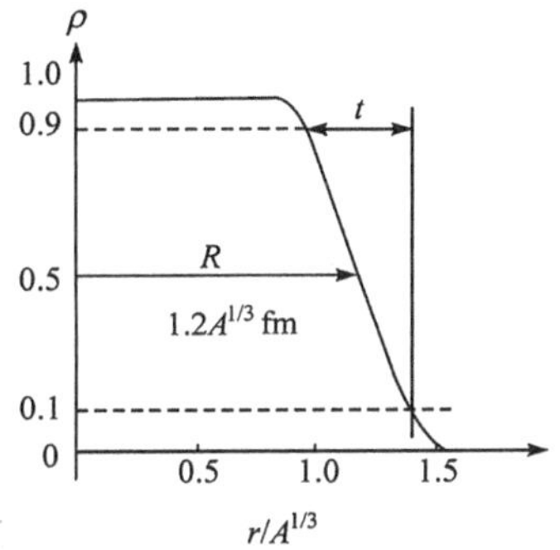

图 5.1.2 原子核的电荷分布

由式(5.1.1)可知,核半径近似地正比于 $A^{1/3}$,也就是说原子核的体积

$$V = \frac{4}{3}\pi R^3 \approx \frac{4}{3}\pi r_0^3 A \propto A \tag{5.1.2}$$

它近似与 A 成正比,即每个核子所占的体积近似为一常数. 取一个核子的质量 m_N 为 1.66×10^{-27} kg,则核物质的密度

$$\rho = m_N \frac{A}{V} \approx m_N \frac{3}{4\pi r_0^3} \approx 1.4\times 10^{17}\ \mathrm{kg\cdot m^{-3}}$$

可见核物质密度是惊人的大,是一般物质,例如 Fe 的密度 $7.9\times10^3\ \mathrm{kg\cdot m^{-3}}$的 10^{13} 倍,各种原子核的密度几乎是相同的.

原子核的电荷分布反映了核内质子的分布,这是否代表核物质的分布呢?近年来对不稳定核的研究发现,对于具有较大中质比,(即中子数与质子数之比较大)的原子核,中子分布的半径要略大于质子分布的半径,即存在所谓“中子皮”,其厚度约为 0.2 fm.而对于丰中子的轻核,它的密度分布能扩展到离核中心很远.例如只有 3 个质子的 $^{11}\mathrm{Li}$,它的空间范围竟然和具有 82 个质子的 $^{208}\mathrm{Pb}$ 差不多,如图 5.1.3 所示.远离核实的外围中子形成所谓“中子晕”,例如 $^{11}\mathrm{Li}$ 和 $^{12}\mathrm{Be}$,在中子晕中有两个中子.中子晕所延伸的范围比强作用的力程还大,对核理论提出了难题,对这些丰中子核的实验和理论研究将有助于对核结构的理解.

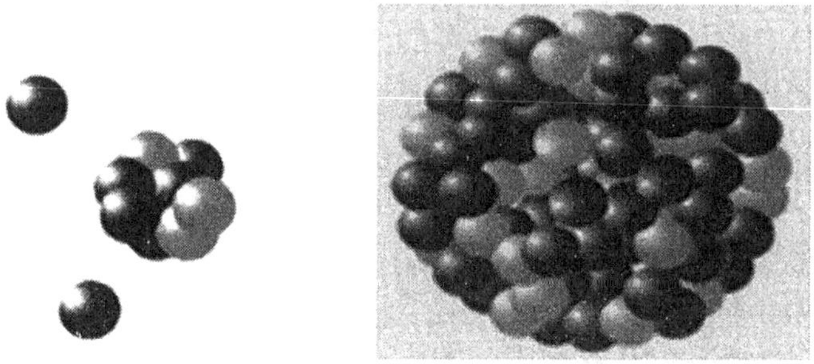

图 5.1.3　图左是 $^{11}\mathrm{Li}$ 中子晕核(超大核)的示意图(右侧表示铅核)

5.1.3　原子核的自旋和核磁矩

1. 原子核的角动量

通常称为核的自旋,是原子核的一个重要特性.由于原子核由质子和中子组成,质子和中子是具有自旋为 1/2 的粒子,它们在核内还有相对运动,因而具有相应的轨道角动量.所有核子的轨道角动量和自旋角动量的矢量和就是原子核的自旋.原子核自旋角动量 P_I,遵循量子力学的角动量规则,它的大小为

$$P_I = \sqrt{I(I+1)}\,\hbar \tag{5.1.3}$$

I 为整数或半整数,是核自旋量子数.原子核自旋在空间给定 z 方向上的投影 P_{Iz} 为

$$P_{Iz} = m_I\hbar, \qquad m_I = I, I-1, \cdots, -I+1, -I \tag{5.1.4}$$

其中 m_I 叫磁量子数.自旋量子数 I 是 P_{Iz}的最大值(以$\hbar$为单位).通常用 I 来表示自旋的大小.实验发现,所有基态原子核的自旋都满足下面的规律:偶 A 核的自旋

为整数,其中,偶偶核(质子数和中子数都是偶数)的自旋都为零;奇 A 核的自旋都是半整数.

例 5.1.2　钠 D_1 谱线($3P_{1/2}$和 $3S_{1/2}$间的跃迁)的超精细结构为双线,它们的相对强度之比为 5:3.求钠核的自旋 I.

解　对钠原子的 $3P_{1/2}$和 $3S_{1/2}$能级,它们的电子总角动量 $J=1/2$,则和核自旋合成的角动量量子数 F 可取两个值:$F=I+1/2$,$F=I-1/2$.因此它们分别都分裂为两个能级,由于 $3S_{1/2}$能级最靠近原子核,受核自旋的影响较大,其能级分裂就大,而 $3P_{1/2}$能级的分裂很小,可忽略,所以谱线的超精细结构为双线.

设 R_1 和 R_2 分别是能级 $F_1=I+1/2$ 和 $F_2=I-1/2$ 的相对强度,而跃迁强度与终态的简并数成正比,所以有

$$\frac{R_1}{R_2}=\frac{2F_1+1}{2F_2+1}=\frac{2\left(I+\frac{1}{2}\right)+1}{2\left(I-\frac{1}{2}\right)+1}=\frac{5}{3}$$

所以得 $I=\frac{3}{2}$.　□

2. *原子核磁矩*

1) 核子的磁矩

质子和电子一样是自旋为$(1/2)\hbar$的带电费米子,不同的只是质子带正电,且质量 m_p 比电子约大 1836 倍.在 20 世纪 30 年代根据对电子磁矩的认识,人们想当然地认为质子的固有磁矩为

$$(\mu_p)_z = g_p\frac{e\hbar}{2m_p}s = g_p\mu_N s \tag{5.1.5}$$

其中,s 是质子的自旋量子数,μ_N 称为核磁子.

$$\mu_N = \frac{e\hbar}{2m_p} = 5.05\times10^{-27}\text{J}\cdot\text{T}^{-1} = 3.152\times10^{-8}\text{eV}\cdot\text{T}^{-1} \tag{5.1.6}$$

根据狄拉克理论,对$(1/2)\hbar$的带电费米子,$g_p=2$.而施特恩测量质子磁矩当年的实验结果是:$g_p=5.6$(现代较精确的数值是 5.586).

中子不带电,按照点粒子自旋磁矩的理论,它的磁矩应为零.然而实验的结果却是

$$(\mu_n)_z = g_n\frac{e\hbar}{2m_n}s \tag{5.1.7}$$

$$g_n = -3.82$$

一般都是以磁矩在 z 方向投影的最大值来表征磁矩大小,质子和中子自旋的投影为 1/2,所以质子和中子的磁矩值为

$$\mu_{\mathrm{p}} = 2.79285\mu_{\mathrm{N}}$$
$$\mu_{\mathrm{n}} = -1.91304\mu_{\mathrm{N}}$$

质子和中子的磁矩都不能简单地用狄拉克的理论来描述,通常称它们具有反常磁矩.如何理解核子有这么大的反常磁矩? 这些事实是否隐含着更深的物理内容? 粒子物理的发展表明,质子和中子都不是简单的点粒子,而是有内部结构的粒子,所以不能用点粒子来讨论.这也就说明为何核子有如此大的反常磁矩.由朴素的夸克模型可求出的质子与中子磁矩之比,其数值也与实验值相符.

2) 原子核磁矩

与原子磁矩相似,原子核的磁矩和原子核的自旋 $\boldsymbol{P}_I$ 有如下关系式:

$$\boldsymbol{\mu}_I = g_I \frac{e}{2m_{\mathrm{p}}} \boldsymbol{P}_I$$

其中,g_I 是原子核的 g 因子.通常用核磁矩在 z 方向上的最大分量表示核磁矩的大小,即

$$(\mu_I)_{z,\max} = g_I \frac{e\hbar}{2m_{\mathrm{p}}} m_I = g_I \mu_{\mathrm{N}} I \tag{5.1.8}$$

利用原子光谱的超精细结构(谱线分裂的多重数、谱线间隔和强度等)可测得核的自旋.测量核磁矩实质是测定 g_I,用核磁共振的方法可测量磁矩.实际上要正确计算原子核的磁矩,必须对核内核子运动状态有合理的描述.以最简单的氘核为例,实验测得的氘核的磁矩为 $0.857\,438\mu_{\mathrm{N}}$.如果认为氘核的基态是 S 态,即核子间运动的轨道角动量为零,则氘核的磁矩就应为质子和中子磁矩之和,即 $0.879\,81\mu_{\mathrm{N}}$.这和实验值不完全相符,由此说明要考虑轨道磁矩,氘核的基态不完全是 S 态,还混有 4%的 D 态.

3. 核磁共振

由于原子核具有磁矩,当将被测样品放在磁感应强度为 B 的磁场中,与磁场相互作用而获得附加能量

$$W = -\mu_{Iz} B = -g_I \mu_{\mathrm{N}} m_I B \tag{5.1.9}$$

由式(5.1.4)知道 m_I 有 $2I+1$ 个取值,这就是说,能级分裂成 $2I+1$ 个子能级,根据选择定则 $\Delta m_I = \pm 1$,两相邻子能级间可以发生跃迁,跃迁能量

$$\Delta E = g_I \mu_{\mathrm{N}} B \tag{5.1.10}$$

若以电磁波照射样品,当频率为

$$\nu = \frac{1}{h}(g_I \mu_{\mathrm{N}} B) \tag{5.1.11}$$

时,样品的原子核就会发生共振吸收,此频率称为共振频率.一般是在垂直于均匀磁场 B 的方向再加上一个高频磁场来提供能量.由于核磁矩比电子磁矩小得多,

所以核磁共振所用电磁波的波长远比电子顺磁共振的大，基本上是米波. 由式(5.1.10)可得

$$g_I = \frac{h\nu}{\mu_N B} \tag{5.1.12}$$

因此，只要测得了 ν 和 B，利用上式即可求出 g_I.

核磁共振可用来测定原子核的磁矩，也是对液体、固体、有机化合物进行分析的有力手段. 有机化合物由碳、氢、氧等元素组成，一般可通过测定化合物中氢原子的核磁共振吸收信号来鉴别它们的成分. 自然界中 ${}_{6}^{12}C$ 的含量约占全部碳同位素的 98.89%，但它的核磁矩为零，${}_{8}^{16}O$ 占 99.76%，它的核磁矩 μ_I 也为零，所以，碳和氧的核磁共振现象不显著，而氢的核磁共振讯号最为显著. 因而核磁共振方法适用于有机化合物. 对于化合物，原子核会受到核外电子的屏蔽，设 $B_{外}$ 是外加磁场，原子核感受到的磁场 B 与 $B_{外}$ 不完全相同，可表示为

$$B = B_{外}(1 - \sigma) \tag{5.1.13}$$

其中，σ 称为屏蔽系数. 显然，σ 和化学环境有关. 因此，对于处在不同化学环境中的氢核，发生共振吸收所需的 $B_{外}$ 是不同的. 通常是以使标准样品氢核产生共振信号的外磁场为 $B_{外标}$，通过被测样品的共振磁场 $B_{外}$ 与 $B_{外标}$ 的偏离，便可确定被测样品的成分.

核磁共振技术已应用于临床医学，做成核磁共振计算机断层照相设备(NMR-CT). 它比 X 射线断层照相有明显的优点，对软组织也灵敏，且由于它对 ${}^{1}H$、${}^{13}C$、${}^{17}O$、${}^{15}N$ 和 ${}^{31}P$ 等原子核以及由它们组成的分子、离子和化学基等化学物质灵敏，所以能得到说明功能和代谢过程等的生理生化信息. 因此对疾病的临床诊断和病理研究有很大意义.

5.1.4　原子核的电四极矩

如果原子核中电荷分布是球对称的，它在核外远处的作用犹如电荷集中在中心，则核外任何一点的电势为 $\phi = \frac{q}{4\pi\varepsilon_0 r}$，其中 r 是与核中心的距离. 实验表明，大多数原子核的形状是与球体略有偏离的椭球，这可由原子核具有电四极矩得到证明.

设核内电荷密度为 ρ，则在原子核的对称轴 z 上 A 点(见图 5.1.4)的电势可写为

$$\phi_A = \frac{1}{4\pi\varepsilon_0}\int_V \frac{\rho(x', y', z')\mathrm{d}v'}{R}$$

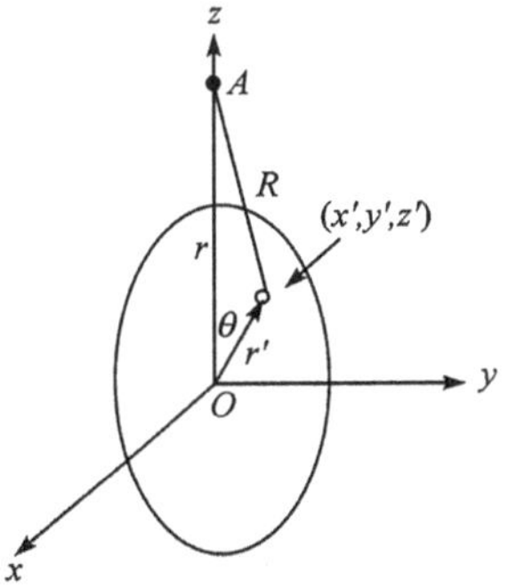

图 5.1.4　原子核内和核外 A 点的位置坐标说明

取原子核中心为坐标原点，$\rho(x', y', z')$ 是核内距原点 r' 处 (x', y', z') 的电荷密度，A 点距原点的距离为 r，R

是A点与(x',y',z')点的距离,所以$R=(r^2+r'^2-2rr'\cos\theta)^{1/2}$,对核外远处一点,$r'/r$是小量,可展开为

$$\phi_A=\frac{1}{4\pi\varepsilon_0}\left[\frac{1}{r}\int\rho\mathrm{d}v'+\frac{1}{r^2}\int\rho r'\cos\theta\mathrm{d}v'+\frac{1}{r^3}\int\frac{1}{2}(3\cos^2\theta-1)r'^2\rho\mathrm{d}v'+\cdots\right]$$

式中第一项是点电荷的电势,即核的总电荷集中于中心时所产生的电势,$\int\rho\mathrm{d}v'$是总电荷量;第二项是偶极子的电势,$z'=r'\cos\theta$,$\int\rho r'\cos\theta\mathrm{d}v'$是电偶极矩;第三项是四极矩的电势;以后各项可忽略.

实验表明,原子核无电偶极矩.这说明原子核内电荷是轴对称分布,它可能是球形或椭球形分布.定义

$$Q=\frac{1}{e}\int(3\cos^2\theta-1)r'^2\rho\mathrm{d}v'=\frac{1}{e}\int(3z'^2-r'^2)\rho\mathrm{d}v' \tag{5.1.14}$$

为核的电四极矩,它具有面积的量纲,常用cm^2作单位.若电荷是均匀分布于轴对称椭球形的核内,则它在对称轴方向所产生的电势可以看作是一个单电荷电势和四极子电势之和.而四极子电势和原子核的形状密切相关.设椭球对称轴方向的半轴为c,其他两个半轴为a,如图5.1.5,则

$$Q=\frac{\rho}{e}\int_v(3z'^2-r'^2)\mathrm{d}v'=\frac{2}{5}(c^2-a^2) \tag{5.1.15}$$

由式可知,当$c=a$时$Q=0$,即球形核的电四极矩为零;$c>a$时,$Q>0$,即长椭球形原子核具有正的电四极矩;$c<a$时,$Q<0$,即扁椭球形原子核具有负的电四极矩.所以,根据电四极矩的Q值的大小和符号可推知原子核偏离球形的程度.原子核电四极矩和核外电子的作用使原子的能级有了细小的改变,将破坏原子光谱超精细结构的间距法则.实验分析这种偏离间距法则的程度,可以求得电四极矩.实验表明,大多数的原子核是非球形的,但偏离球形的程度都很小,长、短半轴约差百分之几.一些核的电四极矩值,见表5.1.1.由这些数据可看出对$I=0,1/2$的核,它们的电四极矩Q为零.

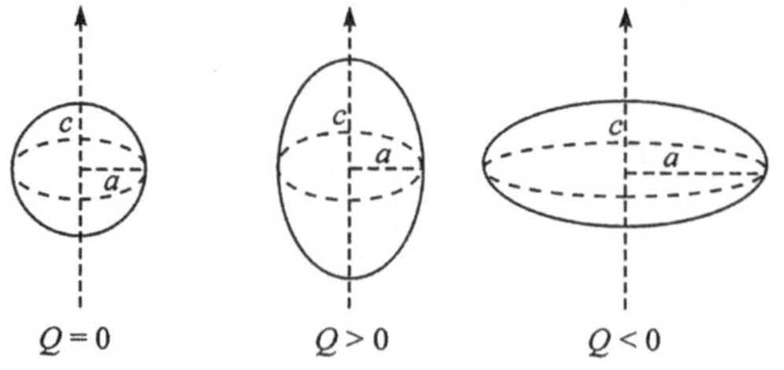

图5.1.5　电四极矩与椭球的形状

表 5.1.1　一些核素的核矩实验值

核素	自旋($\hbar$),宇称	磁矩(μ_N)	电四极矩(b)
n	1/2, +	−1.91304	0
^{1}H	1/2, +	+2.79285	0
^{2}H	1, +	+0.85744	+0.0028
^{3}H	1/2, +	+2.97896	0
^{3}He	1/2, +	−2.12762	0
^{4}He	0, +	0	0
^{6}Li	1, +	+0.82205	−0.0008
^{7}Li	3/2, −	+3.25643	−0.0406
^{12}C	0, +	0	0
^{13}C	1/2, −	+0.70241	0
^{14}N	1, +	+0.40376	+0.0193
^{176}Lu	7, −	+3.169	+4.92
^{235}U	7/2, −	−0.38	+4.55
^{241}Pu	5/2, +	−0.683	+5.6

5.1.5　原子核的宇称

原子核与其他微观系统一样,用波函数来描述它的状态,宇称和统计性都是波函数的重要特性.

原子核是由质子和中子组成的微观体系.它的状态往往可以近似地用在某种中心力场中独立运动的各核子的波函数乘积来描写.一个多粒子体系的宇称等于组成粒子的宇称乘积再乘上波函数的宇称.规定质子和中子的宇称为偶宇称或称宇称为"+",因此原子核的宇称由各核子轨道宇称的乘积决定,

$$P = \prod_{i=1}^{A}(-1)^{l_i} \tag{5.1.16}$$

由量子力学知道,在中心力场中轨道量子数 l 是好量子数,所以一定的原子核状态具有确定的宇称.只有原子核的状态改变时,原子核的宇称才会改变.因此,对原子核宇称的测定可以推知核内核子运动的状态,是研究原子核结构的重要手段之一.通常核态的宇称和自旋是用 I^+ 和 I^- 表示宇称的正(偶)或负(奇)态,I 是原子核的自旋,如^{4}He 核基态的自旋为零,宇称为正,则表示为 0^+.

在 1956 年以前,人们想当然地认为在一切微观过程中宇称是守恒的,即体系变化前后的宇称保持不变.李政道和杨振宁在分析了各种实验事实后提出在弱相互作用中宇称可能是不守恒的,并指出可通过 β 衰变的实验来检验,他们的观点很

快由吴健雄等人用实验给予了证实.

5.2 原子核的稳定性和结合能

5.2.1 核素图和 β 稳定线

实验上已经发现的核素有 2000 多种,其中只有近 300 种是稳定的,如^{1}H、^{2}H、^{12}C、^{133}Cs.而更多的核是不稳定的,会自发地放出粒子而转变为另一种核素.如^{3}H、^{14}C、^{137}Cs、^{210}Po、^{252}Cf 等可经 α、β、γ 衰变或自发裂变等方式转化为稳定的原子核.

将核素标绘在 Z-N(质子数-中子数)平面上,发现这些具有 β 稳定性的核素都集中在一条狭长的区域内,如图 5.2.1 所示.通过 β 稳定区的中心可以作一条曲线,称为 β 稳定线.对于 $A<40$ 的核素,β 稳定线近似地为直线,$Z=N$,即 $N/Z=1$.对于 $A>40$ 的原子核,β 稳定线的 $N/Z>1$ 如$^{56}_{26}$Fe 的 $N/Z=1.15$,$^{208}_{82}$Pb 的 $N/Z=1.54$,$^{238}_{92}$U 的 $N/Z=1.58$.β 稳定线可用经验公式

$$Z=\frac{A}{1.98+0.0155A^{\frac{2}{3}}} \tag{5.2.1}$$

表示,其中 $A=Z+N$.

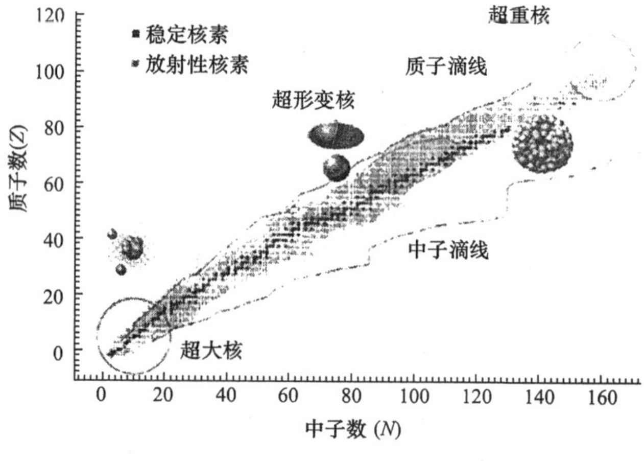

图 5.2.1 核素图

实验已发现的核素用方块表示,黑色的方块是稳定核素.理论预言存在的核素在两条实线的范围内.上面一条实线称为质子滴线,下面一条实线称为中子滴线

在 β 稳定线右下部的核素,它们属丰中子核素,具有 β^- 放射性.如$^{14}_{6}$C、$^{32}_{15}$P 经放出 β^- 粒子而转变为$^{14}_{7}$N、$^{32}_{16}$S,而向 β 稳定线靠拢.稳定线的左上部的核素,是缺中子核素,具有电子俘获(EC)放射性(原子核从核外俘获一个电子),或 β^+ 放射性.如$^{57}_{28}$Ni 经 EC 过程或放出 β^+ 粒子转变为^{57}Co,再经 EC 过程转变为^{57}Fe,成为稳定

的原子核.这个过程也是向着 β 稳定线靠拢.

β 稳定性表示原子核中的核子有中子、质子数对称相处的趋势,即 $N \approx Z$ 的核具有较大的稳定性.对于重核,随着质子数增多,库仑排斥作用增大了,要构成稳定的核素,就需要更多的中子以抵消库仑作用,所以它的 N/Z 也逐渐增大.在稳定的 259 种核素中有一大半(156 种)是偶偶核,而稳定的和长寿命的奇奇核只有 9 个:^{2}H(0.015%)、^{6}Li(7.56%)、^{10}B(19.2%)、^{14}N(99.63%)、^{40}K(0.017%、10^9a)、^{50}V(0.25%、10^{17}a)、^{138}La(0.09%、10^{11}a)、^{176}Lu(2.59%、10^{10}a)、^{180m}Ta(0.012%、10^{15}a).这表明质子和中子各自成对时,原子核有较大的稳定性.

实验发现,能发生 α 衰变的天然放射性都是一些重核,其中最轻的是^{142}Ce,很重的核几乎都有 α 放射性,$Z>83$ 和 $A>209$ 之后稳定核素不再存在.如果把不稳定的区域比作海洋,稳定核素存在的区域就好像是半岛.理论曾预言在不稳定区的 $Z \approx 114$,$N \approx 184$ 附近可能存在一个稳定的超重核素岛,但这还有待实验的证实.

5.2.2　原子核的结合能

1. 结合能

实验发现原子核的质量总是小于组成它的核子的质量和.这表明自由核子结合而成原子核的时候有能量释放出来,所释放的能量称为原子核的结合能,我们以 $B(Z,A)$表示.因此

$$B(Z,A) = [Zm_{\mathrm{p}} + (A-Z)m_{\mathrm{n}} - m(Z,A)]c^2 \tag{5.2.2}$$

其中,m_{p}、m_{n}、$m(Z,A)$分别表示质子、中子和原子核的质量,c 是真空中的光速.这里,我们利用了质能关系式 $E = mc^2$.

在计算时我们可用原子量 $M(Z,A)$来代替相应的原子核的质量 $m(Z,A)$,由氢原子质量来代替 m_{p}.由于原子的质量等于原子核的质量加上核外电子的总质量再减去原子的结合能,而原子的结合能由原子模型得出可近似表示为 $15.73Z^{7/3}$ eV,它比起原子质量要小很多,又由于在式(5.2.2)中算的是质量差,这样相应地只计算原子结合能的差,所以影响更小,可以忽略.由于各种反应中电子的数目不变,所以计算质量差时这项自动消去.于是式(5.2.2)可写为

$$B(Z,A) = [ZM(^1\mathrm{H}) + (A-Z)m_{\mathrm{n}} - M(Z,A)]c^2 = \Delta M(Z,A)c^2 \tag{5.2.3}$$

$$\Delta M(Z,A) = ZM(^1\mathrm{H}) + (A-Z)m_{\mathrm{n}} - M(Z,A) \tag{5.2.4}$$

$\Delta M(Z,A)$是组成某一原子核的核子质量和该原子核的质量之差,称为原子核的质量亏损.

在某些原子核数据表中,不是直接列出核素的质量,而是列出$(M-A)$,称为核素的质量过剩(mass excess).M 是原子质量,A 是核子数,常以质量过剩所对应的能量 Δ 表示,以 MeV 为单位.表 5.2.1 列出一些原子核的数据.

表 5.2.1 一些核素的数据

同位素 Z,符号,A			自旋 I,宇称	Δ/MeV	半衰期 $T_{1/2}$ (质量宽度 Γ),或丰度	衰变模式
0	n	1	1/2, +	8.071	10.24 min	β^-
1	H	1	1/2, +	7.289	99.985%	
		2	1, +	13.136	0.015%	
		3	1/2, +	14.950	12.33y	β^-
2	He	3	1/2, +	14.931	0.000137%	
		4	0, +	2.425	99.999863%	
3	Li	6	1, +	14.086	7.59%	
		7	3/2, −	14.908	92.41%	
		11	3/2, −	40.80	8.5ms	β^-
4	Be	9	3/2, −	11.348	100%	
		10	0, +	12.607	1.51×10^6y	β^-
5	B	10	3, +	12.051	19.8%	
		11	3/2, −	8.668	80.2%	
6	C	11	3/2, −	10.651	20.39 min	ε
		12	0, +	0.000	98.89%	
		13	1/2, −	3.125	1.11%	
		14	0, +	3.020	5730y	β^-
7	N	14	1, +	2.863	99.634%	
		15	1/2, +	0.101	0.366%	
8	O	15	1/2, −	2.855	122.24s	ε
		16	0, +	−4.737	99.762%	
		17	5/2, +	−0.809	0.038%	
		18	0, +	−0.782	0.2%	
9	F	17	5/2, +	1.952	64.49s	ε
		19	1/2, +	−1.487	100%	
20	Ca	40	0, +	−34.846	96.94%	
		42	0, +	−38.547	0.647%	
		43	7/2, −	−38.408	0.135%	
		44	0, +	−41.469	2.09%	
		46	0, +	−43.135	0.004%(>0.28×10^{16}a)	$2\beta^-$

续表

同位素 Z,符号,A			自旋 I,宇称	Δ/MeV	半衰期 $T_{1/2}$ (质量宽度 Γ),或丰度	衰变模式
		48	0, +	−44.216	0.187%(>4×10^{19}a)	$2\beta^-$
26	Fe	55	3/2, −	−57.475	2.73a	ε
		56	0, +	−60.601	91.754%	
27	Co	59	7/2, +	−62.224	100%	
		60	5, +	−61.644	1925.1d	β^-
55	Cs	133	7/2, +	−88.076	100%	
		137	7/2, +	−86.551	30.07a	β^-
92	U	235	7/2, −	40.914	7.038×10^8a,0.72%	α,SF
		238	0, +	47.304	4.648×10^9a,99.27%	α,SF

$T_{1/2}$:半衰期,单位:分钟(min),年(a).Δ:质量过剩.

衰变模式:β-(β-衰变);ε(电子俘获);α(α衰变);SF(自发裂变).

资料来源:Nuclear Wallet Cards (Jan. 2000) Brookhaven National Laboratory.

利用质量过剩,结合能 $B(Z,A)=[ZM(^1\text{H})+(A-Z)m_n-M(Z,A)]c^2$ 可写成

$$B(Z,A)=Z\Delta(^1\text{H})+(A-Z)\Delta(n)-\Delta(Z,A)$$

例 5.2.1　氦核 $^4_2$He,组成核子的质量和是 $2m_p+2m_n$,氦核的质量 $m(^4\text{He})$. 实验数值是氢原子质量 $M(^1\text{H})$ 为 1.007825 u, m_n 为 1.008665 u,氦原子质量 $M(^4_2\text{He})$ 为 4.002603 u. u 是原子质量单位,求氦核的结合能.

解　$\Delta m(^4\text{He})=2m_p+2m_n-m(^4\text{He})$

$$=2M(^1\text{H})+2m_n-2m_e-M(^4\text{He})+2m_e$$

$$=2M(^1\text{H})+2m_n-M(^4\text{He})=\Delta M(^4\text{He})$$

$$=0.030377\ \text{u}$$

国际标准以 $^{12}_6$C 的原子质量定为 12 个原子单位 u.

$1\text{u}=1.6605402\times10^{-27}\ \text{kg}=931.49432\ \text{MeV}/c^2$

$B=\Delta M(^4\text{He})c^2=0.030377\times931.494\approx28.3\ \text{MeV}$　□

原子核中每个核子的平均结合能又称为比结合能,用 ε 表示.

$$\varepsilon = B(Z,A)/A \tag{5.2.5}$$

常用的单位是兆电子伏/核子(MeV/Nu). 比结合能的大小可用以标志原子核结合的松紧程度. ε 越大的原子核结合得越紧. 在核素中,氘核 ^{2}H 的比结合能最小,只有 1.112 MeV/Nu. 对核素 ^A_ZX,以 ε 为纵坐标,A 为横坐标作图,可以得到比结合能曲线,如图 5.2.2 所示. 由图中可找到一些规律.

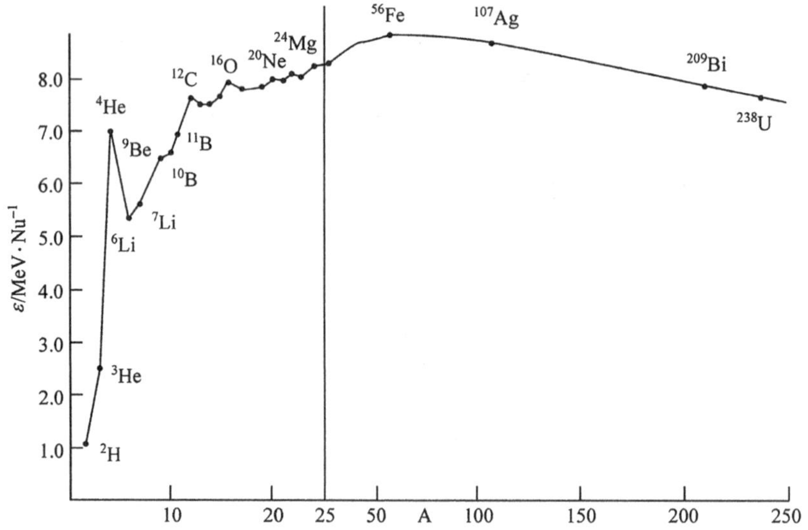

图 5.2.2 比结合能曲线

(1) $A<30$ 时,曲线有上升趋势,但有明显的起伏.在图中,对 $A<25$,放大了横轴方向.可看出峰的位置都在 A 为 4 的倍数处,如^{4}He、^{12}C、^{16}O、^{20}Ne 等,并且它们的质子数和中子数都是偶数,是偶偶核,而且它们的 Z 和 N 还相等.

(2) 当 $A>30$ 时,$\varepsilon\approx 8$ MeV/Nu,近似为常数.这表明原子核的结合能粗略地和核子数成正比,表明核子间的相互作用力具有饱和性,否则将近似与 A^2 成正比.

(3) 曲线的形状是中间高,两头低,在铁核附近的比结合能最大,见图 5.2.3.说明 A 为 50～120 的中等质量的核结合得比较紧,比结合能 $\varepsilon\approx 8.5$ MeV/Nu,而

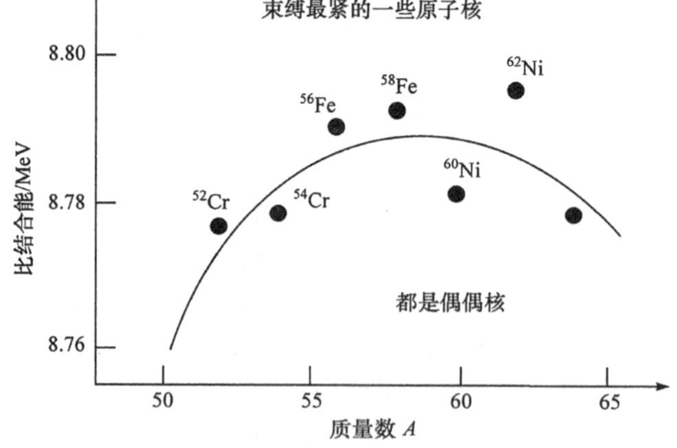

图 5.2.3 铁核附近的比结合能

很轻及很重的核($A>200$)都结合得比较松散,如^{235}U的$\varepsilon\approx7.6$ MeV/Nu,^{2}H的$\varepsilon\approx1.11$ MeV/Nu.正是根据这样的结合能曲线,物理学家预言了原子核能的利用,重核的裂变及轻核的聚变都能释放大量的能量.

例 5.2.2　估算一个^{235}U核俘获1个热中子后裂变为两个中等质量的核和3个快中子所放出的能量.

解　$^{235}U+n\longrightarrow{}^{236}U$裂变为2个碎片和3个中子,比结合能$\varepsilon$由7.6增大到8.5 MeV·Nu^{-1},一个^{235}U一次裂变释放的能量为

$$E\approx233\times8.5-235\times7.6=195\ \text{MeV}$$

2. 半经验公式

由上一节的讨论知道原子核的密度与A无关,近似为常数,这表示原子核是不可压缩的,这与液体的不可压缩性相类似.核的比结合能,除轻核区外,随A的变化也近似不变,即$B\propto A$,说明核子间的相互作用力具有饱和性,否则B应近似地与A^2成正比.这种饱和性与液体中分子力的饱和性类似.这些特征都反映了可把原子核看作荷电的液滴.由于对核子间的相互作用力还不完全清楚,对原子核的研究常用唯象的方法,用一些模型来描述,再由实验来检验.

根据液滴模型,原子核的结合能B主要包含体积能B_V、表面能B_S和库仑能B_C三项.

$$B=B_V+B_S+B_C$$

体积能是结合能中的主要项,它与原子核的体积成正比,也就是与A成正比.

$$B_V=a_VA$$

其中a_V是正的常数.在液滴表面的核子与体内的核子不同,没有四周核子的包围,因此表面核子的结合能要弱一些,所以表面能应是负的.表面能大小与核的表面积成正比.

$$B_S=-a_SA^{2/3}$$

质子间的静电库仑斥力会导致结合能变小,所以库仑能也是负的.对于电荷均匀分布的球形核,可以得

$$B_C=-a_CZ^2A^{-1/3}$$

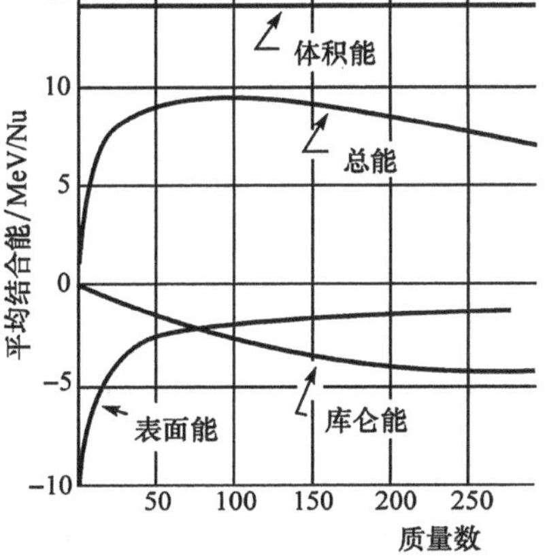

图 5.2.4　经典液滴模型给出的平均结合能

如果只是把原子核看作是经典的带电液滴,大体能给出平均结合能的趋势,如图5.2.4,但并不能解释稳定核素的一些特点.只考虑这三项就会引出对一定的A值,Z越小结合能越大的结论,很明显这与实际情形不符,经典电荷液滴不能正确地描述稳定核素和核结合能的

特性.

由核素图中可看出,稳定的轻核都是中子数和质子数相等的,即原子核有质子数 Z 和中子数 N 相等的趋势,如果不相等结合能要降低.在结合能中应加有一项对称能,当 $N=Z$ 时,对称能为零,对称能依赖于 N/Z,且与 A 有关.

$$B_{\mathrm{a}}=-a_{\mathrm{a}}\left(\frac{A}{2}-Z\right)^2A^{-1}$$

另外,从稳定核素的奇偶分类还看到,偶偶核最多,奇奇核最少.这说明偶偶核最稳定,在原子核中有质子和中子各自成对的趋势,同类核子成对时较稳定,即结合能较大.所以结合能中还要有一项对能 B_{P},或称奇偶能.

$$B_{\mathrm{P}}=\delta a_{\mathrm{P}}A^{-1/2}$$

其中 a_{P} 是大于零的常数.

$$\delta=\begin{cases}1, & \text{偶偶核}\\ 0, & \text{奇偶核}\\ -1, & \text{奇奇核}\end{cases}$$

对称能和对能都是量子效应的结果.

综合上面的考虑,原子核的结合能半经验公式,称为魏扎克(Weizsäcker)公式,可写为

$$\begin{aligned}B(Z,A)&=B_{\mathrm{V}}+B_{\mathrm{S}}+B_{\mathrm{C}}+B_{\mathrm{a}}+B_{\mathrm{P}}\\&=a_{\mathrm{V}}A-a_{\mathrm{S}}A^{2/3}-a_{\mathrm{C}}Z^2A^{-1/3}-a_{\mathrm{a}}\left(\frac{A}{2}-Z\right)^2A^{-1}+a_{\mathrm{P}}\delta A^{-1/2}\end{aligned}\tag{5.2.6}$$

其中各常数可由此公式与实验数据作最佳拟合来确定.它们分别为

$$\begin{aligned}a_{\mathrm{V}}&=15.8\ \mathrm{MeV}\\a_{\mathrm{S}}&=18.3\ \mathrm{MeV}\\a_{\mathrm{C}}&=0.71\ \mathrm{MeV}\\a_{\mathrm{a}}&=92.8\ \mathrm{MeV}\\a_{\mathrm{P}}&=11.2\ \mathrm{MeV}\end{aligned}\tag{5.2.7}$$

5.3 核力与核结构模型

5.3.1 核力

稳定原子核的存在及核内每核子的平均结合能很大,约是 8 MeV,这些都说明核子间有很强的作用力,且主要是吸引力.原子核由质子和中子组成,在原子核内,质子间的库仑相互作用只能起排斥作用,核子间的磁力要比静电力小得多.而

万有引力更是微不足道,两核子间的引力势能只在 10^{-36} MeV 的数量级.那么是什么力使核子如此紧密地结合在一起形成原子核的呢? 人们假设在核子间存在一种比电磁力强得多的作用力,称为核力.

长期以来人们通过对各种原子核基本性质的分析,通过原子核与核子间的散射实验来研究和了解核力.近年来,随着量子场论的发展,人们试图通过高能重离子实验由量子色动力学的理论来了解核力.目前对核力的了解仍然不能像对电磁力和万有引力那样用一个基本的公式来描述.

原子核内核子间的相互作用力可以克服质子间库仑力而使核子结合成原子核,因此核力是一种强相互作用力,其作用强度约比电磁力的强度大两个数量级.下面我们介绍核力的一些基本特征.

(1) 核力的短程性和饱和性.核力的力程比原子核的线度还小.核的结合能近似正比于核子数 A,比结合能 B/A 的值近似为常数,都反映了核力的短程性和饱和性.

通过核子-核子的碰撞实验可了解核力.通过质子-质子(p-p),中子-质子(n-p),中子-中子(n-n)的散射实验可获取关于相互作用力程的数据,定出核力作用的有效力程分别为 2.83 fm、2.7 fm、2.4 fm.

(2) 核力的电荷无关性.根据核子-核子散射实验数据,可以认为 pp、np 和 nn 的核力近似相同.这表明在相对运动状态和自旋态相同时,核子之间的作用与核子带电荷(质子)或不带电荷(中子)无关.这是核力的一个重要性质.

核子之间的作用与电荷无关.质子和中子的质量很相近,它们可以通过放出带电介子、β 衰变而相互转化,又都是自旋 1/2 的费米子.所有这些使我们有理由把质子和中子看成是处于不同状态的一种粒子,即核子.两者的主要差别是电荷态不同,就犹如自旋 1/2 的粒子 s_z 有两个可取值的情形.因此,可以引入新的算符 I,称为核子的同位旋矢量.对于核子,同位旋量子数为 1/2,它的第三分量 I_3 只能有两个值($+1/2$ 和 $-1/2$),分别表示质子和中子.

(3) 核力与自旋有关.两核子间的核力与它们自旋的相对取向有关.由一个质子和一个中子组成的氘核只有一个束缚态,就是它的基态.对于氘核性质的测定可以有很高的精度,因此由它可得到关于核力的许多知识.通过测定氘核基态的角动量 $J=1$,再根据它的磁矩值,确定它是 $^3S_1$ 和 $^3D_1$ 态的混合.氘核是自旋三重态,质子和中子的自旋平行.氘核只有一个束缚态,就是说不存在自旋单态的束缚态.这表明,两核子的自旋平行或自旋反平行,它们的相互作用是不同的.另外,从中子与质子的散射实验中也发现中子和质子自旋平行和反平行时,散射截面十分不同.这些都表明核力的自旋相关性.

(4) 核力有排斥芯.在高能核子-核子散射实验时,由于核子的波长很短,对势阱形状可分辨得较清楚,所以可以提供更多关于核子-核子作用势的知识.实验表明，在 $r_c \approx 0.4$ fm 处，势函数有强的排斥作用.

根据核力的上述唯象性质，可以提出关于核力作用的势函数，并以此来解释各种物理现象. 对核力基本性质的研究，1935 年，汤川秀树(H. Yukawa)仿照电磁场量子理论中两个电荷粒子通过交换光子而产生电磁力，提出了核力的介子场论. 他认为核子间的相互作用是由于交换介子而引起的. 一个核子释放的虚介子在经过 Δx 距离后被另一个核子吸收，其存在的时间间隔为 Δt. 设它以光速前进，则它走过的距离 $\Delta x \sim c\Delta t$. 由不确定关系可以从 Δt 给出在这段时间内的能量不确定值，就是交换粒子的质量范围，$\Delta E = \frac{\hbar}{\Delta t} = \frac{\hbar c}{\Delta x} = mc^2$，或者说，能量守恒在作用时间 Δt 内是破坏的，破坏的范围就是 $\Delta E = mc^2$. 设核力的力程 $\Delta x \sim 2$ fm，则虚介子的质量

$$mc^2 \approx \frac{\hbar c}{\Delta x} = \frac{197 \text{ fm} \cdot \text{MeV}}{2 \text{ fm}} \sim 100 \text{ MeV}$$

约为电子质量的 200 倍. 虚粒子的质量介于电子和质子之间，所以称为介子.

从电磁场理论知道，在原点的点电荷 e 产生的静电势为 $\phi \propto e/r$. 相距 r 的两个电荷 e 之间的库仑作用势能是

$$V = e\phi \propto e^2/r \tag{5.3.1}$$

传递电磁力的光子的静止质量为零，所以电磁力是长程力. 与此类似，在原点的核子产生介子场，由于介子的静止质量不为零，介子场的势 ϕ 是

$$\phi = \frac{g}{r}\exp\left(-\frac{m_\pi c}{\hbar}r\right) \tag{5.3.2}$$

距离为 r 的两个核子之间的核力作用势能为

$$V = -g\phi = -\frac{g^2}{r}\exp\left(-\frac{m_\pi c}{\hbar}r\right) \tag{5.3.3}$$

其中 g 表示相互作用强度，相当于电磁作用中的电荷 e. 式中的负号表示是吸引力. 这个势函数称为汤川势函数. π 介子的康普顿波长

$$\lambda_c = \frac{\hbar}{m_\pi c} \tag{5.3.4}$$

表示了核力的作用距离. 式(5.3.3)的势函数随 r 的增大很快地趋于零. 表示了核力是短程力.

电磁作用常数 $\alpha = \frac{e^2}{\hbar c} \approx \frac{1}{137}$，而核力作用常数由实验推得 $\frac{g^2}{\hbar c} \approx 15$. 核力比电磁力的作用要强得多，所以称核力为强相互作用力.

实验上是否能证实存在汤川秀树理论预言的介子呢？1936 年安德森(C. D. Anderson)在宇宙射线中找到一种粒子，它的质量为 106 MeV/c^2，称为 μ 介子. 人们以为这就是传递核力的介子，但进一步的实验表明，这种粒子只介入弱电相互作

用,不可能是汤川要求的粒子.直到 1947 年,鲍威尔(C.F.Powell)在宇宙线实验中才找到了汤川预言的粒子,即 π 介子,其质量在 140 MeV/c^2 附近.汤川因其介子场理论获得 1949 年诺贝尔物理学奖,鲍威尔获得了 1950 年诺贝尔物理学奖.

核力的介子场理论是认识核力本质的一个方向,但它仍存在许多困难.20 世纪 60 年代以后发展起来的量子色动力学是研究强相互作用的成功理论,在处理高能强子的相互作用中取得了很大成功,但在解决原子核范围内的相互作用问题上仍需进一步的发展和研究.

5.3.2　原子核结构的模型

原子核结构是物质结构的一个重要层次,核内核子是通过核力结合在一起的.但至今对核力的性质了解仍然还很不够.另外核子在核内是平等相处,没有一个中心,原子核又是多粒子体系,目前量子力学在解决这类强作用的、多体问题上还存在许多困难,因此原子核结构的理论还很不成熟.关于核结构的理论大多数是半唯象的,即在一定实验事实的基础上,对原子核作某种模型假设,用来解释原子核的某些性质.尽管这些模型都不是全面的,但它们指出了原子核内部运动的一些特点.自 1932 年以来,人们已提出了许多核结构模型.在 20 世纪 30 年代,尼·玻尔首先提出可把原子核看作一个带电的液滴,就是所谓"液滴模型".核子间彼此有强的相互作用,像液滴中的分子,在核内核子随机的运动且不断地和其他核子碰撞,它们的平均自由程比核的尺寸要小得多.液滴模型能给出核的质量,结合能的半经验公式,并出色地解释了核裂变现象,又成功地用于许多核反应截面的计算.与此相反的是独立粒子模型——费米气体模型,把核子看作几乎没有相互作用的限制在势阱中的气体分子,由于核子是费米子,原子核就看作是费米气体系统.核内核子运动必须服从泡利不相容原理,即不可能有两个质子(或中子)同时处在相同的状态.这样中子和质子可以分别处理,各自有它自己的量子态.此模型可以解释核子具有相对稳定的量子态,核结合能中的对称能等.本节主要介绍近代核结构的两种模型:壳模型和集体运动模型.

1. 壳模型(独立粒子模型)

我们知道,当原子中的电子数等于某些特殊的数目(2,10,18,36,54,86,…)时,该元素特别稳定,它们为惰性气体元素.由原子中电子的壳层结构知道,这些数目正是填满壳层时的电子数目.

一些实验事实揭示,当组成原子核的质子数或中子数为 2,8,20,28,50,82 和中子数为 126 时,原子核特别稳定,这些特殊的数目叫做幻数(magic numbers).幻数存在的一些实验事实:

(1) 质子数或中子数为幻数的核素在自然界中的含量较多.

① 地球、殒石的化学成分表明,下列核素的含量比附近核素的含量显得特别

多，它们是：$^4_2He_2$，$^{16}_8O_8$，$^{40}_{20}Ca_{20}$，$^{60}_{28}Ni_{32}$，$^{88}_{38}Sr_{50}$，$^{90}_{40}Zr_{50}$，$^{120}_{50}Sn_{70}$，$^{138}_{56}Ba_{82}$，$^{140}_{58}Ce_{82}$，$^{208}_{82}Pb_{126}$. 可以看出这些元素的质子数或中子数是幻数，或两者都是幻数.

② 当质子数 $Z=8,20,28,50$ 和 82 时，稳定同位素的数目比邻近的元素多，如 $_8O$，$_{20}Ca$，$_{28}Ni$，$_{50}Sn$，$_{82}Pb$ 分别有 3，6，5，10，4 个稳定同位素，而它们附近的元素都只有一两个稳定同位素.

③ 当中子数 N 等于 20，28，50，82 时，同中子数的稳定核素数目最多. $N=20$ 和 $N=28$ 的有 5 个，$N=50$ 的有 6 个稳定同中子素.

(2) 当质子数或中子数等于幻数时原子核的结合能比邻近核的大，这表明这些核结合得更紧密. 对双幻数核如 ^4_2He，$^{16}_8O$ 的结合能特别大.

(3) 天然放射系末端的稳定元素都是中子数或质子数为幻数的元素.

原子核中幻数的存在，是否可以用壳层结构来解释呢？原子中电子的壳层结构的基本思想是：

① 在每一个能级上，容纳的电子数目应当有一定限制.

② 原子中存在一个平均的有心力场.

③ 每个电子可看作独立地在平均力场中运动.

对原子核而言，核内所有的核子都是一样的，且核子间有强相互作用，怎么能看作核子有“独立”运动呢？

1949 年，梅耶夫人(M. G. Mayer)和詹森(J. H. Jensen)提出了原子核的壳模型，成功地解释了幻数(他们因此而获得了 1963 年的诺贝尔物理学奖). 壳模型的基本思想是：

① 原子核中虽然不存在与原子中类似的有心力场，但我们可以把原子核中的每个核子看作是在一个平均场中运动，这个平均场是所有其余 $A-1$ 个核子对一个核子作用场的总和. 对于接近球形的原子核，可以认为这个平均场是个有心场.

② 泡利原理不但限制了每一能级所能容纳核子的数目，而且也限制了原子核中核子与核子的碰撞. 因为原子核处于基态时，它的低能态都填满了核子，如果两个核子发生碰撞而改变核子的运动状态，那这两个核子只有去占据未满能级. 这种碰撞的概率是极小的，因此单个核子只能保持在原来的运动状态上，即单个核子在核中独立运动. 因此壳模型又叫做独立粒子模型.

我们以直角势阱为例，它的数学表示式为

$$V(r)=\begin{cases}-V_0(\text{常数}), & r\leqslant R\\ 0, & r>R\end{cases} \tag{5.3.5}$$

式中，r 是有心场的径向参量，R 是原子核的半径，V_0 是势阱深度(为常数). 直角势阱的物理意义表示核子在原子核内部和外部都不受力，只在核的边界上才受到很强的向里的力. 这种势阱显然是一种极端的近似，和实际情形并不完全相符，但理论计算表明，不同势阱对能级次序的影响不大.

设直角势阱的壁是无限高,通过解薛定谔方程可以求出核子在直角势阱中运动的能量

$$E_{vl}=\hbar^2X_{vl}^2/2mR^2$$

其中,m 是核子质量,v 是径向量子数,l 是轨道量子数. X_{vl} 是贝塞尔函数 $J_{l+\frac{1}{2}}(kR)=0$ 的根,k 是核子的波数,X_{vl} 的数值决定了能级的次序. 每个 l 态有 $2(2l+1)$ 个简并态. 这样得到的能级次序是 1s,1p,1d,2s,1f,…,相应的同类核子总数是 2,8,18,20,34,…. 由它能解释三个幻数:2,8,20,但却不能解释其他幻数.

梅耶和詹森提出必须考虑核子的自旋-轨道耦合,实验表明. 核子的自旋-轨道耦合不但存在,而且这种耦合作用很强. 考虑自旋-轨道耦合后,使每个能级分裂为 $j=l\pm\frac{1}{2}$ 的两个能级,在原子核中,由于核的自旋-轨道耦合很强,所劈裂的两能级的间隔很大,间隔与 $(2l+1)$ 成正比,随 l 的增加而增大,以致改变原来的能级次序. 另外,和原子的情形相反,$j=l+\frac{1}{2}$ 的能级低于 $j=l-\frac{1}{2}$ 的能级. 考虑自旋轨道耦合后,能级以三个量子数 (v,l,j) 来表征,每个能级可容纳 $2(2j+1)$ 的同类核子. 能级次序如图 5.3.1 所示,左边是势阱计算的结果,右边是考虑了自旋-轨道耦合后的能级. 由于能级的劈裂组成了新的原子核壳层. 它们给出了全部幻数. 两个幻数间的能级形成一个主壳层,主壳层之间的能量间隔较大. 主壳层内的每一能级叫做支壳层,支壳层之间的能量间隔较小.

质子和中子各有一套能级,其能级次序大致相同,只在核子数大于 50 后它们的排列才有所不同. 由于质子间具有库仑斥力,质子的能级比中子的能级要高一些,能级间距要大些,特别是当核子数较多时更为明显. 对于稳定的原子核,两套能级中最后填补的核子能量应接近相等. 因此相应的中子能级数目要多,也即中子数比质子数多. 原子核越重,中子能级多得越多. 质子数为 82 的能级大致相当于中子数为 126 的能级,再往上,除了 ^{209}Bi 外,都是不稳定的核素.

壳模型除了能解释原子核的幻数外,基本上能正确地给出大多数原子核基态的能级的特性——自旋和宇称. 原子核的自旋应该是核内所有核子的角动量的矢量和. 核的宇称是所有核子的宇称的乘积.

对于双幻数核,由于质子和中子都填满各自的主壳层,每个角动量为 j 的支壳层上填满了 $2j+1$ 个核子,它们的角动量取 $2j+1$ 个不同方向,这样它们的合成矢量必定为零,所以双幻数核的自旋为零. 可以认为对一个满主壳层,核子是球对称分布的,所以双幻数核是球形核. 由于同一能级上的核子的宇称都是相同的,填满的每条能级上的核子数总是偶数,因此,双幻数核的宇称一定是正的.

对于偶偶核,在基态,核子占满最低能级,所以每个能级上的核子数都是偶数. 同一能级中的核子具有相同的角动量量子数 j. 而由于核力的对力的作用,成对的

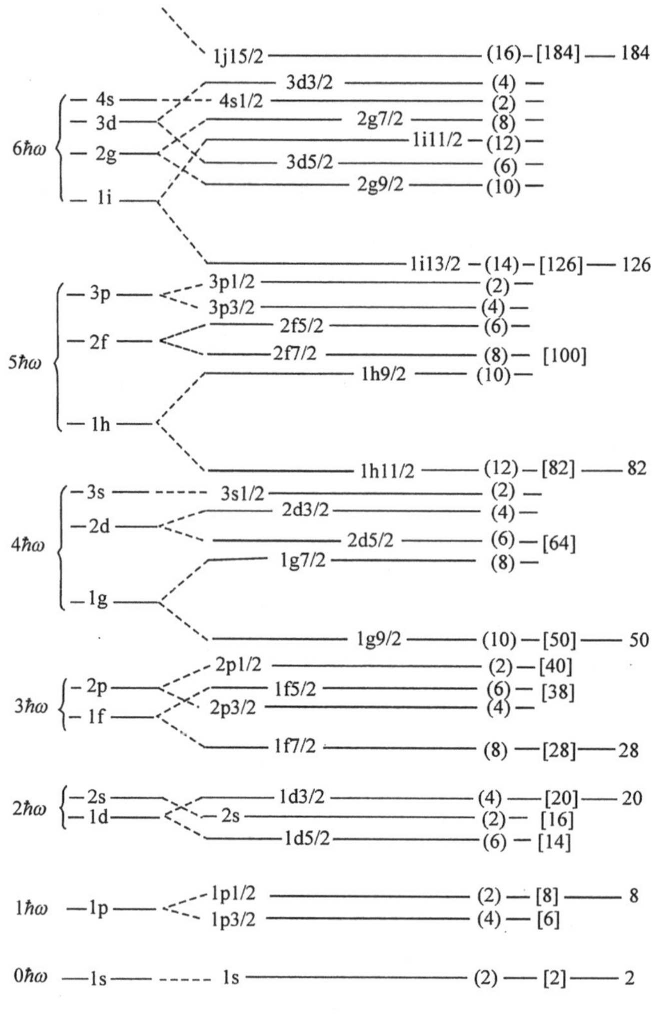

图 5.3.1 壳模型的能级次序

两个核子的角动量一定是方向相反的. 因而同一能级的所有核子的角动量矢量和为零,所以偶偶核的自旋为零. 偶偶核的每一能级的核子数为偶数,因此它具有偶宇称. 实验测得${}_{2}^{4}He$,${}_{6}^{12}C$,${}_{8}^{16}O$,${}_{82}^{208}Pb$ 的 J^P 均为 0^+,磁矩也为零. 至今尚未发现例外.

对于奇 A 核,按照壳模型,显然原子核的基态性质(自旋和宇称)由填充壳层的最后那个奇数核子的状态决定,原子核的自旋应与最后一个奇核子的角动量 J 相同,宇称应由那个核子的轨道量子数 l 决定. l 为偶数时宇称为正,l 为奇数时宇称为负.

奇奇核的自旋则完全取决于最后一个奇中子和奇质子的耦合. 由于中子和质子的自旋都是 1/2,而轨道角动量总是整数,因此奇奇核的自旋必定是整数. 它的宇称等于最后两个奇核子的宇称之积.

例 5.3.1　试给出核素$^{15}_{8}O$,$^{17}_{8}O$的自旋和宇称.

解　$^{15}_{8}O$由 8 个质子、7 个中子组成.它的 8 个质子形成 1p 满壳层,最后一个中子处于 $1p_{1/2}$能级,因此它的 $J^P=\left(\frac{1}{2}\right)^-$,而$^{17}_{8}O$的第 9 个中子处于 $1d_{5/2}$,$J^P=\left(\frac{5}{2}\right)^+$.

2. 集体模型

壳模型在解释原子核的幻数、基态自旋和宇称及 β 衰变等方面,都取得了巨大成功,但存在许多缺陷.如:对远离双幻数区域核的磁矩、电四极矩的解释遇到很大困难.其缺陷表明壳模型的应用范围有一定的局限性,局限于双幻数附近的原子核,即球形核.为了使理论能适用于所有原子核,需要有新的核模型.

许多核的四极矩的值比壳模型预言的值要大一个量级,这提示可能要考虑核的形变.原子核的电四极矩,是核内电荷分布偏离球形的量度.雷恩沃特(James Rainwater)指出,具有大的电四极矩的核素,其核不会是球形的,核形变的存在会导致核的新运动形式,从而应在核能谱上得到反映.

许多实验的事实表明,原子核内除了存在核子的独立运动外,还具有集体运动的形式.例如,实验发现偶偶核的低激发态能级规律有三类.

第一类是在双幻数核附近,它们可用壳模型来解释,可由壳模型单核子激发产生的能级来解释.

第二类是那些核子数离双幻数稍远的原子核,它们的低激发有近于等间隔的能级.表现出有谐振子振动能级的特点.双幻数核是球形核,如果在闭壳层外有少量核子,那会导致满壳层分布的极化,引起原子核的形变.核实中的核子要反抗这种形变而保持原形.在这两种作用下,原子核有可能在平衡形状附近振动,因而出现振动能级.

第三类能级是对远离双幻数的原子核.当满壳层外有足够多的核子时,极化作用增大,反极化作用相对变小,这时原子核将产生稳定形变.形状偏离球形,这时核的势场不再是球对称的了,而具有一定的方向.当势场的方向在空间变化时,我们就说原子核进行了转动.对角动量 $I=0,2,4,\cdots$的能级,它们的能量正比于 $I(I+1)$,如图 5.3.2.

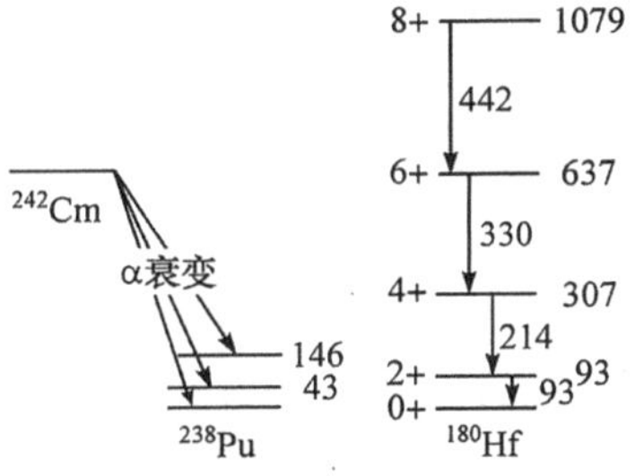

图 5.3.2　^{238}Pu 和^{180}Hf 的转动谱

原子核的转动和振动都是大量核子参加的集体运动.原子核一方面在做集体运动,另一方面核内核子又在各自的轨道上独立运动.然而集体运动的周期比核内单个核子运动的周期要长得多，所以可以首先研究在平衡形状和某一方向的核场中的单粒子运动，然后再考虑原子核缓慢地集体运动.集体运动模型对原子核的转动和振动能级的定量描述和实验符合较好，能由形变核的势场很好地解释形变奇 A 核基态的自旋和宇称等.但集体模型只是近似理论，尚不能全面描绘原子核的运动，如对高自旋转动态的实验数据中出现的奇异现象，有待理论的进一步完善.

奥格·玻尔(Aage N. Bohr)、莫特森(Ben R. Mottelson)和雷恩沃特(James Rainwater)在 20 世纪 50 年代提出了集体运动模型，发现了集体运动与单粒子运动的联系且发展为核结构的理论，并于 1975 年获诺贝尔物理学奖.

5.4　核衰变及放射性

1896 年，贝克勒尔(H. Becquerel)在研究铀盐的荧光现象时，发现铀盐能发射出穿透力很强并能使照相底片感光的不可见的射线，首先发现了铀的放射性.原子核自发地放射各种射线的现象称为放射性.到目前为止，人们已经发现的放射性衰变类型有 α，β，γ 衰变，除此以外还有一些少见的类型，如质子放射性、碳离子放射性等.放射性现象是由原子核的变化引起的，与原子核外的电子状态的改变关系很小，因此对放射性现象的研究是了解原子核的重要手段.

放射性有天然放射性和人工放射性.天然放射性是指天然存在的放射性核素所具有的放射性，它们大多属于由重元素组成的三个放射系(即钍系、铀系和锕系).此外还存在一些非系列的天然放射性核素，例如 ${}^{14}_{6}C$，${}^{40}_{19}K$ 等.人们还可以用人工办法(反应堆和加速器)来产生放射性核素，这叫人工放射性.人工放射性核素远比天然放射性核素要多.

5.4.1　原子核衰变的一般规律

放射性现象是由原子核的变化引起的，与核外电子状态的改变关系很小.外界的温度、压力、电磁场都不能抑制或显著改变射线的发射，因此对放射性的研究是了解原子核的重要手段.原子核因发射 α 或 β 射线而发生的转变称为原子核的 α 或 β 衰变.

1. 指数衰变规律和放射性活度

原子核是一个量子体系，核衰变是原子核自发产生的变化，是一个量子跃迁过程.核衰变服从统计规律.一个放射性原子核，它什么时刻发生衰变是不能预告的.但对大量放射性核素的集合，它的衰变规律是确定的.原子核衰变是一种随机过程，对同一核素的许多原子核而言，各自的衰变不是同时发生的.对于任何放射性物质，其原有放射性原子核的数量将随时间的推移而变得越来越少.对一个大量原子核体系统计的结果，在 dt 时间间隔内由于发生衰变而使原核素的原子核数目改

变了 dN,dN 正比于原子核的数量 N 和时间间隔 dt,即

$$dN = -\lambda N dt \tag{5.4.1}$$

其中,比例系数 λ,表示单位时间每个原子核的衰变概率,是一个常数,称为衰变常数,量纲是 1/[T],λ 和核素的种类有关.式中的负号表示核数目的减少.对上式积分得

$$N = N_0 e^{-\lambda t} \tag{5.4.2}$$

式中,N_0 是 $t=0$ 时刻的该原子核的数目,N 是 t 时刻的原子核数目.可看出原子核的数目将随时间按指数规律减少.

1) 放射性活度

放射性核的数目,实际是很难直接测量的.实验上感兴趣的是多少个核在单位时间内发生了衰变,即放射性核素的衰变率——$\frac{dN}{dt}$,或称“放射性活度”

$$A = -\frac{dN}{dt} = \lambda N = A_0 e^{-\lambda t} \tag{5.4.3}$$

其中,$A_0=\lambda N_0$,是 $t=0$ 时刻的放射性活度.活度同样具有指数衰减规律.国际上规定的放射性活度单位是贝克勒尔 Bq,1Bq=1 次衰变/sec,以前常用的单位是居里(Ci),1Ci=3.7×10^{10}Bq.活度表示的是单位时间内衰变的原子核数目并不是放射出来的粒子数,因为有的核一次衰变会放射出几个粒子.单位时间内放射出的粒子数称为放射性强度.

2) 半衰期和平均寿命

描述衰变的快慢除了用衰变常数 λ 以外,还常用半衰期 $T_{1/2}$(即放射性原子核数目衰减到原来数目的一半所需时间)来描述.由式(5.4.2)

$$\frac{1}{2} = \frac{N}{N_0} = e^{-\lambda T_{1/2}}$$

得

$$T_{1/2} = \ln 2/\lambda = 0.693/\lambda \tag{5.4.4}$$

对大量的放射性原子核来说,有的核先衰变,有的后衰变,各个核的存在时间长短是不一样的,从 $t=0$ 到 $t\to\infty$ 都有可能.平均寿命 τ 是指放射性原子核平均生存的时间.对某一核素而言,平均寿命只有一个.由式(5.4.2)可知,在 t 时刻的时间间隔 dt 内有 dN 个核发生衰变,则这 dN 个核的寿命为 t.设 $t=0$ 时原子核数为 N_0,则平均寿命

$$\tau = \frac{\int_0^\infty t\,dN}{N_0} = \frac{\int_0^\infty t\lambda N\,dt}{N_0} = \frac{\int_0^\infty t\lambda N_0 e^{-\lambda t}\,dt}{N_0} = \frac{1}{\lambda} \tag{5.4.5}$$

平均寿命与衰变常数互为倒数.将此式代入式(5.2.4)可得 $T_{1/2}=0.693\tau$.

例 5.4.1 已知^{60}Co的半衰期 $T_{1/2}=5.27a$,求 $1\mu Ci$ 的^{60}Co 所含的原子核数目及它的放射性强度(1 个^{60}Co 核发射一个 β 粒子和两个 γ 光子,如图 5.4.1(b)).

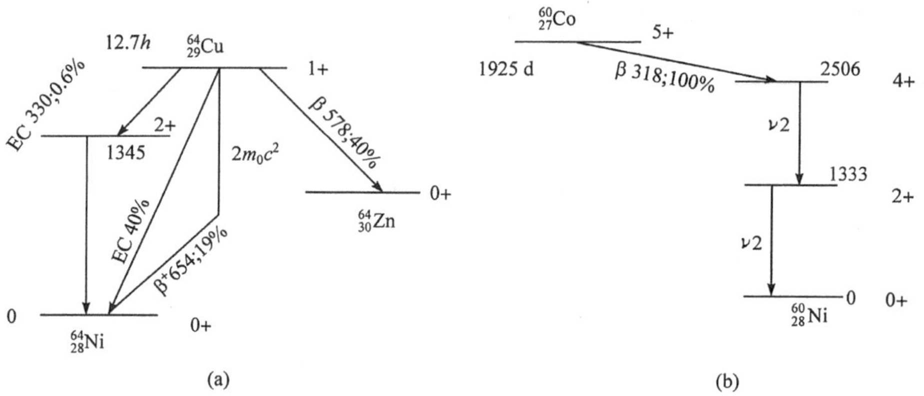

图 5.4.1 核素$^{64}_{29}Cu$ 和$^{60}_{27}Co$ 的衰变纲图

解 由式(5.4.3),$1\mu Ci$ 的^{60}Co 所含的原子核数目 N 为

$$N = A/\lambda = AT_{1/2}/\ln 2$$
$$=3.7\times10^4\times5.27\times3.16\times10^7/0.693=8.89\times10^{12}\text{个}$$

$1\mu Ci$ 的^{60}Co 每秒将放射出 3.7×10^4 个 β 粒子和 7.4×10^4 个 γ 光子. □

当核素具有多种分支衰变时,如图 5.4.1(a),显然,按衰变常数的物理意义,总的 λ 应当是各分支的衰变常数 λ_i 之和,即

$$\lambda = \sum \lambda_i \tag{5.4.6}$$

第 i 种分支的部分放射性活度为

$$A_i = \lambda_i N = \lambda_i N_0 e^{-\lambda t} = \frac{\lambda_i}{\lambda}A \tag{5.4.7}$$

其中,$A=\sum A_i=\lambda N_0 e^{-\lambda t}$ 是总的放射性活度,可见部分放射性活度总是和总放射性活度成正比.第 i 种分支衰变的部分放射性活度与总放射性活度之比,称为这种衰变的分支比

$$R_i \equiv \frac{A_i}{A} = \frac{\lambda_i}{\lambda} \tag{5.4.8}$$

2. 放射系

原子核的衰变常常有级联发生,即放射性衰变的产物仍不稳定,还要衰变,直至最后达到稳定为止,这种衰变叫做递次衰变.在递次衰变中,每个衰变都满足指数衰减规律,但混在一起的情况要复杂的多.

递次衰变系列统称放射系,地壳中的放射性核素形成三个天然的放射系,它们的母体半衰期都很长,和地球年龄($\sim10^9a$)接近或更长.它们的成员大多数具有 α

放射性，少数具有 β^- 放射性，一般都伴随有 γ 辐射. 在递次衰变中，若母体的半衰期比子体的半衰期长得多时，设子体中最长的半衰期为 T'，在经过相当长的时间后，一般在 $t \geqslant 7T'$ 以后，子体核的数目和放射性活度达到饱和，并且子、母体的放射性活度相等，这叫长期平衡.

每个放射系从母体开始经过多次连续衰变，最后达到稳定的铅同位素. 它们是

1）钍系

从 ${}^{232}_{90}Th$ 开始，经过 10 次连续衰变，最后到稳定核素 ${}^{208}_{82}Pb$ 为止，如下式所示：

$$^{232}Th \xrightarrow{\alpha(1.4\times10^{10}a)} {}^{228}Ra \xrightarrow{\beta^-(5.76a)} {}^{228}Ac \xrightarrow{\beta^-(6.13h)} {}^{228}Th \xrightarrow{\alpha} \cdots \longrightarrow {}^{208}Pb$$

这个系的成员，其质量数 A 都是 4 的整数倍，即 $A=4n$. 母体 ${}^{232}_{90}Th$ 的半衰期为 1.4×10^{10} 年，子体半衰期最长的是 $T_{1/2}=5.76$ 年. 所以钍系需要几十年时间建立起平衡.

2）铀系

从 ^{238}U 开始，经过 14 次连续衰变，最后到稳定核素 ^{206}Pb. 该系成员的质量数 A 都是 4 的整数倍加 2，即 $A=4n+2$，所以铀系也叫 $4n+2$ 系. 母体 ^{238}U 的半衰期 $T_{1/2}=4.47\times10^9$ 年，子核半衰期最长的是 ^{234}U，$T_{1/2}=2.45\times10^5$ 年. 所以铀系建立平衡要几百万年的时间.

3）锕系

从 ^{235}U 开始，经 11 次连续衰变，最后到稳定的核素 ^{207}Pb. 由于 ^{235}U 俗称锕铀，因而该系叫做锕系. 这个系成员的质量数都满足 $A=4n+3$ 的关系. 母体 ^{235}U 的半衰期为 7×10^8 年，半衰期最长的子体是 ^{231}Pa，$T_{1/2}=3.28\times10^4$ 年. 所以，锕系建立起平衡时间需要几十万年的时间.

4）镎系

从上面的讨论看到，在地壳中存在 $4n$，$4n+2$，$4n+3$ 三个天然放射系，但却没有 $4n+1$ 这种放射系. 后来用人工方法合成了 $4n+1$ 系，把 ^{238}U 放在反应堆中照射，连续获得三个中子变成了 ^{241}U，它经两次 β^- 衰变，变成具有较长寿命（$T_{1/2}=14.4a$）的 ^{241}Pu. ^{241}Pu 具有下列递次衰变：

$$^{241}Pu \xrightarrow{\beta(14.4a)} {}^{241}Am \xrightarrow{\alpha(433a)} {}^{237}Np \xrightarrow{\alpha(2.14\times10^6a)} {}^{233}Pa \xrightarrow{\beta(27d)} \cdots \longrightarrow {}^{209}Bi$$

其中，^{237}Np 的半衰期最长. 当足够长时间后，^{241}Pu 和 ^{241}Am 几乎全衰变完了，而 ^{237}Np 还会存在，并与其子体建立起平衡. 所以这个系叫镎系. 该系成员的质量数 $A=4n+1$. 由于 ^{237}Np 的半衰期比地球年龄小很多，地壳中原有的 ^{237}Np 早已变为 ^{209}Bi，所以在地壳中不存在天然的 $4n+1$ 系.

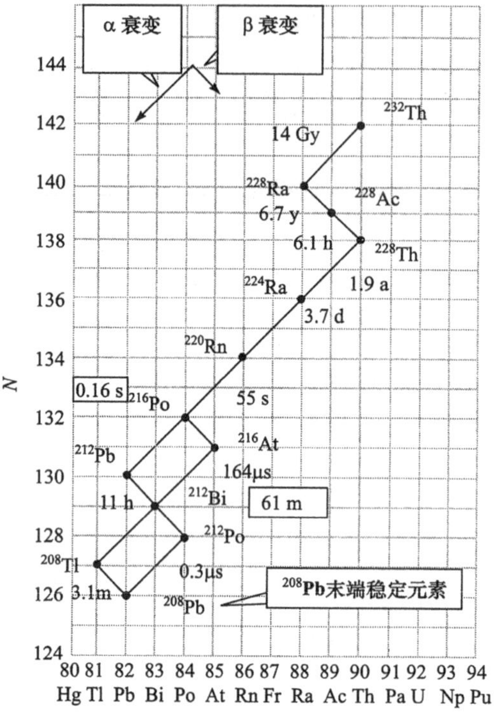

图 5.4.2　钍系(4n)

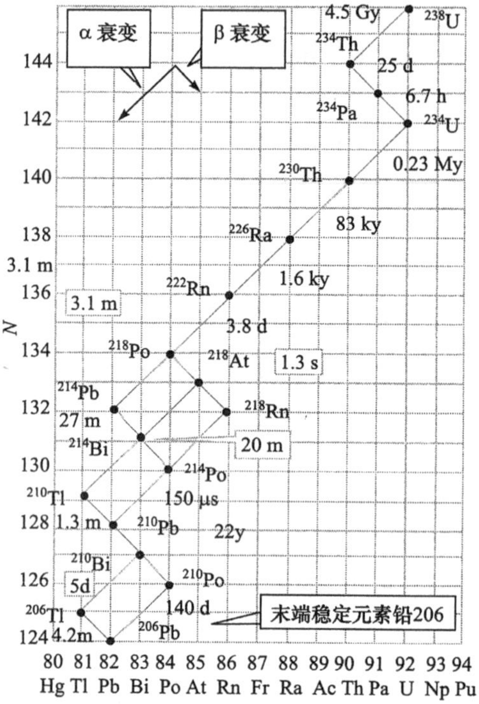

图 5.4.3　铀系(4n+2)

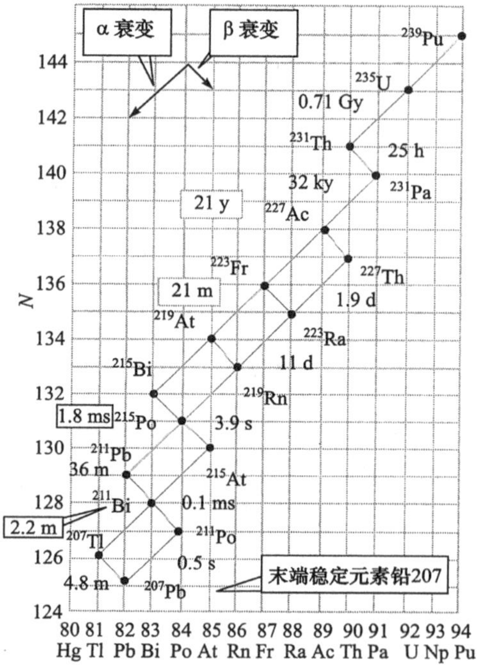

图 5.4.4　锕系(4n+3)

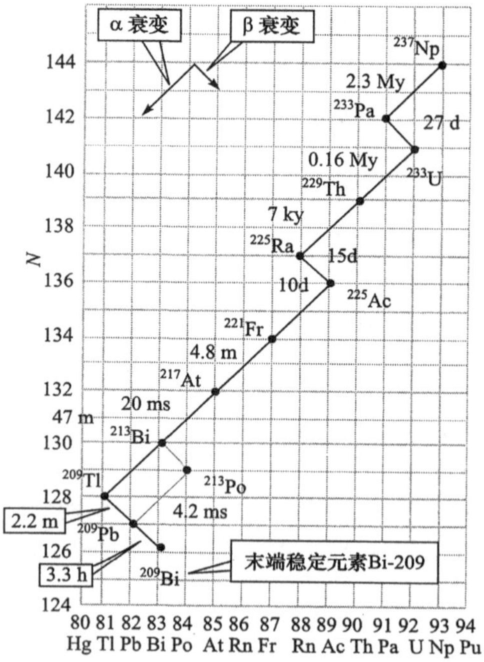

图 5.4.5　镎系(4n+1)

上面各个系列的衰变过程用图 5.4.2～图 5.4.5 表示. 图中的半衰期的符号: 1 $\mu s=10^{-6}$ s, 1 ms$=10^{-3}$ s, 1 My$=10^6$ a, 1 Gy$=10^9$ a.

3. 简单的级联衰变

由天然放射系可看到,原子核的衰变常常是要经过几次衰变才衰变到一个稳定核素,这种衰变叫做递次衰变或级联衰变. 在递次衰变中,任何一种放射性核素被分离出来单独存放时,它的衰变都满足式(5.4.2)的指数衰变规律. 但是它们混在一起时的衰变情况就要复杂得多. 以最简单的级联衰变: $A\to B\to C$ 为例,即两代衰变,来研究核素 A, B, C 的衰变规律.

设 A, B 的衰变常数分别为 λ_A, λ_B,在 $t=0$ 时只有母体 A,即 $N_A(0)=N_{A0}$, $N_B(0)=N_C(0)=0$. 由于子体的衰变不会影响母体,所以 A 的衰变服从指数衰减规律

$$N_A = N_{A0}e^{-\lambda_A t} \tag{5.4.9}$$

对于 B,它一方面由 A 的衰变而使核数目增加,另一方面又不断地衰变为 C. B 核数的变化率为

$$\frac{dN_B}{dt} = \lambda_A N_A - \lambda_B N_B \tag{5.4.10}$$

等式两侧都乘 $e^{\lambda_B t}$,并将式(5.4.9)代入,有

$$\frac{d(N_B e^{\lambda_B t})}{dt} = \lambda_A N_{A0} e^{(\lambda_B - \lambda_A)t}$$

对上式积分,并利用初始条件 $N_B(0)=0$ 得

$$N_B = N_{A0}\frac{\lambda_A}{\lambda_B - \lambda_A}(e^{-\lambda_A t} - e^{-\lambda_B t}) \tag{5.4.11}$$

可见子核 B 将不再按简单的指数规律衰变,而是与母核的衰变常数有关.

当母体 A 的半衰期比子核 B 的半衰期长得多时,即 $\lambda_A \ll \lambda_B$ 时,由式(5.4.11)可知在 $t \gg 1/\lambda_B$ 时,可以得

$$N_B \approx N_{A0}\frac{\lambda_A}{\lambda_B - \lambda_A}e^{-\lambda_A t} = \frac{\lambda_A}{\lambda_B - \lambda_A}N_A \tag{5.4.12}$$

这时子核 B 将按母核 A 的衰变规律衰变,这在实际应用中很有意义. 如医院中常用的短寿命核素的半衰期一般只有几小时,把这些核素从远处运来,它的活度就已减弱很多了. 如放射性核素锝(^{99m}Tc)的半衰期是 6.02 h, γ 射线的能量是 141 keV,而它的母体^{99}Mo 的寿命较长,半衰期为 66 h. 如将母体一起保存运输,则保存的时间可以增长. 在需要时用化学方法把^{99m}Tc 淋洗出来使用,这称为“Mo-Tc”发生器,这种情况与母牛挤乳很相似. 类似的还有“Sn-In”发生器(^{113}In 的半衰期为 104 min,它的母体^{113}Sn 的半衰期为 118 d)等.

对于子核 C,如果它是稳定的即 $\lambda_C=0$,则

$$\frac{\mathrm{d}N_C}{\mathrm{d}t}=\lambda_B N_B=N_{A0}\frac{\lambda_A\lambda_B}{\lambda_B-\lambda_A}(\mathrm{e}^{-\lambda_A t}-\mathrm{e}^{-\lambda_B t})$$

对上式积分,并利用初始条件 $N_C(0)=0$,得

$$N_C = N_{A0}\frac{\lambda_A\lambda_B}{\lambda_B-\lambda_A}\left[\frac{1}{\lambda_A}(1-\mathrm{e}^{-\lambda_A t})-\frac{1}{\lambda_B}(1-\mathrm{e}^{-\lambda_B t})\right] \tag{5.4.13}$$

5.4.2 α 衰变

α 衰变是原子核自发地放射出 α 粒子而发生的转变,它的半衰期随核素的不同而变化很大,最短可小于 10^{-7} s,最长可达 10^{15} a,α 粒子的能量一般分布在 4～9 MeV 范围内.

α 射线是由高速运动的氦原子核(又称 α 粒子)组成.它通过物质时,由于库仑作用使物质发生强烈电离,而本身丢失能量,因此它穿透物质的本领很小.例如 ${}^{210}_{84}\mathrm{Po}$发出的 α 射线,能量为 5.3 MeV,经过 3.8 cm 厚的空气后几乎丢失全部能量,即它在空气中的射程是 3.8 cm.α 射线很容易被吸收,一般的衣服就能阻挡 α 射线进入人体.但若具有 α 放射性的物质进入人体内,则会引起严重的危害.

1. α 衰变的衰变能

原子核要自发地发射 α 粒子,显然必要的条件是衰变时放出的能量大于零,即衰变能 E_d 大于零.衰变能可表示为衰变前后各粒子的静止质量之差所对应的能量.若将 α 衰变过程表示为

$${}^{A}_{Z}X \longrightarrow {}^{A-4}_{Z-2}Y + {}^{4}_{2}\mathrm{He} \tag{5.4.14}$$

其中,X 为母核,Y 为子核.衰变前的母核可以看作是静止的,所以衰变能

$$E_\mathrm{d} = (M_X - M_Y - m_\alpha)c^2 \tag{5.4.15}$$

其中,M_X,M_Y,m_α 分别代表母核、子核和 α 粒子的质量.衰变能以 α 粒子的动能及子核的反冲动能的形式出现,因此,若衰变后 α 粒子和子核的速度分别为 v 和 V,可以通过测量 α 粒子的动能 T_α 来确定衰变能,由于衰变前母核静止,动量为零,由动量守恒有 $V=\dfrac{m_\alpha}{M_Y}v$,所以

$$E_\mathrm{d} = \frac{1}{2}M_Y V^2 + \frac{1}{2}m_\alpha v^2 = T_\alpha\left(1+\frac{m_\alpha}{M_Y}\right) \tag{5.4.16}$$

α 粒子的能量可通过测量 α 粒子射程,或者采用磁谱仪、半导体探测器、电离室等来测定.用磁谱仪对 α 放射源的测量结果表明,α 粒子的能量有的情形有几组数值,表 5.4.1 给出磁谱仪测得的${}^{226}\mathrm{Th}$ α 粒子的能量.由表可见,能谱是有 4 组单一谱线组成的复杂分布,称为 α 能谱的精细结构.α 能谱的精细结构反映了原子核

的能级结构.

表 5.4.1　$^{226}_{90}$Th 的衰变数据

	T_α/MeV	E_d/MeV	$(E_d(\alpha_0)-E_d)$/MeV	E_γ/MeV	相对强度/%
α_0	6.330	6.444	0		79
α_1	6.220	6.332	0.112	0.112	19
α_2	6.095	6.205	0.239	0.242	1.7
α_3	6.029	6.137	0.307	0.197,0.112	0.6

2. α 粒子的能量和核能级

由上表的数据可看出，α 粒子能谱具有分立的、不连续的特征. 这与原子的情况类似，原子核的内部能量是量子化的，就是说原子核可以处于不同的分立能级状态. 当母核放出 α 粒子而衰变为子核时，它可以衰变到子核的基态，也可以先衰变到子核的激发态，然后放出 γ 射线再到基态. 因此 α 粒子的能谱是分立的，测量母核放射出来的 α 粒子的能量就可以确定子核能级的能量，从而为研究原子核结构提供数据. 例如由$^{226}_{90}$Th 的衰变数据，可推知原子核$^{222}_{88}$Ra 的能级如图 5.4.6.

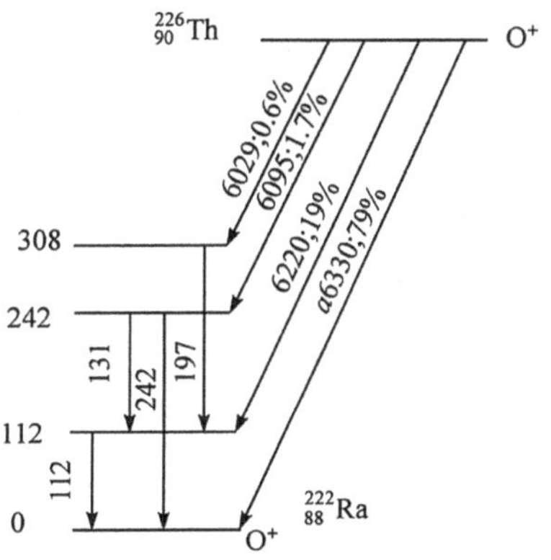

图 5.4.6　^{226}Th 的衰变

图 5.4.6 简明地给出放射性核素的一些基本性质，这种图也称衰变纲图. 通常把原子序数大的核素画在右边；箭头向左表示使原子序数减小的衰变如 α 衰变或 β^+ 衰变，箭头向右表示 β^- 衰变，箭头垂直向下表示 γ 衰变；跃迁线旁边标有衰变类型、能量和分支比；每条能级旁边标有能量、半衰期、状态量子数.

3. 衰变能和衰变常数的关系

对 α 放射性的实验研究表明，α 衰变主要发生在重核，只有 $A>140$ 的原子核才能发生 α 衰变. 另外对各种原子核 α 衰变放出的 α 粒子的能量 E_α 和半衰期测量的数据显示出一些特点：最低的 α 射线的能量约是 4 MeV，最高的能量是～8.8 MeV，分布的范围相当窄. 但 α 衰变最长的半衰期与最短的之比竟达～10^{22}. 另外，衰变能量越大的核素的寿命越短，有着一定的依赖关系. 1911 年，盖革和努塔尔总结出经验定律

$$\log\lambda = C + 86.25\log E_\alpha \qquad (5.4.17)$$

式中的 C 是常数. 虽然，盖革-努塔尔定律(Geiger-Nuttall law)有很大的近似性，但 α 衰变能越大，α 衰变概率越大的趋势是正确的. 进一步的实验表明，半衰期和衰变

常数的关系可写作

$$\log\lambda = A - BE_{\mathrm{d}}^{-1/2} \tag{5.4.18}$$

式中，A 和 B 对同一元素是常数.

量子力学可用 α 粒子穿透核势垒来解释衰变常数和衰变能之间的依赖关系. 考虑 α 粒子与子核的相互作用，在很小的 r 范围，α 粒子与子核间有核力作用(吸引力)，被限制在深度为 V_0 的势阱内. 在较大的 r 处，由于核力是短程力，α 粒子与子核间的作用主要是静电斥力. 卢瑟福 α 粒子散射实验时，α 粒子的能量为 8.8 MeV，仍可以用库仑散射公式很好的描述，所以我们可以认为势垒的高度一定是超过 9 MeV. α 粒子的势能可用图 5.4.7 表示，图中 r 表示 α 粒子与子核间的距离. 设 α 粒子的在核内的动能为 E_{d}，在母核内是处于势阱内，α 粒子可以自由运动. 设母核的半径为 R，E_{d} 与库仑势的交点为 R_{C}，$R_{\mathrm{C}}=\dfrac{2Ze^2}{4\pi\varepsilon_0 E_{\mathrm{d}}}$.

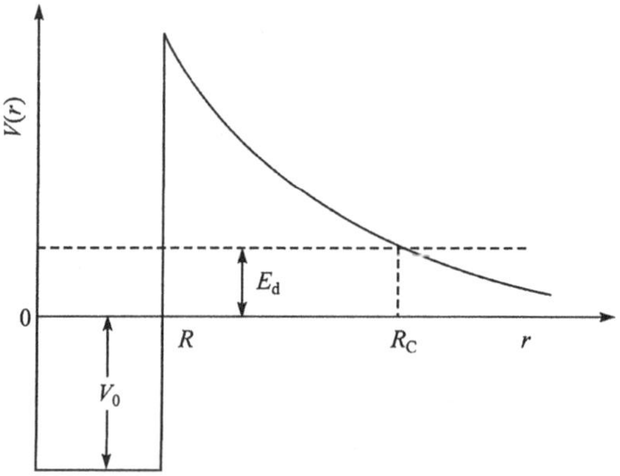

图 5.4.7　α 衰变的势能曲线

α 粒子的衰变概率和它穿透势垒到达 R_{C} 的概率 P 有关，α 粒子在 $R<r<R_{\mathrm{C}}$ 的区域，它的总能量是负的. 由量子力学薛定谔方程的解可以知道，概率 P 是指数衰减的，即

$$P = \exp\left[-\frac{2(2m)^{1/2}}{\hbar}\int_R^{R_C}\left(\frac{2Ze^2}{4\pi\varepsilon_0 r} - E_{\mathrm{d}}\right)^{1/2}\mathrm{d}r\right]$$

$$= \exp\left[-\frac{2(2mE_{\mathrm{d}})^{1/2}}{\hbar}\int_R^{R_C}\left(\frac{R_C}{r} - 1\right)^{1/2}\mathrm{d}r\right]$$

衰变常数 λ 是单位时间内发生 α 衰变的概率，所以应等于 α 粒子在单位时间内到达势垒边 R 处的次数 ν 与穿透概率 P 的乘积

$$\lambda = \nu P$$

$$\nu = \frac{v}{2R}$$

其中，v 是 α 粒子在核内运动的速度

$$\lambda = \frac{v}{2R}\exp\left[-\frac{2(2mE_d)^{1/2}}{\hbar}\int_R^{R_C}\left(\frac{R_C}{r}-1\right)^{1/2}dr\right]$$

在一级近似下得

$$\lambda = \frac{v}{2R}\exp\left\{-\frac{\sqrt{2m}(Z-2)e^2}{2\varepsilon_0\hbar\sqrt{E_d}}+\frac{4e[m(Z-2)R]^{1/2}}{\sqrt{\pi\varepsilon_0}\hbar}\right\}$$

$$\ln\lambda = \ln\frac{v}{2R}-\left\{\frac{\sqrt{2m}(Z-2)e^2}{2\varepsilon_0\hbar\sqrt{E_d}}-\frac{4e[m(Z-2)R]^{1/2}}{\sqrt{\pi\varepsilon_0}\hbar}\right\}$$

给出了对经验规律的量子解释，$\ln\frac{v}{2R}$ 可近似看作常数，公式中的常数只与原子序数及核半径有关.

4. 质子及重离子放射性

与 α 衰变类似，原子核也可能自发放射质子或重离子. 对于普通的核素，最后一个质子的结合能总是正的，不可能有质子放射性. 但对那些远离 β 稳定线的中质比小的核素，其最后一个质子的结合能有可能出现负值，可能自发地放射质子. 在 1970 年，实验上首次观测到同质异能态 ^{53m}Co 直接发射质子的现象. 基态核的质子放射性直到 1982 年才发现.

原子核自发地放射比 α 粒子更重的离子现象，称作重离子放射性. 至今已发现一些重元素如 ^{221}Fr，^{226}Ra，^{228}Th，^{234}U，^{236}U 等，虽它主要仍是 α 衰变，但有很小比例的重离子放射性，分支比小于 10^{-9}. 发射的重离子有 ^{14}C，^{20}O，Ne，Mg 等.

5.4.3　β 衰变

原子核衰变时放出电子的过程，就称为 β^- 衰变. 原子核中并不存在自由电子，β 衰变可以认为是原子核内质子和中子的互相转化的过程. 放出正电子的过程称为 β^+ 衰变. 原子核从核外的电子壳层中俘获一个轨道电子的过程，称为轨道电子俘获. 一般，俘获 K 层电子的概率最大，叫做 K 俘获.

β^- 粒子实际上就是高速运动的电子. 电子通过物质时有电离作用，但比 α 粒子的电离能力弱得多，所以它贯穿物质的能力比 α 粒子要强. 一般的薄金属板就能阻挡大部分 β^- 粒子，如 5 mm 的铝板能吸收 90% 的 2 MeV 电子束流. 但由于电子的质量很小，在与物质作用时和原子的碰撞而引起 β 射线多次散射，并会产生库仑辐射，即有大量光子发射出来.

β^+ 衰变过程中放出的是正电子，正电子的概念是狄拉克首先从理论上提出

的.他在建立电子的相对论量子力学方程时发现存在负能解.1930年,狄拉克提出正电子理论,认为正负能态都是物理实在,在一般情况下所有的负能级由 $-m_0c^2$ 到 $-\infty$ 均被电子所占满,由于泡利不相容原理的限制,处于正能态的电子不能跃迁到负能态.但如果在负能态的电子海中跑出一个电子,负能态的海洋中就出现了一个空穴.空穴的行为与电子一样,只是带正电,是电子的反粒子,这就是正电子.1932年,美国物理学家安德森在宇宙线的研究中首先发现了正电子.正电子通过物质时,和电子一样,会引起原子的电离、激发,而它本身受到散射而丢失能量.但和电子不同的是,正电子通过物质时还会发生湮灭作用,即正电子和物质中的电子湮灭而产生一对光子.

1. β射线能谱和中微子

用磁谱仪测量原子核衰变时发出的β粒子的能量,得到的β粒子能谱是连续的,即β衰变时放出来的β粒子的强度随能量的变化为一连续分布.图5.4.8是典型的β射线动量谱.图的横坐标是磁谱仪磁铁线圈的电流 I,它和β粒子的动量成正比.图中 $I<2.0$ A部分是相应于 ^{137}Cs 的β射线动量谱.

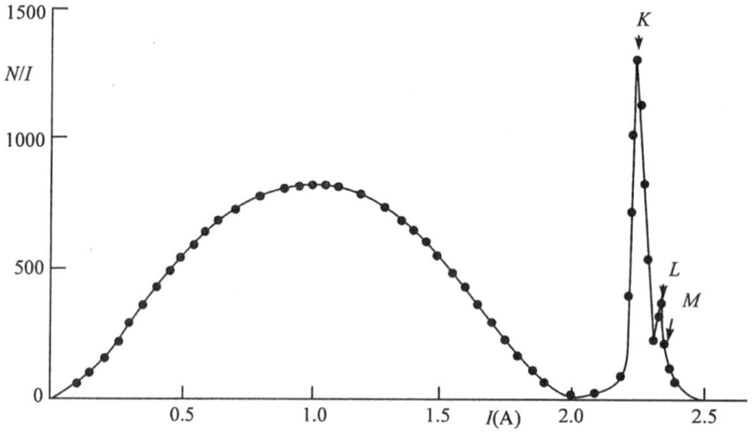

图5.4.8　^{137}Cs 的β射线与内转换电子动量谱

由图可见:①β粒子的能量是连续分布的;②有一确定的最大能量 $E_{\beta max}$(0.511 MeV);③曲线有一极大值,即在某一能量处强度最大.

大量事实证明,核衰变过程中放出的α射线和γ射线的能量是分立的,它与原子核的分立的能级相对应.既然β粒子也是原子核衰变时发出的,β衰变时应有确定的衰变能,原子核只能具有分立的能量状态,为什么β粒子的能量不是分立的呢?如何理解这样的实验事实呢?玻尔提出在原子核内部能量可以不守恒的假设.面对同样的实验数据,1930年,泡利大胆提出中(微)子假设,即原子核在β衰变中,不仅放出一个β粒子,同时还放出一个“没测到”的粒子.这个粒子不带电荷,静止质量很小,几乎为零,所以叫中微子,用符号 ν 来表示.这样 β 衰变过程中的动量守恒、能量守恒都涉及到三个物体(β 粒子、中微子和反冲核),因此 β 粒子的能量可以在零到 $E_{\beta\max}$之间出现,这就解释了 β 粒子能谱是连续分布的.核素^{137}Cs 的衰变如图 5.4.9 中的右图.

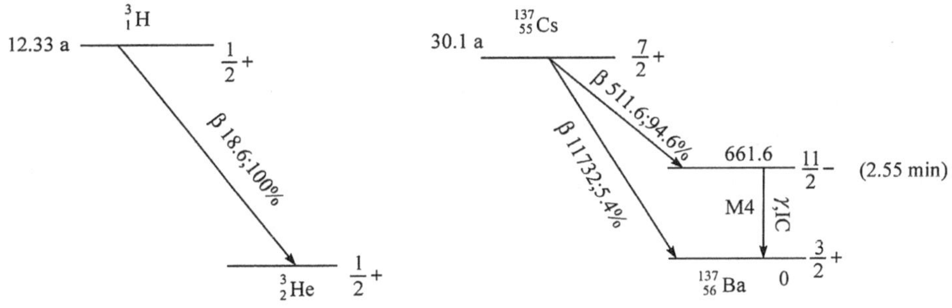

图 5.4.9　核素^{3}H 和^{137}Cs 的衰变纲图

实验表明,β 射线能量的最大值 $E_{\beta\max}$和从核反应或质谱方法得到的 β 衰变能 E_d 非常接近,这表明中微子的质量 m_ν 很小.目前测量中微子质量的一种方法是测量^{3}H 的 β 谱在 $E_{\beta\max}$附近的形状,测到的结果是 $m_\nu < 3.0\ \mathrm{eV}/c^2$.

β 衰变中母核和子核的质量数不变,因此衰变前后,母、子核的自旋必定同为半整数或整数.由于 β 粒子(即电子或正电子)的自旋为 $\hbar/2$,那么为保持衰变前后角动量守恒,中微子的自旋必定为半整数,理论研究表明中微子自旋只能为 $\hbar/2$.实验测得中微子的磁矩 $\mu < 1.08\times10^{-9}\mu_B$.

在中微子假说提出后不久,1934 年费米基于中微子假说和 β 衰变的实验数据建立了 β 衰变理论.费米认为,β 衰变的本质在于原子核内的一个中子转变成质子,或者一个质子转变成中子,而中子和质子可以看作是同一核子的两个不同的量子状态.它们之间的相互转变,就相当于核子从一个量子状态跃迁到另一个量子状态.在跃迁过程中,放出电子和中微子.所以,β 粒子是核子的不同状态之间跃迁的产物,事先并不存在于核内,正像原子发光的情形,光子是原子不同状态之间跃迁的产物,事先并不存在于原子内一样.与电磁辐射理论类比,费米认为 β 衰变是电子-中微子场与原子核的相互作用.作用的结果使核子不同的状态间引起跃迁,发射出电子和中微子.但原子发光和 β 衰变,两者的相互作用不同,前者是电磁相互作用,后者是一种弱相互作用.由理论和实验数据比较,得到弱作用常数 $G_F/(\hbar c)^3 = 1.166\times10^{-5}\ \mathrm{GeV}$.这个常数很小,说明电子中微子场与核子的相互作用是相当弱的.这也说明 β 衰变过程为什么比 γ 衰变过程慢以及为什么很少观察到激发态的 β 衰变.费米理论是早期的弱相互作用理论,但这里我们已看到弱作用与电磁作用有可类比之处,在 20 世纪 70 年代,理论物理学家提出了弱电统一的量子场论.

2. 证明(反)中微子存在的实验

由上可知,中微子是一种自旋为$\hbar/2$的费米子,不带电,没有磁矩,静止质量为零的粒子.由相对论可知,它以光速运动.它穿过物质时不会引起电离,它和物质粒子有很弱的相互作用,作用截面为$10^{-42}\sim10^{-44}$ cm^2的数量级,普通物质的原子密度约为$\sim10^{23}$ cm^{-3},由此估算它在物质中的自由程为约10^{14} km,比地球直径大百亿倍以上.中微子参与的相互作用是一种弱相互作用,因此要探测到中微子就需要有很强的中微子源以及庞大而又灵敏的设备.在20世纪30年代,实验物理学家认为中微子是探测不到的,那时他们不知道在裂变反应中会放出大量中微子.发现中微子存在的直接实验证明直到1956年才得到.莱因斯(F. Reines)和考恩(C. Cowan)在1953年提出利用中子衰变($n\to p+e^-+\bar{\nu}$)的逆过程

$$\bar{\nu}+p\to n+e^+$$

来探测反中微子.若实验能探测到这过程中同时产生的中子和正电子,那就直接证明了中微子的存在.反应堆中的裂变碎片具有级联的β^-衰变,因而产生了强大反中微子流,一个典型的裂变反应堆每秒钟能产生10^{18}个反中微子.1953年他们开始了实验,观测到了这种“延迟符合”信号,但还不足以作为证据.因此他们改进了装置,将各装有200升$CdCl_2$水溶液的两个水槽作为质子靶,再用含有1400升液态闪烁体的探测装置来进行实验.反中微子射入装有$CdCl_2$的水靶,若被质子俘获,则产生中子和正电子.正电子很快在水靶中损失掉动能,而与靶中的电子湮灭产生一对能量为0.511 MeV的γ光子,它们被液态闪烁体探测,这过程大约为10^{-9} s.另外中子在水中慢化后被镉吸收,放出几个γ光子,被闪烁体探测到,这过程约为10^{-5} s.由延迟符合信号及对实验装置的屏蔽给出了可靠的结果.由于反应截面很小,实验中平均每小时只记录三个事例,还需排除本底事例.经过100天的实验数据积累,他们以卓越的实验技巧,终于在1956年获得了满意的结果,给出中微子的反应截面为$(1.10\pm0.26)\times10^{-43}$ cm^2,令人信服地直接证实了(反)中微子的存在.莱因斯与τ轻子的发现者佩尔(M. L. Perl)分享了1995年度的诺贝尔物理学奖(考恩已于1974年去世).

3. β衰变的衰变能

(1) β^-衰变是原子核内一个中子转化为一个质子的过程.此过程可用式

$$n\to p+e^-+\bar{\nu} \tag{5.4.19}$$

表示,式中$\bar{\nu}$是中微子ν的反粒子,称为反中微子.衰变的结果使原子核的原子序数Z增加1,可表示为

$${}^A_ZX\to{}^{A}_{Z+1}Y+e^-+\bar{\nu} \tag{5.4.20}$$

若忽略原子中电子结合能的差异,则相应的衰变能可写为

$$E_d(\beta^-)=[M_X(Z,A)-M_Y(Z+1,A)]c^2 \tag{5.4.21}$$

其中M是相应的原子质量.由式可知,只有母核与子核的原子质量差大于零时才

能发生 β^- 衰变.

(2) β^+ 衰变是核内一个质子转化为一个中子的过程,衰变的结果是原子核的 Z 减少 1,可用下式表示:

$$ {}_Z^AX \rightarrow {}_{Z-1}^{A}Y + e^+ + \nu \tag{5.4.22}$$

衰变能为

$$E_d(\beta^+) = [M_x(Z,A) - M_Y(Z-1,A) - 2m_e]c^2 \tag{5.4.23}$$

所以只有母核与子核的原子质量差大于两个电子的质量时才能发生 β^+ 衰变.

(3) 轨道电子俘获(通常用 EC 或 ε 来表示)是原子核俘获一个核外电子,核内一个质子转化为中子.衰变结果使原子核的 Z 减少 1,可用式

$$ {}_Z^AX + e^- \rightarrow {}_{Z-1}^{A}Y + \nu \tag{5.4.24}$$

来表示.由于轨道电子被俘获,必须克服它在原子中的结合能 W_0,于是

$$E_d = [M_X(Z,A) - M_Y(Z-1,A)]c^2 - W_0 \tag{5.4.25}$$

所以只有母核和子核的原子质量差大于被俘获的轨道电子的结合能时,才能发生轨道电子俘获.轨道电子俘获过程使原子的内层电子缺少了一个,子核原子处于不稳定的激发状态,这样就会发射出特征 X 射线.由于 K 层电子最靠近原子核,所以 K 俘获的概率最大.但是当母核和子核的原子质量差比 K 层电子的结合能 W_K 小,满足 $W_K>[M_X(Z,A)-M_Y(Z-1,A)]c^2>W_L$ 时,L 俘获的概率就最大了.

比较 β^+ 的衰变能和轨道电子俘获的衰变能,就可以发现,能发生 β^+ 衰变的原子核一定能发生轨道电子俘获.而能发生轨道电子俘获的原子核不一定能发生 β^+ 衰变.

5.4.4　γ 衰变

原子核经过 α 衰变和 β 衰变所形成的子核,往往处于激发态.原子核通过发射 γ 光子,从激发态到较低激发态或基态的过程称为 γ 衰变或是 γ 跃迁.由于 γ 跃迁的性质和激发态的性质相联系,因而通过对它的研究,就可以获得原子核激发态能级特性的知识.

处于激发态的原子核,还可以通过直接把能量交给核外的电子而回到低能态.核外电子将获得的一部分能量用来克服结合能,其余部分作为电子的动能而脱离原子.这种现象称为内转换,用 IC 表示.内转换电子的能量为 $E_e=E_i-E_f-W$,其中 W 是核外电子的结合能.内转换电子的能量是具有确定值的.在图 5.4.8 的电子动量谱中高动量处出现的尖峰即为 0.662 MeV γ 射线的相应 K,L,M 层的内转换电子动量.直接放出 γ 光子或放出内转换电子这两种跃迁过程是相互竞争的.

1. γ 跃迁中的守恒关系

原子核的能级是分立的,所以在两个核能级间的 γ 跃迁所放出的 γ 光子必定

具有单一的能量.设跃迁前后两能级的能量分别为 E_i 和 E_f,根据能量守恒定律 γ 光子的能量就为

$$E_\gamma = E_i - E_f \tag{5.4.26}$$

原子核能级具有确定的状态量子数:角动量和宇称.设核在跃迁前后的角动量分别为 $\boldsymbol{I}_i$ 和 $\boldsymbol{I}_f$,发射的 γ 光子的角动量为 $\boldsymbol{L}$,则有

$$\boldsymbol{L} = \boldsymbol{I}_i - \boldsymbol{I}_f$$

$\boldsymbol{L}$ 可能取的数值有

$$L = |\boldsymbol{I}_i - \boldsymbol{I}_f|, |\boldsymbol{I}_i - \boldsymbol{I}_f| + 1, \cdots, (\boldsymbol{I}_i + \boldsymbol{I}_f) \tag{5.4.27}$$

对于 γ 衰变,L 越大,它的跃迁概率就越小.因此 L 有最小值,即 $L = |\boldsymbol{I}_i - \boldsymbol{I}_f|$ 的跃迁概率最大,其他 L 值的跃迁概率可忽略.由于光子本身的量子数是 1^-,即自旋为 1,宇称为负(奇).因而对于 $I_i = 0$ 到 $I_f = 0$ 的能级间的 γ 跃迁是不可能的.

根据 γ 光子的角动量把 γ 跃迁分为不同的多极辐射,对多极辐射:$L = 1$ 的称为电偶极辐射;$L = 2$ 的称为四极辐射,即 γ 辐射的多极次由 2^L 决定.电多极辐射可以认为是由原子核内电荷密度变化引起的,通常用 EL 表示电多极,例如 E1 表示电偶极辐射,E2 表示电四极辐射等.磁多极辐射则由核内电流密度和磁矩的变化所引起,磁 2^L 极辐射用 ML 表示.

γ 光子只参与电磁相互作用,在电磁相互作用中宇称是守恒的.设原子核在跃迁前状态的宇称为 π_i,跃迁后的宇称为 π_f,则 γ 辐射的宇称应服从守恒定律,即

$$\pi_i = \pi_f \cdot \pi_\gamma$$

所以

$$\pi_\gamma = \pi_i / \pi_f \tag{5.4.28}$$

对于电多极辐射,γ 辐射的宇称 $\pi_\gamma = (-1)^L$,而对磁多极辐射,γ 辐射的宇称 $\pi_\gamma = (-1)^{L+1}$.因此若跃迁前后核能级的宇称相同时,γ 辐射只能有偶宇称,只可能是 M1,E2,M3,…辐射;跃迁前后核能级的宇称相反时,γ 辐射只能有奇宇称,只可能是 E1,M2,E3,…辐射.

γ 跃迁的概率随 L 的增加而变小.对相同的跃迁能量,2^{L+1} 极辐射的概率比 2^L 极辐射的要小 3 个数量级.而相同极次的磁辐射概率要比电辐射的小 2～3 个数量级.

2. γ 射线与物质的相互作用

核衰变中 γ 射线的能量一般在 10 keV～10 MeV 的范围内.γ 射线和物质的作用主要有以下三个过程.

(1) 光电效应:γ 光子被物质吸收而使原子电离,光电离使电子脱离原子的束缚.光子和原子发生光电效应的截面和 Z^5 成正比,并随 γ 射线能量的增大而减小.因此,低能 γ 射线比高能 γ 射线的光电效应截面大得多,重元素的光电效应要

比轻元素的强得多.

(2) 康普顿散射：当光子的能量比原子中电子的束缚能大得多时，所发生的和束缚电子的散射，可以看作是和自由电子发生的散射，γ 光子和电子碰撞而损失能量. 康普顿散射的截面大致和 Z 成正比.

(3) 光生电子对：光子通过物质时，将它的全部能量转换为一对电子，即正电子和电子的过程. 产生电子对的阈能为

$$h\nu_0 = 2m_e c^2(1 + m/M) \tag{5.4.29}$$

M 为吸收反冲能的原子核(或电子)的质量，因此在原子核电磁场中产生电子对的阈能接近于 $2m_e c^2$. 电子对效应的截面与 Z^2 成正比.

当准直的强度为 I_0 的 γ 射线穿过厚度为 d 的吸收物质时，它的强度 I 服从指数衰减规律

$$I = I_0 e^{-\mu d} \tag{5.4.30}$$

其中，μ 为吸收物质对 γ 射线的总吸收系数. 它包含了 γ 光子被介质吸收和散射而离开准直束的效应. 在实际应用中，吸收厚度常使用质量厚度单位，g/cm^2，相应的吸收系数用 cm^2/g 为单位.

这三种效应的截面如图 5.4.10 所示.

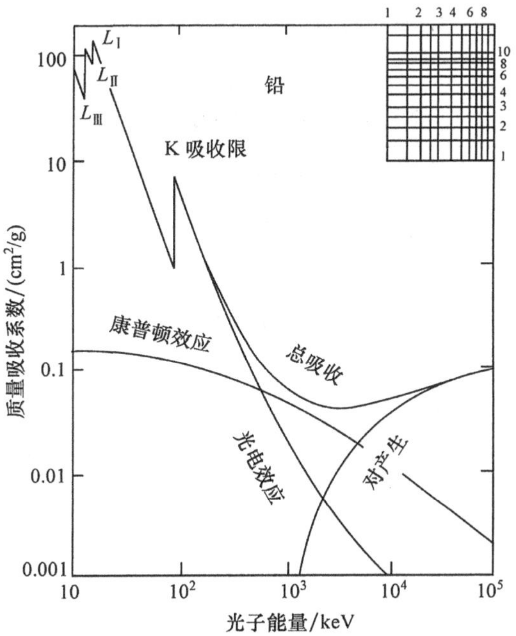

图 5.4.10　铅对光子的吸收系数

例 5.4.2　已知铅对 1 MeV 光子的总吸收系数约为 0.1 cm^2/g，若要将 γ 射

线强度减小一半,试问要用多厚的铅来阻挡?

解 射线强度 I_0 经厚度为 x 的吸收体后强度减为 $I, I = I_0 e^{-\mu x}$,其中 μ 称为线吸收系数,单位为 cm^{-1}.

已知铅的总吸收系数 μ_m 约为 0.1 cm^2/g,则 $\mu = \mu_m \rho = 0.1 \times 11.35\ cm^{-1}$,其中 ρ 是铅的密度.

$$\ln(I/I_0) = -\mu x, \qquad x = 0.61\ \text{cm}$$ □

5.4.5 放射性的应用

所有的放射性辐射都可能引起介质原子发生电离.核辐射对介质产生的效应的强弱可以用物体吸收辐射的剂量来度量其强度,即以在单位质量内沉积的能量来度量.吸收剂量的国际单位是以戈瑞(Gy, gray)为单位,有的场合也可看到用拉德(rad)为单位.1 Gy 定义为电离辐射在 1 kg 物质内沉积了 1 J 能量,1 Gy = 100 rad.辐射在吸收介质中引起的辐射效应(对材料的辐射损伤、对人体的生物效应)除了与吸收剂量有关外,还与辐射的种类和能量有关.不同种类的辐射引起的生物效应有很大差别.人们定义辐射的相对生物效应(RBE)来对各种辐射进行比较,以 γ 射线的因子为 1.将吸收剂量乘以相对生物效应而给出生物剂量当量,它的国际单位是希沃特(Sv,Sievert),过去也有用雷姆(rem)为单位,1 Sv = 100 rem,如表 5.4.2 所示.

表 5.4.2 常见的核辐射的 RBE

辐射种类	辐射能量	辐射权重因子
光子	所有能量	1
电子	所有能量	1
中子	<10 keV	5
	10~100 keV	10
	>100 keV~2 MeV	20
	>2 MeV~20 MeV	10
	>20 MeV	5
质子	>2 MeV	5
α 粒子、裂变碎片、重核	—	20

由表可看到 α 射线的相对生物有效因子最高能达 20.在地球上我们都会受到宇宙线的辐照、土壤中天然放射性物质的照射、吃食物、看电视等辐射,每年人体受到的

剂量当量在 1～2 mSv. 表 5.4.3 列出了人体受到各种辐射的剂量当量. 国际辐射防护委员会(ICRP)推荐核辐射工作人员与公众每年允许的全身吸收剂量当量为 50 mSv 和 5 mSv.

表 5.4.3　人体受到各种辐射的剂量当量

国家规定一般公众的安全剂量	5 mSv/年
宇宙线	0.45 mSv/年
吃食物	0.2 mSv/年
砖制房屋	0.4 mSv/年
吸烟 20 支/天	1 mSv/年
泥土、空气	0.5 mSv/年
CT	大于 3 mSv/次
胸部透视	大于 0.1 mSv/次

放射性物质由于射线对人体细胞的破坏,因此有很大的危害,在使用放射性的环境,必须注意和采取各种防护措施. 但另一方面放射性也有着广泛的应用价值. 下面简单地介绍几个方面.

1. 利用核衰变的指数衰变规律,测定生物的年代

例如^{14}C记年代法. 由于宇宙线中的中子与大气中的^{14}N可发生下面的反应:

$$ {}_0^1n + {}_7^{14}N \rightarrow {}_6^{14}C + {}_1^1H \qquad (5.4.31) $$

而${}_6^{14}C$是碳的一种同位素,是不稳定的,具有 β^- 放射性.

$$ {}_6^{14}C \rightarrow {}_7^{14}N + e^- + \bar{\nu} $$

衰变半衰期为 $T_{1/2}=5730$ a, $E_\beta=0.518$ MeV. 这两种过程即^{14}C的形成与衰变过程,经过相当长的时间后会达到平衡,使${}_6^{14}C$在大气中的含量成为恒定. 空气中${}_6^{14}C$和${}_6^{12}C$的比例约为 1.2 比 10^{12}. 活生物通过代谢等过程将含有与大气中相同比例的${}_6^{14}C$. 但当生物死去后,不再由大气中摄取 CO_2,于是它在活着时得到的^{14}C含量会由于衰变而减少,所以根据古生物中的^{14}C含量和活生物对照,就可以定出古生物的年代. ^{14}C的半衰期为 5730 年,它主要用于考古学中对有机物质的年代测定. 在地质年代测量中常用一些寿命与地球年龄相近的放射性,如铀系、钶系衰变系列,^{40}K($T_{1/2}=1.277\times10^9$ a, 0.0117%), ^{87}Rb($T_{1/2}=4.75\times10^{10}$ a, 27.83%)等长寿命核素.

2. 示踪方法

由于放射性核素和它的稳定同位素具有相同的化学性质,所以如果在系统内引入放射性同位素,通过探测放射性就可以对这种化学元素的活动和作用进行跟踪,这称为示踪方法. 它广泛地应用于工业(如测量地下管道的泄漏)、农业、医学、

生物学.放射性同位素也广泛用于诊断医学和治疗.例如放射性同位素^{131}I(半衰期为8天),可用来诊断甲状腺疾病,碘主要积存在甲状腺附近.^{131}I发射γ射线,通过测量^{131}I的分布及强度,可以诊断甲状腺肿瘤或甲状腺亢进.尤其是近年来探测技术、电子学及射线扫描仪成像技术的发展,在工业发达的国家,大约有三分之一的病人用核技术来诊断和治疗疾病.近年,用射线成像技术对人体(脑、心脏等)功能、人体新陈代谢的研究也有了很大的进展.

3.利用物质对射线的吸收特性

当α、β、γ射线经过物质时,由于物质对它的吸收或散射,射线中粒子的数目会减少.若一束平行的窄射线束的强度为I_0,通过厚度为d的物质后,还维持在原方向上运动的粒子强度I仍可用式(5.4.30)表示,即

$$I = I_0 e^{-\mu d}$$

其中,μ是比例系数,称为吸收系数,由射线的性质、能量和物质的特性决定.测量射线通过已知物质的减弱,就可以由公式来确定射线穿过的物质厚度或密度.对薄的、密度小的物质可利用α射线和β射线,对高密度物质或大块物质可利用γ射线对物质的穿透能力,以探测焊缝,采用成像技术制造出的工业CT(计算机断层扫描)可精确测定工件内部缺陷.另外各种测厚仪、流量计、料位计等已广泛应用.

4.辐照

放射性在它发现后不久就被应用于辐照治疗癌症.随着对辐照引起的化学、生物等过程的了解,利用光分解、辐射改性、辐照保鲜和消毒等应用已大量展开.

5.穆斯堡尔效应的应用

在核物理的研究工作中发明和发现的新原理和新技术在其他各领域,如生物、医学和凝聚态物理中得到广泛应用.在前面曾提到核磁共振技术,这里再介绍穆斯堡尔效应的应用.

原子核能级间的跃迁将伴随γ光子的发射和吸收.人们预期与原子光谱中存在共振吸收的情形类似,在原子核情形,当入射γ射线的能量等于原子核激发态的能量时,也应会发生共振吸收.但实验上很长时间没观察到.原因在于原子核发射或吸收射线时反冲作用的影响.

当原子核发射γ光子时,将会受到反冲.设γ光子的能量为E_γ、动量为P_γ,$P_\gamma = E_\gamma / c$.根据动量守恒,原子核的反冲动量P_R应等于P_γ.在非相对论情形,原子核获得的动能相应为

$$E_R = \frac{P_R^2}{2M} = \frac{P_\gamma^2}{2M} = \frac{E_\gamma^2}{2Mc^2} \tag{5.4.32}$$

其中M为原子核的质量.设发射γ光子相应的核能级间隔为E_0,由能量守恒

$$E_0 = E_\gamma + E_R \tag{5.4.33}$$

衰变能的大部分能量给了光子,很小一部分给了反冲核的动能E_R.由式(5.4.32)

和式(5.4.33),忽略$\frac{E_0}{Mc^2}$的高次项,得

$$E_\gamma = E_0 - E_R \approx E_0 - \frac{E_0^2}{2Mc^2} \tag{5.4.34}$$

同样,原子核在吸收 γ 光子时,也会发生反冲,只有当 γ 光子能量

$$E_\gamma' = E_0 + E_R = E_0 + \frac{E_0^2}{2Mc^2} \tag{5.4.35}$$

时,才能使能级间隔为 E_0 的原子核发生共振吸收. 这样原子核同一激发态 γ 射线的发射谱和吸收谱,其平均能量相差 $2E_R$. 如果这个差值大于核能级的宽度,原子核放射的 γ 光子就不可能为同种原子核的相应能级所共振吸收. 为了观察到 γ 射线的共振吸收,必须想法补偿反冲能量损失. 例如, ^{57}Fe 的第一激发态 $^{57}Fe^*$ 跃迁到基态时发出 14.4 keV 的光子,见图 5.4.11, $^{57}Fe^*$ 的半衰期为 9.8×10^{-8} s,可得它的能级宽度 $\Gamma\approx\hbar/\tau=6\times10^{-9}$ eV, $\Gamma/E\sim4\times10^{-13}$. 而当 $^{57}Fe^*$ 发射 γ 光子时 Fe 核的反冲能量 $E_R=\frac{E_\gamma^2}{2Mc^2}=\frac{(14.4\ \text{keV})^2}{2(53.022\ \text{GeV})}=0.002$ eV,比能级宽度要大 5 个数量级. 所以由 $^{57}Fe^*$ 发射的 γ 光子不可能引起 ^{57}Fe 核的共振吸收.

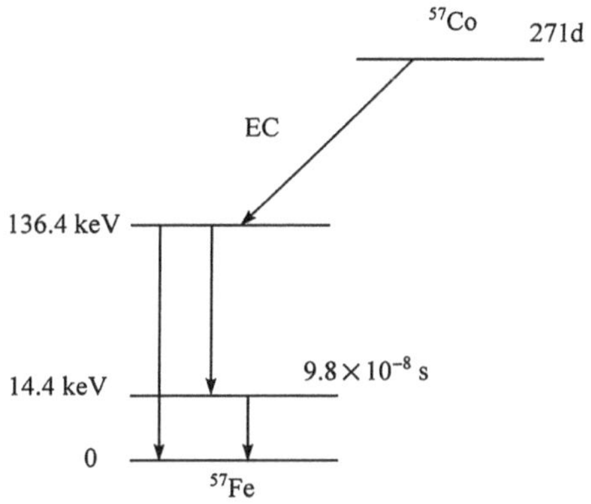

图 5.4.11　^{57}Co 的衰变纲图

1958 年,年轻的德国物理学家穆斯堡尔(R. L. Mössbauer)发现,可以采用一个更为聪明的方法:在固体晶格上的原子,受周围原子核的束缚,使反冲有效质量增大,因而反冲能量就很小,这样,整个过程可看成无反冲的过程. 这种效应称为穆斯堡尔效应,也称作无反冲共振吸收. 他将 ^{191}Ir 晶体作为 γ 射线(129 keV)的发射源,将 ^{191}Ir 晶体放在 88 K 低温下,观察到了共振吸收.

穆斯堡尔效应测量装置原理如图 5.4.12(a)所示,放射源和吸收体都可放在低温环境中,放射源放在一振动装置上,以不同速度 v 对吸收体作往返运动. 由于多普勒效应,对一个以 v 速度相对探测器移动的 γ 源,设 γ 射线的能量为 $E_{\gamma0}$,则探测器测到的能量 E_γ 为

$$E_\gamma = E_{\gamma0}\sqrt{\frac{1+v/c}{1-v/c}}$$

当 $v/c\ll1$ 时,可写成

$$E_\gamma = \left(1 + \frac{v}{c}\right)E_{\gamma 0} \tag{5.4.36}$$

其中 $E_{\gamma 0}$就是核跃迁的能量. 当 $v=0$ 时, $E_\gamma = E_{\gamma 0}$, 正好发生共振吸收. 吸收率随着 v 的变化如图 5.4.12(b)所示. 吸收曲线的宽度 Γ 约为核能级自然宽度的两倍.

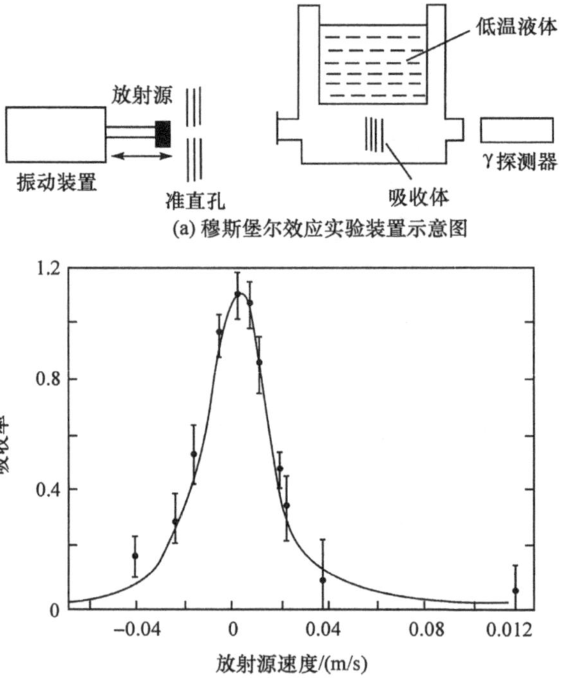

(a) 穆斯堡尔效应实验装置示意图

(b) ^{191}Ir的共振吸收曲线

图 5.4.12

因此穆斯堡尔效应可以有极高的相对精度, 如: 对^{57}Fe 的 14.4 keV γ 射线相对精度为 4×10^{-13}, 对^{67}Zn 的 93 keV γ 射线则有 5×10^{-16}. 所以, 由它可以测定核能级的自然宽度, 直接观测核能级的超精细结构以及用来验证广义相对论效应测量谱线的重力红移, 在地球表面附近, 高度相差 h 的两点观测光子的相对频率变化为

$$\frac{\Delta\nu}{\nu} = \frac{gh}{c^2} \approx 1.1\times10^{-16}h$$

1960 年, 庞德(R. V. Pound)和里布卡(G. A. Rebka)利用穆斯堡尔效应在实验室内测量了光子在重力场中频率的变化. 这是穆斯堡尔效应在基础研究中突出的成就.

穆斯堡尔效应还可作为研究原子核周围环境的灵敏探针, 而这种探针所提供的微观信息在物理学、化学、生物学、地质学和冶金学等学科得到广泛应用.

1) 同质异能移位的测量

核外电子在原子核所在位置的电场对核能级有一定的影响，引起能级的微小位移. 由于基态和激发态原子核的电荷分布不同，这种能级移动也不同. 基态和激发态引起的能级移动之差称为同质异能移位. 由于同质异能移位的大小与核外电子分布有关，利用穆斯堡尔效应测量同质异能移位，可研究核的不同化学环境.

2) 原子核的塞曼效应研究

由于核磁矩很小，因此在外磁场中核能级的分裂很小. 但应用穆斯堡尔效应仍能清楚分辨这些能级. 图 5.4.13 给出在外磁场中 ^{57}Fe 核能级的分裂和相应的跃迁. 图 5.4.14 给出几种铁样品的穆斯堡尔谱. (a)为 $FeCl_3$ 在无外磁场时的单一谱线，(b)为天然铁在外磁场中的谱，(c)为 α-Fe_2O_3 在外磁场中的谱.

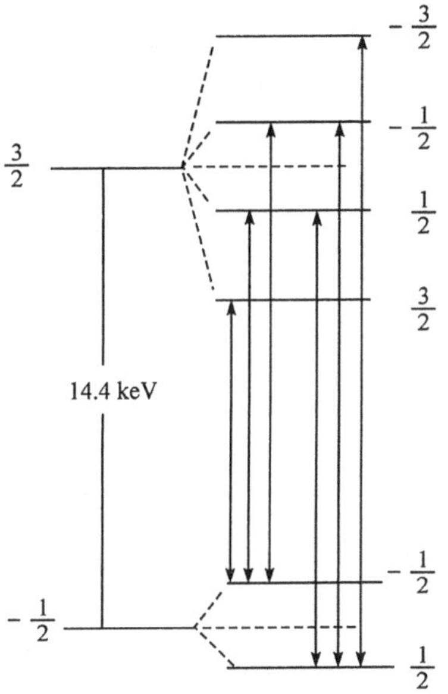

图 5.4.13　给出在外磁场中 ^{57}Fe 核能级的分裂和相应的跃迁

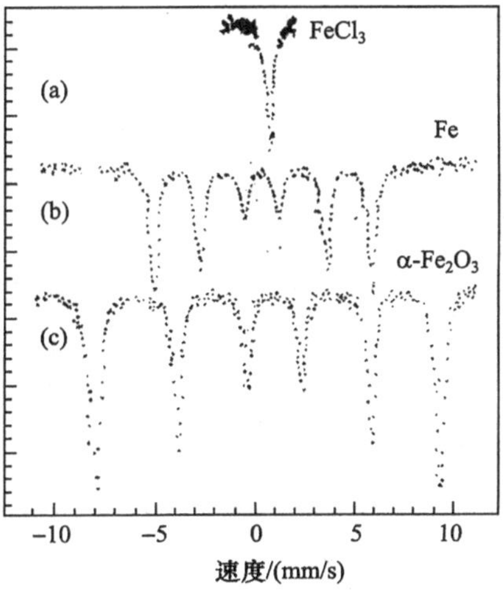

图 5.4.14　^{57}Fe 的穆斯堡尔谱

5.5　核　反　应

核衰变是不稳定的核素自发发生的过程，它总是向较稳定的核转变. 用粒子轰击靶原子核，当轰击粒子能量足够大，能非常接近原子核时，就会发生与普通的散射不同的事件，入射粒子与原子核会发生核反应. 在讨论卢瑟福散射时，我们已看到入射 α 粒子除了入射能量很大和碰撞参数足够小的以外，大部分是被散射，它们由于核的库仑位垒而被偏转到一边. 入射粒子能量低时散射是主要的. 而在能量高时，入射粒子或原子核非常接近另一个原子核，它们的距离达到核力的作用力程时，核反应就可以发生. 核反应可以提供关于核的内部信息.

下面讨论的核反应只限于讨论入射粒子与靶核反应而出射一个粒子及剩余核的简单过程. 暂不讨论那些核受到轰击后碎裂为许多碎片的反应. 核反应的过程可以与化学反应类似用反应方程来表示. 设靶原子核为 A 受到粒子 a 的轰击，生成 B 核及 b 粒子的过程可写为

$$A + a \longrightarrow B + b \quad 或 \quad A(a,b)B \tag{5.5.1}$$

如果反应产生的 b 粒子和入射粒子是一样的，这种过程就是散射反应，那 B 必然也与 A 相同. 假如反应后 B 和 b 的动能总和与反应前的相同，这就是弹性散射. 要使核反应过程能够发生，入射粒子必须很接近靶原子核，即必须进入核力的范围，在用带电粒子作射弹时必须要能克服库仑位垒，所以要用高速粒子，用放射源射出的 α 粒子或加速器产生的高能粒子，轰击靶. 表 5.5.1 给出一些典型的核反应，其中有些在核物理发展的过程中发现了新现象，具有开创性的作用. 例如：反应 9 就是历史上第一个人工的核嬗变反应，使一种元素转变为另一种元素. 1919 年，卢瑟福研究 α 粒子和轻核的散射，当用 ^{214}Po 的 α 粒子轰击氮原子核时，发现产生一种辐射，这种辐射在空气中的射程比 α 粒子要长. 在确认这种辐射粒子是质子后，才证实通过下面的反应是氮核被转变为氧核：

$$^{14}_{7}N + \alpha \longrightarrow ^{17}_{8}O + p \quad 或 \quad ^{14}_{7}N(\alpha, p)^{17}_{8}O$$

若干年后，1930 年在用 α 粒子轰击铍(Be)或硼(B)时发现了一种穿透性更强的辐射. 1932 年查德维克证实这种辐射实际上是中子，反应 5,7 和 8 发现了中子. 1930 年，考克拉夫(J. D. Cockcroft)和瓦耳顿(E. T. S. Walton)发明高压倍加器，把质子加速到几百 keV 实现了反应 3，这是第一个实验室中用加速器产生的射弹轰击靶产生的核转变反应. 反应 1,2 和 4 是用加速的质子和氘核与靶核反应产生中子，这些反应至今仍是常用的中子源. 1934 年，法国约里奥·居里夫妇用反应 10 第一个实现了产生人工放射性核素(^{30}P)的反应.

表 5.5.1　一些典型的核反应

反应	*Q* 值(MeV)	反应	*Q* 值(MeV)
1. $^{2}_{1}H(d,n)^{3}_{2}He$	3.268	6. $^{9}_{4}Be(\gamma,n)^{8}_{4}Be$	−1.666
2. $^{3}_{1}H(d,n)^{4}_{2}He$	17.571	7. $^{10}_{5}B(\alpha,n)^{13}_{7}N$	1.068
3. $^{7}_{3}Li(p,\alpha)^{4}_{2}He$	17.337	8. $^{11}_{5}B(\alpha,n)^{14}_{7}N$	0.154
4. $^{7}_{3}Li(p,n)^{7}_{4}Be$	−1.647	9. $^{14}_{7}N(\alpha,p)^{17}_{8}O$	−1.198
5. $^{9}_{4}Be(\alpha,n)^{12}_{6}C$	5.708	10. $^{27}_{13}Al(\alpha,n)^{30}_{15}P$	−2.642

注：γ 为伽马光子；n 为中子；p 为质子；d 为氘核；α 为阿尔法粒子.

5.5.1 核反应中的守恒定律及反应能 Q

大量实验表明,核反应过程要遵守:

(1) 电荷守恒.反应前后的总电荷数不变.

(2) 质量数守恒.

(3) 能量守恒.反应前后体系的总能量(静止质量能与动能的总和)不变.

(4) 动量守恒.

(5) 角动量守恒.

(6) 宇称守恒.

下面我们在默认已满足其他的四个守恒定律的前提下,讨论能量和动量守恒定律在核反应中的应用.

1. 反应能

核反应过程中释放出的能量 Q,称为反应能.因此反应能就是反应后的动能减去反应前的动能.核反应的方程也可以写成

$$\mathrm{A} + \mathrm{a} \longrightarrow \mathrm{B} + \mathrm{b} + Q \tag{5.5.2}$$

$Q>0$ 的反应叫做放能反应,$Q<0$ 的反应叫做吸能反应.

设 $E_{\mathrm{A}}, E_{\mathrm{a}}, E_{\mathrm{B}}, E_{\mathrm{b}}$,是靶核、入射粒子、剩余核和出射粒子的动能,$M_{\mathrm{A}}, M_{\mathrm{a}}, M_{\mathrm{B}}, M_{\mathrm{b}}$ 是相应粒子的静止原子质量.假设反应前后的粒子都是处于基态,我们可用原子质量来替代核的质量,根据能量守恒,有

$$E_{\mathrm{A}} + M_{\mathrm{A}}c^2 + E_{\mathrm{a}} + M_{\mathrm{a}}c^2 = E_{\mathrm{B}} + M_{\mathrm{B}}c^2 + E_{\mathrm{b}} + M_{\mathrm{b}}c^2$$

所以

$$M_{\mathrm{A}}c^2 + M_{\mathrm{a}}c^2 - M_{\mathrm{B}}c^2 - M_{\mathrm{b}}c^2 = E_{\mathrm{B}} + E_{\mathrm{b}} - E_{\mathrm{A}} - E_{\mathrm{a}}$$

于是根据定义

$$Q = E_{\mathrm{B}} + E_{\mathrm{b}} - E_{\mathrm{A}} - E_{\mathrm{a}}$$

一般情况靶核都是静止的,即 $E_{\mathrm{A}}=0$,所以上式可写成

$$Q = E_{\mathrm{B}} + E_{\mathrm{b}} - E_{\mathrm{a}} \tag{5.5.3}$$

同样反应能也等于反应前后静止能的减少,即

$$Q = (M_{\mathrm{A}} + M_{\mathrm{a}} - M_{\mathrm{B}} - M_{\mathrm{b}})c^2 \tag{5.5.4}$$

Q 值既可以通过实验测量反应前后各粒子的动能求得,也可以由已知的各粒子的原子质量算出.

例 5.5.1 已知 $\mathrm{M}(^2\mathrm{H})$: 2.014102u, $\mathrm{M}(^{16}\mathrm{O})$: 15.994915 u, $\mathrm{M}(^{17}\mathrm{O})$: 16.999133 u, $\mathrm{M}(^1\mathrm{H})$: 1.007825 u,试计算 $^{16}\mathrm{O}(\mathrm{d},\mathrm{p})^{17}\mathrm{O}$ 反应的 Q 值.

解 初始粒子的质量总和为 2.014102 u + 15.994915 u = 18.009017u;

反应后粒子的质量总和为 16.999133 u + 1.007825 u = 18.006958 u.

$$Q = 0.002059\ \mathrm{u} \times 931.480\ \mathrm{MeV} = 1.918\mathrm{MeV}$$ □

2. Q 方程

我们也可以通过实验测量反应中有关粒子的动能来得到 Q 值.由于剩余核的动能 E_B 一般较小,且有时它还不能穿出靶物质,根本无法测定.这样我们就需要综合利用动量守恒定律和能量守恒来求 Q 值.

用 $\boldsymbol{p}_a, \boldsymbol{p}_B, \boldsymbol{p}_b$ 分别表示粒子的动量,由动量守恒定律有

$$\boldsymbol{p}_a = \boldsymbol{p}_B + \boldsymbol{p}_b$$

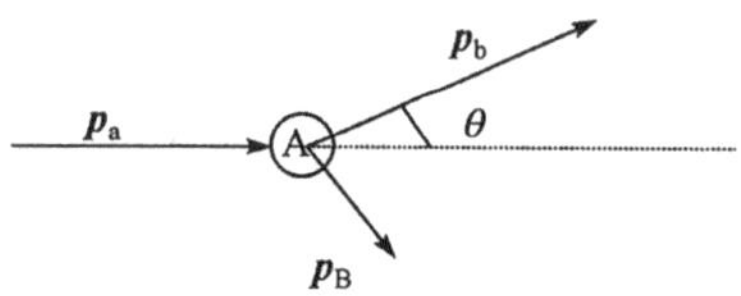

图 5.5.1　核反应中粒子的动量

设 θ 表示出射粒子方向与入射粒子方向的夹角,如图 5.5.1 所示.得

$$p_B^2 = p_a^2 + p_b^2 - 2p_a p_b \cos\theta$$

在动能 $E \ll mc^2$ 的条件下,m 是粒子的质量,可以用 $p^2 = 2mE$ 的关系,这样代入上式,再用式(5.5.3)消去 E_B 就可得

$$Q = E_b\left(1 + \frac{m_b}{m_B}\right) - E_a\left(1 - \frac{m_a}{m_B}\right) - \frac{2(m_a m_b E_a E_b)^{1/2}\cos\theta}{m_B} \tag{5.5.5}$$

一般求 Q 值时可以把式中的质量之比改写为质量数之比.

3. 反应阈能

对于吸能反应,$Q<0$,只有当入射粒子的动能大于一定数值时反应才可能发生.入射粒子的动能除了要提供体系所要吸收的反应能以外,还要提供反应产物必要的动能以保证动量守恒.为能够引起核反应,入射粒子所需的最低能量,称为该反应的阈能,用 E_{th}表示.

由式(5.5.5),可计算 E_b

$$(E_b)^{1/2} = \frac{(m_a m_b E_a)^{1/2}\cos\theta \pm \sqrt{m_a m_b E_a \cos^2\theta + (m_B + m_b)[(m_B - m_a)E_a + m_B Q]}}{m_B + m_b}$$

物理上有意义的反应过程 E_b 必定是大于零的实数.对于放能反应 $Q>0$,只要 $m_B > m_a$,那对 E_a 及 θ 的任何值,E_b 都能满足这条件.但对于吸能反应($Q<0$),入射 E_a 至少要大于一定的数值才能使上式的解为实数,即

$$E_a > \frac{-(m_B + m_b)Q}{m_B + m_b - m_a + m_a m_b(\cos^2\theta - 1)/m_B}$$

在 θ 为零时,E_a 有最小值,这就是吸能反应的阈能

$$E_{th} = \frac{-(m_B + m_b)Q}{m_B + m_b - m_a} \tag{5.5.6}$$

在阈能的公式中分子和分母都出现核质量,这时可以用质量数 A 来代替这些

相应核的质量,计算方便而引起的误差小于 0.001. 由于 Q 值相对于核的质量要小得多,可以写成

$$E_{\mathrm{th}}=\frac{-(A_{\mathrm{B}}+A_{\mathrm{b}})Q}{A_{\mathrm{B}}+A_{\mathrm{b}}-A_{\mathrm{a}}} \quad \text{或} \quad \frac{-(A_{\mathrm{A}}+A_{\mathrm{a}})}{A_{\mathrm{A}}}Q$$

5.5.2　反应截面

在讨论 α 粒子的卢瑟福散射时,我们已引入过截面的概念. 设一个厚度为 t 的薄靶,单位体积内的靶原子核数为 N,打在靶上的入射粒子数目为 n,与靶核发生反应的粒子数 n' 应与入射粒子数和靶核的数目成正比,单位面积内的靶核的数目为 Nt,即

$$n' \propto nNt$$

令这个比例系数为 σ,则

$$n' = \sigma nNt$$

因此

$$\sigma = \frac{n'}{nNt} = \frac{\text{发生的反应数(或出射粒子数)}}{\text{入射粒子数} \times \text{单位面积的靶核数}} \tag{5.5.7}$$

σ 称为反应截面,表示一个入射粒子与一个靶原子核发生反应的概率. 就如每个靶核占有一个有效面积 σ,如果入射粒子打在 σ 内就一定发生反应.

在推导上式时,实际上已引用了薄靶的概念,即认为入射粒子通过靶时它的能量基本不变,在靶内不同深度处穿过的入射粒子数都相同. σ 有面积的量纲,它的数量级应和原子核的几何面积相近. 截面的单位是靶恩(barn):1 靶恩(b) = $10^{-24}\mathrm{cm}^2$.

对于一定的入射粒子和靶核,往往有若干个反应道. 如果 n' 是发生的各种反应的总数,则相应的截面称为核反应的总截面. 如果 n' 是发生的某一种反应的数目,则相应的截面称为分截面.

例 5.5.2　用 10 MeV 的氘核轰击溴化钠(NaBr)靶,入射束流为 2 μA,靶厚为 3.0 mg/cm^2. 经过 10 min 的轰击,由 $^{23}\mathrm{Na(d,p)}^{24}\mathrm{Na}$ 反应产生的 $^{24}\mathrm{Na}$ 的活度是 5.08×10^5 Bq. 试计算这种反应的截面. ($^{24}\mathrm{Na}$ 具有 β^- 放射性,半衰期为 15 h.)

解　由 $^{24}\mathrm{Na}$ 的活度可以计算出反应所产生的 $^{24}\mathrm{Na}$ 核的数目 n'.

$^{24}\mathrm{Na}$ 的衰变常数 $\lambda = 0.693/T_{1/2} = 1.283\times10^{-5}\mathrm{s}^{-1}$

活度 $=\lambda n'$, $n' = 5.08\times10^5/1.28\times10^{-5} = 3.96\times10^{10}$

入射的氘核数

$$n=\frac{2\times10^{-6}\times600}{1.6\times10^{-19}}=7.5\times10^{15}(\text{个})$$

单位面积内的靶核数

$$Nt = \frac{3\times 10^{-3}\ \mathrm{g/cm^2}}{102.9\ \mathrm{g/mol}} \times 6.023\times 10^{23} = 1.76\times 10^{19}$$

$$\sigma = \frac{n'}{nNt} = -\frac{3.96\times 10^{10}}{7.5\times 10^{15}\times 1.76\times 10^{19}} = 0.3\times 10^{-24}(\mathrm{cm^2}) = 0.3\ (\mathrm{b})$$

实际上氘轰击 Na 时还会发生^{23}Na(d,n)^{24}Mg 和^{23}Na(d,α)^{21}Ne 反应. 所以我们只是计算了^{23}Na(d,p)^{24}Na 反应的分截面. □

核反应截面是十分重要的核数据. 理论上计算反应截面就要对核反应的机制有清楚、全面的了解,但正如核结构一样,至今仍没有一个完整的理论,所以只能用一些唯象的方法,根据实验事实推测反应机制,建立核反应模型.

在讨论入射粒子在核的平均场中的散射和吸收问题,而不涉及吸收后的过程时常用光学模型来计算截面.

实验中发现核反应截面随入射粒子的能量不同而不同. 在有些过程中,当入射粒子的能量增加时截面上升,而到某些确定值时截面出现很锐的峰,这种现象称为共振. 反应中存在这些特征能量,可能是靶核与入射粒子暂时合成一个量子力学系统(复合核),即当入射粒子能量加上它与靶核的结合能正好对应于复合核内某一激发态时,反应截面特别大. 这种模型称为复合核模型,该模型把核反应分成两步:入射粒子射入靶核后,与周围核子作用,不断损失能量,最后留在核内和靶核融成一体成为复合核;复合核衰变为出射粒子和剩余核.

复合核在解释共振现象时特别成功,但有些反应是它无法解释的. 在某些情况下,核反应是通过入射粒子与靶原子核中的少数核子直接作用而完成. 如削裂反应、拾取反应等. 削裂反应是指入射粒子打到靶核上,其中一个或几个核子被靶核俘获,其余部分继续飞行. 典型的反应如^{209}Bi(d,p)^{210}Bi,由于氘核中质子与中子的结合得很松,结合能只有 2.22 MeV,比原子核的平均比结合能要小很多,当它接近靶核时,容易被剥去中子,而质子被排斥. 拾取反应是指入射粒子与靶核作用时,从靶核中拾取一个或几个核子结合成较重的粒子而继续飞走的反应,如(p,d),(n,d),(p,t)等反应.

核反应现象是十分丰富的,特别是近年来发展起来的重离子核反应和利用放射性核束流的核反应,观察到了更为丰富的新的实验现象,通过对它们的研究,更加严格地检验已建立的核结构和核反应的模型理论,从而深化人们对核力与原子核内部运动规律的认识.

5.6 原子核的裂变和聚变

5.6.1 原子核的裂变

1. 核裂变的发现

1932 年发现中子以后,人们马上想到,由于中子不带电荷,它与靶核作用不受库仑势垒的阻挡,因此能量很低的中子就可能和核作用引起核反应.用中子束轰击重元素以寻找元素周期表中更重的新元素的工作引发了科学家很大的热情.1934年,意大利物理学家费米用慢中子轰击天然铀,产生了许多种放射性核素,大多具有 β^- 放射性.许多研究者把这些核素和超铀元素联系起来,认为发现了多种超铀元素.有的认为是产生了镭(^{231}Ra)和它的 β^- 衰变产物锕(^{231}Ac).基于对中子辐射实验产生的放射性核素的各种方法的分析,在1939年,哈恩(O. Hann)和斯特拉斯曼(F. Strassmann)宣布这种所谓“镭”是一个钡同位素,而曾经被认为是“锕”的核素是镧的一种放射性同位素.这个结论在当时是很难接受的,铀的原子序数 $Z=92$,而钡的原子序数是56,镧的为57,为什么中子轰击铀的产物会出现中等质量的原子核?梅特纳(L. Meitner)和费里希(O. R. Frisch)认为这是重核分裂为两个(或多个)质量相近的原子核的过程,称作裂变.这是一种新的反应.

1947年,我国物理学家钱三强和何泽慧首先观察到中子轰击铀时的三分裂现象.三分裂即裂变为三个碎片(其中一块是 α 粒子),三分裂发生的概率是很低的,约是二分裂的3‰.

裂变现象及其机制的研究是原子核物理的一个重要方面,裂变所释放的大量能量为人类提供了一个重要能源,1993年,世界上的核能源约占总能源的17%.这里仅简单介绍裂变的一些实验现象.

2. *自发裂变和诱发裂变*

(1) 自发裂变是原子核在没有外来粒子轰击的情形下发生的核裂变.由5.2节原子核结合能的讨论中知道,中等质量的核的结合能比重核的要大,因此裂变过程中会有能量放出.但实验发现,只有很重的核才能发生自发裂变,由此可见,有能量放出只是原子核自发裂变的必要条件.很重的原子核大多具有 α 放射性,重核衰变时 α 衰变和自发裂变是两种互相竞争的衰变方式.对于 ^{235}U,它的 α 衰变半衰期为 7.8×10^8 a,而自发裂变的半衰期为 3.5×10^{17} a,自发裂变比起 α 衰变可以忽略.$^{254}_{98}Cf$ 自发裂变的半衰期为60.5 d,自发裂变的分支比是99.7%,裂变是主要的衰变方式.

(2) 诱发裂变.在外来粒子的轰击下重原子核发生的裂变,称为诱发裂变.入射粒子进入靶核,组成复合核,除了带入的动能外还要释放结合能,因而使形成的复合核处于激发态.和 α 衰变的势垒穿透类似,原子核裂变也要穿透一个势垒.中等质量的原子核的裂变势垒很高,如 ^{173}Lu 的势垒高度为约28 MeV.而重核的势垒就比较低,对 ^{236}U 和 ^{239}U 的裂变,势垒高度分别为5.9 MeV和6.2 MeV.激发能和裂变势垒高度的差值决定了裂变概率的大小.如果激发能超过裂变势垒的高度,那裂变概率就显著地增大.

中子和其他粒子如p,d,α 和 γ 都能诱发核裂变.在诱发裂变中,中子诱发的裂变最重要,也研究得最多.由于中子和靶核的作用没有库仑势垒,能量很低的中子,例如热中子(其能量相当于温度 300 K 的粒子动能～0.025 eV)就可以进入核内，使核激发而发生裂变.

诱发裂变概率的大小用裂变截面 σ_f 来表示.裂变截面代表单位面积有一个靶核时入射一个粒子发生核裂变的概率.图 5.6.1 给出 ^{235}U 和 ^{238}U 的 σ_f 随中子入射能量的关系. ^{235}U, ^{233}U, ^{239}Pu 等都有很大的热中子裂变截面,这些核燃料中只有 ^{235}U 在自然界中天然存在,丰度为 0.7%;天然铀中主要是 ^{238}U,其丰度是 99.3%. ^{238}U, ^{234}U, ^{232}Th 只有在入射中子能量增高到一定数值时,才发生裂变,这样的裂变称为阈裂变.中子能量在裂变阈以下,裂变截面很小;在裂变阈附近裂变截面迅速增大.

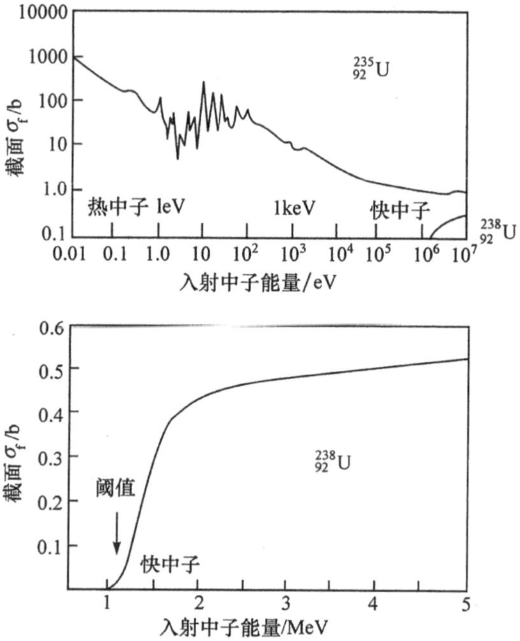

图 5.6.1　^{235}U 和 ^{238}U 裂变截面和能量的关系

3. *裂变产物*

原子核裂变成两个中等质量的裂变碎片后,在库仑斥力作用下,分离飞开的碎片具有很大的动能.两个碎片的总动能占裂变释放能量的绝大部分,约 80%.

裂变碎片又有较高的激发能,是很不稳定的原子核,这些碎片都是丰中子核.具有高激发能的碎片会放出 1～3 个中子,中子动能约为 5 MeV.放出中子后,初级裂变产物的激发能降到小于 8 MeV 不足以发射核子,这时它们还会以 γ 跃迁方式退激发.以上发射中子和 γ 射线的过程分别在裂变后小于 10^{-15} s 和 10^{-11} s 的短时间内完成.这些中子和 γ 射线称为瞬时裂变中子和裂变 γ 射线.例如

$$n + {}^{235}U \longrightarrow {}^{144}Ba + {}^{89}Kr + 3n \tag{5.6.1}$$

$$n + {}^{235}U \longrightarrow {}^{139}Xe + {}^{95}Sr + 2n \tag{5.6.2}$$

产物^{144}Ba,^{89}Kr,^{139}Xe和^{95}Sr都是丰中子的核素,经过β^-衰变或多次β^-衰变链,最后转变为稳定的核素.例如

$$^{139}_{54}Xe \xrightarrow{\beta^-} {}^{139}_{55}Cs \xrightarrow{\beta^-} {}^{139}_{56}Ba \xrightarrow{\beta^-} {}^{139}_{57}La$$

$$^{95}_{38}Sr \xrightarrow{\beta^-} {}^{95}_{39}Y \xrightarrow{\beta^-} {}^{95}_{40}Zr \xrightarrow{\beta^-} {}^{95}_{41}Nb \xrightarrow{\beta^-} {}^{95}_{42}Mo$$

其中$^{139}_{57}La$,$^{95}_{42}Mo$是稳定核.因此式(5.6.2)最后变为

$$n + {}^{235}U \longrightarrow {}^{139}La + {}^{95}Mo + 2n + 7e \tag{5.6.3}$$

β衰变半衰期一般是10^{-2}s或更长,比上述发射中子或γ射线的时间长得多.在β衰变过程中,偶尔也有些衰变中形成的核素,其激发能超过中子激发能,又有可能发射中子.这种在β过程中发射的中子称为缓发中子.缓发裂变中子的产量约占裂变中子总数的1%.

例 5.6.1　试计算式(5.6.3)的反应能.并估计1 kg铀释放的能量相当于多少TNT的炸药.

解　在计算反应能时,用U,La,Mo的原子量代替核质量.已知它们的质量分别为235.043 925 u,138.906 35 u,94.905 838 u和1.008 665 u,计算可得

$$\text{质量亏损}\qquad \Delta M = 0.223\ 07u$$

所以释放能量

$$Q = 0.22307 \times 931.494 = 207.78\ \text{MeV}$$

因此,一个^{235}U裂变释放能量208 MeV.1 kg ^{235}U如果全部裂变,则释放能量

$$N_A/235 \times 208 \times 1000 = 5.3 \times 10^{26}\ \text{MeV}$$

1 kg化学炸药释放的能量:炸药的元素成分为碳、氢、氧和氮,反应放出的能量是:

分子结合能约有1 eV的量级.取平均原子量为10,则释放的能量为

$$N_A/10 \times 10^{-3} = 6 \times 10^{19}\ \text{MeV}$$

1 kg ^{235}U相当于$(5.3\times10^{26})/6\times10^{19}$,约$9\times10^6$ kg TNT炸药.　□

4. 链式反应和裂变反应堆

裂变物质,例如^{235}U吸收一个慢中子后发生裂变,裂变中发射的中子又可以引起裂变物质发生新的裂变.这样一个使裂变反应持续下去的反应过程称为链式反应.

产生链式反应的最基本条件是:当一个核吸收一个中子而发生裂变,而裂变释放的若干中子如能再与其他核碰撞,有的可引起新的裂变,每次裂变又可产生若干中子.如果中子的再生率不小于1,则反应得以继续不断地进行,称为链式反应.如果中子再生率大于1,则反应愈来愈剧烈,裂变的数目按指数增长,如不控制就可

能引起爆炸.

对纯^{235}U的体系,若其体积很小,裂变中子大部分逃出体外,链式反应将会因中子再生率低于1而不能实现.能维持链式反应的最小体积称为临界体积,对于有反射层的^{235}U临界体积的球体半径约2.4 cm,相应的质量约1 kg.核燃料的运输和储存的过程中,都使燃料小于临界体积.裂变产生的中子会由于一些非裂变的核过程或几何尺寸而不能再引起裂变.原子弹使用时迅速将几块稍小于临界体积的核燃料同时挤到一起,这时将超过临界体积.随即就发生裂变链式反应的爆炸.由此可见,要实现可控的链式反应,需要一种适当的装置,这种装置称为反应堆.

根据引起裂变的中子能量,反应堆可分为热中子堆和快增殖中子堆.热中子反应堆,主要利用^{235}U热中子裂变截面很大的特点.如果将裂变中子的能量在吸收中子很弱的介质(称为慢化剂或减速剂)中迅速降低到热能,则由于^{235}U热中子裂变截面比^{238}U的吸收截面大得多,可以用天然铀或低浓缩铀来实现链式反应.反应堆要保持链式反应,但又不能使链式反应剧烈到不可收拾的地步,这就必须调节反应堆里的中子密度.将对热中子吸收截面很大的镉或硼做成柱形的棒作为控制棒,由控制棒插入活性区的多少可调节中子密度的变化.热中子反应堆中的慢化剂有用轻水和重水.用重水的称重水堆,由于氘对中子的慢化效率略高些,它的燃料可以不用浓缩铀.轻水堆的铀燃料一般是含~3%^{235}U的浓缩铀,它有压水堆和沸水堆两种.一个典型的压水堆的示意图见图5.6.2,在一级循环水系统中用高压水(~160大气压)流过堆芯同时起慢化剂和冷却剂的作用,(水温~315℃)带出热量,使二级循环系中的水产生蒸汽,驱动汽轮发电机组.

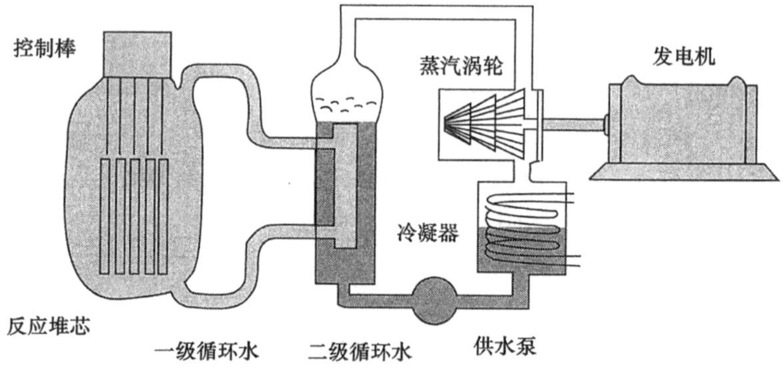

图5.6.2　压水堆示意图

快增殖堆的主要原理是在适当的运行条件下,裂变反应产生的中子可以和非裂变核素反应生产出更多的裂变燃料,即在反应堆中生成的燃料比消耗的燃料还多,实现燃料增殖.最常用的过程如图5.6.3,^{239}Pu是优质的裂变核素.一个^{235}U裂变平均产生2.4个中子,一个中子和^{238}U产生一个^{239}Pu,燃料增殖比的理论值可达 1.4,实际的增殖堆可达到～1.2.

反应堆中除了慢化剂和控制棒外,还有中子反射层以阻止中子逃逸损耗,防护墙以保护工作人员,以及热交换装置及冷却装置以提取反应堆中产生的热能和控制反应堆的温度.

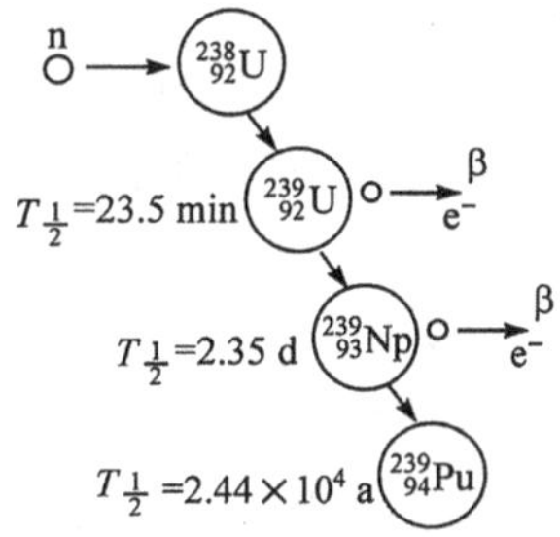

图 5.6.3　生产^{239}Pu的反应

反应堆除了作为能源外,还可以用来产生同位素如^{239}Pu,超铀元素^{252}Cf 或其他放射性核素等.反应堆还能提供中子源和 γ 辐射源.利用核反应堆产生的中子流和固体或液体样品的散射,通过观察中子的弹性散射可以了解样品的结构,通过中子的非弹性散射可得到物质的动力学知识.中子散射技术(在利用中子散射技术研究凝聚态物质的工作中做出先驱贡献的布罗克豪斯(B. N. Brockhouse)和沙尔(C. G. Shull)获 1994 年诺贝尔物理学奖)已被广泛应用于不同的领域,如新型陶瓷超导材料、高分子聚合物的弹性性质以及病毒的结构等研究项目.核反应堆已是开展原子核理论、固体物理、辐射化学、辐射生物学研究的重要设备.

5.6.2　核聚变

由原子核比结合能曲线图 5.2.2 可知,^{4}He 的比结合能是一个峰值,^{2}H,^{3}H,^{3}He,^{6}Li 及^{7}Li 的比结合能都比它小.因此如果这些核能合成^{4}He,则将能放出大量的能量.这种核反应叫做核聚变.

最易实现的核聚变反应是

$$^2_1\mathrm{D} + {}^2_1\mathrm{D} \longrightarrow {}^3_1\mathrm{T}(1.01\ \mathrm{MeV}) + {}^1_1\mathrm{H}(3.03\ \mathrm{MeV}) \tag{5.6.4}$$

$$^2_1\mathrm{D} + {}^3_1\mathrm{T} \longrightarrow {}^4_2\mathrm{He}(3.52\ \mathrm{MeV}) + {}^1_0\mathrm{n}(14.06\ \mathrm{MeV}) \tag{5.6.5}$$

$$^2_1\mathrm{D} + {}^2_1\mathrm{D} \longrightarrow {}^3_2\mathrm{He}(0.82\ \mathrm{MeV}) + {}^1_0\mathrm{n}(2.45\ \mathrm{MeV}) \tag{5.6.6}$$

$$^2_1\mathrm{D} + {}^3_2\mathrm{He} \longrightarrow {}^4_2\mathrm{He}(3.67\ \mathrm{MeV}) + {}^1_1\mathrm{H}(14.67\ \mathrm{MeV}) \tag{5.6.7}$$

其中氘(D)、氚(T)是氢的同位素,式中括号内的数字代表粒子携带的动能.一般来说,轻原子核聚变比重原子核裂变放出更大的比结合能.在自然界氘和氢的含量比是 1∶6700,由于海水中含有丰富的氘,所以聚变的氘燃料是非常充裕的.按现有的能量消耗计算,地球上的氘可足够使用 10^{11} 年(比目前估计的地球年龄 10^9 年还长!).由聚变反应提供的核能可由上面四个反应式来估计,整个反应可以归纳为

$$6\,{}^2_1\mathrm{H} \longrightarrow 2\,{}^4_2\mathrm{He} + 2\,{}^1_1\mathrm{H} + 2\,{}^1_0\mathrm{n} + 43\ \mathrm{MeV}$$

这相当于每克氘可产生 2.15×10^{24} MeV 的能量或 10^5 kWh,比起每克^{235}U 裂变产生的能量 2.3×10^4 kWh 要大得多;另外与裂变反应相比,聚变基本上没有放射性产物,相对较安全.所以利用聚变能是非常吸引人的,但是它的实现也是很艰巨和

困难的.

在宇宙中能量的主要来源就是原子核的聚变,太阳和宇宙中的其他恒星能长时间发光、发热都是由于轻核聚变的结果.

1. 太阳中的核聚变

太阳辐射巨大的能量 $\sim 3.85\times10^{26}$ W,是什么过程维持着太阳发光,持续地发射出巨大的能量? 100 多年前首先是由亥姆霍兹(H. Helmholtz)从学术观点来探讨这个问题,气体云在自引力的作用下塌缩而形成恒星,在塌缩过程中氢原子的位能转化为动能,而使中心的温度上升.随着温度的上升,压力也不断增加,而使塌缩停止.由引力塌缩,转换产生的热足以使太阳发光,但由太阳的质量、太阳辐射能量率来计算,太阳只可以维持约 1×10^7 年.当时,由生物学家和地质学家推测地球的年龄 3×10^8a,这和引力能的计算有很大矛盾.20 世纪发现了放射性,利用放射性考古推测地球的年龄及对陨石等的研究推测太阳的年龄应在 5×10^9a,显然引力能的释放不足解释太阳能的来源.随着相对论的出现($E=mc^2$)和 20 世纪 30 年代核物理的发展,提出太阳的能量是源于在引力作用的高温下的核反应——轻核的聚变.太阳和恒星中的主要元素是氢,由氢聚合为氦,释放出的能量是太阳中能量产生的主要机制.具体的反应过程主要有两种:

1) 质子-质子反应链

星体中都有大量的氢,最简单的过程就是

$$\mathrm{p}+\mathrm{p}\longrightarrow \mathrm{d}+\mathrm{e}^{+}+\nu$$
$$\mathrm{d}+\mathrm{p}\longrightarrow {}^{3}\mathrm{He}+\gamma$$
$${}^{3}\mathrm{He}+{}^{3}\mathrm{He}\longrightarrow \alpha+2\mathrm{p}$$

整个反应链的结果是

$$4\mathrm{p}\longrightarrow \alpha+2\mathrm{e}^{+}+2\nu+26.7\ \mathrm{MeV}$$

因为过程中有 β 衰变,这个反应必定是非常慢的.通常在地球上基本不可能观察到这种反应.然而对星体来说,时间是不成问题,而且有丰富的高能质子资源.根据氢核的密度与太阳中心的温度(1.5×10^7 K)可以估算这种反应可持续的时间(反应寿命)为 7×10^9 年.

2) CNO 反应链

$${}^{12}\mathrm{C}+\mathrm{p}\longrightarrow {}^{13}\mathrm{N}+\gamma$$
$${}^{13}\mathrm{N}\longrightarrow {}^{13}\mathrm{C}+\mathrm{e}^{+}+\nu$$
$${}^{13}\mathrm{C}+\mathrm{p}\longrightarrow {}^{14}\mathrm{N}+\gamma$$
$${}^{14}\mathrm{N}+\mathrm{p}\longrightarrow {}^{15}\mathrm{O}+\gamma$$
$${}^{15}\mathrm{O}\longrightarrow {}^{15}\mathrm{N}+\mathrm{e}^{+}+\nu$$
$${}^{15}\mathrm{N}+\mathrm{p}\longrightarrow {}^{12}\mathrm{C}+\alpha+\gamma$$

在反应链中碳核起催化作用,作用过程并没消耗掉,总的结果也是

$$4p \longrightarrow \alpha + 2e^+ + 2\nu + 26.7\ \text{MeV}$$

1938 年,贝特(H. Bethe)计算了这些反应的能量产生率,这个循环中 $^{14}N + p \longrightarrow {}^{15}O + \gamma$ 是最慢的,基本由这个反应决定了能量产生率.由于参加这些反应的原子核的电荷都相当大,所以它们的反应概率与温度有强的依赖关系.由图 5.6.4 可以看到在低温时 p-p 循环为主,在高温时 C-N 循环为主.

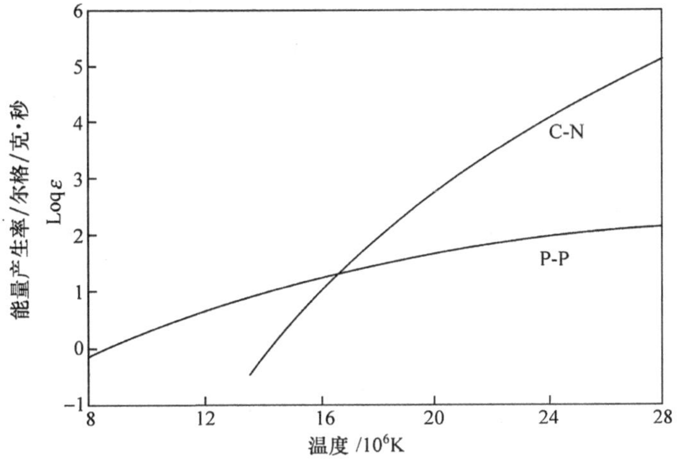

图 5.6.4　p-p 循环和 C-N 的能量产生率 ε 随温度的变化

对太阳这样的恒星,内部温度 $\sim 1.5 \times 10^7$ K,主要的聚变过程是质子-质子聚变.对质量更大的恒星,可有更高的温度,碳循环聚变会成为主要机制.一些更老的恒星,它们的核心温度超过 10^8 K,还会发生氦聚变.

2. 高温等离子体

参与聚变反应的核都是带正电的,相互间有静电斥力.所以要能发生聚变反应,入射核必须有足够高的动能来克服排斥力,使两个核能接近到 10 fm 之内而发生反应.入射核有大的动能,也就意味着要有高的温度才能产生和维持聚变反应.计算表明,对氘-氘聚变 $\sim 4 \times 10^8$ K,氘-氚聚变 $\sim 1.0 - 1.5 \times 10^8$ K,核才能有足够的能量克服库仑斥力,以实现聚变反应,这也是称为热核反应的原因.

在这样的高温条件下,原子是完全电离的.这些离子和电子都以很快的速度运动着.系统整体上是电中性的,这样的状态称为等离子体.宇宙中的星体、星河中的物质大部分是处于等离子体状态.在实验室人工条件下,例如气体放电、电弧等,也能实现等离子体.把等离子体加热到 ~ 10 keV 是实现聚变能的基本条件之一.主要加热手段有欧姆加热、高能中性粒子束注入加热和射频电磁波的共振吸收加热等方法.

利用聚变能的基本条件是要使热核反应能自持并产生能量,也就是说使能量的产生率大于能量的损失率.当两者处于平衡时,称等离子体是在临界状态或在临

界温度.设参与反应的是两种不同的核,聚变的反应率可以由

$$R_{12} = n_1 n_2 < \sigma v > m^{-3} s^{-1} \tag{5.6.8}$$

给出.其中$<\sigma v>$是反应截面和粒子速度的乘积的平均值,n_1,n_2 是参与反应的两种核的粒子密度,它们一般是在 10^{20} 粒子·m^{-3} 的量级.典型聚变过程的反应截面如图 5.6.5.由粒子速度的分布,可求得$<\sigma v>$.$<\sigma v>$随温度的下降而非常快地减小.在较低温度的情况,只是较快的粒子才对聚变有贡献.在式(5.6.4)~(5.6.7)的反应中,反应(5.6.5)产生的能量最多(17.6 MeV),有最大的反应截面及最低的阈温度,产生的中子能量有 14 MeV.但天然存在的氚极少,需要人工生产,这可通过锂的增殖反应产生氚

$${}^6_3\text{Li} + \text{n} \longrightarrow {}^4_2\text{He} + {}^3_1\text{H} + 4.8\ \text{MeV} \tag{5.6.9}$$

所以人工可能利用的轻核聚变反应,主要就是氘-氚和氘-氘两类.

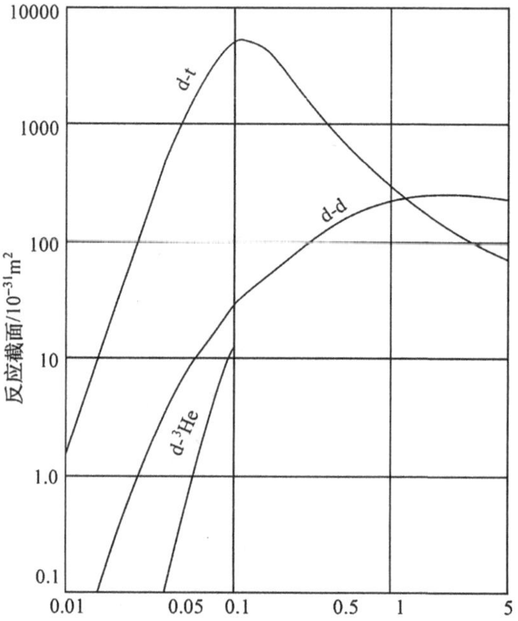

图 5.6.5　几种热核反应的反应截面

3. 约束

假如我们能在真空室中将氢气加热到所需温度,并且能防止它们和室壁接触(与器壁的碰撞会由于传导而损失大量的能量),那样就有可能形成自持的核聚变链.所以主要问题是将等离子体在足够长的时间内维持住而不和器壁接触.在星体中,当热核反应减慢时,恒星的巨大质量产生引力收缩,就足以使温度及压力再升高而使反应率升高.如太阳的中心,温度能维持在 1.5×10^7 K 的等离子体状态.这

种约束称为引力约束.

在实验室中约束的方法主要有两种:即惯性约束及磁约束.磁约束装置的原理是,由于等离子体是导电体,利用磁场和等离子体的相互作用(这种作用包括三个方面:即磁场对等离子体中每个带电粒子的洛伦兹力,以及由此对等离子体产生的宏观效果磁应力,和当等离子体有电流通过时,除外加磁场产生的作用力外,电流本身产生的磁场还会产生一种箍缩力)来控制使它约束在一定的区域内.目前最普遍的、最有希望的,是利用环形磁场称为环流器或托卡马克.托卡马克磁场线圈的示意图见图 5.6.6.我国的环流器二号已投入运行.惯性约束是利用强激光束或电子束,离子束从各方向同时照射到一个尺寸极小的聚变材料组成的小靶上,使物质在极短时间内达到高温、高密度状态.惯性约束的本质就是利用等离子体由于惯性还来不及迅速飞散的这段时间,发生足够多的聚变反应.

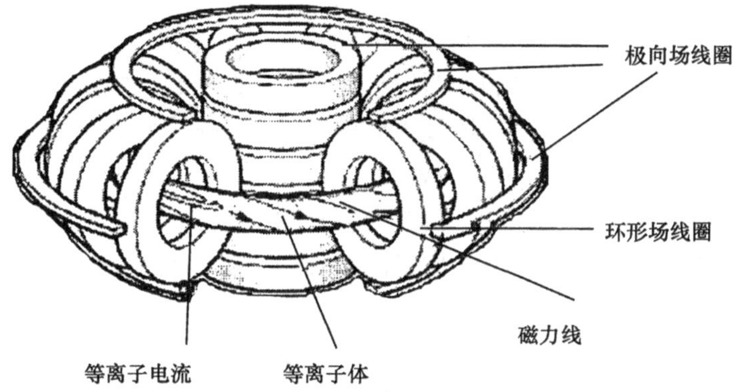

图 5.6.6 托卡马克磁场线圈示意图

4. *劳森判据*

劳森(J.D.Lawson)作了核聚变等离子体中的能量平衡计算,设等离子体中粒子密度为 n,加热到温度 T,能量维持时间为 τ_e.由聚变过程释放的能量,及对等离子体输出能量和各种工作条件的估计,劳森提出自持聚变反应的 $n\tau$ 值必须满足的条件,称为劳森判据.假设输出的能量经过效率为 η 的转换过程,重新回授给等离子体区域,用来维持核聚变反应.这样得到

$$n\tau \geqslant \frac{3T}{\dfrac{\eta}{1-\eta}\cdot\dfrac{Q}{2}<\sigma v>-\alpha T^{1/2}} \tag{5.6.10}$$

式中 Q 是聚变反应的功率密度,相当于一次反应放出的能量.α 是韧致辐射能量损失项中的常数.由式看到,聚变反应能量平衡要满足两个条件:即温度必须足够高及等离子体密度和约束时间的乘积要足够大.设 $\eta=1/3$ 时,对 D-T 反应的劳森判据给出,当等离子体温度为 10 keV 时,$n\tau=10^{20}\ \mathrm{m^{-3}\cdot s}$.而对于实际能源的聚变

反应堆,则有着更高的要求.劳森判据可以看成是聚变等离子体的一个重要指标.如果在实验上达到劳森判据要求的参数值,就论证了核聚变的科学可能性.美、日、欧等发达国家的大型常规托卡马克在短脉冲(数秒量级)运行条件下,做出了许多重要成果.1993年,美国TFTR(Tokamak Fusion Test Reactor)实现D-T反应,产生6 MW功率,1997年,欧洲的JET装置(英国)等离子体温度已可超过3亿度,脉冲聚变输出功率超过16 MW,Q值(表示输出功率与输入功率之比)0.65.所有这些成就都表明,在托卡马克上产生聚变能的科学可行性已被证实.

但这些结果都是在数秒时间内以脉冲形式产生的,与实际反应堆的连续运行仍有较大的距离,其主要原因在于磁容器的产生是脉冲形式的.受控热核聚变能研究的一次重大突破,就是将超导技术成功地应用于产生托卡马克强磁场的线圈上,建成了超导托卡马克,使得磁约束位形的连续稳态运行成为现实.中国科学院等离子物理研究所的HT-7超导托卡马克装置,最高电子温度超过3000万度.法国的超导托卡马克Tore-supra体积是HT-7的17.5倍,它是世界上第一个真正实现高参数准稳态运行的装置,在放电时间长达3.5 min条件下,产生600 MJ的能量.欧盟委员会已决定将实施"国际热核聚变试验堆"(International Thermonuclear Experimental Reactor, ITER)的建造计划,其目标是要建造一个可自持燃烧的托卡马克聚变实验堆,验证聚变反应堆的工程可行性,聚变输出功率可达500~700 MW,Q值(输出与输入功率之比)约5~10,计划将在2014年之前联合建造一座总功率为500万kW的热核反应堆.

要能利用核聚变能,由以上讨论可以看出,必须解决三个主要问题:(1)找到将等离子体温度加热的方法;(2)能控制及隔绝等离子体一定的时间;(3)建立聚变反应器,将聚变能直接而且经济地转换为电能.所有这些,都要求在理论结合实践的原则下开展研究工作,最终实现热核能源的有效利用.

习　　题

5.1　用均匀磁场质谱仪测量某一单电荷正离子,离子先在电势差为1000V的电场中加速,然后在1000Gs的磁场中偏转,测得离子轨道半径为18.2cm.试求(1)离子速度;(2)离子质量;(3)离子质量数.

5.2　计算下列各原子核的半径:$^{4}_{2}$He,$^{107}_{47}$Ag,$^{238}_{92}$U,设$r_0=1.45$fm.

5.3　试计算^{3}H,^{3}He,^{4}He核的比结合能B/A.已知它们原子量为$M(^3\text{H})=3.016\ 050$ u,$M(^3\text{He})=3.016\ 029$ u,$M(^4\text{He})=4.002\ 603$ u,$M(^1\text{H})=1.007\ 825$ u,$M_n=1.008\ 665$ u.

5.4　已知$^{34}_{16}$S的原子量$M=33.967\ 865$ u,求其质量亏损及比结合能.

5.5　计算动能分别为0.5 MeV,2.0 MeV,10 MeV和100 MeV的电子的德波罗意波长.

5.6　试由β稳定线经验公式分别确定^{57}Ni和^{140}Xe经β衰变生成的β稳定性核素,并分别写出它们的β衰变链.

5.7　根据壳模型给出$^{63}_{29}Cu$,$^{64}_{29}Cu$核基态的自旋和宇称.

5.8　试由核壳层模型求^{7}Li核基态的自旋.

5.9　根据核模型给出$^{9}_{4}Be$,$^{14}_{7}N$,$^{37}_{17}Cl$核基态的自旋和宇称.

5.10　实验测得^{210}Po的α粒子能量为5.3 MeV,试求其衰变能.

5.11　计算$^{27}_{13}Al$的核半径及对α粒子的位垒;若动能分别为5.3 MeV和8.6 MeV的α粒子射向核,试给出它们可靠拢的最近距离.

5.12　利用核素质量,计算$^{3}_{1}H \to ^{3}_{2}He$的β谱的最大能量.

5.13　氚β衰变的半衰期为12.33年(a),求1ml氚发出的β^-粒子的强度.

5.14　样品中含RaE(即核素$^{210}_{88}Bi$)4.0 mg,它的半衰期为5.01天(d),放出的β粒子的平均能量为0.33 MeV,试求样品的能量辐射率 W.

5.15　(1) 已知$^{137}_{55}Cs$核具有β^-放射性,它放出的两组电子的最大能量为1.176 MeV和0.515 MeV,同时放出γ射线,能量为0.661 MeV,试说明此过程并给出它的衰变图.

(2) 已知$^{137}_{56}Ba$核外K层电子的电离能$E_K=37$ keV,L壳层的电离能$E_L=6$ keV,试给出内转换电子的能量;

(3) 实验中探测到能量为31 keV的X射线,试说明它的来源.

5.16　核反应$^{16}O + d \longrightarrow ^{17}O + p$,试计算此反应中释放出的能量.已知$M(^{16}O)=15.994\ 915$ u,$M(^{17}O)=16.999\ 133$ u,$M(^{2}H)=2.014\ 102$ u.

5.17　天然铀中^{238}U组分的含量为99.27%,^{235}U组分含量为0.72%.它们都具有α放射性,^{238}U的半衰期为4.5×10^9a,^{235}U的半衰期为7.05×10^8a.可以认为在元素形成时,它们的数量应是相同的,试由此估算地球的年龄.

5.18　活的树木中每克碳的计数是每分钟(16.1 ± 0.3)个.用计数效率为(5.40 ± 0.14)%的探测器来测量考古样品,考古的木样品中含碳8 g重,用探测器测到每分钟计数为(9.5 ± 0.1)个,而没有样品时的本底计数是(5.0 ± 0.1)个.已知^{14}C的半衰期为5730 a,试估计此样品的年代.

5.19　^{113}Cd核吸收热中子的截面$\sigma_\alpha=21000$ b($10^{-24}cm^2$),镉的密度为8.7 g/cm^3,若要使中子束的强度减到0.01%,问要用多厚的镉片?

5.20　设一大湖容量为20 500 km^3,计算水中全部的氘原子可释放的聚变能.已知氘的丰度为0.0156%.

5.21　实验测得$^{241}_{95}Am$原子光谱的超精细结构由六条谱线组成,已知相应原子能级的电子总角动量大于核的自旋,试求$^{241}_{95}Am$核的自旋.

5.22　$^{130}_{52}Te$可以经双β^-衰变生成$^{130}_{54}Xe$,试计算此两核素的基态的能量差.

5.23　已知^{238}U每次衰变放出一个α粒子,实验测得1mg ^{238}U每分钟发射740个α粒子.试计算^{238}U的半衰期.

5.24　入射氘核的能量为0.150 MeV,发生$^{3}H(d,n)^{4}He$反应,问在90°和0°方向出射的中子的能量是多大?

5.25　$^{3}H(p,n)^{3}He$是常用作中子源的一种反应.反应的Q值为-0.764 MeV.

试计算(1)阈能;(2)当入射质子动能为1.120 MeV时,在30°方向出射中子的能量.

第 6 章　粒 子 物 理

在 20 世纪 30 年代发现了中子，人们在原子和原子核层次上研究物质的微观结构，原子是由原子核和电子构成的，原子核由质子和中子组成；原子和原子核在不同状态间跃迁的过程中发射光子、电子和中微子.许多人认为已找到了物质的最基本的构成成分，它们只是少数几种基本粒子：质子、中子、电子、中微子和光子.然而物质世界并不这样简单.

1932 年发现了第一个反粒子——正电子之后，在宇宙线的研究中又发现了 μ 子(它的特性就像是质量比电子大得多的重电子)和一些新的短寿命粒子.这些粒子和原子及原子核的组成并没有直接关系.20 世纪 50 年代以后，在粒子加速器上进行的高能物理实验(加速粒子能量达到几百 MeV 或更高的能量)发现了更多的新粒子，一些短寿命、性质类似核子的粒子，如 Δ 粒子称为核子激发态、比 π 介子更重的介子激发态以及它们的反粒子(一般在粒子符号的上面加一横杠来表示反粒子，如用 $\bar{\mathrm{p}}$ 表示反质子)这样的粒子.至今各种粒子的数目已达四百多种，大大超过了化学元素的数目.于是诞生了一门研究这些粒子的性质、相互作用、相互转化规律和内部结构的学科——粒子物理学.

6.1　高能加速器和粒子探测器

粒子的尺度 R 都是非常小的，核子的大小约为 1 费米($1\ \mathrm{fm}=10^{-15}\ \mathrm{m}$).探索这些粒子的内部结构细节，需要波长很短的“显微镜”.我们知道动量为 p 的粒子的德布罗意波长 $\lambda=h/p$，因此要求 $p>h/R$，若 $R\sim1\ \mathrm{fm}$，则要用能量大于 200 MeV 的高能粒子来作探针.另外，除了光子、电子、质子等少数几种粒子，其余粒子大多数都是不稳定的.自由中子的平均寿命较长，约 15 min，其他各种粒子的寿命大多在 $10^{-6}\sim10^{-16}$ s 范围内，共振态粒子的寿命只有 10^{-24}s.粒子物理研究的对象绝大部分存在的时间都非常短.要研究这些粒子，首先要产生它们，并立即进行测量.为要产生一个质量为 m 的粒子，根据爱因斯坦的质能关系至少要有 $E=mc^2$ 的能量.所以为寻找或产生新粒子及研究粒子内部结构的先决条件是要有足够高的能量，因此粒子物理有时又称高能物理.目前主要靠高能加速器提供高能量的质子或电子束，由它们互相对撞或用它们与靶核碰撞来进行实验.

6.1.1 加速器简介

自从 20 世纪 30 年代初建成第一台加速器以来,加速的能量已从几百个 keV 提高到 TeV(10^{12} eV),加速粒子的种类从电子、质子、氘核到包括铀的重元素离子.加速器按能量大小通常划分为三个能量区域:能量小于 100 MeV 的叫做低能加速器;100 MeV 到 1 GeV 的叫做中能加速器;能量大于 1 GeV 的加速器叫做高能加速器.最近的估计,全世界约有 10 000 台粒子加速器,其中绝大多数是低能加速器,主要用于工业辐照、离子注入、医学诊断治疗等.目前世界上高能加速器中能量最高的是美国的费米国家实验室(简称 Fermilab)的 1 TeV-1 TeV 质子-反质子对撞机(Tevatron)、德国 DESY 的 30 GeV 电子-820 GeV 质子的 ep 对撞机(HERA)和美国布鲁克海文国家实验室的相对论重离子对撞机(RHIC)可加速金离子 100 GeV/Nu(每个核子 100 GeV).我国高能物理研究所在 1987 年建成 2.7-2.7 GeV 的北京正负电子对撞机(BEPC)及兰州近代物理研究所建成高性能的放射性束流线及重离子冷却储存环装置(~1 GeV/Nu).CERN 正在建造 7 TeV-7TeV 的大型强子对撞机(LHC),其束流亮度(每平方厘米每秒的粒子数)指标是 10^{34} $cm^{-2}\cdot s^{-1}$.国际上正在开展 1 TeV 能量电子直线对撞机的预研究.图 6.1.1 是曾建造的加速器的能量和年份.

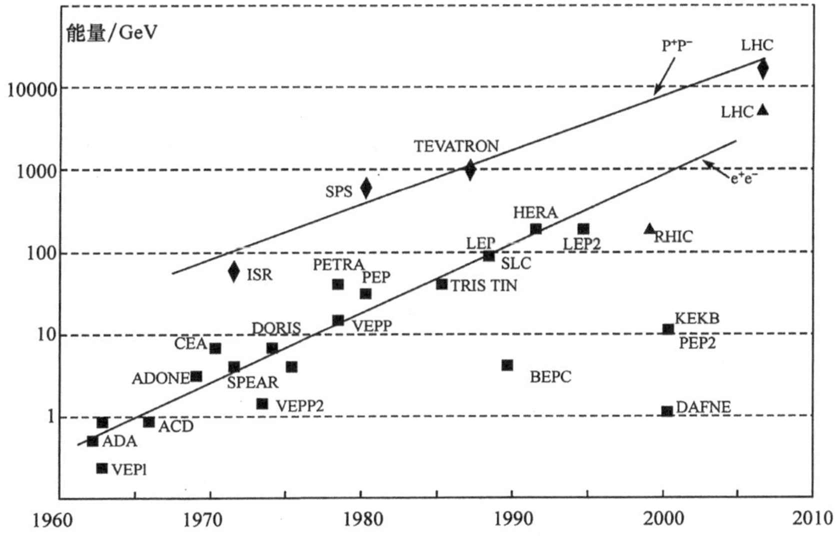

图 6.1.1 已建造的加速器年份和能量

加速器按其加速粒子的方法分类有:高压倍加器、静电加速器、回旋加速器、同步回旋加速器、同步加速器和直线加速器等.它们具有不同的能量范围及用途.

当一个具有能量为 E 的粒子去轰击靶时,由于能、动量守恒,它的大部分能量被用作反应产生的次级粒子的动能.在粒子反应中我们用质心系总能量 E_{cm}作为反应的有效能量,根据多粒子体系的相对论能量的关系式

$$(\sum E_i)^2 - c^2(\sum \boldsymbol{p}_i)^2 = \text{常数} \tag{6.1.1}$$

其中,E_i 表示体系中每个粒子的能量,$\boldsymbol{p}_i$ 是该粒子的动量,此常量和坐标系的选取无关.在质心系统中各粒子动量的矢量和为零,即 $\sum \boldsymbol{p}_i^* = 0$.设此常量为 E_{cm}^2,E_{cm}是质心系总能量.所以当以能量为 E,动量为 $\boldsymbol{p}$ 的质子去轰击静止的质子靶时,设质子的静止能量为 ε_0,则

$$E_{cm}^2 = (E + \varepsilon_0)^2 - p^2c^2 = 2\varepsilon_0^2 + 2E\varepsilon_0$$

在入射粒子的能量比粒子的静止质量能大很多,即 $E \gg \varepsilon_0$ 时,

$$E_{cm} = \sqrt{2E\varepsilon_0} \tag{6.1.2}$$

由此可见,E_{cm}比 E 要小得多.

如果能量都为 E 的两个相反方向运动的同种粒子对撞,则两个粒子的能量可全部用于粒子反应

$$E_{cm} = 2E \tag{6.1.3}$$

例如两个能量为 1 TeV 的质子对撞,其有效能和以能量为 2000 TeV 的质子轰击静止质子时的有效能相当.

实现两束相对运动的粒子对撞的设备叫对撞机.近年来,在粒子物理中的一系列重大发现和研究成果,几乎都是在对撞机上获得的.如 Ψ 粒子和 τ 轻子的发现,Z_0、$W^{\pm}$粒子存在的实验证实及费米实验室关于顶(Top)夸克的发现.20 世纪 60 年代以来,先后建成 e^+-e^-,$p-\bar{p}$,$p-p$,$e-p$ 对撞机.对撞机实际是加速器的复合体.目前世界上建成的最大的对撞机是西欧粒子物理中心的大型正负电子对撞机(LEP,质心能 200 GeV,加速器周长 27 km)和美国费米实验室的质子-反质子对撞机(Tevatron,直径 2.2 公里,质心能 2 TeV),图 6.1.2 是它的示意图.

在 4.7.4 小节中,我们已讨论过同步辐射,一个作圆周运动的相对论粒子(速度～c),它发出辐射的功率为

$$P \approx \frac{e^2 c}{6\pi\varepsilon_0 r^2}\gamma^4$$

其中,r 是曲率半径,γ 是洛伦兹因子.同步辐射的功率与 γ 的四次方成正比,对相同能量与曲率半径,质子的同步辐射是电子的 1×10^{-13}.对 LEP 来说,正负电子由同步辐射损失的功率～10 MW,因此要建造 TeV 能量的环形电子对撞机几乎是不可能的.国际上正在建造的有西欧粒子物理中心大型强子对撞机(LHC,质心能 14 TeV),预期在 2007 年建成,正在研制的有 500 GeV 和 1000 GeV 的电子直线对撞机.对撞机对粒子物理实验,在粒子种类及亮度上比起固定靶加速器实验有一定的限制.

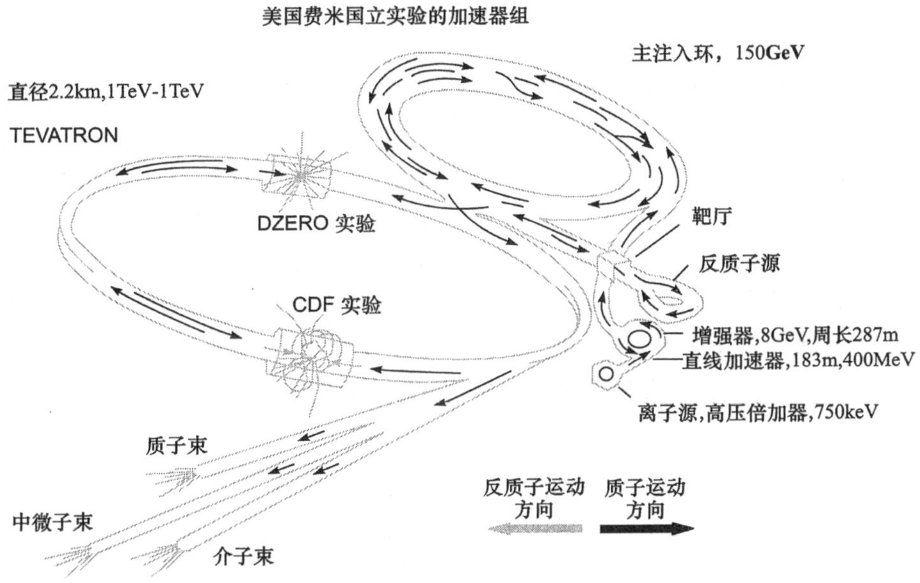

图 6.1.2 美国费米实验室的质子-反质子对撞机示意图

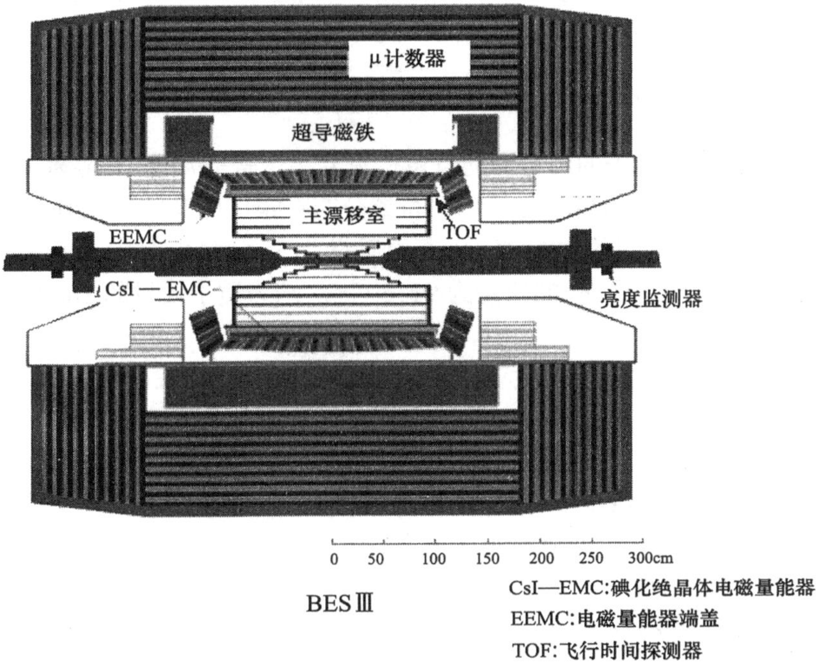

图 6.1.3 北京谱仪的示意图

6.1.2 粒子探测器

进行高能物理实验,除了需要有高能加速器和庞大的实验区提供高能粒子束流之外,还需要有各种探测设备来测量作用前后所有初、末态粒子的类型、数目、角分布、动量分布和能量等参量.高能物理实验中每个作用事例的数据信息量很大,而且要求在极短的时间内(1 μs～15 ns)完成事例判别、获取及处理.

粒子物理的实验装置要根据实验的目标选用探测器,图 6.1.3 是北京正负电子对撞机上的谱仪示意图,包括:超导磁铁提供轴向的均匀磁场;主漂移室测量带电粒子的动量(由粒子在磁场中径迹的曲率半径确定粒子动量)和能量沉积率;飞行时间谱仪测量粒子的速度;电磁量能器测量电子和光子的能量;μ 计数器识别μ 子.

6.2 粒子的基本性质和分类

6.2.1 粒子的基本性质

每一种粒子都有一些特征的物理性质把它和其他粒子区分开来,下面介绍一些主要物理量.

1. 质量

质量是粒子最基本的性质(这里指的是粒子的静止质量 m_0),测定粒子质量是分辨粒子的一种基本方法.质量和粒子在自由状态下的能量 E 和动量 p 有如下关系:

$$m_0 = \frac{1}{c}\sqrt{\left(\frac{E}{c}\right)^2 - p^2} \tag{6.2.1}$$

c 为真空中的光速,粒子的质量和能量单位只差一个普适常数 c^2.在粒子物理中常直接用能量来表示质量.各种粒子的质量谱分布在很广的范围内.例如光子的质量几乎为零,目前测量到的质量值:光子的质量小于 6×10^{-17} eV,电子的质量为 0.511 MeV,中间玻色子 Z^0 的质量为 91.2 GeV,约为质子质量的 100 倍.

2. 寿命

已发现的数百种粒子中绝大多数都是不稳定的,会自发衰变,即在产生之后会自发转变成其他种类的粒子.每种粒子在衰变前平均存在的时间称为平均寿命.粒子的衰变实际上是通过某种相互作用转化为质量较轻的粒子.每个衰变过程的相互作用可能是强作用、电磁作用和弱作用,通过强作用发生衰变的粒子寿命最短.各种粒子的衰变寿命有很大差别,例如

$\Delta^{++} \longrightarrow p + \pi^+$	(强作用)	$\tau = 5\times10^{-24}$ s
$\pi^0 \longrightarrow \gamma + \gamma$	(电磁作用)	$\tau = 8.4\times10^{-17}$ s
$\Lambda^0 \longrightarrow p + \pi^-$	(弱作用)	$\tau = 2.632\times10^{-10}$ s
$n \longrightarrow p + e^- + \bar{\nu}$	(弱作用)	$\tau = (887.0\pm2)$ s

在已发现的粒子中，目前实验上还未观察到衰变行为的只有电子、质子、中微子和光子及它们的反粒子．粒子物理中把凡是不能通过强作用衰变的粒子称为“稳定”粒子．

量子效应决定了不稳定粒子的质量有一定的自然宽度 Γ，它和粒子的寿命 τ 之间满足关系式

$$\Gamma\tau \geqslant \hbar \tag{6.2.2}$$

不稳定粒子的寿命常用宽度来描写，例如 ρ 介子的质量为 (769.9 ± 0.8) MeV，它的质量宽度为 $\Gamma=(151.2\pm1.2)$ MeV 相当于 $\tau=4.3\times10^{-24}$ s.

3．电荷

粒子所带的电荷都是电子电荷的整数倍，电子电荷的实验值为

$$|e|=1.602\ 177\ 33(49)\times10^{-19}\ \mathrm{C}$$

其中括号内的数字表示最后两位数的误差值．现在已发现的各种粒子中的电荷绝对值最大的为电子电荷的 2 倍．

4．自旋

自旋是粒子的固有角动量，它的大小是粒子的固有属性．各种粒子具有不同的自旋量子数，自旋量子数 J 的值只能是整数或半整数．每个粒子都有确定的、唯一的角动量量子数 J，例如光子的 J 为 1，电子、μ 子、质子和中子的 J 都为 1/2，π 介子和 K 介子的自旋为零．Δ^+ 的自旋为 3/2．在前面第 4 章中已经指出，具有半整数自旋(1/2，3/2，5/2 等)的粒子称为费米子，具有整数自旋(0，1，2 等)的粒子称为玻色子，它们服从不同的统计规律，具有不同的特性．例如费米子和反费米子只能成对地产生和湮灭．

5．同位旋

在核物理中我们已经知道核力与电荷无关，即质子和中子参与强作用时它们的相互作用行为基本相同．在粒子物理中 π^+、π^- 和 π^0 之间也具有明显的强作用相似性．这个特性可以归结为这些粒子在强作用中可视为同一种粒子，属于同位旋的多重态．π^+、π^- 和 π^0 是同位旋矢量 I 为 1 的粒子，它们的差别只是同位旋矢量在同位旋空间中特定方向上的投影(称作第三分量)不同，分别为 +1，0，−1．在强作用过程中同位旋是守恒的，所以同位旋是表征强相互作用粒子的一个重要的物理量．

6．内禀宇称

宇称是描述粒子运动状态的空间波函数在空间反演下的特性．对于粒子的内部波函数，在空间反演下也应有相应的宇称．可以证明，只有纯中性粒子，如 γ 和 π^0，具有确定的内禀宇称．γ 和 π^0 的空间宇称都为负(奇)的，γ 的自旋为 1，在粒子数据表中以 J^{P} 为 1^- 表示；π^0 的自旋为 0，$J^{\mathrm{P}}=0^-$。对具有整数自旋的粒子，根据它的宇称，人们常形象地称 $J^{\mathrm{P}}=0^+$ 的粒子为标量粒子，0^- 的粒子为赝标量粒子，

1^-的粒子为矢量粒子,1^+为赝矢量粒子,自旋为2的粒子为张量粒子。对于相加性量子数(如电荷数,重子数等)不为零的粒子内禀宇称只有相对意义.一般作如下规定,使粒子具有确定的宇称:

(1) 核子(中子和质子)的内禀宇称为(+1),它们的 J^P 为$(1/2)^+$.

(2) 一组同位旋多重态的成员的内禀宇称相同.如π^+、π^-和π^0的宇称都是(−1).

(3) 对于奇异粒子,规定K介子的宇称为(−1),Λ^0的宇称为(+1).

由量子场论可以证明:正反费米子的宇称相反;正反玻色子的宇称相同.基于上面的这些规定和一些守恒定律,可以由实验确定粒子的内禀宇称.

6.2.2 粒子的分类

粒子的种类很多,需要分门别类地研究.根据粒子的性质,即质量、电荷、自旋和参与相互作用的情况等,粒子可以有不同的分类方法.例如,按照自旋可以将粒子分为费米子和玻色子两类.目前粒子物理中主要是按粒子参与相互作用的性质来分类,把粒子分为三大类:规范玻色子、轻子和强子.

1. 规范玻色子

规范玻色子(场量子)是传递各种相互作用的粒子.量子场论认为各种相互作用都是由交换相应的规范粒子(有时也称为场粒子)来传递的.场量子都是玻色子,电磁作用、弱作用和强作用过程中交换的都是自旋为1的粒子.到目前为止,有直接的实验证据的是:

传递电磁相互作用的规范玻色子是光子;

传递弱作用的规范玻色子有三种,即带正电荷的W^+、带负电荷的W^-和中性的Z^0.

传递强作用的规范玻色子是胶子(gluon),理论预期它的质量为0,实验间接地证实了它的存在.表6.2.1给出规范玻色子的一些主要特性.

表 6.2.1 规范玻色子

粒子	符号	电荷	质量	自旋,宇称	寿命(s) 质量宽度 Γ
光子	γ	$0(<5\times10^{-30}\,e)$	$0(<6\times10^{-17}\,\text{eV})$	1^-	稳定
W 粒子	W	$\pm1\|e\|$	80.425 GeV	1	2.124 GeV
Z 粒子	Z	0	91.187 6 GeV	1	2.495 2 GeV
胶子	g	0	0	1^-	

2. 轻子

轻子都是费米子,不参与强相互作用. 它们参与弱相互作用,带电轻子也参与电磁相互作用. 现有的理论和实验证据认为它们是无结构的类点粒子,对电子的研究表明,在 10^{-18} m 的尺度上,它仍然具有点粒子的特征. 实验上已发现的轻子有电子 e、μ 子、τ 子、电子中微子 ν_e、μ 子中微子 ν_μ、τ 子中微子 ν_τ 6 种,连同它们的反粒子共有 12 种.

1) 三种带电轻子

电子是人们最早认识的带电轻子,自旋 1/2,它参与电磁作用是原子的基本组成,另外它又是原子核 β 衰变中的产物,参与弱相互作用. 电子是稳定粒子,实验给出它的寿命的下限是 4.6×10^{26}年.

1936 年,安德森(C. D. Anderson)和尼德迈耶(S. H. Neddermeyer)等在测量宇宙线的云室径迹中发现了一种新粒子,粒子的质量介于质子和电子的质量之间. 当时就称这种粒子为 μ 介子,以为它就是汤川所预言的与核力有关的粒子. 进一步实验发现这种粒子并不参与强作用,带负电的 μ 子和原子核作用时并不发生核吸收现象,而是衰变为电子. 它不是汤川预言的传递强作用的介子. μ 子带有与电子一样的电荷,只介入电磁作用和弱作用,在相互作用的性质上和电子非常相似. μ 子和电子的差别只是质量不同,精确测得 μ 子的质量值为 $105.658\,369\pm0.000\,009$ MeV/c^2,质量是电子的 207 倍,可以把它看成是一种"重电子". μ 子的寿命为 2.2 μs. 电子比它轻,它能衰变为电子. μ 子是如何衰变的呢? 它是否可以衰变为一个电子和一个反中微子呢? 电子和中微子的自旋量子数都是 1/2,这样衰变终态的角动量只能是整数,而 μ 子的自旋量子数是 1/2,显然违反角动量守恒. 实验观测到 μ 子的衰变模式是

$$\mu^- \longrightarrow e^- + \nu_\mu + \bar{\nu}_e, \qquad \mu^+ \longrightarrow e^+ + \bar{\nu}_\mu + \nu_e \tag{6.2.3}$$

衰变的终态有 3 个粒子.

1975 年,在加速器实验中,佩尔(Martin L. Perl)发现了一种新粒子,它的质量约 1 777 MeV 是电子质量的 3 500 倍,几乎是质子质量的两倍,但它不参与强相互作用,自旋为 1/2,具有和电子及 μ 子相似的特性,这种粒子称作 τ(tau)子. τ 子可以衰变为 μ 子,电子和强子,典型的衰变过程有

$$\tau^- \longrightarrow \mu^- + \nu_\tau + \bar{\nu}_\mu, \qquad \tau^- \longrightarrow \nu_\tau + \pi^- + \pi^0 \tag{6.2.4}$$

τ 子的寿命是 2.9×10^{-13} s.

2) 中微子

(1) 中微子和反中微子.

20 世纪 30 年代,粒子物理学家对原子核 β 衰变时出现的所谓"能量不守恒"感到困惑不解. 为了解释这种现象,奥地利物理学家泡利于 1933 年提出了存在着一种尚未被发现的粒子——中微子的假设. 中微子是质量很小、近于零,自旋 1/2,

不带电荷的粒子，它和物质的作用非常弱，具有很强的穿透能力，它在铅中的平均自由程约为 10^{14} m，是太阳与地球距离的 10^2 倍，但这一假设长期没有得到实验的直接验证. 1941 年，中国物理学家王淦昌提出用轻原子的 K 俘获过程，可以根据测量原子核反冲的方法来验证中微子的存在. 但是，当时浙江大学因战争而内迁，无法进行自己所设想的实验，只能将论文投美国的《物理学评论》，论文在 1942 年 1 月发表. 半年后美国科学家阿伦(J. S. Allen)根据王淦昌的方案，用实验证实了中微子的存在. 所以，这一实验又被称为"王淦昌-阿伦实验". 1956 年，莱因斯和考恩利用裂变反应堆产生的大量反中微子，用实验证实了 β^- 衰变中反中微子的存在(见 5.4.3 小节).

在核聚变的过程中会产生大量的中微子，如四个氢核聚变为氦的过程，$4p \to \alpha + 2e^+ + 2\nu + 26.7$ MeV，产生了两个中微子. 所以，太阳日夜都能辐射大量中微子到地球上. 标准太阳模型预言地球上的太阳中微子流为 5×10^6 中微子/s·cm^2. 探测中微子要用它轰击中子，从而产生质子和电子，即

$$\nu + n \longrightarrow p + e^-$$

因此希望要利用富中子的原子核. 意大利物理学家蓬泰科沃(B. M. Pontecorvo)建议用氯 37，这是由 17 个质子和 20 个中子组成的一种稳定的同位素，自然界含量 24.2%，它和中微子的作用过程为

$$\nu + {}^{37}Cl \longrightarrow {}^{37}Ar + e^-$$

会产生氩 37(含 18 个质子和 19 个中子). 氩是气体，如果利用液态的氯化合物作靶材料，就很容易把氩分离出来. 氩 37 具有放射性，因此可根据其衰变特性来探测和识别. 戴维斯(Raymond. E. Davis) 利用四氯化碳(一种干洗剂)作为靶，最初实验时，他用反应堆作为中微子源(当时人们并没有认识到中微子和反中微子是两种不同的粒子)，实验结果是几乎没有测到氩的信号. 后来他考虑测太阳中微子，在地下 1500 多米的矿井里用 380 000 升四氯化碳作实验，测到了中微子信号，但测得的中微子流量只是标准太阳模型预言值的 1/3. 戴维斯实验证实了中微子的存在，证明中微子和反中微子是两种粒子，更重要的是提出了所谓的太阳中微子问题——太阳中微子缺损. 由于在中微子实验中的贡献，戴维斯与小柴昌俊(Masatoshi Koshiba)分享了 2002 年诺贝尔物理学奖的一半，由于他在发现宇宙 X 射线源的贡献，贾可尼(Riccardo Giacconi)获得另一半的奖.

中微子和反中微子有什么差别？定义一个物理量——螺旋度(helicity) H.

$$H \equiv \frac{\boldsymbol{s}\cdot\boldsymbol{p}}{|\boldsymbol{s}\cdot\boldsymbol{p}|} \tag{6.2.5}$$

如果粒子的自旋矢量与动量矢量方向相同，那么它的螺旋度为正，反之为负. 中微子的质量为 0 (实验给出电子中微子的质量 < 3 eV)，自旋为 1/2，以光速运动，它的螺旋度也称作手征性(chirality)是一个洛伦兹不变量. 中微子的 $H = -1$，是左旋

的,反中微子的 $H = +1$. 见图 6.2.1.

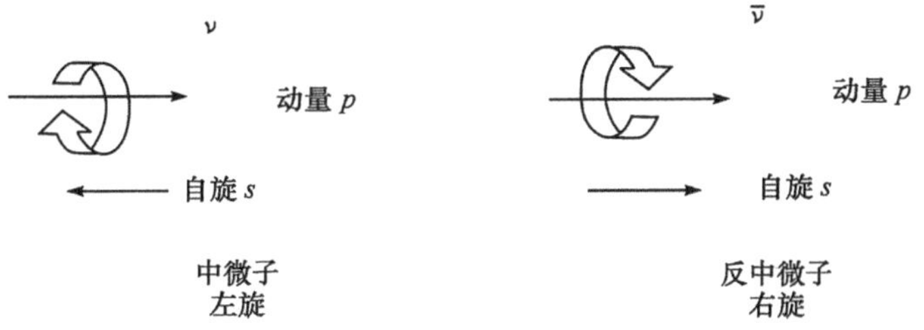

图 6.2.1　左旋中微子和右旋反中微子的示意图

(2) 三种中微子.

μ 子可以由 π(pion)介子的衰变产生,$\pi^+ \rightarrow \mu^+ + \nu_\mu$. 在 μ 子衰变产物中有两个中微子即 μ 中微子和电子中微子. 这两种中微子有什么不同? 它们的质量都为 0,不带电荷,自旋为 1/2. 那如何识别它们? 它们和物质的相互作用是否相同? 中微子和物质的相互作用很弱,在物质中的平均自由程非常长,因此要识别它们非常困难. 1961 年,莱德曼 (L. M. Lederman)、斯坦伯尔格(J. Steinberger)和施瓦茨(M. Schwartz)实验组利用高能加速器产生的 π 介子,收集 π 衰变产生的中微子形成中微子束流,用中微子流(共积累了 10^{14}个中微子)轰击由钢板与火花室组成的探测装置,观测到了 29 根 μ 子的径迹,而没有观测到电子径迹. 他们的实验确认了 μ 中微子是和电子中微子不同的粒子,它们属于不同的族,或者说它们有不同的"代". 为区别不同"代"的中微子,定义"代"轻子数: L_e, L_μ, L_τ. 电子和电子中微子 ν_e 属于电子类轻子,轻子的轻子数 L_e 为 +1,反轻子的轻子数 L_e 为 −1. μ 子和 τ 子有相似的定义. 任何反应过程必须遵守"代"轻子数守恒的规则. 如

$$
\begin{array}{lcccc}
 & \mu^- \longrightarrow & e^- + & \nu_\mu + & \bar{\nu}_e \\
L_\mu: & +1 & 0 & +1 & 0 \\
L_e: & 0 & +1 & 0 & -1
\end{array}
$$

服从轻子数守恒规则.

τ 中微子: 由于 τ 的寿命非常短,很难形成 τ 中微子束,至今只有费米实验室的一个组宣称观察到了 τ 中微子的直接实验证据.

由以上讨论可知有三种带电轻子和相应的中微子. 表 6.2.2 给出轻子的主要性质.

表 6.2.2 轻子表

粒子	符号	反粒子	静止质量 /(MeV/c^2)	轻子数 L			寿命/s
				e 轻子数 (L_e)	μ 轻子数 (L_μ)	τ 轻子数 (L_τ)	
电子	e^-	e^+	0.511	+1	0	0	稳定
中微子(电子)	ν_e	$\bar{\nu}_e$	0(<3 eV)	+1	0	0	稳定
μ 子	μ^-	μ^+	105.7	0	+1	0	2.2×10^{-6}
中微子(μ 子)	ν_μ	$\bar{\nu}_\mu$	0(<0.19)	0	+1	0	稳定
τ 子	τ^-	τ^+	1777	0	0	+1	2.91×10^{-13}
中微子(τ 子)	ν_τ	$\bar{\nu}_\tau$	0(<18.2)	0	0	+1	稳定

是否还有更多的轻子呢？由 LEP 实验对 Z 玻色子的衰变宽度的测量结果见图 6.2.2,实验的数据点和 $N_\nu=3$ 的曲线符合.另外,宇宙中氢/氦的丰度比和宇宙学的大爆炸模型中核合成过程与中微子有几种有关,如果中微子的代数多,则会使氦的丰度增加.现在的测量值是(74%/26%),根据这推断出有三代中微子.

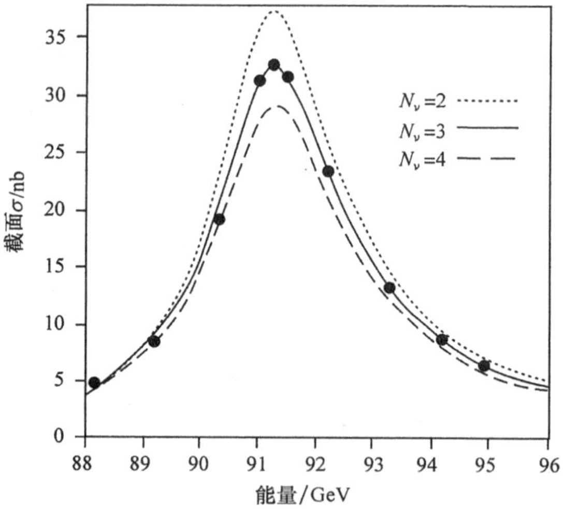

图 6.2.2 Z^0 玻色子衰变为中微子的截面

中微子是否有质量？至今的实验不能给出确定的值,大部分实验的结果都与质量~0,但不为0相符,每类中微子的质量比起它相应的带电轻子的质量都可忽略.对超新星1987A的测量中显示,除了测到γ光子外还测到中微子,小柴昌俊领导的日本神岗(Kamiokende)实验组在15 s的时间内测到12个中微子,这些中微子的行程为180 000光年,它们的能量至少有3倍之差,由这些可以估算中微子的静止质量能<24 eV.近年来,几个大型实验利用掺镓元素的SAGE、GNO及GALLEX测得的太阳中微子流都比标准太阳模型预言的少.大气中微子主要由宇宙线粒子与大气分子碰撞产生π介子,再从π介子衰变而来,反应过程如下:

$$\pi^+ \to \mu^+ + \nu_\mu, \qquad \mu^+ \longrightarrow \bar{\nu}_\mu + e^+ + \nu_e$$

$$\pi^- \to \mu^- + \bar{\nu}_\mu, \qquad \mu^- \longrightarrow \nu_\mu + e^- + \bar{\nu}_e$$

由以上反应式,我们知道宇宙线中μ中微子与电子中微子的比应是2∶1,但超级神岗实验测到的是1.3∶1.有理论提出,如果中微子的质量不为0,且每种中微子的质量不同,那由于有质量差,不同中微子的代之间可能有振荡,振荡的概率P

$$P(\nu_e \longrightarrow \nu_\mu) \propto \sin^2\left(\frac{\pi x}{L}\right), \qquad L = \frac{2.5E_\nu(\text{MeV}/c)}{(m_2^2 - m_1^2)(\text{eV}/c^2)^2}(\text{m})$$

其中,x是中微子所走的距离,L称为振荡长度,E是中微子的能量,$m_2^2 - m_1^2$是两种中微子的质量的平方差.当$x \approx L$时,应能显著观察到振荡.该实验组进一步测量μ中微子流随入射角的变化,结果是从天顶方向射来的μ中微子数目比从地球另一端,下面射来的中微子数目多,实验推算得的质量平方差Δm^2大约是$2.5\times 10^{-3}(\text{eV}/c^2)^2$(小柴获得2002年诺贝尔物理学奖).中微子是近年来粒子物理的一个热点.一些利用反应堆群产生的中微子或加速器产生的中微子束在2~3个站点设置探测器来精确测量中微子振荡的实验已在进行或正在筹备.

3. 强子

参与强相互作用的粒子统称强子.强子也参与弱相互作用和电磁相互作用.强子按照其自旋量子数又可分为两类:自旋为半整数的强子称为重子或者反重子,重子是费米子,其中有质子、中子和超子等,所有重子的重子数$B=1$.自旋为整数的强子统称为介子,有π、K和η、ρ等,所有介子的重子数$B=0$.

介子中质量最轻的是π介子,有三种电荷态的π介子,它们是$\pi^\pm$和π^0,因此π介子的同位旋为1.π介子是自旋为0,宇称为-1的粒子.带电π介子的质量为139.570 18 MeV,中性的π介子质量为134.976 6 MeV.带电的π介子只能由弱作用衰变为轻子(μ子或电子),寿命为2.6×10^{-8} s.

$$\pi^- \longrightarrow \mu^- + \bar{\nu}_\mu \quad \text{或} \quad \pi^- \to e^- + \bar{\nu}_e \tag{6.2.6}$$

中性的π介子,可由电磁作用衰变,寿命为8.4×10^{-17} s.

$$\pi^0 \longrightarrow \gamma + \gamma, \qquad \pi^0 \to e^+ + e^- + \gamma \tag{6.2.7}$$

质子的质量938.272 31 MeV/c^2,是最轻的重子.至今证明,所有的反应过程都必须遵守重子数守恒的规律,因此质子是一个稳定粒子(目前实验给出的寿命下限是>10^{32}年).中子与质子都是原子核的组成,中子的质量为939.565 6 MeV/c^2,比质子重1.29 MeV,自由中子只能通过β衰变为质子.在表6.2.3和表6.2.4列出一些介子和重子的特性.

表 6.2.3　一些介子的特性

粒子	符号	反粒子	自旋,宇称	夸克组成	静止质量 /(MeV/c^2)	奇异数 S	粲数 C	底数 B	寿命/s	主要衰变模式
pion	π^+	π^-	0^-	$u\bar{d}$	139.6	0	0	0	2.6×10^{-8}	$\mu^+\nu_\mu$
pion	π^0	π^0	0^-	$u\bar{u}-d\bar{d}$	135.0	0	0	0	8.4×10^{-17}	2γ
kaon	K^-	K^+	0^-	$s\bar{u}$	493.7	−1	0	0	1.24×10^{-8}	$\mu^-\bar{\nu}\mu,\pi^-\pi^0$
kaon	K_S^0	$\overline{K}_S^0$	0^-	$d\bar{s}+s\bar{d}$	497.7		0	0	0.89×10^{-10}	$\pi^+\pi^-,2\pi^0$
kaon	K_L^0	$\overline{K}_L^0$	0^-	$d\bar{s}-s\bar{d}$	497.7		0	0	5.2×10^{-8}	$\pi^\pm e^\mp\nu_e$
eta	η^0	η^0	0^-	$u\bar{u}+d\bar{d}$	547.8	0	0	0	5×10^{-19}	$2\gamma,3\pi$
rho	ρ^+	ρ^-	1^-	$u\bar{d}$	775.8	0	0	0	4×10^{-24}	$\pi\pi$
rho	ρ^0	ρ^0	1^-	$u\bar{u}-d\bar{d}$	775.8	0	0	0	4×10^{-24}	$\pi\pi$
omega	ω^0	ω^0	1^-	$u\bar{u}+d\bar{d}$	782.6	0	0	0	7.7×10^{-23}	$\pi^+\pi^-\pi^0$
phi	ϕ	ϕ	1^-	$s\bar{s}$	1 019.5	0	0	0	1.5×10^{-22}	$K^+K^-,K^0\overline{K}^0$
D	D^+	D^-	0^-	$c\bar{d}$	1 869.4	0	+1	0	1.0×10^{-12}	$K+\cdots,e+\cdots$
D	D^0	$\overline{D}_0$	0^-	$c\bar{u}$	1 864.6	0	+1	0	4.1×10^{-13}	
J/psi	J/Ψ	J/Ψ	1^-	$c\bar{c}$	3 096.9	0	0	0	7.2×10^{-21}	$e+e-,\mu\mu_\Psi$
B	B^-	B^+	0^-	$b\bar{u}$	5 279	0	0	−1	1.6×10^{-12}	$D+\cdots$
B	B^0	$\overline{B}_0$	0^-	$b\bar{d}$	5 279	0	0	−1	1.5×10^{-12}	$K^++\cdots$
upsilon	Υ	Υ	1^-	$b\bar{b}$	9 460.3	0	0	0	1.2×10^{-20}	$ee,\mu\mu$

表 6.2.4　一些重子的特性

粒子	符号	电荷 /e	夸克组成	静止质量 MeV/c^2	自旋	粲数 (C)	奇异数 (S)	寿命 /s	衰变模式
Proton	p	+1	uud	938.3	1/2	0	0	稳定	
Neutron	n	0	ddu	939.6	1/2	0	0	885.7	$pe^-\bar{\nu}_e$
Lambda	Λ	0	uds	1 115.6	1/2	0	−1	2.6×10^{-10}	$p\pi^-,n\pi^0$
Sigma	Σ^+	+1	uus	1 189.4	1/2	0	−1	0.8×10^{-10}	$p\pi^0,n\pi^+$
Sigma	Σ^0	0	uds	1 192.6	1/2	0	−1	7×10^{-20}	$\Lambda^0\gamma$
Sigma	Σ^-	−1	dds	1 197.4	1/2	0	−1	1.5×10^{-10}	$n\pi^-$

续表

粒子	符号	电荷 /e	夸克组成	静止质量 /(MeV/c^2)	自旋	粲数 (C)	奇异数 (S)	寿命 /s	衰变模式
Delta	Δ^{++}	+2	uuu	1 232	3/2	0	0	0.6×10^{-23}	$p\pi^+$
Delta	Δ^+	+1	uud	1 232	3/2	0	0	0.6×10^{-23}	$p\pi^0$
Delta	Δ^0	0	udd	1 232	3/2	0	0	0.6×10^{-23}	$n\pi^0$
Delta	Δ^-	−1	ddd	1 232	3/2	0	0	0.6×10^{-23}	$n\pi^-$
Xi Cascade	Ξ^0	0	uss	1 315	1/2	0	−2	2.9×10^{-10}	$\Lambda\pi^0$
Xi Cascade	Ξ^-	−1	dss	1 321	1/2	0	−2	1.64×10^{-10}	$\Lambda\pi^-$
Omega	Ω^-	−1	sss	1 672	3/2	0	−3	0.82×10^{-10}	$\Xi^0\pi^-,\Lambda k^-$
Lambda-c	Λ_c^+	+1	udc	2 285	1/2	+1	0	2×10^{-13}	$pK^-\pi^+$

至今已发现的强子及其相应的反粒子有数百种.这里我们简单地介绍几种.

1) 强子共振态

1951 年,费米和其合作者在 π 介子与质子的散射实验时,测量反应

$$\pi^+ + p \longrightarrow \pi^+ + p$$

的截面,发现当入射 π 介子能量在 200 MeV 左右时,散射截面出现峰值如图 6.2.3 所示,产生了共振现象.犹如原子物理中光子的共振吸收形成原子的激发态,π 和 p 系统发生了共振形成质子的激发态.对激发态的仔细研究表明,共振态有确定的量子数,它是质量为 1 232 MeV,自旋为 3/2 的核子激发态.当入射 π 介子能量在峰值时可把发生的过程看作为

$$\pi^+ + p \longrightarrow \Delta^{++} \longrightarrow \pi^+ + p \tag{6.2.8}$$

这个共振态粒子称为 Δ(1232)粒子,质量宽度 $\Gamma = 120$ MeV.进一步的实验发现了各种不同的重子共振态和介子共振态.这些共振激发态之间能量差的典型值是几百 MeV,这能量已大到可与粒子基态静止质量相比,这与原子和原子核中的激发态有明显的差别.共振态在粒子物理中是作为独立的粒子来研究的.对强子共振态的研究,按照它的同位旋、角动量分类,可给出相应的重子谱和介子谱.这些现象也说明强子是一个复杂系统.

例 6.2.1 在 π^+ 粒子轰击液氢靶的散射实验中,当入射 π^+ 粒子的能量为 195 MeV 时出现了 π-p 散射截面的峰值,试计算 Δ 粒子的质量.

解 共振反应 $\pi^+ + p \longrightarrow \Delta^{++}$,对于多粒子系统,其总能量和总动量组成的四矢量有洛伦兹不变式

$$\left(\sum E_i\right)^2 - c^2\left(\sum p_i\right)^2 = E_{cm}{}^2$$

在生成单一粒子时,质心系总能量 E_{cm} 就等于单一粒子的质量,在共振反应时即为

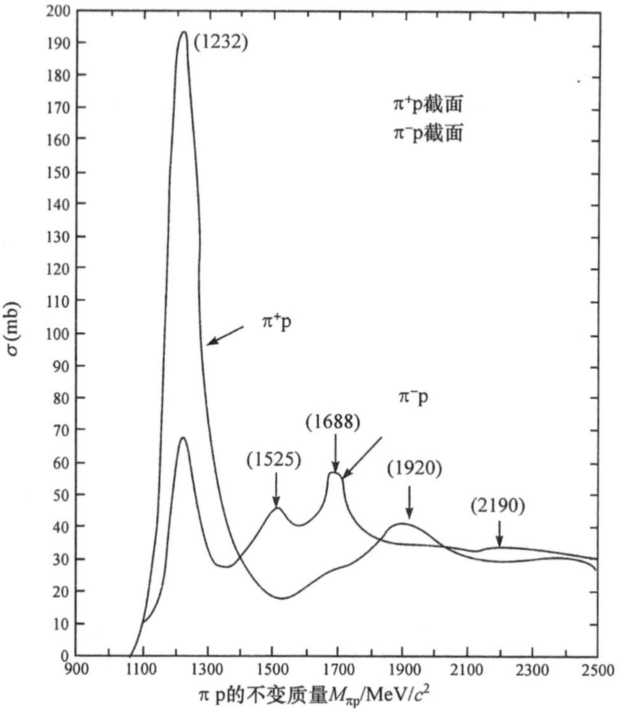

图 6.2.3 $\pi^+ + p$ 和 $\pi^- + p$ 散射总截面与不变质量 $M_{\pi p}$的关系

Δ^{++}粒子静止质量.

共振态时,入射 π 的动能为 195 MeV,已知 π^+ 的静止质量为 139.5 MeV,质子的静止质量 938 MeV. 所以

$$E_{cm}^2 = (E_\pi + M_p)^2 - c^2 p_\pi^2$$
$$= E_\pi^2 + 2E_\pi M_p + M_p^2 - c^2 p_\pi^2$$
$$= M_\pi^2 + 2E_\pi M_p + M_p^2 = M_\Delta^2$$

将 $E_\pi = (195 + 139.5)$MeV、M_p、M_π 值代入上式,得

$$M_\Delta = 1235.6 \text{ MeV}$$ □

2) 奇异粒子

1947 年,罗切斯特(G. D. Rochester)等用云室研究宇宙线时观察到具有"V"形径迹的事例. 分析后得到这是一个中性粒子衰变为两个带电粒子 π^+ 和 π^-,形成 V 字形径迹,中性粒子的质量约是电子质量的 1 000 倍,当时称它为 θ^0 介子,后来改称为 K^0 介子. 直到 1953 年美国布鲁克海汶(BNL)实验室 3 GeV 的质子同步加速器建成,开始用人工方法产生各种奇异粒子后,它们的"奇异"特性才显现出来并得到系统研究. 奇异粒子是对当时新发现的一批粒子的总称,它们具有以下两个

特征：

(1) 奇异粒子是协同产生，非协同衰变. 实验发现奇异粒子产生时都是成对地出现的. 例如

$$\pi^- + p \longrightarrow \Sigma^- + K^+ \tag{6.2.9}$$

$$p + p \longrightarrow p + \Lambda^0 + K^+ \tag{6.2.10}$$

然而在衰变时，奇异粒子可以单独地衰变成非奇异粒子. 例如

$$K^0 \longrightarrow \pi^+ + \pi^- \tag{6.2.11}$$

$$\Lambda^0 \longrightarrow n + \pi^0 \tag{6.2.12}$$

(2) 奇异粒子是快产生，慢衰变. 实验上测得奇异粒子产生过程的截面都在毫靶(mb)量级，属于强作用. 然而它们的衰变则很慢，平均寿命在 10^{-8} s 至 10^{-10} s，属于弱作用. 当时认为这些规律性看起来很奇怪，因而称这类粒子为奇异粒子. 为了解释这类现象，盖尔曼(M. Gell-Mann)和西岛(K. Nishijima)引入了奇异量子数 S 的概念. 每种强子都有其相应的奇异数 S，S 只能取整数值. 过去的熟悉的强子，如质子和π介子，它的奇异数为零. 奇异粒子的奇异数不为零. 在强作用和电磁作用过程中奇异数守恒，在反应(6.2.9)中反应前系统的奇异数为零，反应产生的 Σ^- 和 K^+ 的奇异数必须大小相等，符号相反才能满足奇异数守恒的要求. 因此，规定 K^+ 的 $S=+1$，Σ^- 的 $S=-1$. 然而在弱作用过程中奇异数不守恒，例如(6.2.12)式是 Λ^0 的衰变过程，是一个弱作用衰变，衰变前后的奇异数不守恒.

目前已发现的强子有四百多种，人们很难相信它们都是“基本粒子”. 一系列的实验事实，例如核子共振态 Δ 的发现，否认了核子作为基本粒子的观点，电子和核子弹性散射的实验结果显示出核子的电荷半径约为 0.8 fm. 20 世纪 70 年代高能电子-核子的深度非弹性散射实验，进一步揭示出核子内部有类点粒子的结构.

4. 反粒子

1931 年，在狄拉克建立电子的相对论量子力学方程中，引入了关于反粒子的概念，认为真空实际上是完全填满了的负能级的海. 如果外界能提供 $E>2m_ec^2$ 的能量，那就可以发生由负能级中跳到正能级的跃迁，在负能级中留下一个空位，在正能级上多了一个电子. 这过程相应于电子-正电子对的产生.

在 1929 年，中国物理学家赵忠尧在美国加州理工学院从事研究工作时，观察到硬伽马射线（即能量较大的 γ 射线）通过不同物质的吸收系数是有很大差异的，通过轻元素时的吸收系数较小，而通过重元素时，吸收系数大得多. 赵忠尧发现的重元素对于硬伽马射线有一种“反常吸收”，在反常吸收的同时，重元素放出一种“特殊辐射”. 他发表了两篇论文，描述了在研究 γ 射线的实验中的发现. 1932 年安德森在威尔逊云雾室中观察到了宇宙线中的一种带正电荷的粒子的径迹，他对此径迹的仔细研究发现这种粒子的质量与电子的相同，故称为正电子，这是历史上第一个反粒子的发现，并因此在1936年获得了诺贝尔物理学奖. 正电子是电子的反

粒子，它与电子有相同的质量．如果一个电子遇到正电子，它们会湮灭，将它们的质量能转换为两个伽马光子（这就是赵忠尧论文中的“特殊辐射”）．当一个光子能量大于电子与正电子的质量能的和（>1.022 MeV）时，光子和物质作用就可能产生电子-正电子对，这种现象称为光生电子对（这就是赵忠尧论文中的“反常吸收”）．实验证实，每种粒子都有它相应的反粒子．正、反粒子相遇都会发生湮灭，将它们的质量能转换而产生其他粒子对．

存在反粒子是所有的粒子（费米子和玻色子）的普遍性质，但对于费米子必须遵守一个守恒定律：任何过程中费米子与反费米子数目的差是一个常数，即费米子的数目必须守恒．所以费米子和反费米子必定成对产生或成对消失．粒子和反粒子有相同的质量，自旋和同位旋，但其他量子数如电荷，磁矩都相反．

质子是历史上最早发现的重子，但一直到1955年在美国建成了6.8 GeV的质子同步加速器以后，通过高能质子轰击铜靶寻找反粒子，才找到了带负电的和质子质量差小于1%的粒子．实验鉴别这种粒子就是反质子．正、反质子相遇也会发生湮灭，在反质子发现后不久，1957年通过下列湮灭反应发现了反中子 $\bar{\mathrm{n}}$：

$$\mathrm{p}+\bar{\mathrm{p}}\longrightarrow \mathrm{n}+\bar{\mathrm{n}} \tag{6.2.13}$$

质子和中子的重子数 $B=1$，反质子和反中子的重子数 $B=-1$．在各种相互作用中，遵守重子数守恒的规则，即反应初态的重子数之和必须等于末态的重子数之和．

例 6.2.2 试列出质子-质子碰撞产生反质子的反应方程式．

解 由各种反应中重子数守恒的规律，p+p 反应初态的重子数为 $B=2$，所以产生反质子的末态中重子数之和必须为 $B=2$．而反质子的重子数为 $B=-1$，所以反应末态一定至少要有三个重子和一个反重子．然后根据电荷数守恒，可以给出反应式为

$$\mathrm{p}+\mathrm{p}\longrightarrow \mathrm{p}+\bar{\mathrm{p}}+\mathrm{p}+\mathrm{p} \tag{6.2.14}$$ □

例 6.2.3 试计算质子-质子碰撞产生反质子的反应阈能．

解 在质心系中，由于反应初态粒子和末态粒子的总动量都为零，因而有可能使质心系的总能量全部转变为末态粒子的质量，这时末态粒子全部处在静止态，这种反应称为阈能反应．

根据洛伦兹不变式有

$$\left(\sum E_{\mathrm{i}}\right)^2-c^2\left(\sum p_{\mathrm{i}}\right)^2=E_{\mathrm{cm}}^2=\left(\sum m_{\mathrm{i}}\right)^2c^4$$

其中，m_{i} 是末态粒子的质量．对于入射粒子轰击静止靶的实验，入射粒子的总能量为 E_{a}，质量为 m_{a}，靶粒子的质量为 m_{b}，则

$$(E_{\mathrm{a}}+m_{\mathrm{b}}c^2)^2-c^2p_{\mathrm{a}}^2=\left(\sum m_{\mathrm{i}}\right)^2c^4$$

$$E_a^2 - c^2 p_a^2 = m_a^2 c^4$$

所以

$$E_a = \frac{\left(\sum m_i\right)^2 - (m_a^2 + m_b^2)}{2m_b} c^2$$

入射粒子的阈动能 $T_a = E_a - m_a c^2$,将上式的 E_a 代入,得

$$T_a = \frac{\left(\sum m_i\right)^2 - (m_a + m_b)^2}{2m_b} c^2$$

由式(6.2.14)知反应末态是三个质子和一个反质子,因此

$$\left(\sum m_i\right)^2 c^4 = (4m_p)^2 c^4$$

又 $m_a = m_b = m_p$,所以

$$T_a = 6\, m_p c^2 = 6 \times 0.938 = 5.63 \text{ GeV}$$ □

6.3 强子的夸克模型

在奇异量子数的概念提出不久,1955年,盖尔曼和西岛在对强子分类和分析总结它们的各种量子数时发现,所有强子的电荷 Q(以电子电荷的绝对值为单位),同位旋的第三分量 I_3,重子数和奇异量子数之间满足下面的关系式:

$$Q = I_3 + (B + S)/2 = I_3 + Y/2 \tag{6.3.1}$$

称为盖尔曼-西岛关系.其中 $Y = B + S$,称为超荷量子数.这个经验规律不仅概括了当时所有已经发现的强子,而且预言了当时尚未发现的强子的存在.

例 6.3.1 已知 Ξ 超子的 $S = -2, B = 1$.它的同位旋多重态数目小于4,试求它的同位旋及电荷.(奇异数不为零的重子称作超子.)

解 (1) Ξ 超子的超荷数 $Y = B + S = -1$.

(2) 自由粒子都具有整数电荷,由式(6.3.1) $Q = I_3 + Y/2$ 可知 I_3 必定是半整数.

(3) 同位旋多重态的数目为 $2I + 1 = 2(I_3)_{max} + 1$,Ξ 超子的多重态的数目小于4,所以 I_3 的最大值为1/2.

(4) I_3 可以为1/2及−1/2.因此由盖尔曼-西岛公式得 $Q = 0$ 及 −1.所以 Ξ 超子有 Ξ^0,它的 $I_3 = 1/2$,Ξ^- 的 $I_3 = -1/2$. □

盖尔曼-西岛公式反映了超荷数 Y 和同位旋 I_3 之间的内在联系.如果以 I_3 为横坐标,Y 为纵坐标,把具有相同的自旋和宇称的粒子画在 I_3-Y 图上,结果发现具有令人惊奇的对称性.对 J^P 为 $(1/2)^+$ 的稳定重子和 J^P 为 0^- 的介子(这类介子它的自旋为0,而空间反演却是反对称的,所以称它为"赝标量"粒子)的 I_3-Y 图如

图 6.3.1(a)和(b)所示.它们具有相似的对称图形,形成一个八重态.

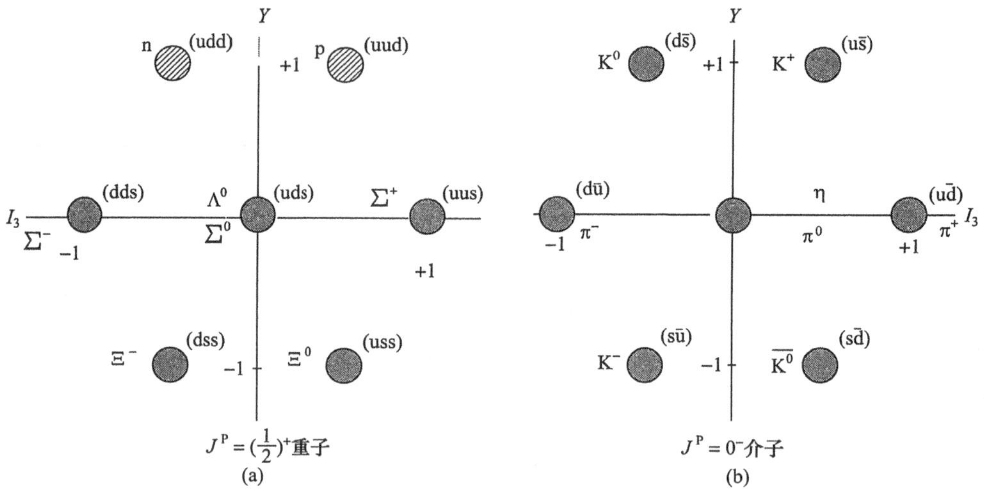

图 6.3.1　自旋宇称为$\left(\frac{1}{2}\right)^+$的重子和$0^-$赝标量介子的对称性

图上相同 Y 值的粒子构成同位旋多重态.多重态中粒子的质量略有差异,如 π^+,π^-,π^0 多重态,$\pi^\pm$的质量为 139.57 MeV,π^0 的质量为 134.97 MeV.它们间质量差 3%,这种质量差异可以认为是由于电磁作用引起的.如果能够将电磁作用去掉,同位旋多重态中各个粒子的质量应相同(可以认为由于电磁作用的存在,使一组同位旋多重态中各态按 I_3 劈裂,因此具有不同的质量),它们在强作用中原是一种粒子.其他同位旋多重态,如质子和中子的情况也类似.这样就使“独立强子”的数目大大减少.那么在 I_3-Y 图中不同 Y 量子数的各组粒子,它们的自旋、宇称都相同,它们是否也是同一种粒子的“质量劈裂”呢? 对 0^- 的一族介子,各组粒子的质量差异有几百 MeV,如 $m_{\mathrm{k}}-m_\pi=355$ MeV.一般来说,强作用比电磁作用强 100 多倍,所以把不同 Y 的各组粒子之间的质量差异看作是某种强作用造成的精细结构的劈裂,也是可以理解的.这样可以把$(1/2)^+$重子八重态,看成是由同一原粒子派生出来的家族.对于 0^- 介子八重态情况完全类似.

盖尔曼和奈曼(Y. Néeman)认为,强子的分类中蕴含着一种数学对称性.1961年,他们提出了 SU(3)八重态方案,SU(3)群的数学基础表示是三维的,物理上相当于有三个基础粒子.他们由此推出的结论是:每个强子必定是某个特定强子家族的一员;同一族内的强子具有相同的自旋和宇称,但它们的电荷和超荷数不同.如果将已发现的 $J^{\mathrm{P}}=(3/2)^+$ 的 9 个重子按它们的超荷和同位旋三分量,类似图 6.3.1 那样作图,可以预言应该存在一个 $J^{\mathrm{P}}=(3/2)^+$ 的十重态.对量子数 $S=0,I=3/2$ 的同位旋四重态,有四种态的粒子 $\Delta^{++},\Delta^+,\Delta^0,\Delta^-$.在图上括号内的数字 1232

是共振态质量的中心值. 下面的一组 $S=-1, I=1$ 的同位旋三重态 $\Sigma(1384)$; $S=-2, I=1/2$ 的同位旋二重态 $\Xi(1533)$. 由对称性的观点, 应该在 $Y=-2, I=0$ 的位置有一个粒子. 根据这 9 个粒子的质量, 看到同位旋多重态成员的质量只差几个 MeV. 不同奇异数的粒子间的质量差别相当大～150 MeV, 且随奇异数的变化质量的增量相同. 根据这规律 1962 年盖尔曼预言第十个粒子应该是带负电的, 奇异量子数为 -3, 质量为 1676 MeV. 并且预言了它的衰变行为只能是弱作用, 他称这个粒子为 Ω^- 粒子, 如图6.3.2所示. 1964年1月, 美国BNL的一个实验组在对5000张气

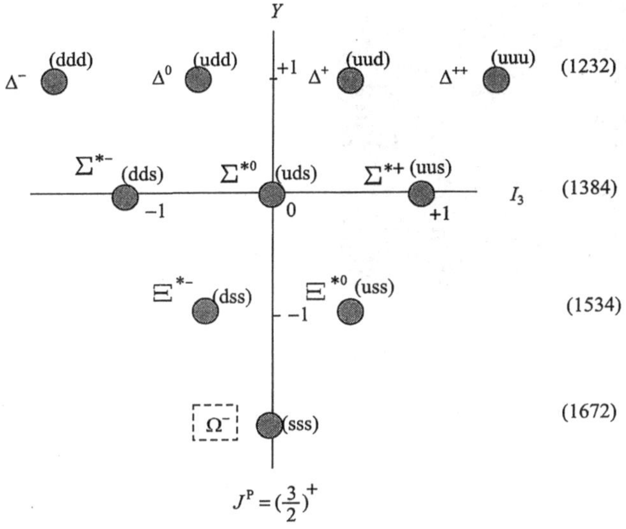

图 6.3.2　$J^P=(3/2)^+$ 的重子十重态

泡室照片经过分析测量后发现了一个特殊事例, 见图 6.3.3Ω^- 事例. 一个 K^- 介子打入泡室和质子作用产生 Ω^- 及它的衰变过程可表示为

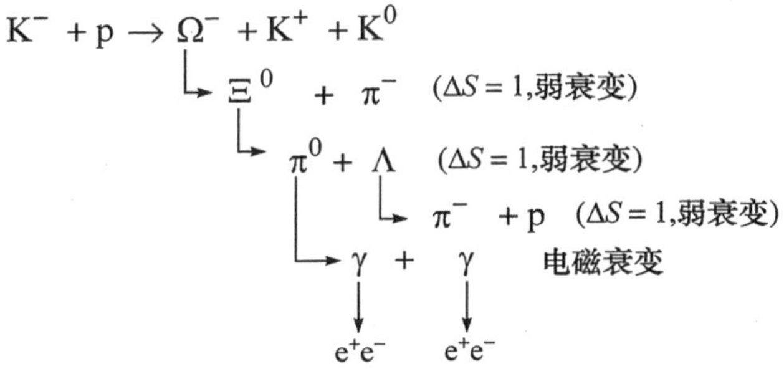

对数据的仔细计算表明, 这衰变过程是由一个 $S=-3$、质量为 1686 MeV 的粒子引起的. 它正是盖尔曼预言的 Ω^- 粒子. 在 SU(3)理论的基础上, 1964 年, 盖尔曼和茨威格(G. Zweig)分别提出了很形象的、容易被人理解的强子结构模型,

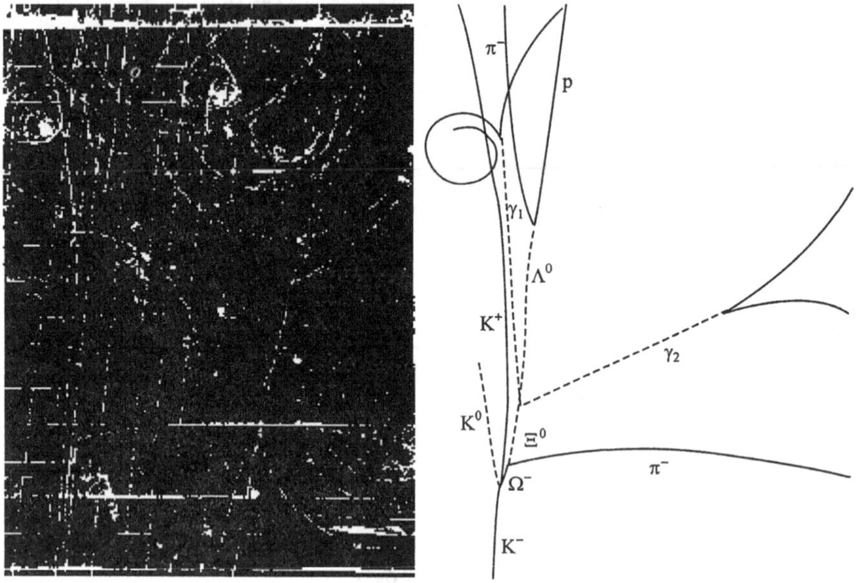

图 6.3.3　Ω^-事例及泡室径迹示意图，虚线是设想的中性粒子径迹

认为强子是由三种更基本的粒子组成的，盖尔曼称这更基本的粒子为夸克.这三种夸克分别称为上夸克(u)、下夸克(d)和奇异夸克(s).在 1965 年我国的高能物理理论学家研究并提出了关于强子的相对论性结构，即层子模型，得出了一系列新的并且符合实验的预言.20 世纪 70 年代高能量(15～200 GeV)的电子、μ 子和中微子轰击核子的实验，对其中的深度非弹性散射，即相互作用中有很大动量转移给核子的事件的截面进行测量.实验结果如图 6.3.4(b) 所示，图中虚线表示如果假设核子内部的电荷是均匀分布时散射截面随横动量(散射角)变化的计算值.实验测到的大角度散射的截面远大于计算值.犹如 20 世纪初揭示原子有结构的卢瑟福 α 粒子散射实验一样，高能深度非弹性(大角度)散射实验指出在核子内部有硬芯.根据高能入射束的波长，可以给出核子内部组成成分的大小在 10^{-16} cm，即约是核子大小的 10^{-3}.在高能正负电子对撞过程电子对湮灭，如果质心能足够大，可产生各种粒子

$$
\begin{aligned}
e^+e^- &\longrightarrow e^+e^- \\
&\longrightarrow \mu^+\mu^- \\
&\longrightarrow q\bar{q} \longrightarrow \text{强子}
\end{aligned}
$$

这是一个电磁作用过程，由量子电动力学可以计算这过程的微分截面，湮灭产生一对自旋为 1/2 的 μ 子的微分截面为

$$\frac{d\sigma}{d\Omega}(e^+ + e^- \rightarrow \mu^+ + \mu^-) = \frac{\alpha^2}{4s}(1 + \cos^2\theta)$$

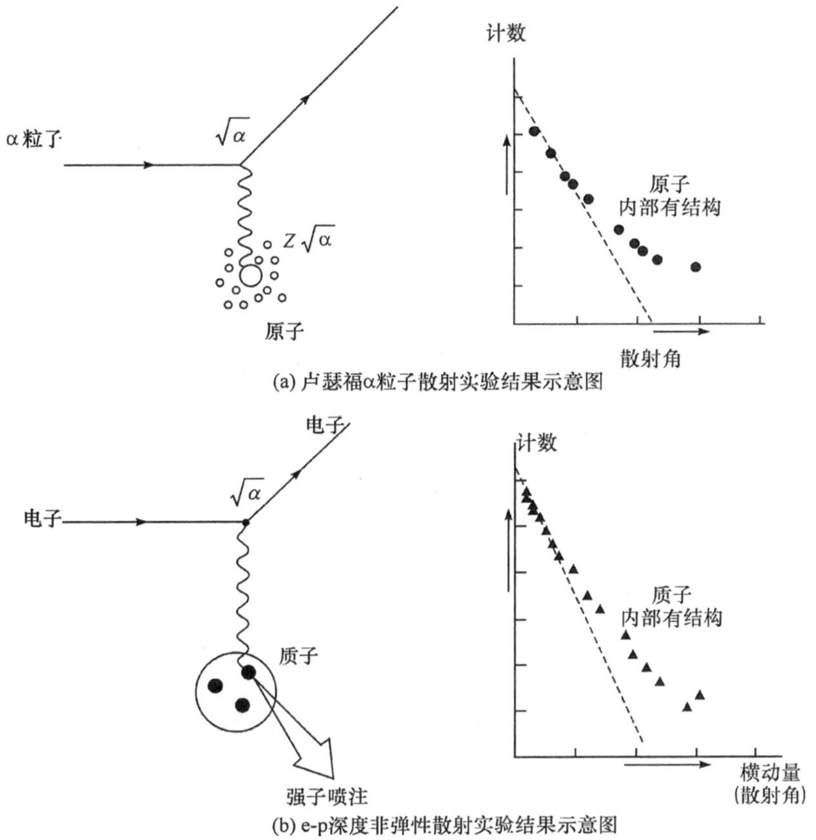

图 6.3.4 高能电子深度非弹性散射实验结果与卢瑟福实验结果的比较

散射角的定义如图 6.3.5(a). 在斯坦福的正负电子对撞机(质心能 ~5 GeV)上测量终态为强子的实验,发现终态是有两束靠得很近的强子,称为强子喷注(Jet),如图 6.3.5. 喷注与对撞轴线的夹角为 θ,过程的微分截面也正比与$(1+\cos^2\theta)$. 实验结果没有测到自由夸克,而是两个喷注,即夸克只能以一组强子的形式出现,而不会以“自由夸克”出现(这就是“夸克禁闭”);两个喷注的角分布与终态是自旋 1/2 粒子的相同,这为夸克自旋是 1/2 提供了证据.

1974 年,华裔美籍物理学家丁肇中(S. C. C. Ting)和美国物理学家里克特(B. Richter)所领导的实验组,分别在不同的实验中发现了 J/Ψ 粒子. 1976 年莱德曼的实验组发现了 Υ 粒子. 实验和理论都证明这两个粒子分别属于新的两族介子,它们分别是由另外两种新夸克组成,J/Ψ 粒子是由粲夸克(c 夸克)和它的反夸克($\bar{c}$)构成的 $c\bar{c}$ 束缚态. 而 Υ 粒子是由底夸克(b 夸克)及它的反夸克 $\bar{b}$ 组成的束缚态. 进一步的实验证实了由夸克模型预言的粲介子族和底介子族的几种激发态粒子. 1995年在美国费米实验室1TeV质子–反质子对撞机上的实验,证实了顶夸克的

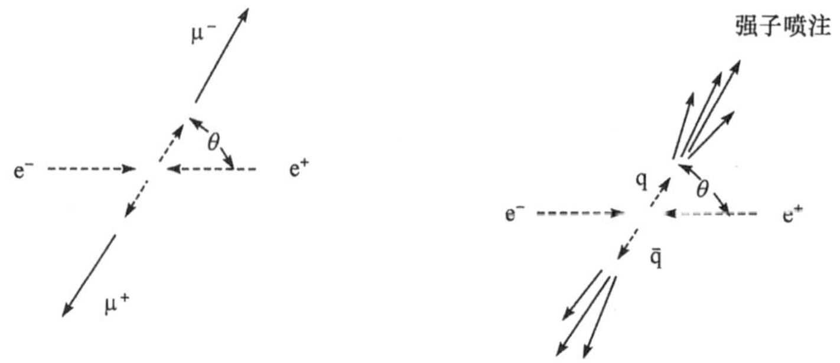

图 6.3.5　电子-正电子对撞中的喷注产生

存在. 这些实验都强烈地支持了夸克模型. 若考虑粲夸克在内, 由四种夸克可能组成的赝标量介子和$\left(\frac{1}{2}\right)^+$重子的图如 6.3.6 所示.

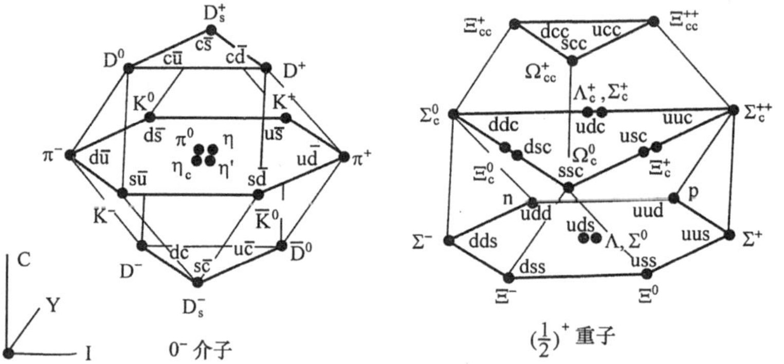

图 6.3.6　四种夸克可组成的赝标量介子和$\left(\frac{1}{2}\right)^+$重子

6.3.1　夸克的基本性质

(1) 夸克是参与强相互作用的, 自旋为 1/2 的费米子. 它的宇称定为 +1, 反夸克的宇称为(−1). 夸克常以符号 q 表示.

(2) 夸克(q)的重子数 B 为 1/3, 反夸克($\bar{q}$)的重子数为(−1/3). 重子数是相加性量子数. 重子由三个夸克(qqq)组成, 重子数 B 为 1. 介子由夸克和反夸克($q\bar{q}$)组成, 重子数为 0.

(3) 夸克按照它的同位旋 I、奇异(strange)数 S、粲(charm)数 C、底(bottom)数和顶(top)数共为 6 种, 称为有 6 种“味(flavor)”. 表 6.3.1 给出夸克的量子数.

表 6.3.1 夸克的量子数

量子数 \ 夸克的类型(味)	下 d	上 u	奇异 s	粲 c	底 b	顶 t
Q——电荷	$-\frac{1}{3}$	$+\frac{2}{3}$	$-\frac{1}{3}$	$+\frac{2}{3}$	$-\frac{1}{3}$	$+\frac{1}{3}$
I——同位旋	$\frac{1}{2}$	$\frac{1}{2}$	0	0	0	0
I_3——同位旋第 3 分量	$-\frac{1}{2}$	$+\frac{1}{2}$	0	0	0	0
S——奇异数	0	0	-1	0	0	0
C——粲数	0	0	0	1	0	0
B——底量子数	0	0	0	0	-1	0
T——顶量子数	0	0	0	0	0	1

注:夸克的味量子数符号与电核的符号相同.

(4) 夸克的电荷 Q(以$|e|$为单位)服从盖尔曼-西岛公式

$$Q = I_3 + \frac{1}{2}(B + \sum \text{味量子数}) \tag{6.3.2}$$

其中 B 是重子数.所以夸克具有分数电荷,它的电荷数为$(+2/3)$,$(-1/3)$.规定带电介子的味量子数和它的电荷符号相同,即 K^+ 的奇异数为 $+1$.反夸克的味量子数和夸克的相反.

例 6.3.2 试用盖尔曼-西岛公式计算 u 夸克、s 夸克和 c 夸克的电荷.

解 ① u 夸克的 I_3 量子数为$(+1/2)$,$B=1/3$,味量子数为 0,所以

$$Q = \frac{1}{2} + \frac{1}{2}\left(\frac{1}{3} + 0\right) = \left(+\frac{2}{3}\right)$$

② s 夸克的 I_3 量子数为 0,$B=1/3$,味量子数(奇异数)为(-1),所以

$$Q = 0 + \frac{1}{2}\left(\frac{1}{3} - 1\right) = \left(-\frac{1}{3}\right)$$

③ c 夸克的 I_3 量子数为 0,$B=1/3$,味量子数(粲数)为$(+1)$,所以

$$Q = 0 + \frac{1}{2}\left(\frac{1}{3} + 1\right) = \left(+\frac{2}{3}\right)$$ □

(5) 夸克的质量.从最简单的直觉来讨论,质子的质量 938.27 MeV,由两个 u 夸克和一个 d 夸克组成,写作(uud),中子是两个 d 夸克和一个 u 夸克组成,写作(udd),它的质量 939.57 MeV,它们的质量几乎一样,可以推测它们的"组分"(constituent)夸克的质量几乎相同,且为核子质量的$\frac{1}{3}$,即 $m_u = m_d = \frac{m_N}{3} \sim 310\ \text{MeV}/c^2$.由重子十重态的质量看到,奇异数相差 1 的重子间的质量差约为150 MeV,可以推测奇异夸克的"组分质量",$m_s = m_u + 150 \sim 500\ \text{MeV}/c^2$.但对另一些粒子,如 π^+ 介子,它是由一

个 u 夸克和一个 d 反夸克组成，它的质量只有 140 MeV！ 而由同样夸克组成的 ρ 介子的质量却是 770 MeV！ 由经典的质量概念来看这是很奇怪的. π 介子是赝标量粒子，角动量为 0. 两个自旋为 1/2 的夸克和反夸克的自旋是反平行的. 而 ρ 介子是矢量介子，角动量为 1，即两个夸克的自旋是平行的. 在夸克间的强作用对自旋平行的态有更高的能量(就像磁矩在磁场中的情形)，表现出有更大的质量能. 由上面的讨论可推测，从质子、介子的质量推测得到的夸克质量实际上总是反映了相互作用过程，夸克总是与胶子耦合在一起的，所以在讲组分夸克的质量时总是包含了夸克的束缚效应. 然而，在非常高的能量时，可以认为在一个瞬间，夸克会和胶子分开，这时相关的质量称作夸克的“流(current)夸克的质量”或“裸(bare)质量”，这质量比组分质量要小得多(约小 0.3 GeV/c^2)，见表 6.3.2.

表 6.3.2 夸克的质量

味	u	d	c	s	t	b
组分质量 /(GeV/c^2)	0.31	0.31	1.5	0.5	175	4.6
流质量	1.5～4 MeV/c^2	4～8 MeV/c^2	1.1～1.4 GeV/c^2	80～130 MeV/c^2	175 GeV/c^2	4.1～4.4 GeV/c^2

6.3.2 重子和介子的夸克组成

由夸克的性质可给出各种强子的夸克组成成分.

(1) **重子**. 夸克模型认为重子是由三个夸克组成的. 这些夸克可以是同一味的，也可以是不同味的. 下面我们只讨论由 u，d 和 s 夸克构成的重子. 三个夸克、三种夸克可以有 27 种组合. 由 SU(3)理论，它们可组成完全反对称(味，自旋)的单态，两个混合反对称的八重态和对称的十重态. 三个自旋为 1/2 的夸克可以合成总自旋为 1/2，3/2 的重子. 粒子的宇称为$(-1)^L$，L 是夸克相对运动轨道角动量量子数. 对于 $L=0$ 的情形，总角动量量子数 $J=1/2$ 或 3/2. 夸克的宇称为(+1)，则重子存在 $J^{\mathrm{P}}=(1/2)^+$ 和$(3/2)^+$ 的重子. 当夸克间的相对运动轨道角动量 $L\neq 0$ 时，它们组成各种重子激发态. 表 6.3.3 给出一些重子的夸克组成.

(2) **介子**. 夸克模型把介子看作是由一个夸克 q 和一个反夸克 $\bar{q}'$(q 与 q′可以是同味或不同味)组成的束缚态. 如果轨道角动量量子数为 L，由于夸克和反夸克的宇称相反，于是 $q\bar{q}'$ 系统的宇称为 $P=(-1)^{L+1}$. 对同味夸克与反夸克 $q\bar{q}$ 组成的粒子，它是电荷共轭的本征态，是纯中性粒子，即它有确定的 C 宇称，对两个粒子的系统 $C=(-1)^{L+S}$，这里的 S 是系统的总自旋，两夸克的系统 S 可以为 0 或 1. 总角动量 $\boldsymbol{J}=\boldsymbol{L}+\boldsymbol{S}$，介子以 J^{PC}分类(P 表示宇称，C 是 C 宇称). 对 $L=0$ 的介子，可以有赝标量介子(0^{-+})和矢量介子(1^{--})，对 $L=1$ 的态，可以有标量介子

(0^{++})、轴矢量介子(1^{++})和(1^{+-})、张量介子(2^{++}). 表 6.3.4 给出一些介子的夸克组成.

表 6.3.3 一些重子的夸克组成

Y	I	夸克组成	$J^P=\left(\frac{1}{2}\right)^+$（八重态）	$J^P=\left(\frac{3}{2}\right)^+$（十重态）	质量/MeV
1	$\frac{1}{2}$	ddu, uud	n, p		939
0	0	$\frac{s(du-ud)}{\sqrt{2}}$	Λ^0		1116
0	1	sdd, $\frac{s(du+ud)}{\sqrt{2}}$, suu	$\Sigma^-,\Sigma^0,\Sigma^+$		1189
−1	$\frac{1}{2}$	ssd, ssu	Ξ^-,Ξ^0		1315
1	$\frac{3}{2}$	ddd, ddu, duu, uuu		$\Delta^-,\Delta^0,\Delta^+,\Delta^{++}$	1232
0	1	sdd, sdu, suu		$\Sigma^{-*},\Sigma^{0*},\Sigma^{+*}$	1385
−1	$\frac{1}{2}$	ssd, ssu		Ξ^{-*},Ξ^{0*}	1530
−2	0	sss		Ω^-	1672

表 6.3.4 一些介子的夸克组成

$^{2S+1}L_J$	J^{PC}	$u\bar{d}, u\bar{u}, d\bar{d}$ $I=1$	$u\bar{u}, d\bar{d}, s\bar{s}$ $I=0$	$\bar{s}u, \bar{s}d$ $I=\frac{1}{2}$
$^1S_0$	0^{-+}	π	η, η'	K
$^3S_1$	1^{--}	ρ	ϕ, ω	$K^*(892)$
$^1p_1$	1^{+-}	$b_1(1235)$	$h_1(1170)$	K_{1B}
$^3P_0$	0^{++}	$a_0(980)$	$f_0(975), f_0(1400)$	$K_0^*(1430)$
$^3P_1$	1^{++}	$a_1(1260)$	$f_1(1285), f_1(1420)$	K_{1A}
$^3P_2$	2^{++}	$a_2(1320)$	$f'_2(1525), f_2(1270)$	$K_2^*(1430)$
$^1D_2$	2^{-+}	$\pi_2(1670)$		
$^3D_1$	1^{--}			
$^3D_2$	2^{--}			$K_2(1770)$
$^2D_3$	3^{--}	$\rho_3(1690)$	$\omega_3(1670)$	$K_3^*(1780)$

注：其中有些态仍有争议，如 0^{++}. 请注意，只有 $u\bar{u}$, $d\bar{d}$ 和 $s\bar{s}$ 这列中的态及 $I=1$ 列中的中性态才是电荷共轭 C 的本征态. 括号中表示粒子的质量，以 MeV 为单位.

6.3.3 夸克的色量子数

由图6.3.2可看到 $J^{P}=\left(\frac{3}{2}\right)^{+}$ 是质量最小的重子十重态，可以认为这些重子是处于 $L=0$ 的基态，即组成夸克是处在空间波函数对称的基态. 由 $J=3/2$ 可推出三个夸克的自旋是平行的，如 Δ^{++}，必定有(u↑u↑u↑). 因此 $\left(\frac{3}{2}\right)^{+}$ 十重态的 Δ^{++} 的三个夸克的波函数是空间、味和自旋都是对称的. 这明显违反了泡利不相容原理：任何两个全同费米子不可能处在相同的量子态. 另外为什么只有 qqq，$\bar{q}\bar{q}\bar{q}$ 和 $q\bar{q}$ 可以组成重子、反重子和介子，而夸克的其他方式组合如 qq，$\bar{q}\bar{q}$ 等却不能组成粒子呢？为解决这些问题，像当初引入电子自旋一样，物理学家认为夸克应该再有一个量子数："色". 借用光学中颜色的原色概念，三种原色为红、绿、蓝，记作 R，G 和 B. 夸克是有颜色的，带有原色，而反夸克是带有原色的补色的即 $\bar{R}$，$\bar{G}$，$\bar{B}$. 当然这里的"色"和生活中的颜色是毫无关系的. 所以用"色"这个词，只是引用各种颜色都可用三种原色来组成的意思. 这样 Δ 粒子中的三个夸克可以由三种不同"色"的夸克来组成，譬如是 uuu(RGB)，这三个夸克就不再是不可区分的. 另外，规定实际存在的强子都是"色"的单态，即完全无色的. 用形象的说法，重子中的三个夸克必定具有不同的原色，三种原色混合成无色. 而介子中的夸克和反夸克的色必定是互补的. 这样三个夸克构成系统的波函数，对"色"量子数是反对称的，所以对自旋、空间和味量子数一定是交换对称的. 这也说明了为什么(uuu)，(ddd)，(sss)只能组成 $J^{P}=(3/2)^{+}$ 的重子，而不组成 $J^{P}=(1/2)^{+}$ 的重子.

夸克具有色量子数的假定得到了实验的支持. 一个明确的验证就是在对高能量的 $e^{+}e^{-}$ 对撞实验中，测量终态为强子和 μ 的截面比 R. 正负电子对撞(1 GeV＜质心能＜50 GeV)主要是电磁过程. 截面和终态粒子的电荷平方成正比. 对带电轻子 μ 的截面为

$$\sigma(e^{+}e^{-}\longrightarrow\mu^{+}\mu^{-})=\frac{4\pi\alpha^{2}}{3s}$$

其中，α 是精细结构常数，s 是系统质心能的平方. 夸克是费米子，产生夸克对应该有相似的截面公式，只是要用夸克的电荷 $Q_{i}e$ 来替代上式 α 中的 e. 由于夸克有"色"，这样截面和可能有的"色"的数目 N_{c} 成正比.

$$\sigma(e^{+}e^{-}\longrightarrow q_{i}\bar{q}_{i})=N_{c}\times\frac{4\pi\alpha^{2}}{3s}\times Q_{i}^{2}$$

终态是强子的截面显然应该是可能产生的夸克的种类的总和，

$$\sigma(e^{+}e^{-}\longrightarrow\text{强子})=N_{c}\times\frac{4\pi\alpha^{2}}{3s}\sum_{i}Q_{i}^{2}$$

所以终态为强子的截面与 μ 的截面之比，

$$R = \frac{\sigma(e^+ e^- \longrightarrow \text{强子})}{\sigma(e^+ e^- \longrightarrow \mu^+ \mu^-)} = N_c \sum_i Q_i^2$$

在不同质心能下测得的 R 值见图 6.3.7. 在质心能小于 3 GeV 时只可能有 u,d 和 s 三种夸克产生,因此

$$R = N_c(Q_u^2 + Q_d^2 + Q_s^2) = N_c\left[\left(\frac{2}{3}\right)^2 + \left(\frac{-1}{3}\right)^2 + \left(\frac{-1}{3}\right)^2\right] = N_c\left(\frac{2}{3}\right)$$

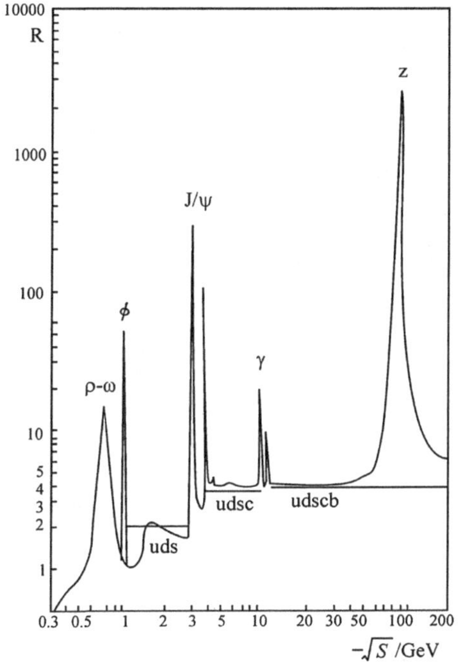

图 6.3.7 实验测得的 R 值

实验值为 2,则 $N_c = 3$. 由图可以看到,当质心能大于一对新夸克的产生阈能时,R 值就有一个跳跃. 由于对夸克引入"色"量子数,而实际存在的强子又都是无色的,所以"色"是一个隐藏的量子数. 这也提供了为什么不存在自由夸克的一个解释.

带色的夸克是如何结合成强子的呢? 显然电磁相互作用不能使夸克结合为强子. 例如 Δ^{++} 粒子是由三个 u 夸克组成,因此必定有一种"强"力才能克服具有相同电荷的 u 夸克之间的电磁斥力. 夸克之间的相互作用是通过交换胶子来实现的. 带电粒子所带电荷决定它参与电磁作用的强度. 与此对应,夸克所带的"色荷"决定它参与强作用的行为和强度.

组成强子的夸克、反夸克之间通过交换胶子而相互作用. 在强子内部,总是不断地有胶子被放出和吸收,因此在强子内部除了有前面所说的夸克外,还一定存在

胶子.由量子场论可以知道,胶子可以转化为夸克-反夸克对.这些夸克-反夸克对的味量子数及其他量子数都为零,一般称为海夸克.而决定强子性质的夸克(或反夸克)成分称为价夸克,这名称借鉴于化学中由原子结构的价电子决定原子的化学性质.综上所述,强子是由价夸克(反夸克)、海(夸克-反夸克对)及胶子组成.由深度非弹性散射实验测量强子的内部结构函数而测定这些价夸克、海夸克和胶子在强子内部的动量分布.如在质子中,胶子、u 夸克和 d 夸克分别约占 0.5,0.3 和 0.2 的质子动量,而海夸克的动量≪0.1.

6.4 相互作用与守恒定律

现在已确知的粒子之间的相互作用有四种:引力相互作用、弱相互作用、电磁相互作用和强相互作用.四种相互作用的特征列在表 6.4.1 中.引力作用和电磁作用力与作用距离的平方成反比,属于长程力.弱作用和强作用力是短程力.因此在宏观的物理现象中,遇到的只是引力作用和电磁作用,而弱作用和强作用则只是在原子核物理现象中才开始直接认识它的存在.在讨论微观粒子之间的相互作用时,由于引力作用和其他三种作用相比是极微弱的,所以可以忽略.

表 6.4.1　四种相互作用

		引力作用	电磁作用	弱作用	强作用
场量子		引力子	光子 γ	中间玻色子 $W^{\pm}$,Z	胶子 G
	自旋-宇称	2^{+}	1^{-}	1	1^{-}
	质量/(GeV/c^2)	0	0	$M_W=80.425$ $M_Z=91.187$	0
作用力程/m		∞	∞	10^{-18}	$\leqslant 10^{-15}$
源		质量	电荷	"弱荷"	"色荷"
耦合常数		$\frac{G_N M_p^2}{4\pi\hbar c}=5\times10^{-40}$	$\alpha=\frac{e^2}{4\pi\varepsilon_0\hbar c}=\frac{1}{137}$	$\frac{G_F(M_p c^2)^2}{(\hbar c)^3}=1.16\times10^{-5}(\text{GeV})^{-2}$, $G_F=\frac{\sqrt{2}g^2}{8M_W^2}$	$\alpha_s\leqslant1$
典型截面/b			10^{-5}	10^{-11}	10^{-2}
典型寿命/s			10^{-19}	10^{-10}	10^{-23}
典型现象		天体运动	光电效应,π^0 衰变	β 衰变,$K^{\pm}$, $\pi^{\pm}$ 衰变,中微子反应	强子产生

6.4.1　电磁相互作用

在麦克斯韦的电磁理论中，带电粒子通过它们的电磁场而相互作用，然而一直未能解释带电粒子之间怎么能在没有接触的情形下有相互作用的. 在量子场论中，认为粒子之间的各种相互作用是由于它们之间不断的交换粒子（场量子）的结果. 电磁场的场量子就是光子，光子是自旋为 1 的，不带电的，质量为零的玻色子. 例如，在图 6.4.1 中两个电子之间的相互作用可以看作是：电子 1 在 A 点发射一个电磁场的量子、规范玻色子——光子，电子发射光子时光子带走了动量，由于动量守恒电子被反冲. 显然，这情形下光子和电子间不可能同时满足能量守恒的条件. 所以，这种情形下发射的光子不可能是一个实光子，这种光子我们称它为“虚光子”. 一个电子可以这样地发射虚光子，只要它很快地又重新被吸收. 虚光子被另一个电子所吸收犹如图 6.4.1 中在 B 点被电子 2 所吸收. 两个电子间不断交换虚光子的结果是电子受到了排斥力.

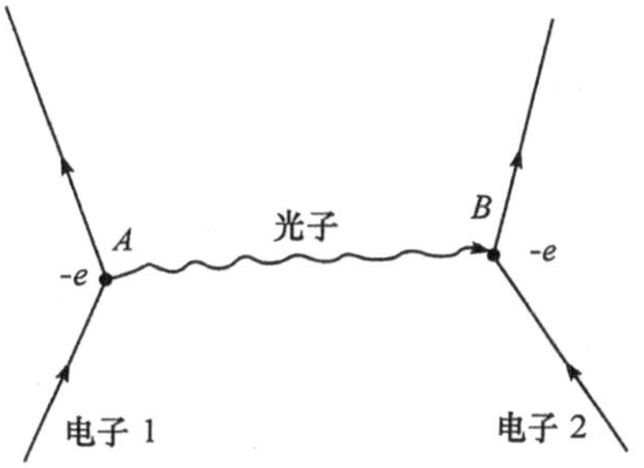

图 6.4.1　电子间的虚光子交换

虚光子不可能独立于吸收和发射它的荷电粒子而存在. 它只能在一个短暂的时间

$$\Delta t \approx \frac{\hbar}{\Delta E} \tag{6.4.1}$$

内存在，其中的 ΔE 是为满足能量守恒所缺少的能量. 因此虚光子只能在不确定原理所允许的距离范围内传播. 虚光子可传播的最大距离 R 可这样来估计

$$R \approx c\Delta t = \frac{\hbar}{mc} = \lambda_c \tag{6.4.2}$$

其中，c 是光速，m 是场量子的质量，λ_c 是场量子的约化康普顿波长. 电磁作用的场量子（光子）质量为零，所以电磁作用的力程几乎是无限的，是长程力.

相互作用的强度是作用力性质的一个重要标志. 粒子间相互作用的截面和粒子衰变的平均寿命等物理量，都与相互作用强度有关. 在量子场论中一般以相互作用的耦合常数来表示作用强度，耦合常数是一个无量纲的数，作用截面与耦合常数的平方成正比. 带电粒子和光子的耦合与粒子的电荷成正比，电磁作用以精细结构常数 α 来表征其强度，$\alpha = \frac{e^2}{4\pi\varepsilon_0 \hbar c} \approx 0.007\,3 \approx \frac{1}{137}$. 很直观地可以认为一个电子发射和吸收光子的概率为 α. 夸克是荷电粒子，夸克之间同样有电磁相互作用，只是夸克的电荷是$\frac{2e}{3}$或 $-\frac{e}{3}$，所以夸克发射和吸收光子的概率正比于$\left(\frac{2}{3}\right)^2\alpha$ 或$\left(\frac{1}{3}\right)^2\alpha$.

量子电动力学是描述电磁相互作用的精确理论，在讨论相互作用过程中除了粒子质量和电荷值外，不需引入其他参数就可精确地进行计算. 对电子反常磁矩的计算是一个典型例子，理论计算精度达 10^{-10}，与实验测量值在 10 位有效数字内完全符合，这是迄今为止和实验符合得最好的理论.

6.4.2 弱相互作用

原子核的 β 放射性是人们首次遇到的弱作用现象. 自由中子的 β 衰变过程为

$$\mathrm{n} \longrightarrow \mathrm{p} + \mathrm{e} + \bar{\nu}_{\mathrm{e}}, \qquad \tau = (885.7 \pm 0.8)\mathrm{s} \tag{6.4.3}$$

在上一节已知，核子本身是有复杂结构的，式(6.4.3)并不是弱作用的一个基本的过程，中子衰变的过程应看作是核子内部组分之间反应的结果. 中子和质子内部组分的差别只是一个 d 夸克转为 u 夸克，所以中子衰变过程实质上是

$$\mathrm{d} \longrightarrow \mathrm{u} + \mathrm{e} + \bar{\nu}_{\mathrm{e}} \tag{6.4.4}$$

在粒子物理中我们知道还有一些粒子，如 μ 子和带电 π 介子的衰变寿命 τ 都相当长

$$\mu^- \longrightarrow \mathrm{e}^- + \bar{\nu}_{\mathrm{e}} + \nu_\mu, \qquad \tau = 2.2 \times 10^{-6}\,\mathrm{s} \tag{6.4.5}$$

$$\pi^- \longrightarrow \mu^- + \bar{\nu}_\mu, \qquad \tau = 2.6 \times 10^{-8}\,\mathrm{s} \tag{6.4.6}$$

它们的寿命比由电磁作用引起的粒子衰变的寿命要长得多，例如

$$\pi^0 \longrightarrow \gamma + \gamma, \quad \tau = 8.4 \times 10^{-17}\,\mathrm{s} \tag{6.4.7}$$

π^0 衰变为两个光子，这是一个电磁作用衰变，它的寿命比 π^- 的短得多. 衰变寿命和相互作用的耦合强度有负关联，即寿命越长说明相互作用的耦合强度越小. 带电 π 介子和 μ 子衰变过程是一种比电磁作用弱得多的过程.

所有的强子和轻子都能参加弱相互作用，因此都可能发生弱衰变，不过如果它们可以通过强作用或电磁作用衰变时，它们的弱衰变就几乎观察不到了. 弱作用过程只有当更强的作用由于违反能量或其他守恒定律而被禁戒时才能被观测到. 例如，带电 π 介子是最轻的强子，由能量守恒和电荷量守恒，它不可能衰变为其他强子或光子，所以只能通过弱作用衰变为轻子了. 在式(6.4.3)、式(6.4.5)和式(6.4.6)的弱衰变反应例子中都含有中微子. 中微子是唯一的只参与弱作用的粒子，它不带色荷又是电中性的“零”质量的粒子，它常在弱衰变中出现，不过也有的弱衰变没有中微子，如式(6.2.11)，式(6.2.12)的过程 $\mathrm{K}^0 \longrightarrow \pi^+ + \pi^-$，$\Lambda^0 \longrightarrow \mathrm{n} + \pi^0$.

三种轻子数 L_{e}，L_μ 和 L_τ 分别守恒，我们也称三代轻子，即

$$\begin{pmatrix} \nu_{\mathrm{e}} \\ \mathrm{e} \end{pmatrix}, \quad \begin{pmatrix} \nu_\mu \\ \mu \end{pmatrix}, \quad \begin{pmatrix} \nu_\tau \\ \tau \end{pmatrix}$$

每代轻子有相同的轻子数，同一代的轻子可通过交换 $\mathrm{W}^\pm$ 的弱作用过程而互相转换，同一代中两个轻子的电荷数差一个电荷单位，这种弱作用称作带电弱流.

在强子的弱衰变中如反应式(6.4.4)表示的d夸克可通过弱作用变为u夸克,u和d是 $I=1/2$ 的同位旋多重态的成员,它们属于同一代夸克. 它们间的弱作用也是带电弱流. 根据夸克的质量及相互作用特性,较自然地将夸克也分为三代

$$\begin{pmatrix} u \\ d \end{pmatrix}, \quad \begin{pmatrix} c \\ s \end{pmatrix}, \quad \begin{pmatrix} t \\ b \end{pmatrix}$$

这是否说明夸克间的弱作用跃迁也只能在同一代中进行呢? 显然这并不完全和实验事实相符,我们知道,存在衰变过程 $K^+ \to \mu^+ + \nu_\mu$. K^+ 是由u和 $\bar{s}$ 组成的,这说明弱流必定能将它们耦合起来,如图6.4.2.

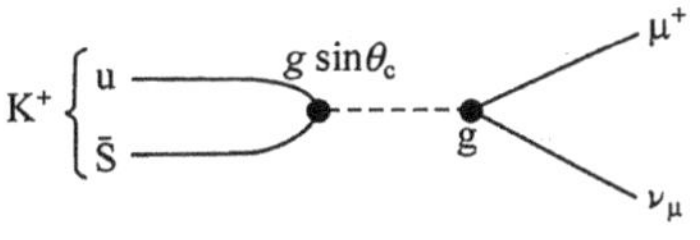

图 6.4.2 $K^+ \longrightarrow \mu^+ \nu_\mu$ 衰变

这和上面所说的只允许在u↔d,c↔s和t↔b间的跃迁是冲突的. 卡比博(N. Cabibbo)在20世纪60年代提出参与弱作用的d和s夸克并不是纯的味本征态,弱作用的夸克本征态是味的混合态,混合角为 θ_c 称为卡比博角. 在当时只知道存在u,d,s三种夸克,与弱作用中电荷改变的轻子二重态对应的夸克二重态是

$$\text{轻子二重态} \quad \begin{pmatrix} \nu_e \\ e \end{pmatrix}, \begin{pmatrix} \nu_\mu \\ \mu \end{pmatrix}$$

$$\text{夸克二重态} \quad \begin{pmatrix} u \\ d\cos\theta_c + s\sin\theta_c \end{pmatrix}$$

其中,$\theta_c \approx 13°$. 在夸克有6种味的情况,在弱作用中夸克可通过带电弱流耦合的是

$$\begin{pmatrix} u \\ d' \end{pmatrix} \quad \begin{pmatrix} c \\ s' \end{pmatrix} \quad \begin{pmatrix} t \\ b' \end{pmatrix}$$

其中,d′,s′和b′夸克是夸克味的混合态,弱流将用三个夸克二重态间的幺正变换来描述

$$\begin{pmatrix} d' \\ s' \\ b' \end{pmatrix} = \begin{pmatrix} V_{ud} & V_{us} & V_{ub} \\ V_{cd} & V_{cs} & V_{cb} \\ V_{td} & V_{ts} & V_{tb} \end{pmatrix} \begin{pmatrix} d \\ s \\ b \end{pmatrix} = \boldsymbol{V} \begin{pmatrix} d \\ s \\ b \end{pmatrix}$$

其中,$\boldsymbol{V}$ 是一个3×3的幺正矩阵,称作CKM矩阵(这是用提出和发展弱本征态理论的三位物理学家Cabibbo-Kobayashi-Maskawa的姓来命名). 一个3×3的幺正矩阵可有3个实参数和一个相位角 δ. 这相位角在波函数中会以 $\exp[i(\omega t+\delta)]$ 形式出现,显然,在时间反演下它不是不变的,相位角决定了CP破坏的程度. 用三个相位角 $\theta_{12}, \theta_{23}, \theta_{13}$ 和相位角 δ 来表示矩阵中的参数.

$$V = \begin{pmatrix} c_{12}c_{13} & s_{12}c_{13} & s_{13}e^{i\delta} \\ -s_{12}c_{23} - c_{12}s_{23}s_{13}e^{i\delta} & c_{12}c_{23} - s_{12}s_{23}s_{13}e^{i\delta} & s_{23}c_{13} \\ s_{12}s_{23} - c_{12}c_{23}s_{13}e^{i\delta} & -c_{12}s_{23} - s_{12}c_{23}s_{13}e^{i\delta} & c_{23}c_{13} \end{pmatrix}$$

其中，θ_{12}等表示代间的混合角，$\theta_{12}=\theta_c$. c_{12}表示 $\cos\theta_{12}$，s_{12}表示 $\sin\theta_{12}$. 这些系数的数值目前的实验测定值为

$$V_{CKM} = \begin{vmatrix} V_{ud}=0.975 & V_{us}=0.221 & V_{ub}=0.005 \\ V_{cd}=0.221 & V_{cs}=0.974 & V_{cb}=0.04 \\ V_{td}=0.01 & V_{ts}=0.041 & V_{tb}=0.999 \end{vmatrix}$$

精确测量这些系数的实验仍在进行. 在电荷 2/3 的夸克间并没发现有混合.

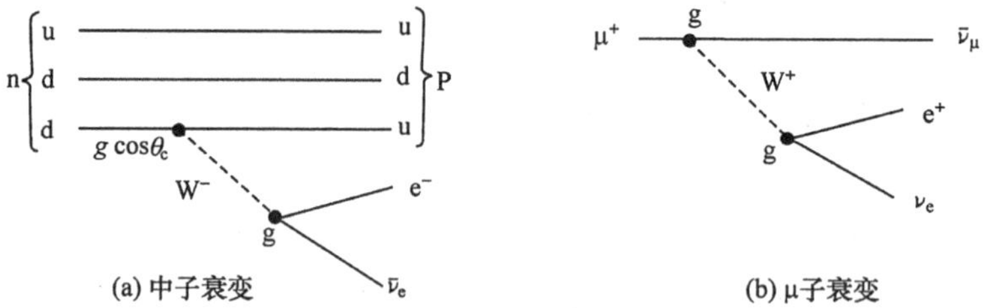

图 6.4.3　弱衰变过程

由量子场论的观点，可以把弱衰变过程看作如图 6.4.3 所示，认为 μ 衰变是由不断发射和吸收带有电荷的弱作用的场量子，称为弱玻色子，$W^{\pm}$引起的，由衰变过程的角分布实验证实 W 是自旋为 1 的粒子. 弱作用的力程很短，它的作用力程可由式(6.4.2)估计，所以 W 粒子的质量必定很大，实际上 $M_W \sim 80$ GeV. 我们可求得弱作用的耦合常数 g 满足

$$\frac{G_F}{\sqrt{2}} = \frac{g^2}{8(M_W)^2} \tag{6.4.8}$$

其中，G_F 是费米弱作用常数，在 5.4 节中我们知道由费米的 β 衰变理论可得到 $G_F \approx 1.4\times10^{-49}\,\text{erg}\cdot\text{cm}^2$ 或 $G_F/(\hbar c)^3 = 1.166\times10^{-5}\ \text{GeV}^{-2}$，$G_F$ 是一个很小的量. 以纯轻子的弱作用，μ 子衰变为例，μ 子的寿命是和它的衰变宽度成反比，衰变宽度应和它与 W 玻色子的耦合常数 g^4 即 G_F 的平方成正比，G_F 的量纲是 E^{-2}，所以从量纲分析可得它的衰变宽度应和 μ 子质量的 5 次方成正比(以 $\hbar=c=1$ 的单位制，1 $\text{GeV}^{-1}=6.59\times10^{-25}$ s). 由于电子和中微子的质量比 μ 子的质量都小很多，可忽略. 因此衰变宽度

$$\Gamma(\mu^+ \to e^+\,\nu_e\bar{\nu}_\mu) = \frac{1}{\tau} \propto G_F^2 m_\mu^5$$

具体计算可得衰变宽度

$$\Gamma(\mu^+ \to e^+\,\nu_e\bar{\nu}_\mu) = \frac{G_F^2 m_\mu^5}{192\pi^3}$$

这样，μ 子衰变寿命

$$\tau = 2.19\times10^{-6}\ \text{s}$$

对强子的弱衰变，由于夸克是束缚在强子中要考虑强子的影响，计算它们的寿命就要复杂些，如对图 6.4.2 的 K^+ 的轻子衰变，原则上它的弱耦合强度应该和 $g^4\sin^2\theta_c$，即 $G_F^2\sin^2\theta_c$（或写为 $G_F^2|V_{us}|^2$）成正比. K^+ 的轻子衰变的分宽度经具体的推导得（此公式适用于赝标量介子的轻子衰变，只需代入相应的介子和轻子的质量）

$$\Gamma(K^+ \to \mu^+ \nu_\mu) = \frac{G_F^2 |V_{us}|^2}{8\pi} f_K^2 m_K m_\mu^2 \left(1 - \frac{m_\mu^2}{m_K^2}\right)^2$$

其中，f_K 是 K 介子的弱形状因子. K^+ 除了衰变为 $(\mu^+\nu_\mu)$ 还有衰变为 $(\pi^+\pi^0)$ 等其他衰变道，由实验测得 K^+ 衰变为 $(\mu\nu)$ 的分支比为 63%，由此可得带电 K 介子的衰变寿命

$$\tau(K) = \frac{0.63}{\Gamma(K \to \mu\nu)} \approx 1.2 \times 10^{-8}\ \text{s}$$

例 6.4.1 试计算 $\Gamma(\pi^- \to e^- \bar{\nu}_e)$ 与 $\Gamma(\pi^- \to \mu^- \bar{\nu}_\mu)$ 之比.

解 π 介子也是赝标量介子，可利用上面 K 介子的衰变公式，只是要用 π 介子的质量代替公式中的 K 介子质量. 另外，这题的这两个过程只是终态的轻子质量不同，所以

$$\frac{\Gamma(\pi^- \to e^- \bar{\nu}_e)}{\Gamma(\pi^- \to \mu^- \bar{\nu}_\mu)} = \frac{m_e^2}{m_\mu^2} \frac{(m_\pi^2 - m_e^2)^2}{(m_\pi^2 - m_\mu^2)^2} = 1.28 \times 10^{-4}$$

由计算可知带电 π^- 介子衰变为电子的概率很小. π 介子的自旋为 0，衰变产物电子和反中微子的自旋之和必为 0. 由于反中微子的螺旋度为 +1（右旋，自旋和动量平行），由动量守恒和角动量守恒，则电子的螺旋度也必须为 +1. 而衰变产生的高速电子的螺旋度平均为 $-\frac{v}{c} \approx -1$. 只有 $1-\frac{v}{c}$ 的电子具有 +1 的螺旋度. 但在 π^- 衰变中由动量守恒和角动量守恒可知，螺旋度为 −1 的电子是被禁止的，因此 π^- 衰变为电子的过程相对衰变于 μ 子过程是受到抑制的. □

由式(6.4.8)可见，G_F 的值取决于 g 和 M_W，弱作用之所以很微弱，不是由于 g 很小，而是由于弱玻色子 W 的质量很大. 当作用能 $\ll M_W$ 时，弱作用常数很小，但当作用能量接近 M_W 或更高时，弱作用和电磁作用就可比拟.

当初麦克斯韦的电磁理论将电和磁作用力统一作为电磁力. 在粒子速度很低时，磁场力是很弱的，而对高速粒子，电和磁的作用力就很相近了. 那么，$g \approx e$ 是否意味着弱作用和电磁作用可以统一呢？在 20 世纪 60 年代，格拉肖（S. L. Glashow）、温伯格（S. Weinberger）和萨拉姆（A. Salam）分别提出了他们关于弱电统一的模型. 把电磁和弱相互作用看作是电弱相互作用的两个不同的表现，提出有四种质量为 0 的中间玻色子，它们是 $W_\mu^{(1)}$，$W_\mu^{(2)}$，$W_\mu^{(3)}$（属于弱同位旋为 1 的三重态）和单态 B_μ. 与希格斯（Higgs）粒子的作用，通过希格斯机制发生“自发对称破

缺”,而形成大质量的玻色子 W_μ^+,W_μ^- 和 Z_μ^0 及另一个仍保持质量为 0 的 A_μ. 由 $W_\mu^{(3)}$ 与 B_μ 态的混合组成 A_μ 和 Z_μ^0,相应于电磁作用和弱中性流. 在理论中引入弱混合角 $\sin\theta_{\mathrm{W}}$,

$$g\sin\theta_{\mathrm{W}} = e \tag{6.4.9}$$

$$\begin{aligned} Z_\mu &= W_\mu^{(3)}\cos\theta_{\mathrm{W}} - B_\mu\sin\theta_{\mathrm{W}} \\ A_\mu &= W_\mu^{(3)}\sin\theta_{\mathrm{W}} + B_\mu\cos\theta_{\mathrm{W}} \end{aligned} \tag{6.4.10}$$

由此可得

$$M_{\mathrm{W}^\pm} = \left(\frac{g^2\sqrt{2}}{8G_{\mathrm{F}}}\right)^{1/2} = \left(\frac{e^2\sqrt{2}}{8G_{\mathrm{F}}\sin^2\theta_{\mathrm{W}}}\right)^{1/2} = \frac{37.4}{\sin\theta_{\mathrm{W}}}\ \mathrm{GeV} \tag{6.4.11}$$

$$M_{Z^0} = \frac{M_{\mathrm{W}^\pm}}{\cos\theta_{\mathrm{W}}} = \frac{75}{\sin 2\theta_{\mathrm{W}}}\ \mathrm{GeV} \tag{6.4.12}$$

这是用最简单的(萨拉姆-温伯格)模型得出的质量,其中引入了弱同位旋二重态的标量希格斯粒子. 在很大的动量转换($q^2 \gg 10^4\ \mathrm{GeV}^2$)下,电磁和弱相互作用具有对称性,只是在低能时对称性破坏了. 在这理论中有一个任意常数——弱混合角 $\sin\theta_{\mathrm{W}}$. θ_{W} 称为温伯格角. 高能实验测量得到 $\sin^2\theta_{\mathrm{W}} \approx 0.23$.

在已观测到的弱作用过程,如 β 衰变:中子衰变为质子,核子的电荷改变了,这种过程我们称为是弱作用中的带电流作用,即弱作用是通过交换 $\mathrm{W}^\pm$ 来进行的. 而弱电统一模型中提出弱作用还可通过交换 Z^0,即弱作用过程中相应粒子的电荷不改变,称为中性流. 因此统一模型预言了弱作用中性流的存在,而原有的弱作用理论却认为只有带电弱流. 1973 年实验证实了中性弱流的存在,1983 年在欧洲粒子物理研究中心发现了 Z^0 和 $\mathrm{W}^\pm$ 玻色子(在实验证实弱玻色子的存在之前,格拉肖、温伯格和萨拉姆因他们的弱电统一理论获得了 1979 年诺贝尔物理学奖). 欧洲粒子物理研究所(CERN)的 270 GeV 质子-270 GeV 反质子对撞机上由卢比亚(C. Rubbia) 领导的实验组首次通过下列过程观测到了 $\mathrm{W}^\pm$ 和 Z 玻色子,

$$\begin{aligned} &\mathrm{u} + \bar{\mathrm{d}} \to \mathrm{W}^+ \to \mathrm{e}^+ + \nu_{\mathrm{e}}\,, \quad \mu^+ + \nu_\mu \\ &\bar{\mathrm{u}} + \mathrm{d} \to \mathrm{W}^- \to \mathrm{e}^- + \bar{\nu}_{\mathrm{e}}\,, \quad \mu^- + \bar{\nu}_\mu \\ &\left.\begin{matrix} \mathrm{u} + \bar{\mathrm{u}} \\ \mathrm{d} + \bar{\mathrm{d}} \end{matrix}\right\} \to Z^0 \to \mathrm{e}^+ + \mathrm{e}^-\,, \quad \mu^+ + \mu^- \end{aligned}$$

范·德米尔(S. van der Meer) 由于发明束流的随机冷却技术在反质子-质子对撞机建造中的贡献与卢比亚分享了 1984 年的诺贝尔物理学奖. 1989 年在 CERN 建成的大型电子-正电子对撞机 LEP 上的实验和 90 年代建成的美国斯坦福直线对撞机的实验精确验证了弱电统一理论.

6.4.3 强相互作用

由核物理中我们已知道,使核子结合在一起的力是一种比电磁力强得多的作用力.它的力程很短,核力的力程约是 10^{-15} m 的量级.另外,由前面的讨论知道,强作用过程的截面约为 100 毫靶的量级,强相互作用衰变的寿命在 10^{-23}秒的量级,比电磁体作用的衰变寿命短 10^{-7}倍,由此可推出强作用的耦合常数 α_s 约为电磁作用的 $10^2\sim10^3$ 倍,即 $\alpha_s\approx1\sim10$.参与强相互作用的粒子叫强子,而夸克是强子的基本组成,因此,强作用必定是夸克之间的相互作用.实验事实表明:

(1) 夸克之间的强作用和夸克的味无关.在强作用过程中,味量子数守恒.

(2) 强作用过程中同位旋和同位旋第三分量守恒.

(3) 强作用过程中没有观察到孤立的自由夸克.

强作用的本质是什么?在夸克之间相互作用时与电磁作用中相对应的“荷”又是什么?显然这不能归结于电荷和味,因为这和实验的第一点矛盾.由强子的夸克模型知道,夸克必须具有“色”.看来强作用是和夸克的色耦合的,强作用的源是“色荷”.基于此建立的场论称为量子色动力学.

强作用场是矢量场,它的场量子称为胶子.夸克之间的强作用是通过夸克间不断地吸收和发射胶子来实现的.夸克在发射和吸收胶子的过程中,它的色改变.而色的对称性要求总的色荷是守恒的,所以胶子本身是有颜色的.强作用场的主要特点是:

(1) 夸克都带有“色”,可以有 R,G 和 B 三种色.

(2) 色可以通过胶子来交换,胶子带有色荷.每个胶子带有一个“色”和“反色”.有三种“色”和三种“反色”,它们可以有 9 种组合,但其中一组全对称的组成$(\mathrm{R\bar{R}+G\bar{G}+B\bar{B}})$是无色的,所以胶子可以有 8 种色

$$\mathrm{R\bar{B}},\mathrm{R\bar{G}},\mathrm{B\bar{G}},\mathrm{B\bar{R}},\mathrm{G\bar{R}},\mathrm{G\bar{B}},\frac{1}{\sqrt{2}}(\mathrm{R\bar{R}}-\mathrm{B\bar{B}}),\frac{1}{\sqrt{6}}(\mathrm{R\bar{R}}+\mathrm{B\bar{B}}-2\mathrm{G\bar{G}})$$

(3) 与电磁作用相似,夸克和胶子耦合常数可用$\sqrt{\alpha_s}$来表示,如图 6.4.4(a).胶子是质量为零,自旋为 1 的粒子.

(4) 由于胶子本身带有色荷,所以胶子之间能相互作用,如图 6.4.4(b).这和电磁场不同,光子由于它本身没有电荷,所以光子之间没有相互作用.描述夸克间色的相互作用的理论是量子色动力学(QCD).夸克间强作用过程中的色荷类似于电磁作用中的电荷.电磁力和强作用力都是由质量为 0 的矢量粒子(光子或胶子)为介质的.然而,在电磁作用中有两种“电荷”和一个不带“电荷”的介质玻色子,在 QCD 中有 6 种“色荷”(夸克带的三种色荷和反夸克带的三种反色荷)及带“色荷”的介质玻色子.

(5) 渐近自由在电子自旋(3.4 节)中谈到电子的反常磁矩(g 因子不为 2),并

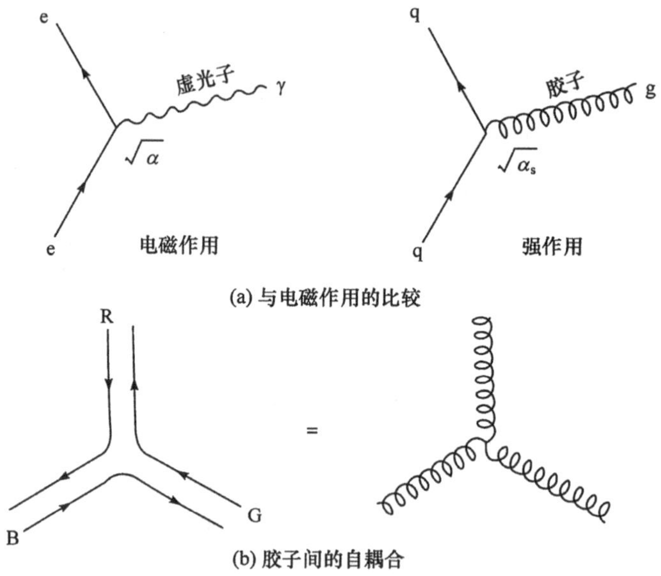

图 6.4.4　强作用过程与电磁作用的比较

指出由量子电动力学(QED)可以精确地计算电子的反常磁矩，$a=(g-2)/2$. QED 对电子和 μ 子的计算得到

$$a^{(e)}=0.5\left(\frac{\alpha}{\pi}\right)-0.328\,48\left(\frac{\alpha}{\pi}\right)^2+1.19\left(\frac{\alpha}{\pi}\right)^3+\cdots$$

$$a^{(\mu)}=0.5\left(\frac{\alpha}{\pi}\right)+0.765\,78\left(\frac{\alpha}{\pi}\right)^2+24.45\left(\frac{\alpha}{\pi}\right)^3+\cdots$$

两个式子的第一项(即领头项)是相同的，而由真空极化引起的修正项(α^2 量级项)在系数和符号都不同了. 实验测得的值 $a\times10^{10}$(电子)$=11\ 596\ 521.9\pm0.1$，$a\times10^{10}$(μ 子)$=11\ 659\ 203\pm7$. 反常磁矩实验测量与预言值在实验误差内符合很好. 从另一方面看，也可以将上面的式子写成

$$a=\frac{0.5}{\pi}\alpha_{有效}$$

而对 μ 子，$\alpha_{有效}$ 比电子要稍大些，也就是把 α 作为一个巡行耦合常数(或称跑动耦合常数，running coupling constant)，它取决于过程所涉及的质量或动量转移值. 在物理图像上可以认为是由于不断吸收和发射的虚光子瞬时产生的正负电子对引起的屏蔽效应. 以至使 α 是转移动量 q 的函数，随着 q 的增大而增大. 在低能时，$\alpha=1/137$；在 $q\sim100$ GeV 时，LEP 的实验得 $\alpha(M_z)\sim1/128$.

量子色动力学(QCD)可由 SU(3)色对称来描述，耦合常数 α_s 也有随转移动量而变化(跑动)的行为，但它是随转移动量的增大而减小. 这是由于胶子和光子不同,QCD 中场粒子(胶子)本身是有色荷的,胶子间有相互作用,所以有自耦合,这样引起胶子场的"反屏蔽",随着 q^2 的增加(或随两者距离的减小)而使耦合变弱.当夸克之间非常接近时,强作用力是如此之弱,以至于它们完全可以作为自由粒子活动.这种现象称作"渐近自由".然而,当它们间的距离增加时就有更强的吸引力.强作用的这种特点在 1973 年首先由三位美国物理学家格罗斯(David. J. Gross)、维尔切克(Frank. Wilczek)和波利策(H. D. Politzer)在理论上以完美的数学形式表示出来,这一发现为量子色动力学(QCD)的建立奠定了基础.他们三人分享了 2004 年的诺贝尔物理学奖.QCD 这一理论在最近几年的实验中得到了很好的证实,α_s 的实验数据明显地表明随 q^2 的变化,见图 6.4.5.在 $q\sim100$ GeV 时,LEP 的实验得 $\alpha_s(M_z)=0.12$.

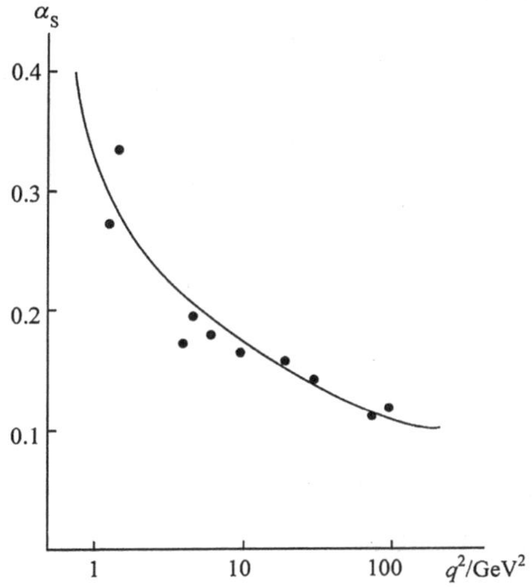

图 6.4.5 强作用的耦合系数随动量转移的变化

由胶子的质量为 0,可以预期静态 QCD 的位势应和 QED 类似有 $1/r$ 的形式.然而实际上夸克间的位势可近似写为

$$V_s=-\frac{4}{3}\frac{\alpha_s}{r}+kr \tag{6.4.13}$$

上式第一项与库仑势相似,由于胶子有 8 种色态,对三种夸克的色取平均可得因子 8/3,历史上对 α_s 的定义时引入一个因子 2,所以在式(6.4.13)中出现因子 4/3.第二项是线性项,$k\approx1$ GeV/fm.可以想像夸克间由于胶子相互作用,色场的力线像弹力线一样拉在一起,形成色管或弦.随着一对夸克间距离 r 的增大,位能($\sim kr$)不断增加,当位能超过产生一对夸克-反夸克所要求的能量时,就产生了一个介子(夸克-反夸克束缚在一起)而不可能把一端夸克拉出成为一个孤立夸克,这就是所谓的"色禁闭".夸克只能禁闭在强子内,而不可能以自由粒子的形式存在,可形象

地用图 6.4.6 说明.

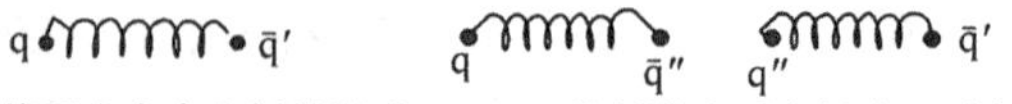

(a) 连接两个夸克之间的胶子“弦”，将夸克间距离拉大所消耗的能量和弦的长度成正比

(b) 弦断裂为两个短弦，而产生了一个介子

图 6.4.6

现在我们对强相互作用的认识是,强子之间的强相互作用是组成强子之间的夸克和胶子之间的作用,是通过交换胶子来进行的.胶子是自旋为 1、无质量的粒子,胶子带有色荷.描述强相互作用的理论对高能量情形下实验的一些预言得到了实验的证实.所预言的胶子喷注已有明显的实验证据.

既然胶子是无质量的,那么如何说明核力的短程性呢?我们可模仿中性原子间的作用来解释.当两个中性原子开始相互靠近时,它们之间几乎是没有相互作用的.但当它们靠近到一定程度,原子的电子云开始有重叠时,它们之间的作用就逐渐增强,并结合为分子.它本身不是一种基本的相互作用,实际上是两个带电荷系统间电磁相互作用的复杂过程的一种唯象表示.同样,核子-核子之间的相互作用是两个色荷系统之间强相互作用的复杂过程.核子并没有色荷,是色中性粒子(与原子的电中性类似).只有当一个核子内的夸克可以被另一个核子内的夸克感觉到时,也就是只有在两个核子很靠近时,才有强相互作用.因此强作用的力程是很短的,约为 1.4 fm.

QCD 理论在描述和预言强子间的相互作用取得了许多成果.实验上对 QCD 的理论的各种进一步的检验仍在进行.如,按照 QCD 的理论,胶子-胶子间有强的相互作用,那除了三个夸克和夸克-反夸克的色单态可以组成强子外,由夸克异常组成的强子,例如:由四个夸克与一个反夸克组成的强子(2001 年至今有几个实验组发现 5 夸克的重子 $\theta^+[uudd\bar{s}]$)、几个胶子(如 GG 和 GGG)的色单态组成强子,(称作胶子球)也应存在.胶子球是否存在也是对 QCD 理论一个重要检验.由强子的性质来对胶子球进行识别是较困难的,目前实验上已发现有几个可能的候选态,但仍有待确认.

前面讨论了夸克禁闭,在什么条件下可能把禁闭解除呢?物理学家设想在极高温或极高能量密度下的强子物质应可以通过相变进入夸克-胶子等离子的状态,例如在极高能量下的核-核碰撞,夸克和胶子可能解除禁闭,就会发生相变,由夸克和胶子束缚(禁闭)在强子内的低能相,转变为在一定尺度范围的“夸克-胶子等离子体”.由格点 QCD 的计算,表明这种相变的临界温度~170 MeV.对这种新物质形态的寻找,高能核物理学界自 20 世纪 70 年代开始就做了许多努力,目前在美国布鲁克海文国家实验室的相对论重离子对撞加速器(RHIC)可以提供每核子

100 GeV的金核-金核对撞(总质心能为 39.4 TeV),即将建成的欧洲大型强子对撞机可实现铅核-铅核的对撞(质心能为 1312 TeV).实验的主要目标就是寻找和研究夸克-胶子等离子体.在 RHIC 的实验已发现了一些新的实验现象(有部分物理学家已宣称实现了夸克-胶子等离子体),正待进一步深入.

6.4.4 守恒定律与对称性

物理学中所观察到的许多规律都可用守恒律来表示,每一个守恒定律都表明某一物理量的数值是恒定的.在粒子物理的实验中也观察到存在守恒定律.在人们对粒子间相互作用及其动力学机制还没有完善了解的情况下,守恒定律在粒子物理学的研究中显得更为重要.从理论上说,守恒定律都是相互作用哈密顿量具有相应的对称性或运动方程具有某种变换下的不变性的表现.因此通过守恒定律使我们对相互作用哈密顿量有了某种程度的了解.根据这些了解,就可以对相互作用过程的一些物理量作出预言,还可以用守恒定律来检验各种动力学理论.实际上,所谓的不变性或对称性的根源在于自然界存在的某些不可测量性,或不可分辨性.例如:空间没有绝对原点,我们可以选空间的任何点作原点,物理定律的形式都是一样的,即空间的绝对位置是不可测量的.空间的这种对称性导致动量守恒定律.再如,在强作用中,质子和中子的不可分辨性,则导致强作用中的同位旋守恒.

表 6.4.2 给出了各种守恒定律及其适用范围.在粒子物理中有些对称性是很完善的,与之对应的守恒定律在各种相互作用中都严格成立.而另一些对称性是不完善的,或称为是破缺的,与它们对应的守恒定律在一些相互作用中并不守恒.例如在弱作用中宇称不守恒.

表 6.4.2 自然界存在的一些对称性

不变性	守恒量	相互作用		
		强作用	电磁作用	弱作用
空间平移	动量($\boldsymbol{p}$)	守恒	守恒	守恒
时间平移	能量(E)	守恒	守恒	守恒
空间转动	角动量($\boldsymbol{J}$)	守恒	守恒	守恒
电荷规范变换	电荷(Q)	守恒	守恒	守恒
重子数规范变换	重子数(B)	守恒	守恒	守恒
轻子数规范变换	轻子数(L)	守恒	守恒	守恒
同位旋空间转动	同位旋(I)	守恒	不守恒	不守恒
	第三分量(I_3)	守恒	守恒	
CPT		守恒	守恒	守恒
空间反演(P)	宇称	守恒	守恒	不守恒
电荷共轭(C)	C 宇称	守恒	守恒	不守恒
时间反演(T)		守恒	守恒	约有 10^{-3}的破缺

在上表中可看到，在粒子物理中除了我们已熟悉的能量、动量、角动量和电荷量的守恒定律是严格成立的之外，还有一些新的守恒律.

1. 重子数守恒

在核物理和粒子物理的各个过程中，重子数守恒.例如

$$n \rightarrow p + e^- + \bar{\nu}_e$$

$$\Lambda^0 \rightarrow p + \pi^-$$

衰变前后都只有一个重子.在6.2节中已知所有重子的重子数 B 都为1，所有的反重子(如反质子、反中子)的重子数 $B = -1$.轻子、光子和介子的重子数 $B=0$.于是重子数守恒可表示为

$$\sum B_i = \text{常数} \tag{6.4.14}$$

即在各种相互作用过程中，反应初态的重子数之和必须等于反应末态的重子数之和.质子是最轻的重子，所有的重子最终都会衰变为质子.但是如果质子可以衰变，那重子数就不再守恒了.人们通过各种实验测定质子的寿命，以检验重子数守恒的定律.目前实验测得到的质子寿命的下限为 10^{31} 年.

2. 轻子数守恒

所有的衰变和反应过程中轻子数 L 及轻子味数守恒.例如

$$\pi^- \rightarrow \mu^- + \bar{\nu}_\mu$$

$$\mu^- \rightarrow e^- + \bar{\nu}_e + \nu_\mu$$

至今所有的实验表明，在各种相互作用中有

$$\left.\begin{aligned} \sum L_e &= \text{常数} \\ \sum L_\mu &= \text{常数} \end{aligned}\right\} \tag{6.4.15}$$

对 τ 中微子的存在尚没有直接的实验证据，预期应该有 τ 轻子数 L_τ 的守恒律.

上面是严格的守恒律，在各种相互作用中都成立.下面我们将讨论的都不是严格的守恒律，即只是在一定条件下守恒律成立.

3. 奇异数守恒

在强相互作用过程中奇异数守恒，在弱作用过程中奇异数可以不守恒.在夸克的层次上来看，在强作用过程中夸克间只是通过胶子交换“色”.可以改变“色”但不改变“味”.所以强作用过程是“味”守恒的，因此奇异数一定是守恒的.但在弱作用过程“味”可以改变，所以弱作用中奇异数可以不守恒.

4. 同位旋守恒

在强相互作用中，同位旋守恒.1932年海森伯提出中子和质子只是核子的不同电荷态，核子可用同位旋量子数来描述，核子的 $I=1/2$.它可处在两个状态，即 I_Z 或 $I_3 = \pm 1/2$.这完全类似于对自旋为1/2粒子的描述.如果定义质子的

$I_3=1/2$,中子的 $I_3=-1/2$,则它们的电荷 $Q/e=1/2+I_3$. 在强相互作用中同位旋 I 是一个守恒的量子数. 最早的证明来自核子间的强作用只和 I 有关,与电荷无关的实验. 由夸克模型的概念,质子(uud)和中子(udd)的差别只是组成中的一个 u 夸克换成了 d 夸克,中子和质子的质量非常接近,反映了 d,u 夸克的质量很接近,实际上只是由于库仑项的原因引起了这个小的差别. 在强作用过程中 u,d 夸克可以看作是等同的,这就表现为同位旋量子数守恒.

例 6.4.2 试确定氘核的同位旋.

解 每个核子的 $I=1/2$,由两个核子组成的系统的同位旋波函数,类似于两个自旋为 1/2 的粒子组成系统的总自旋的波函数,系统的同位旋波函数是具有交换对称波函数的同位旋为 1 的三态和交换反对称的同位旋为 0 的单态. 即

$$\chi(1,1)=p(1)p(2)$$

$$\chi(1,0)=\frac{1}{\sqrt{2}}[p(1)n(2)+n(1)p(2)]$$

$$\chi(1,-1)=n(1)n(2)$$

$$\chi(0,0)=\frac{1}{\sqrt{2}}[p(1)n(2)-n(1)p(2)]$$

两个核子系统的总波函数是由三部分的波函数组成:空间位置波函数、自旋波函数和同位旋波函数,可以写成

$$\Psi=\phi(\text{空间})\alpha(\text{自旋})\chi(\text{同位旋})$$

中子和质子的 I_3 分别是$(-1/2)$和$(+1/2)$. 它们可以组成的同位旋量子数(I, I_3), $I_3=0$,可能是 $I=1$ 和 $I=0$ 的态.

已知氘的自旋为 1,轨道角动量 $l=0$(混有少量的 $l=2$). 所以它的空间波函数是交换对称的,自旋波函数也是交换对称的. 两个核子(费米子)系统的波函数必定是交换反对称的,因此,在这情况下它的同位旋波函数必定是交换反对称的,也就是它的同位旋量子数必定是 $I=0, I_3=0$. □

例 6.4.3 试求下列两个反应的截面比:

(1) $p+p\rightarrow d+\pi^+$; (2) $p+n\rightarrow d+\pi^0$

解 氘: $I=0$, π^+: $I=1, I_3=+1$, π^0: $I=1, I_3=0$.

反应 (1)	$p+p\rightarrow$	d	$+$	π^+
$I=$	1	0		1
反应 (2)	$p+n\rightarrow$	d	$+$	π^0
$I=$	1 或 0	0		1

两个反应的终态都是 $I=1$,反应(1)的初态是纯的 $I=1$,而反应(2) 的初态有 50% 是 $I=1$,另外的 50% 是 $I=0$. 由同位旋守恒,两个反应只有对 $I=1$ 的初态才能发

生.所以它们的截面 σ 比为$\frac{\sigma(2)}{\sigma(1)}=0.5$. □

在强相互作用过程中同位旋和同位旋第三分量都守恒；

在电磁相互作用过程中同位旋不守恒，但同位旋第三分量仍然守恒；

在弱相互作用过程中同位旋及同位旋第三分量都不守恒.

我们讨论粒子系统的量子数时发现，根据守恒律和量子数的行为可以把粒子系统的量子数分作两类：一类是相加性量子数，例如电荷、重子数、轻子数和同位旋第三分量 I_3 等，它们遵守量子数的总和守恒的规律.另一类量子数，它们的值只有 $(+1)$ 或 (-1) 两种，例如宇称，粒子系统的宇称是各部分波函数宇称的乘积，这些量子数称相乘性量子数，在这类守恒律中，量子数的乘积是一个不变量.

5. 宇称守恒

关于宇称的概念在前面已讨论过，宇称变换就是进行空间反演.物理规律在空间反演下的不变性导致宇称守恒.空间反演对称性不是一个普适的对称性：弱相互作用破坏宇称守恒.

观察宇称守恒是否破坏的一个办法是，以平面镜来反射真实实验.空间反演操作等价于对镜面的反射加上绕镜面法线旋转 180°.假定转动不变性成立，则镜面反射对称性的检验就等价于对空间反演对称性的检验.我们知道，经典物理规律都具有镜面反射对称性.于是人们很自然的推测对于微观物理现象也是空间反演对称的.

在早期实验中观察到粒子 τ^+ 和 θ^+ 的衰变过程为

$$\theta^+ \rightarrow \pi^+ + \pi^0$$

$$\tau^+ \rightarrow \pi^+ + \pi^+ + \pi^-$$

实验测量它们的质量值和平均寿命基本相同，寿命约为 10^{-8} s，是一种弱衰变的粒子.它们又都是自旋为零的粒子.由这些现象可推测它们是同一种粒子.它们都衰变为内禀宇称为 (-1) 的 π 介子，而且衰变产物 π 介子系统的角动量都为零.由它们的衰变过程分析可知，θ^+ 是宇称为正的粒子，而 τ^+ 是宇称为负的粒子.若宇称守恒是一个普适的守恒律，那么它们就不可能是同一种粒子，从而产生了历史上的“θ-τ 之谜”.

1956 年，杨振宁和李政道为解决 θ-τ 之谜，认真系统地在研究和分析了有关宇称守恒的实验资料后，发现有大量的实验证明在强相互作用和电磁相互作用过程中宇称是守恒的，而对弱相互作用中宇称是否守恒却并没有实验检验过.于是他们提出了弱相互作用中宇称不守恒的假设，认为 θ-τ 是同一种粒子，称为 K 粒子.他们具体建议可通过一些实验来检验在弱作用过程中宇称的守恒律.其中的一个实验就是极化原子核 ^{60}Co 的 β 衰变.吴健雄及其合作者在 1957 年完成了这个实验，证实了在 β 衰变中宇称是不守恒的.

^{60}Co 极化原子核 β 衰变实验的基本思想如图 6.4.7 所示. 设想一个^{60}Co 核,它的自旋向上,那么它在镜像中的自旋是向下的. 当核 β 衰变沿着自旋的反方向发射 β 粒子时,它的镜像应该是沿自旋方向发射 β 粒子. 如果在 β 衰变过程中是宇称守恒的,那么互为镜像的两个现象应该同样出现. 即沿^{60}Co 核自旋方向和沿自旋反方向发射 β 粒子的概率应该是一样的,否则就表明宇称不守恒. 吴健雄在实验中使^{60}Co 原子核处在很低温度(0.01 K)下,并处在一个非常强的磁场中来实现原子核的极化,测量的结果表明,β 粒子沿自旋反方向发射的概率比沿自旋方向发射的概率大,从而令人信服地证明了 β 衰变过程中宇称是不守恒的. 其他一系列实验,如 Λ^0 的衰变,都表明在弱相互作用中宇称不守恒.

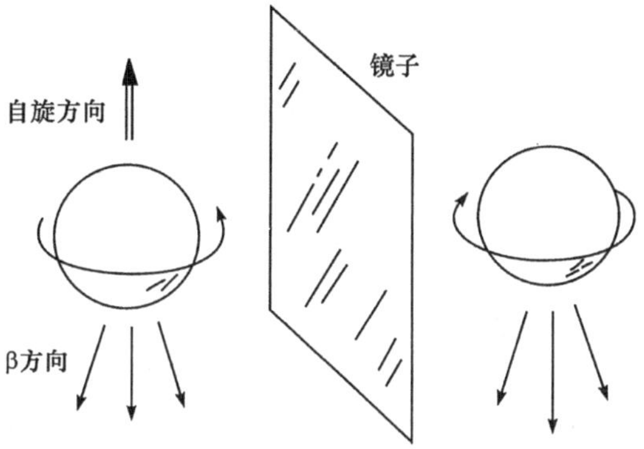

图 6.4.7 极化^{60}Co 原子核 β 衰变的镜像过程

6. 时间反演不变性

在经典物理中,牛顿第三定律 $\boldsymbol{F}=m\dfrac{\mathrm{d}^2\boldsymbol{r}}{\mathrm{d}t^2}$ 在时间反演下不变,在地球重力场中,一个抛物体的运动路径的影片正放和倒放都和现实相符. 但热传导和热扩散的情形则完全不同了,因为这些过程和时间的一次微商有关. 在微观世界里,原子或分子间的个别碰撞过程是时间不变的. 而在宏观范围内,由于系统包括了大量的粒子,过程将遵守统计规律,总是从有序过渡到无序. 因此在宏观过程中,时间的方向是可以测量的,系统永远向着更混乱的方向发展——热力学中的熵增加原理.

在核和粒子反应中,如过程可以正、逆两个方向进行,时间反演不变性要求反应的正、逆向进行时的跃迁振幅相等,这称为细致平衡原理. 实验证实,在强相互作用和电磁相互作用中细致平衡原理在实验误差范围内是成立的. 理论分析证明,如果时间反演不变性成立,则中子不应具有电偶极矩. 近年来实验测量中子电偶极矩的结果是,中子电偶极矩 $d<11\times10^{-26}e\cdot\text{cm}$. 1964 年在粒子物理实验中,由 K_L^0 介子弱衰变成两个 π 介子的现象,发现有 CP 不守恒的现象(下面即将讨论). 但由标准模型描述 K^0 衰变的 CP 破缺所预言的中子的电偶极矩(EDM)的值$\approx10^{-32}e\cdot\text{cm}$. 对

中子 EDM 的测量具有深刻的意义,将是对标准模型以外的新物理的很好检测.

7. C 宇称守恒

在一个系统中,将粒子换为与它相应的反粒子的变换称作电荷共轭变换.这种变换通常用算符 C 表示.在 C 变换下,带电粒子变换为相反电荷的反粒子:电子 e^- 变换为反电子 e^+,质子 p 变换为反质子 $\bar{p}$,π^- 变换为 π^+.如果用狄拉克符号来表示 π 粒子的波函数,例如,π^+ 写为 $|\pi^+\rangle$.它们在 C(电荷共轭)算符运作下,

$$C|\pi^+\rangle \to |\pi^-\rangle \neq \pm |\pi^+\rangle$$

显然,π^+ 不是 C 的本征态,然而中性 π 介子是 C 的本征态.

$$C|\pi^0\rangle = \eta|\pi^0\rangle$$

η 是常数,再用 C 运行一次得 $\eta^2=1$,所以

$$C|\pi^0\rangle = \pm 1|\pi^0\rangle$$

运动的电荷产生电磁场,在 C 变换下电磁场要改变符号,因此光子的 C 的本征值(C 宇称)为(−1).C 宇称是相乘的量子数,一个多光子系统的 C 宇称为 $(-1)^n$.中性 π 介子的衰变

$$\pi^0 \to 2\gamma$$

由此定出中性 π 介子的 C 宇称为(+1),$C|\pi^0\rangle = +1|\pi^0\rangle$.

根据 C 变换的定义可知,C 算符的本征态一定是纯中性粒子或纯中性系统,即其电荷 Q、重子数 B 等相加性量子数都为零的粒子或粒子系统.C 宇称的本征值为(+1)的态称正 C 宇称态,本征值为(−1)的态为负 C 宇称态.光子的 C 宇称为(−1).对于具有确定轨道角动量 L 和自旋 S 的正、反费米子,或正、反玻色子构成的纯中性系统也具有确定的 C 宇称,它为 $(-1)^{L+S}$.

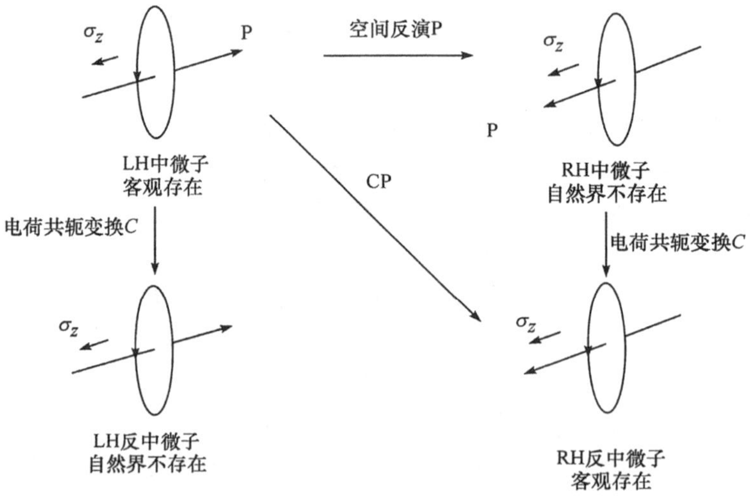

图 6.4.8 C,P 和 CP 算符对中微子和反中微子态的运作结果

按照现有的实验和理论,认为在强相互作用和电磁相互作用中,C 宇称是守恒的.在弱作用中,已有实验发现 C 宇称不守恒.在 C 运算下,一个左手(LH)中微子转换为 LH 的反中微子,这种态是不存在的.然而在 CP 的联合运算下,LH 中微子 ν_L 转换为右手(RH)的反中微子 $\bar{\nu}_R$,如图 6.4.8.所以虽然弱作用过程中空间反演(宇称)和电荷共轭变换(C 宇称)分别都不守恒,但 CP 程却是守恒的.

8. *CP 破坏和 CPT 定理*

实验已经证明空间反演 P 和电荷共轭变换 C 在弱相互作用中都是不守恒的.在 1964 年前,物理学家一直认为,在各种相互作用中 CP 联合变换都是守恒的.但在 1964 年,克罗宁(J. W. Cronin)等在实验中发现长寿命的中性 K 介子 K_L^0,除了通过弱作用主要衰变为 CP 本征态为 -1 的三个 π 介子

$$K_L^0 \rightarrow \pi^+ + \pi^- + \pi^0$$

以外,还能弱衰变为 CP 本征值为 $+1$ 的两个 π 介子的稀有(10^{-3})现象.因而在中性 K 介子的部分衰变过程中,CP 联合变换不守恒.K_L^0 是由奇异夸克(s)组成的介子,为什么只在它的衰变中观察到 CP 破坏呢?物理学家预期,在第三代,底夸克(b)组成的中性介子的衰变中也应存在 CP 破坏的现象,目前国外几个实验室设计了专门的加速器,称作 B 介子工厂,和探测装置在做这方面的实验.近期在 B 介子工厂的实验表明在中性 B 介子,$B^0/\bar{B}^0$ 的衰变中也观测到 CP 破坏,且其衰变率的不对称比较大.但至今实验还没有测到带电介子、D 介子等的 CP 破坏.

CP 破坏的发现,当时曾震动了物理学界,因为量子场论可以严格证明,任何一种定域相互作用的哈密顿量,如果满足洛伦兹变换下的不变性,则在 CPT 联合变换下也必然是不变的.因此 CP 的破坏就意味着 T 变换不变性的破坏.

由 CPT 守恒定理可引出的一些结论是:粒子和反粒子应具有相同的质量和寿命,它们的磁矩应大小相等而符号相反.到目前为止的实验数据都没发现任何 CPT 不变性可能被破坏的迹象.

6.5 标准模型及新物理

6.5.1 基本粒子和基本相互作用

综合前面几节的讨论,可以认为所有已知的物质是由 6 种夸克(每种夸克有三种“色”)和六种轻子(它们都是费米子),通过交换四种相互作用力的场量子(规范玻色子)而结合在一起.标准模型(SM)是目前用来描述基本粒子及它们之间相互作用的规范量子场理论,用电弱统一理论和量子色动力学来处理微观粒子的运动.

标准模型的基本粒子列在表 6.5.1.至今的实验表明,在 10^{-18}m 的线度仍可以认为这些粒子是点粒子.第一代费米子组成了与我们日常生活密切相关的物质世界.基本费米子的质量是一代比一代重.夸克的质量分布在很宽的范围,最

轻的第一代夸克的质量～3 MeV/c^2，而第三代顶夸克的质量为 175 GeV/c^2. 每一代的夸克(考虑三种色的夸克电荷之和)的电荷之和是 +1，每代轻子的电荷和是 −1，所以每代费米子的总电荷为 0. 标准模型能基本解释粒子物理的主要实验现象，主要的预言能精确地被实验验证，如由 LEP 的实验数据给出顶夸克的质量为 $M_t \approx 170$ GeV/c^2，与后来费米实验室 CDF 组的实验测量值很接近，并取得很大的成功.

表 6.5.1　标准模型

费米子				规范玻色子	
夸克	上夸克 u	粲夸克 c	顶夸克 t	光子 γ	传力子
	下夸克 d	奇夸克 s	底夸克 b	Z 玻色子	
轻子	电子中微子 ν_e	μ 子中微子 ν_μ	τ 子中微子 ν_τ	$W^{\pm}$ 玻色子	
	电子 e	μ 子 μ	τ 子 τ	g 胶子	
				希格斯粒子 H (有待发现)	

然而，标准模型仍存在一些弱点和问题. 对许多问题标准模型仍无法给出解答：希格斯粒子尚有待实验验证；为什么基本费米子. 夸克和轻子，都是三代？各代间的质量为何有如此大的差别？夸克的味有混合，轻子的不同代之间是否也有混合？另外理论本身引入了很多个(～19 个)由实验确定的参数. 1998 年已有实验证据表明中微子间有混合，中微子有质量. 若中微子有较大的质量，这就不是标准模型可解释的现象了. 物理学家总是追求更完美、更基本和更简单的统一理论. 弱电统一理论的成功促使物理学家希望在更高的能量下强作用也和弱电作用实现统一，即它们的耦合系数会相等，具有更高的对称性. 这个大统一(GUT)的能标估计是在能量 $E_{GUT} \sim 10^{15}$ GeV，但由标准模型并不能得到这个结果.

6.5.2　大统一理论及超对称

弱电统一模型的成功促进了大统一理论的研究，即把强相互作用和弱电相互作用统一起来的理论. 认为标准模型的 SU(3)，SU(2)和 U(1)对称群都是更大的对称群 G 的子群. 在能量足够高(或两粒子距离足够小)的情形下对称性成立，所有相互作用都可由局域规范理论来描述，且各种相互作用的耦合强度相等. 在某个临界能量标度下，G 群对称的自发破缺使这些耦合常数互相独立，因此在低能量时它们有很大的不同. 物理学家们提出了许多种大统一模型，如 SU(5)和 SO(10)等. 大统一的理论预言三种耦合常数当能量标度 $Q_{GUT} \approx 10^{15}$ GeV(相应的质量标度 $M_X \sim 10^{15}$ GeV)时趋于一致，用 $\alpha_1, \alpha_2, \alpha_3$ 来表示 U(1)，SU(2)和 SU(3)的耦合强度，$\alpha_1=\frac{8}{3}\alpha_{EM}=\frac{8}{3}\frac{e^2}{4\pi}$，$\alpha_2=\frac{g^2}{4\pi}$，$\alpha_3=\alpha_s$，其中 g 由 G_F 可确定，见公式(6.4.8). 大统一意味着在 $E=M_X$ 时三个耦合系数将相等，即

$$\alpha_1(M_X)=\alpha_2(M_X)=\alpha_3(M_X)=\alpha_{GUT}$$

但将实验测到的这些系数外推到高能，这些耦合系数并不能汇合在一个点，如图 6.5.1(a).

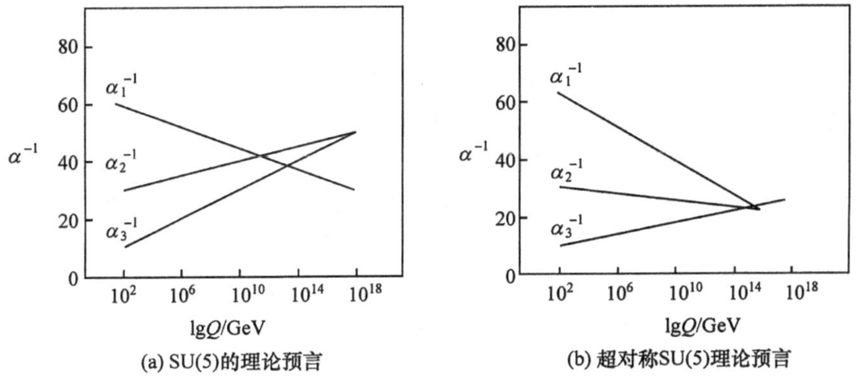

图 6.5.1　耦合系数随能量标度的变化

超对称(SUSY)理论可提供解决“级列问题”而将发散的幅度抵消. 这理论假设存在“费米子–玻色子”的对称性，即所有已知的费米子(玻色子)都有它对应的玻色子(费米子)配偶子. 这些超对称的配偶可以有与其对应的粒子不同的质量，在辐射修正时，由这些玻色子和费米子所引起的辐射修正具有相反的符号. 因为，粒子和它的超对称配偶有相同的耦合，如果超对称粒子的质量满足 $|M_F^2-M_B^2|<1\ \text{TeV}^2$，那么单圈的发散就可以消除.

在超对称理论中引入一个新量子数 R，在超对称粒子的产生时要遵循量子数 R 守恒，即超对称粒子是 $R=\pm1$ 成对产生的. 例如，在夸克–反夸克湮灭时可产生超对称夸克 $\tilde{q}$ 和超对称反夸克 $\tilde{\bar{q}}$ 对，写为 $q+\bar{q}\to\tilde{q}+\tilde{\bar{q}}$，在粒子符号上加一个弯曲符号表示是超对称粒子. 最常用的是“最小超对称模型”(MSSM). 表 6.5.2 给出相应的超对称粒子.

表 6.5.2　粒子及它的超对称配偶

粒子	自旋	超对称粒子	自旋
夸克(quark) q	1/2	标量夸克(squark) $\tilde{q}$	0
轻子(lepton) l	1/2	标量轻子(slepton) $\tilde{l}$	0
光子(photon) γ	1	(photino) $\tilde{\gamma}$	1/2

续表

粒子	自旋	超对称粒子	自旋
胶子(gluon)G	1	(gluino)$\widetilde{G}$	1/2
$W^{\pm}$	1	(wino)$\widetilde{W}^{\pm}$	1/2
Z^0	1	(zino)$\widetilde{Z}^0$	1/2

SUSY粒子间的耦合和质量由四个参数(三个质量和一个混合角)来描述. 混合角以 β 表示, $\tan\beta = v_2/v_1$, 其中 v_1, v_2 是希格斯场 H_1 和 H_2 的真空预期值. LEP实验没发现超对称粒子, 只是给出标量夸克和标量轻子的质量下限～100 GeV, 因此寻找超对称粒子也是LHC的一个主要目标.

大统一理论中, 夸克可以通过交换X玻色子(Leptoquark)转换为轻子, 这将会引起质子衰变. 非超对称的大统一理论SU(5)预言质子衰变的寿命 $\tau_p \approx 10^{30\pm1}$a. 在 1×10^6 kg物质中约有 10^{32} 个质子, 按这寿命推算每天可能有一个质子发生衰变. 有几个实验组在寻找质子衰变, 在很深的地下, 用约 1×10^6 kg物质作为探测器来实验, 如超级神岗探测器, 在地下1 000米处用5 000吨纯水, 13 000个光电倍增管放在水容器的四周探测质子衰变产生的高速电子的切伦可夫辐射. 至今几个实验的数据给出质子寿命 $\tau_p > 10^{32}$a.

物理学家预期在普朗克能标(即～10^{19} GeV)下四种相互作用应该统一, 引力应和其他的作用力一样强. 超弦理论在量子引力理论中有很大进展. 但在低能时引力比起其他三种相互作用太弱了(是电磁作用的 10^{-37}), 很难给出自然的解释. 超弦理论在四维时空中不能自洽, 要求有额外的空间维. "额外维"(extra dimensions)理论认为, 引力可以在额外维空间中传播, 引力可以和其他相互作用一样强, 但在四维时空中它显示出很弱. 引力在这些额外维中会产生大量的高能电子和光子对, 因此在高能实验中测量和分析电子和光子的产生截面可以探索这种理论.

粒子物理的发展使我们认识到物质是由一些基本粒子: 夸克、轻子和规范玻色子组成, 粒子是通过交换作用力的载体(中间玻色子)而相互作用结合在一起. 以标准模型而论, 基本费米子有: ① 夸克, 有六种味, 每种味有三种颜色; ② 六种轻子. 它们都有相应的反粒子, 所以总共就有48种基本费米子. 如果再考虑这些粒子的手征性, 那数目还要多. 这样就使我们不得不考虑这些粒子是基本的吗? 是否还有进一步的结构层次? 夸克的禁闭能解除吗? 夸克的质量是由什么决定的? 粒子物理的成就是将我们引向一个新的前沿, 提出更多的挑战.

6.6　粒子物理与宇宙学

宇宙学是探讨宇宙结构和演化的学科, 大爆炸宇宙学认为宇宙早期是处在极高的温度和密度的状态，在膨胀过程中逐渐冷却．早期宇宙演化过程中：强子的形成、原初原子核的合成和原子的形成可以认为是粒子物理和原子核物理的过程．

宇宙膨胀过程中，辐射温度与膨胀时间的关系可用下式表示：

$$kT=\left(\frac{45\hbar^{3}c^{5}}{32\pi^{3}G_{\mathrm{N}}}\right)^{1/4}\frac{1}{t^{1/2}}\approx\frac{1\mathrm{MeV}}{t^{1/2}} \tag{6.6.1}$$

这里 t 以秒为单位．表 6.6.1 是由大爆炸模型推测的年代简表．

表 6.6.1 由大爆炸模型推测的年代简表

时期	温度/K	能量/GeV	宇宙演化	相关粒子物理的理论及实验
$t<10^{-43}$ s $\sim10^{-43}$ s	10^{32}	10^{19}	大爆炸：宇宙由极端高温高密态的起点膨胀 引力“析出”：所有的基本粒子（夸克、轻子、规范玻色子和尚未发现的粒子，如希格斯粒子、超对称粒子、引力子）及其反粒子处于热平衡，这些粒子与光子共存．引力已从强、弱、电磁中分离出来．强、电磁和弱作用大统一，物质-反物质对称	量子引力论 超弦？
$t\approx10^{-35}$ s $t\approx10^{-32}$ s	10^{27}	10^{16}	暴胀：宇宙的膨胀率指数增加．在约 10^{-32}s 时暴胀停止，在这阶段宇宙的尺寸增加了 10^{50}倍 强作用“析出”：大统一对称性破缺，物质-反物质对称破缺．温度太高夸克不可能形成强子，而是以夸克-胶子等离子状态存在	大统一理论 超对称模型 实验：质子衰变，中微子实验…… 加速器实验(LHC, RHIC)
$t\approx10^{-10}$ s	10^{15}	100	电弱对称破缺：随温度下降，弱作用与电磁作用分离．一些质量很大的粒子，如 Z、W 等已随温度下降而消失	弱电理论 LEP, 1990 Tevatron, 1994
$t\approx10^{-4}$ s $t=1$ s	10^{13} 10^{10}	1 1 MeV	中子和质子形成：宇宙的尺寸已接近太阳系的大小．随着温度下降，夸克-反夸克的湮灭逐渐停止，剩留的夸克组成质子和中子 中微子退耦，电子和正电子湮灭，停止再生	夸克 规范场理论强子理论
$t\approx3$ min	10^{9}	0.1 MeV	原子核形成．主要是质子(75%)和氦核	原子核理论
$t=300\ 000$ a	6000	0.5 eV	原子生成，辐射的能量不足以离解原子．宇宙变得透明	量子力学 原子物理
$t=10^{9}$ a	18 K		星系形成．局部质量密度的涨落成为形成星体的种子．热核反应形成重核	
$t=15\times10^{9}$ a	3 K		现今的宇宙．化学反应形成分子	

6.6.1 宇宙微波背景和氦的相对丰度

显然在宇宙的极早期是处于非常高的温度，那时，在粒子物理中已认识到的各种基本费米子和玻色子(还有一些现在尚未发现的基本粒子)都应大量存在(假设 $kT \gg Mc^2$)，并处于热平衡.达到热平衡的条件是所讨论粒子之间发生碰撞的时间(即碰撞率的倒数)要比宇宙演化到该阶段的时间小得多.碰撞率，$W = Nv\sigma$，N 是数密度，σ 是与有关粒子的碰撞截面，v 是粒子间的相对速度.所以一些过程是否能维持平衡将取决于粒子数及作用的截面.随着宇宙的冷却，温度会低于粒子的产生阈能，例如对 $\gamma + \gamma \rightleftharpoons p + \bar{p}$ 的过程，当 $kT \ll M_p c^2$，核子与反核子湮灭后就不会再生(当然，不会所有的核子都消失，仍会有极少的残余形成宇宙中的物质).由于所有的强子的质量都大于 100 MeV，所以当 $kT < 100$ MeV 时，不稳定的强子都会由衰变而消失，只留下非常少量的稳定核子.

在大爆炸后～10^5 年，温度下降到几个电子伏，这时，质子，电子和氢原子通过下面的过程和光子处于平衡：

$$e^- + p \rightleftharpoons \gamma + H + Q$$

$Q = 13.6$ eV，是氢原子的电离能.由于光子的数密度要比物质粒子的密度大 10^9 以上，这样即使当温度再进一步降低时，在黑体辐射谱的高能尾巴部分的光子仍能维持过程的平衡，电离的原子仍处在等离子状态，对各种波长的光子都有很强的吸收，也就是说电子和质子组成的等离子体是不透明的.直到温度进一步下降，在 $kT \sim 0.3$ eV 时，氢原子光电离的可能性就极小了，质子和电子可以组成稳定的原子.稳定原子只吸收相应的特征频率和足以使它们电离的光子.也就是说，冷的气体云对所有波长的光子，至少是对能量低于它的电离能的光子，几乎是透明的，或者说从这以后物质与辐射退耦合了.这相应的时间为 $t_d \sim 10^{13}$s 或 3×10^5 年，这个光子火球逐渐冷却到现今.由宇宙年龄，$t_0 \sim 10^{18}$s～15 Ga，可推算出现在的温度约是几 K.

1965 年美国贝尔实验室的彭齐亚斯(A. Penzias) 与威尔逊(R. Wilson)首次观测到各向同性的 3 K 宇宙微波背景，这对理解宇宙的演化具有非常重要的意义(他们因此获得了 1978 年的诺贝尔物理学奖).1989 年，宇宙背景探测器 COBE(cosmic background explorer)卫星测到的红外和微波背景辐射见图 6.6.1.COBE 的测量，发现背景辐射基本上是各向同性的，但在能量密度上还有 10^{-4}的各向异性.对这各向异性的解释提出“暴胀”(inflation)理论，即在早期演化过程中，宇宙经历暴涨阶段.基于粒子物理的标量场理论，暴胀宇宙学不仅对经典大爆炸宇宙模型中的初始条件的疑难给予了答案，而且提供了一个描述宇宙大尺度结构成因的合理理论.

在大爆炸发生的初期能生成所有的各种基本粒子，随着膨胀的发展和温度的降低，一些质量很大的粒子，标准模型中的 $W^{\pm}$、Z^0 粒子，预言的大质量希格斯粒

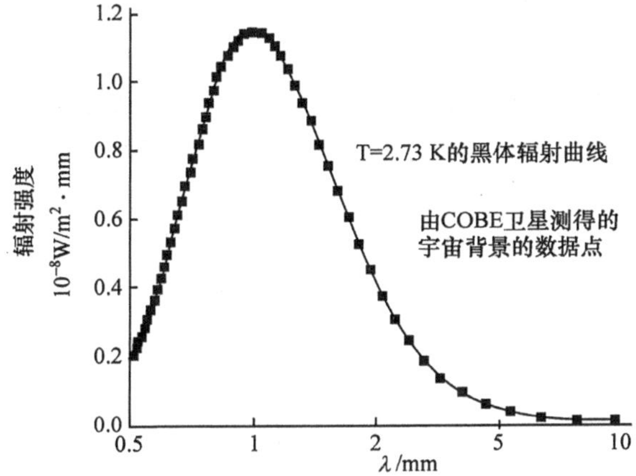

图 6.6.1 COBE 卫星得到的宇宙微波辐射的谱分布

图中曲线是温度为 2.74 K 的普朗克黑体辐射分布.

子都会很快地衰变而消失,超对称模型预言的那些质量很大的新粒子也会消失. kT 下降到强作用的标度参数～200 MeV以下时,原始的夸克-胶子等离子体也会消失,而会生成各种强子.

在 t～1 s 时,除了轻子和光子外就是中子和质子了. 这些粒子的数目由下列弱作用过程决定:

$$\nu_e + n \rightleftharpoons e^- + p$$
$$\bar{\nu}_e + p \rightleftharpoons e^+ + n$$
$$n \longrightarrow e^- + p + \bar{\nu}_e$$

在这温度下的核子是非相对论性的,所以中子和质子的平衡率可由玻尔兹曼分布的因子比给出

$$\frac{N_n}{N_p} = \exp\left(\frac{-Q}{kT}\right), \qquad Q = (M_n - M_p)c^2 = 1.293\ \text{MeV}$$

当 kT 降低到足够小时,中微子反应不再能发生. 计算给出这相应的临界温度为 $kT = 0.87$ MeV,这时中子和质子的平衡就会破坏,由上式可得出在退耦合发生时(即临界温度时),中子和质子的比为 $N_n/N_p = 0.23$. 中微子反应停止后,中子的数目会由于衰变而随时间减少,按指数衰变规律

$$\text{中子:} N_n(t) = N_n(0)e^{-t/\tau}$$
$$\text{质子:} N_p(t) = N_p(0) + N_n(0)(1 - e^{-t/\tau})$$

其中 $\tau = 886$ s ,是自由中子的寿命, t 是退耦合后经历的时间. 于是

$$\frac{N_n(t)}{N_p(t)} = \frac{0.23e^{-t/\tau}}{1.23 - 0.23e^{-t/\tau}}$$

如果没有其他过程发生,那最终中子会全衰变掉,而只剩了质子和电子了. 然

而，通过氘核的形成与分解，仍保存有中子

$$n + p \rightleftharpoons {}^2H + \gamma + Q$$

上式中的 Q 是氘核的束缚能，$Q = 2.22$ MeV. 这是电磁相互作用的过程，作用截面在 0.1 mb 的量级（比弱作用大得多），宇宙中核子与光子的比是 10^{-9}，由于光子的数密度很大，所以在温度下降到 $kT = 0.05$ MeV 前，过程仍能处于热平衡，氘核不会被析出. 在氘核的光分解过程停止后，开始积累氘核，氘核积累了一定数目后，其他核反应过程就有可能发生，于是开始了氦合成的过程.

$$^2H + n \rightarrow {}^3H + \gamma$$

$$^3H + p \rightarrow {}^4He + \gamma$$

$$^2H + p \rightarrow {}^3He + \gamma$$

$$^3He + n \rightarrow {}^4He + \gamma$$

上面这些过程都是放能反应，因此会自然发生. $kT = 0.05$ MeV，相当于膨胀时间 $t \sim 400$ s，这时中子与质子的比 $r = 0.14$. 值得注意的是，一旦中子被束缚在氘或更重的原子核内就不再发生衰变，所以中子-质子比就固定了. 可以认为几乎所有的中子都保持在氦核内（合成比氦核重的核的概率极低）. 设氦核的数目为 N_{He}，则

$$N_{He} = \frac{r}{2(1-r)} N_H$$

氦核的质量近似为氢核的 4 倍，这样氦的相对质量丰度为

$$Y = \frac{4N_{He}}{4N_{He} + N_H} = 0.246$$

对不同天体，包括太阳系、恒星大气和行星星云等的观测得到的值是 0.24 ± 0.01. 观测值和计算值是很接近的，这又是对大爆炸模型的一个有力的支持.

需要提出，氦的相对质量丰度是与中微子的代数 N_ν 有关的. 如果考虑相对论费米子的贡献，式(6.6.1)则要改写为

$$kT \approx \frac{1\ \text{MeV}}{t^{1/2}} N^{-1/4}$$

这样膨胀的时间标度 $t \propto N^{-1/2}$，N 与基本费米子和玻色子种类的数目有关. 如果基本费米子和玻色子的数目越多，则温度下降得越快. 这样，中子在被氘核俘获前所经历的衰变时间就会变短. 所以氦的质量丰度会随 N_ν 的增加而增加. 由天体观测的值得到的 $N_\nu \sim 3$，与 LEP 的实验结果一致.

6.6.2 粒子宇宙学中的一些疑难问题

用粒子物理和原子核物理的理论和实验数据能很好地研究宇宙演化中的一些问题，但天体观察到的一些问题也向粒子物理的理论和实验提出了挑战.

1. 暗物质

早在 1933 年天文学家就发现星系质量的观察值和计算值有很大的矛盾. 对银

河系中星体和星际气体旋转速度的测量给出了存在暗物质的证据. 设在离中心 r 处的星体的质量为 m，它旋转的切线速度 v 和在半径 r 内的质量 M 的关系可由下式表示：

$$\frac{mv^2}{r}=\frac{mM(<r)G_{\mathrm{N}}}{r^2}$$

像银河系这样的螺旋星云的大部分发光物质都集中在中央的核团和外面的薄盘. 对在中央部分的一个星体，可以认为 $M\propto r^3$，所以它的旋转速度 $v\propto r$，而对中央核团外的星，$M\sim$ 常数，因此 $v\propto r^{-1/2}$. 所以速度在 r 小时是随 r 增加，在 r 大处是要随 r 下降的. 但实际观察到的旋转速度在 r 大处(相当于盘的尺寸)却是平的. 这说明总质量是随 r 是线性增长的. 这些物质并不发光，但有引力作用(由它的引力透镜效应也能观察到这些物质的存在)，所以称作暗物质. 对银河系的详细分析表明实际上暗物质占了总物质质量的 90%. 目前对暗物质的性质还不清楚. 最可能的假设是存在"非重子"的暗物质，它们是在早期宇宙中产生的，并且是稳定的，能一直存在到现今. 粒子物理学界提出有几种可能的候选者.

(1) 中微子：一些计算表明在 $t\sim10^{-2}$s，中微子火球会发生与辐射及物质的退耦合，而膨胀及冷却. 由此推算得现今的中微子的温度相当于 2 K，每种中微子的数密度为 113 cm^{-3}. 比重子数要多 10^9 倍，如果中微子有质量，譬如有几十电子伏，那就会使 Ω 接近 1.

(2) 新粒子：为了解释暗物质提出了一些可能的新粒子，这里我们不仔细讨论了，只提供一些粒子的名称. 如，大质量的弱作用粒子(WIMPs)、轴子(axions)、超对称粒子等.

2. 暗能量

1998 年，通过对遥远的超新星的红移与距离的数据及其他观测的分析，发现在近 10 亿年内，宇宙膨胀速度在加快，表现出存在某种斥力. 为何和如何有这个与引力相反的作用力，目前还是一个谜，因此称作"暗能量". 宇宙学家根据超新星及宇宙微波本底的数据，估计暗能量约占宇宙总的临界能量密度的 62%～76%.

3. 质子和反质子的不对称

在大爆炸发生的最初阶段，各种强子将不断地产生和湮灭，每一种粒子数的布居由它的权因子(如自旋、同位旋等)决定. 正如前面讨论的，在强子形成后，只有质子和反质子最后能生存下来，其他的都通过衰变而消失了. 这就是说，在初始 $B=0$ 的假设下，大爆炸模型预言重子和反重子的数目应该相等. 但现今观察到的宇宙几乎都是物质的.

根据已有的粒子物理的知识，要产生纯重子宇宙(重子-反重子的不对称)，1966 年，萨哈洛夫(A. D. Sakharov)提出要满足下列三个情况：(1)有重子数不守恒的相互作用；(2)C 和 CP 不守恒；(3)宇宙是处在一个不平衡的状态. 现在粒子物理的标准模型得到的有关 CP 不对称的幅度,不足以说明宇宙中重子-反重子有如此大的不对称.

大爆炸理论的基本框架已经有了足够强的支撑,宇宙学逐渐成熟和精确化,并成为一门实验和理论紧密结合的科学.宇宙学的研究对描述微观世界的粒子物理模型也提出了一系列的挑战.粒子物理的标准模型不能解释为什么宇宙中反物质那么少,不能提供暗物质粒子候选者和暗能量疑难.理论家提出的大统一模型(GUT)及一些新的模型如超弦、额外维等来解决这些疑难,但这些理论本身尚有许多不确定因素,还需实验确认和验证.

习　题

6.1　试说明由于违反什么守恒律,使下列反应不能发生:

(1) $n \longrightarrow p + e^-$

(2) $n \longrightarrow \pi^+ + e^- + \nu_e$

(3) $n \longrightarrow p + \gamma$

(4) $n \longrightarrow p + \pi^-$

6.2　判断下列各反应中哪些是禁戒的,分别指出这些反应属于哪种相互作用.

(1) $p \longrightarrow \pi^+ + e^- + e^+$;

(2) $n + p \longrightarrow \Lambda^0 + \Sigma^+$;

(3) $\Sigma^+ \longrightarrow p + \gamma$;

(4) $\Lambda^0 \longrightarrow p + \pi^-$;

(5) $\mu^- \longrightarrow e^- + \nu_e + \nu_\mu$.

6.3　用高能质子轰击液氢靶时,求产生 π 介子的阈能.

6.4　已知 K^+ 介子的夸克组成是($u\bar{s}$),试定出 K^- 介子和 Σ^+(质量为 1 189.4 MeV)超子的奇异数.

6.5　求静止的 π 介子衰变产生的 μ 子和中微子的动能.

6.6　已知带电 π 介子的寿命为 2.6×10^{-8} s,在实验室中测得飞行中的 π 介子的寿命为 75 ns(ns$=10^{-9}$ s),求 π 介子的速度、动能和动量.

6.7　一个高速电子与静止电子碰撞,求产生反电子的阈动能.

6.8　以 π^+ 介子轰击静止质子时,测到有质量为 1 690 MeV 的共振态,求这时入射 π 介子的最低能量.

6.9　由夸克模型写出下列强子的电荷 Q、同位旋 I 及 I_3、奇异数 S、重子数 B 和超荷 Y.

$$\overline{K}(s\bar{d}),\ \phi(s\bar{s}),\ \Delta(uuu),\ \Xi(ssd)$$

6.10　说明正电子素 $^3S_1$ 态不可能衰变为两个光子的理由.

6.11　试问下列粒子:光子,中微子,中子和电子.

(1) 哪些不参与电磁相互作用?

(2) 哪些不参与强相互作用?

(3) 哪些不参与弱相互作用?

6.12 在北京正负电子对撞机上的实验中测到质量为 3.1 GeV 的 J/Ψ 粒子

$$e^{+} + e^{-} \longrightarrow J/\Psi$$

求这一反应的阈能.如果以 e^{+} 撞击静止的 e^{-},则产生 J/Ψ 的阈能为多大?

6.13 J/Ψ 粒子是由粲夸克和反粲夸克组成的,已知它的 J^{PC} 为 1^{--},请给出这个粲夸克素的轨道角动量、自旋角动量、同位旋量子数.

6.14 已知 Ξ^{-} 的 $Q=-1,B=1,S=-2$.请写出它的夸克组成,它的同位旋多重态中其他粒子的组成、Q、B 和 S.

6.15 ρ^{-} 介子是由 π^{-} 和 p 散射得到的介子共振态,其反应为:$\pi^{-}+p \rightarrow \rho^{-}+p$,试由守恒关系给出 ρ^{-} 介子的同位旋、同位旋第三分量、奇异数和重子数.

6.16 实验测得 ρ 的质量宽度为 150 MeV ,求它的平均寿命.

6.17 指出并说明下列哪些反应或衰变是守恒定律允许的.

(1) $p \rightarrow \pi^{+}+\pi^{0}$;

(2) $\pi^{-}+p \rightarrow K^{+}+\Sigma^{-}$;

(3) $\pi^{-} \rightarrow e^{-}+\gamma$;

(4) $p \rightarrow \Sigma^{+}+\pi^{0}$;

(5) $p+p \rightarrow n+p+\pi^{+}+\pi^{-}+\pi^{0}$.

6.18 衰变过程 $\Lambda \rightarrow p+\pi^{-}$ 是一个弱作用过程,请给出判断的理由.

6.19 试判断下列衰变过程哪些是可能发生的,哪些是不可能发生的,并加以说明.

(1) $\pi^{+} \rightarrow \mu^{-}+\nu_{\mu}$;

(2) $\pi^{-} \rightarrow \pi^{+}+e^{-}+e^{-}$;

(3) $\pi^{0} \rightarrow e^{-}+p$;

(4) $p \rightarrow n+e^{+}+\nu_{e}$;

(5) $n \rightarrow p+e^{-}+\bar{\nu}_{e}$.

6.20 根据夸克模型,认为强子中含有的夸克或反夸克总数为多少?

6.21 指出下列过程中哪些是中微子, 哪些是反中微子, 并写出是属于哪种类型的.

(1) $\Lambda^{0} \rightarrow p+\mu^{-}+\nu$; (2) $\Sigma^{+} \rightarrow \mu^{+}+\nu+n$; (3) $\tau^{+} \rightarrow e^{+}+\nu+\nu$;

(4) $\mu^{-} \rightarrow e^{-}+\nu+\nu$; (5) $K^{+} \rightarrow \mu^{+}+\nu$.

6.22 假设某种玻色子的下列量子数都不为 0,试问这种玻色子和它的反粒子的哪一个量子数是相同的?

(1)奇异数; (2)粲数; (3)内禀宇称; (4)磁矩; (5) 电荷.

第7章 分子结构和双原子分子光谱

分子是由原子组成,两个或两个以上的原子结合在一起形成稳定的分子.这一章将讨论分子的结构、能级和光谱.与前面原子结构的讨论相似,利用分子光谱提供的信息用量子力学的方法来研究分子的结构.这里我们主要讨论最简单的双原子分子.

7.1 分子的化学键

分子结构的一个重要部分就是研究将两个或几个原子结合在一起形成分子时,原子间的相互作用,化学上通常用化学键来表示这种相互作用.一个稳定的分子的能量一定比离散的组成原子的能量和要低.分子在形成一对键时所放出的能量或在分离一对键时所需要的能量称为键能,键能的大小一般在电子伏量级.当原子组成分子时,每个原子的内层电子受到各自的原子核紧密地束缚,受到的扰动很小,而原子最外层的价电子由于和原子核结合得较松,容易受到其他原子的影响.所以,主要是原子的价电子参与化学键的形成,原子内部满壳层上的电子几乎不参与化学键的形成.价电子参与成键的情况不同就形成不同的化学键.离子键和共价键是最常见的化学键.

7.1.1 离子键

原子间可以共有或转移它们的价电子而形成化学键.一种极端的情况是,一个或多个电子从一个原子移到另一个原子,而使它们每一个都有类似惰性气体原子的电子组态,成为一个正的和负离子,它们相互吸引而形成的键,这种就是离子键.碱金属和碱土金属的原子只有一个和两个价电子,由原子电离能的周期性变化可知,这些元素的电离能很小,价电子与原子核结合得很松,原子容易失去价电子而成为正离子.电离能在一个周期中自左向右逐渐增加,惰性气体原子的电离能最大,例如锂的电离能为5.39 eV ,而氖的电离能是21.6 eV.卤族和氧族元素原子有六七个价电子,它们有较强的电子亲和势,即当它俘获一个电子形成负离子时要释放能量.这些原子称作负电性原子.例如,气态的一个中性氯原子得到一个电子形成一价氯离子时,它释放3.62 eV的能量.通常称它具有的电子亲和势为−3.62 eV/原子个数或−349 kJ/mol.在周期表中,ⅥA和ⅦA族有最大的电子亲和势.当电离能很小的金属原子和电子亲和势很大的非金属原子相互接近时,金属原子容易失去价电子而形成正离子,非金属原子获得电子而成为负离子.已具有满壳层电子组态的正负离子之间的库仑引力使它们进一步靠近,使两个离子间的势能降低.离子间的静电引力形成键.但当两个离子靠得很近时,它们的电子云相互重叠,产生强的排斥作用,当引力和斥力相等时能量最低,形成稳定的分子.在固态情况,每个负离子被正离子包围,同样正离子周围是负离子而形成离子晶体.

氯化钠分子是离子键的典型例子.当原子间离得很远时,使一个钠原子和氯原子成为一个钠正离子和氯负离子时需要给予 1.53 eV 的能量.正负离子间的库仑力使它们接近和势能降低,当它们间的距离在约 0.94 nm 时它们的库仑势约为 −1.53 eV.这意味着,假如中性钠和氯原子靠近到小于 0.94 nm 时,在能量上,它们趋于使电子从钠转移到氯,而形成离子键.这两个离子系统的势能随它们中心间距 R 变化的曲线如图 7.1.1 所示.形成分子的过程决定于产生正离子的电离能、负离子的亲和势、离子间的库仑势和泡利排斥能等能量间的平衡.势能有最小值时的能量就是离子键的键能,又称分子的结合能或分子的解离能.可以写成

$$E^{+}+E^{-}-\frac{e^{2}}{4\pi\varepsilon_{0}r}+C\frac{e^{-ar}}{r}=E_{解离} \tag{7.1.1}$$

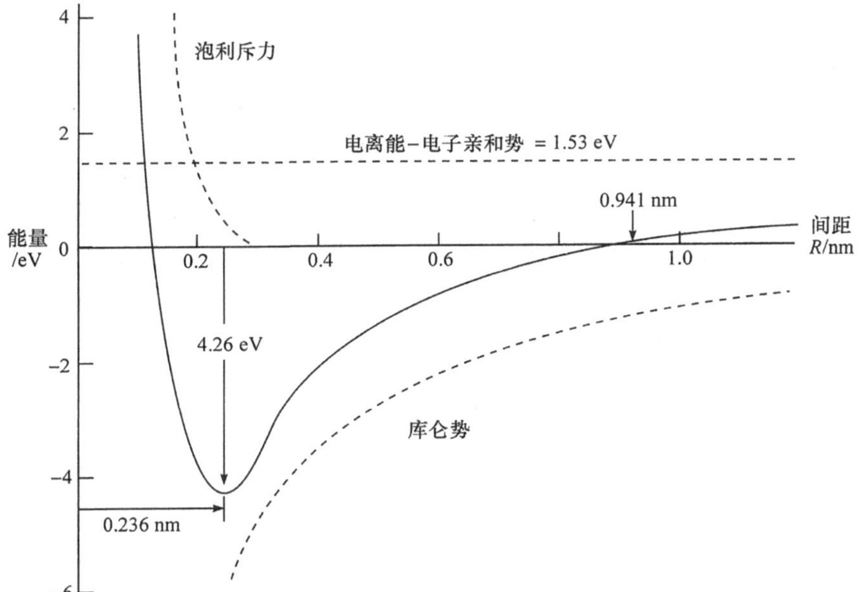

图 7.1.1　Na^{+} 离子和 Cl^{-} 离子间的势能随离子间距的变化

等式左侧 E^{+},E^{-} 是电离能和亲和势,第三、四项是库仑势和泡利排斥能.泡利能并不容易计算,这里的两个参数 C 和 a 可根据实验数据来确定.泡利斥力不是简单的静电斥力,它主要是由不相容原理引起的.当两个离子的间隔很远时,它们的

电子波函数没有重叠,所以它们的电子可以有相同的量子数.但当两个离子逐渐靠近时,波函数的重叠越来越严重而迫使电子进入更高的态,这就需要能量也就是相当于有一种斥力.电离能、电子亲和势及解离能都可由实验测得,键的长度(及分子的平衡位置)可以由其他实验[例如分子谱(转动谱)]的数据得到.这样利用关系式(7.1.1)就可以估算泡利斥能.表 7.1.1 列出碱金属卤化物的一些数据.

表 7.1.1 碱金属卤化物分子的基本数据

分子	正离子的电离能/eV	负离子的亲和势/eV	解离能/eV	离子的间隔(键长)/nm	平衡时的库仑能/eV	平衡时的泡利斥能/eV
NaCl	5.14	3.62	4.27	0.236	6.10	0.31
NaF	5.14	3.41	5.38	0.193	7.46	0.35
KCl	4.34	3.62	4.49	0.267	5.39	0.19
KBr	4.34	3.37	3.94	0.282	5.11	0.20

气态 NaCl 分子的两个离子间的平衡距离 $R_0 = 0.236$ nm.它的正离子和负离子在空间是分离的,正负电荷的中心不重合,由此,NaCl 分子具有电偶极距.由离子键形成的分子通常都是极性分子.

7.1.2 共价键

前面讨论的离子键比较容易理解,价电子由一个原子转移到另一个原子形成正离子和负离子,由库仑静电引力而结合在一起.对两个电中性原子,如两个氢原子,氢原子的电离能为 13.6 eV,它的亲和势很小,只有 −0.8eV.要使两个离子靠近,一直需要正的能量,所以不可能形成离子键.两个氢原子是通过共价键结合为分子的.共价键是指一对价电子为两个原子所共有,价电子在两个核中间势能较低的区域,使两个原子系统的能量最低,形成稳定的分子.这时每个原子都具有惰性气体的组态.两个氢原子组成的氢分子是最简单的共价键分子,O_2, N_2,Cl_2 和 CO 都是共价键的分子.

为了解释共价键的形成,必须运用量子力学的知识.但在物理上还仍没有能完全地解决这些问题.要了解化学键需要考虑多粒子的各种相互作用:给定的 n 个原子核和 m 个电子,要找到系统的波函数和相应的能量.在解决这问题时只能采取一些近似方法.我们先近似将原子核的质量看作是无穷大,并忽略核的运动.这里以最简单的氢分子为例来讨论.

1. 氢分子离子 H_2^+

氢分子离子的化学键是最简单的情形.在氢的放电过程中氢分子失去一个电子而成为氢分子离子.测得它的束缚能,即解离能是 2.65 eV.这里涉及的是两个氢原子核和一个电子.以 a 和 b 标记两个核,见图 7.1.2.如果两个核相距很远,电子可以在原子 a 附近或在 b 附近，它的波函数应该就是氢原子的波函数. 电子与核 a 或核 b 的距离为 r_a 或 r_b. 设核 a 相应的氢原子的波函数为 ϕ_a，它对应的薛定谔方程为

$$\left(-\frac{\hbar^2}{2m_e}\nabla^2-\frac{e^2}{4\pi\varepsilon_0 r_a}\right)\phi_a(r_a)=E_a^0\phi_a(r_a) \tag{7.1.2}$$

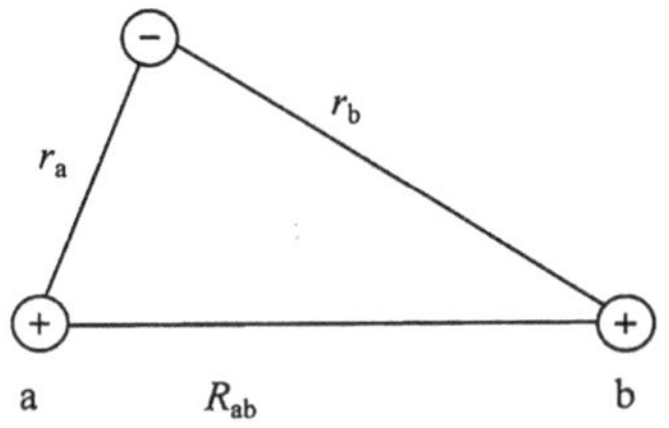

图 7.1.2　氢分子离子

两个核以 a 和 b 表示，它们间的距离为 R_{ab}. r_a 和 r_b 是电子与核 a、核 b 的距离.

同样有 ϕ_b，E_b^0 且

$$E_a^0=E_b^0=E^0 \tag{7.1.3}$$

当两个核互相靠近时，对原来束缚在核 a 的电子，它就会受到核 b 的库仑引力. 同样如果电子原来束缚在核 b，将受到核 a 的库仑引力. 所以就要包含两个核对电子的库仑引力及核之间的库仑斥力. 核子间的斥力引起的能量不会直接影响电子的能量，它会使所有的能量本征值移动一个常数. 我们讨论时先不加上这项，等最后再加上它. 这样，得到薛定谔方程

$$\left(-\frac{\hbar^2}{2m_e}\nabla^2-\frac{e^2}{4\pi\varepsilon_0 r_a}-\frac{e^2}{4\pi\varepsilon_0 r_b}\right)\psi=E\psi \tag{7.1.4}$$

其中波函数 ψ 和相应的 E 就是我们要计算的.

要定出波函数，可以用微扰的方法. 电子可能在核 a 或 b 附近，如式(7.1.2)和式(7.1.3)，具有相同的能量. 这两个态 ϕ_a 和 ϕ_b 是简并的. 离得较远的核对电子的作用可以看作是对电子态的微扰. 这样就会将简并解除，即退简并. 对式(7.1.4)的解可写为

$$\psi=c_1\phi_a+c_2\phi_b \tag{7.1.5}$$

其中，c_1，c_2 是两个待定的系数. 将式(7.1.5)代入式(7.1.4)，且利用式(7.1.2)和式(7.1.3)，整理后可得

$$\left(E^0-E-\frac{e^2}{4\pi\varepsilon_0 r_b}\right)c_1\phi_a+\left(E^0-E-\frac{e^2}{4\pi\varepsilon_0 r_a}\right)c_2\phi_b=0 \tag{7.1.6}$$

将上式分别乘 ϕ_a^*，再积分. 氢原子基态的波函数是实函数，所以 ϕ_a 和 ϕ_b 为实函数，且不是正交的，即 $\int\phi_a\phi_b\mathrm{d}V=S\neq 0$. 我们不作具体的计算，令

$$\int\phi_a(r_a)\left(\frac{e^2}{4\pi\varepsilon_0 r_b}\right)\phi_a(r_a)\mathrm{d}V=C$$

$$\int\phi_a(r_a)\left(\frac{e^2}{4\pi\varepsilon_0 r_a}\right)\phi_b(r_b)\mathrm{d}V=D$$

将这些积分代入式(7.1.6)，并令

$$E=E^0+\Delta E$$

于是得

$$(\Delta E + C)c_1 + (\Delta E \cdot S + D)c_2 = 0$$

同样,如将式(7.1.6)乘 ϕ_b^*,再积分得

$$(\Delta E + C)c_2 + (\Delta E \cdot S + D)c_1 = 0$$

得到有两个解

$$\Delta E = -\frac{C + D}{1 + S}, \text{相应的是对称波函数 } \psi_S = \frac{1}{\sqrt{2}}(\phi_a + \phi_b)$$

$$\Delta E = -\frac{C - D}{1 - S}, \text{相应的是反对称波函数 } \psi_A = \frac{1}{\sqrt{2}}(\phi_a - \phi_b)$$

可以看出电子能量的分裂和波函数的空间对称性有关,波函数及概率密度分布如图 7.1.3 所示. S,C 和 D 的具体数值取决于两个核的间距 R_{ab}. 当两个核靠近时,

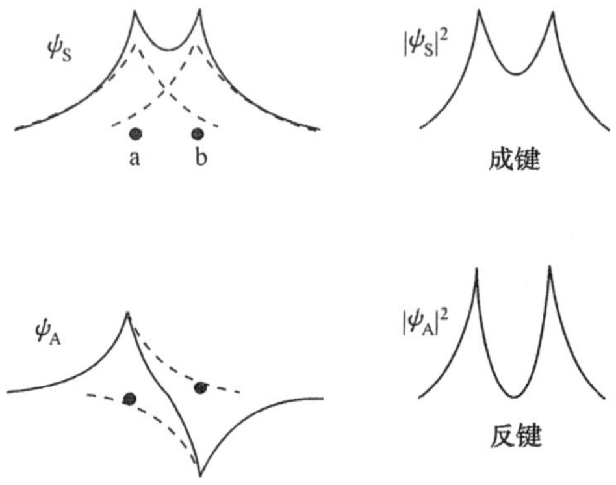

图 7.1.3　对称波函数 ψ_S 和反对称波函数 ψ_A 及对应的概率密度

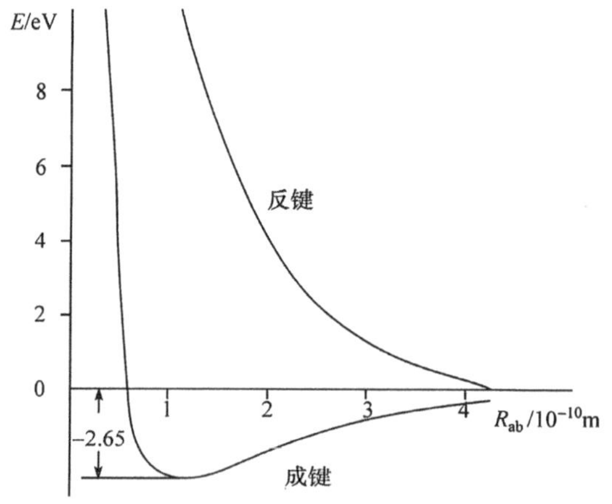

图 7.1.4　氢分子离子的成键和反键态的能量与原子核间距的关系

在对称波函数的情形,能量是减小的,是成键态,或称是成键轨函(bonding orbital).而在反对称波函数的情形,能量是增加的,或称是反键态.为决定氢分子离子是否能形成束缚态,一定要考虑核 a 和 b 的库仑排斥能.总能量随两个原子核的间距变化的情形如图 7.1.4 所示.由两种态电子的概率密度分布可看出,在对称波函数的情形,电子密度集中在两个氢核之间有较大的概率,两个核对电子的库仑吸引力使 H_2^+ 的能量下降,电子成为两个核共有.在 $R=0.106$ nm 时,能量有极小值,能量为 -2.65 eV,构成稳定的氢分子离子.而反对称波函数的能量总是为正,它是不稳定的反键态.

2. 氢分子

在氢分子的情形就不是只有一个电子了,涉及两个原子和两个电子.以 a,b 标记两个原子核,以 1 和 2 标记两个电子.各个粒子之间有库仑力,粒子间的距离用图 7.1.5 说明要得到氢分子的能量就要解它的薛定谔方程

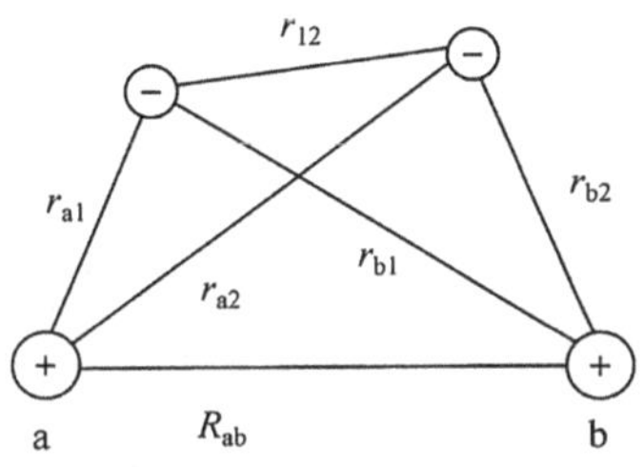

图 7.1.5　氢分子

$$\hat{H}\psi(r_1,r_2)=E\psi(r_1,r_2)$$

哈密顿算符包含电子 1,2 的动能和粒子间的库仑势,

$$\begin{aligned}\hat{H}=&-\frac{\hbar^2}{2m_e}\nabla_1^2-\frac{e^2}{4\pi\varepsilon_0 r_{a1}}-\frac{\hbar^2}{2m_e}\nabla_2^2-\frac{e^2}{4\pi\varepsilon_0 r_{b2}}\\&-\frac{e^2}{4\pi\varepsilon_0 r_{b1}}-\frac{e^2}{4\pi\varepsilon_0 r_{a2}}+\frac{e^2}{4\pi\varepsilon_0 R_{ab}}+\frac{e^2}{4\pi\varepsilon_0 r_{12}}\end{aligned}\tag{7.1.7}$$

我们仍假定原子核的质量为无穷大.

当每个电子都独立地只和每个原子核作用时,它们相应的波函数分别为 $\phi_a(r_1),\phi_b(r_2)$,分别是各个原子的解

$$\left[-\frac{\hbar^2}{2m_e}\nabla_1^2-\frac{e^2}{4\pi\varepsilon_0 r_{a1}}\right]\phi_a(r_1)=E_0\phi_a(r_1)$$

和

$$\left[-\frac{\hbar^2}{2m_e}\nabla_2^2-\frac{e^2}{4\pi\varepsilon_0 r_{b2}}\right]\phi_b(r_2)=E_0\phi_b(r_2)$$

两个原子核离得非常远时,两个原子相互间没有作用.这时系统的波函数可简单地写为 $\phi_a(r_1)\phi_b(r_2)$.但当两个原子靠近时,必须考虑泡利不相容原理,即系统的总波函数(自旋和空间波函数)必须是交换反对称的.就如同在处理氦原子的情形,要涉及电子的自旋波函数.设 α 是电子自旋向上的波函数,β 是电子自旋向下的波函数.所以总波函数可以是

$$\Psi = \alpha(1)\alpha(2)[\phi_a(r_1)\phi_b(r_2) - \phi_a(r_2)\phi_b(r_1)]$$

或

$$\Psi = [\alpha(1)\beta(2) - \alpha(2)\beta(1)] \cdot [\phi_a(r_1)\phi_b(r_2) + \phi_a(r_2)\phi_b(r_1)]$$

当自旋波函数是对称时,空间波函数一定是反对称的或称是“奇”函数,波函数记做 ψ_u.

$$\psi_u = \phi_a(r_1)\phi_b(r_2) - \phi_a(r_2)\phi_b(r_1)$$

当自旋波函数是反对称时,空间波函数一定是对称的或称是“偶”函数,ψ_g.(下标 u,g 分别表示奇态和偶态.)

$$\psi_g = \phi_a(r_1)\phi_b(r_2) + \phi_a(r_2)\phi_b(r_1)$$

将这两个波函数代入式(7.1.7)并用在处理氢分子离子相似的方法可以求得能量.这里我们不作计算了,但可以预期这两个不同的波函数会使能量有不同值,这里会出现量子力学效应即交换能.由氢分子离子的结果可以知道,与对称的波函数对应的态的电子云集中在两个原子中间,受到两个原子核的库仑吸引力,相应的能量要比“奇”波函数的低.交换效应的使氢分子有很强的键,它的能量比两个独立氢原子的能量要低得多.两种波函数的能量与原子核的间距的关系可用图 7.1.6 表示.由此可知,只有两个电子自旋反平行的状态才能形成稳定的氢分子.

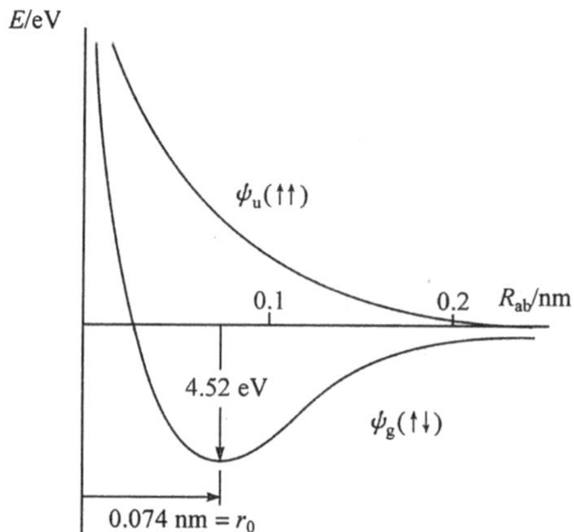

图 7.1.6　氢分子的束缚能与核间距离的关系

共价键具有饱和性,即一个原子只能形成一定数目的共价键.当一个原子靠近另一个原子时,它的外层的自旋未配对的电子可以和另一原子中自旋未配对的电子组成共价键.由反键轨道的势能可解释,第三个氢原子不可能与氢分子的两个原子组成束缚态,因为必定会和一个原子形成反键,一定是被排斥的.所以,氢分子的键是饱和的,它不可能再接受另一个键.

共价键的极性:由同类原子组成的共价分子,如 H_2 和 O_2,它的分布是对称的,正负电荷的中心是重合的,这样的分子没有永久的电偶极矩,分子的共价键是非极性的.

由不同类原子所组成的共价分子,虽然分子的总电荷是零,但电荷分布是不对称的,会产生永久的电偶极矩.这样的键成为极性键.

共价键的方向性是指一个原子只能在某个特定的方向上形成共价键.根据共价键的量子理论,共价键的强弱决定于形成共价键的两个电子轨道的相互交叠程度.原子在它价电子波函数最大的方向上形成共价键.例如,p 态的电子云具有哑铃状,因此它在对称轴的方向上形成共价键.水分子的结构如图 7.1.7,它有永久电偶极距 p,其方向在对称平面上.异类原子组成的具有镜对称的分子,如 CO_2,CCl_4 没有永久电偶极距.

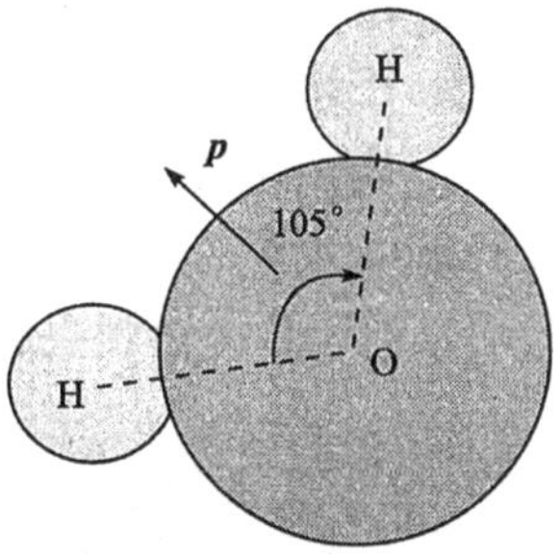

图 7.1.7　具有永久电偶极矩的水分子

3. 碳键、C_{60} 分子和纳米技术

碳原子有两个 1s 内层电子,是满壳层.它的外层有四个电子,碳的 $n=2$ 层是未满壳层.为形成满壳层,碳原子可以与其他原子形成四个共价键.当两个原子共有一对电子时,这共价键称作 σ 键(sigma bond),它将电子很紧地束缚在两个原子间.当两个原子共有两对电子(形成双键)时,第一对电子形成 σ 键,而第二对电子形成 π 键.π 键控制电子不如 σ 键那样紧,π 键的电子就比较活跃.当两个原子共有三对电子时形成三键,那它的两个键是 π 键.π 键的电子就比 σ 键的电子活跃,π 电子容易从键中分离出来而与别的原子形成键,将这些原子加入到分子中.碳原子的键能形成链形、环形和网格形,也能形成金刚石、石墨和多孔碳等同素异形体.

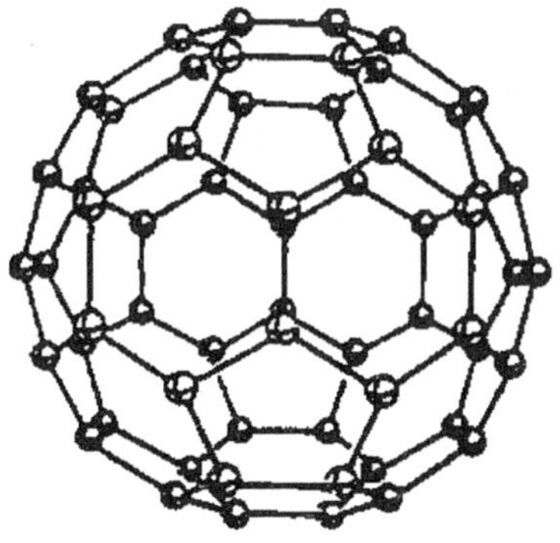

图 7.1.8　C_{60} 的笼形结构

1985 年,克罗托(H. W. Kroto)、科尔(R. F. Curl)和斯莫利(R. E. Smally)合作研究,用高功率激光轰击石墨,使石墨中的碳原子汽化,用氦气流把气态碳原子送入真空室,迅速冷却后形成碳原子簇,再用质谱仪检测.他们解析质谱图后发现,该实验产生了含不同碳原子数的原子簇.其中相当于 60 个碳原子,质量数落在 720 处的信号最强,其次是相当于 70 个碳原子,质量数为 840 处的信号,说明 C_{60} 和 C_{70} 是相当稳定的原子簇分子.他们提出了 C_{60} 的封闭球形笼状结构的设想,如图 7.1.8 所示,C_{60} 称为富氏烯或布基球.这实际上是由碳元素结合成的稳定分子,直径为 0.71 nm.他们三人因此获得 1996 年的诺贝尔化学奖.

1990 年,科学家又产生出由 C_{60}团簇构成的 C_{60}固体,成为碳的又一种同素异形体.1991 年贝尔实验室发现在 C_{60}中掺杂,引入碱金属、碱土金属原子,可以得到各向同性的超导性,制成了有机超导体.

1991 年,日本科学家又得到碳纳米管或布基管,它的直径有几到几十纳米.碳纳米管是由碳原子按一定规则排列形成的空心笼状管式结构.碳纳米管有很奇异的导电性,在同一根纳米管上,由于结构的变化,在它的不同部位可以有不同的导电性质.在交接处会形成一个异质结,具有整流作用.图 7.1.9 是碳纳米整流管的示意图.碳纳米管的强度是钢的 100 倍、且有韧度高等特性,是一种用途广泛的新材料,用碳纳米管可以制成像纸一样薄的弹簧.高质量的碳纳米管能储存大量氢气.

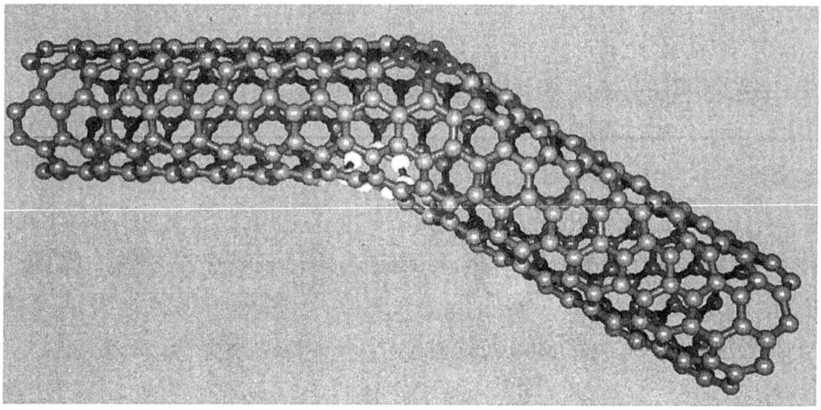

图 7.1.9　碳纳米整流管

碳是纳米材料家族的重要成员.纳米结构通常是指尺寸在 100 纳米以下(1～100 nm)的微小结构.在纳米尺寸上对物质和材料进行研究处理的技术称为纳米技术.纳米技术是 20 世纪 80 年代初迅速发展起来的前沿学科,它使人们认识、改造微观世界的水平提高到了一个新的高度.纳米材料的特殊性能是由于纳米材料的特殊结构,由此产生四大效应,即小尺寸效应、量子效应(含宏观量子隧道效应)、表面效应和界面效应,从而具有传统材料所不具备的物理、化学性能.当粒子尺寸达到纳米尺寸,能级间距发生分裂,这会导致纳米微粒的磁、光、热、电等性能发生显著的变化.纳米微粒尺寸小,表面能高,位于表面的原子占相当大的比例.由于表面原子数增多,原子配位不足及高的表面能,使这些表面原子具有高的化学活性、催化活性和吸附活性.

由于纳米材料在磁、热、光、电、催化、生物等方面具有奇异的特性,使其在诸多领域有着非常广泛的应用前景,并已经成为当今世界科技前沿的热点之一.例如,纳米技术将用于下一代的微电子器件即纳米电子器件,使未来的计算机、电视机、卫星、机器人等的体积变得越来越小.

7.2 分子能级

在前一节讨论分子的结构写哈密顿函数时，我们简单地假设原子核的质量无穷大且也没有考虑原子核的运动. 分子光谱具有复杂的结构，它提供的信息指出，必须包含原子核的运动. 分子的薛定谔方程可表示为

$$\hat{H}\psi(r_i,R_\alpha) = E\psi(r_i,R_\alpha)$$

双原子分子的非相对论的哈密顿算符，原子核 a 和 b，以 R 代表原子核的空间坐标，以 r 表示电子的坐标.

$$\hat{H} = -\frac{\hbar^2}{2m_\mathrm{e}}\sum_i \nabla_i^2 - \frac{\hbar^2}{2M_\mathrm{a}}\nabla_\mathrm{a}^2 - \frac{\hbar^2}{2M_\mathrm{b}}\nabla_\mathrm{b}^2 + \frac{Z_\mathrm{a}Z_\mathrm{b}e^2}{R_\mathrm{ab}} - \sum_i \frac{Z_\mathrm{a}e^2}{r_{\mathrm{a}i}} - \sum_i \frac{Z_\mathrm{b}e^2}{r_{\mathrm{b}i}} + \sum_{i,j<i}\frac{e^2}{r_{ij}}$$

式中，第一项和第二项是电子和原子核的动能算符，m 是电子的质量，M 是原子核的质量，Z 是相应原子核的电荷数，R_ab，$r_{\mathrm{a}i}$，$r_{\mathrm{b}i}$ 和 r_{ij} 表示原子核之间、核与电子及电子之间的距离. 要解这样的方程几乎是不可能的，必须简化.

原子核质量比电子的质量要大数千倍以上，在分子体系中电子的运动速度比原子核的运动速度要快得多. 可以认为，电子的波函数取决于原子核的位置 R，但和原子核的速度无关，也就是，原子核运动很慢，电子的运动都能迅速地建立对应于原子核位置变化的平衡，可以把原子核的位置看成是一定的. 而原子核运动时只受到高速运动电子的平均场的影响. 因此，玻恩(Born)和奥本海默(Oppenheimer)提出一种近似方法，即把分子中电子运动和原子核的运动分开，波函数分为与电子坐标有关的项和与核的位置有关的项，总波函数是这两部分相乘

$$\psi(r_i,R_\alpha) = \psi_\mathrm{e}(r_i,R_\alpha)\psi_\mathrm{N}(R_\alpha) \tag{7.2.1}$$

ψ_e 的参数依赖原子核的坐标，决定于电子状态；ψ_N 描述在势场中原子核的运动状态：振动和转动. 这种处理方法称为玻恩-奥本海默近似.

分子光谱的实验结果表明，分子的能级由三个主要部分组成：电子能级、振动能级和转动能级. 分子中的电子在两个或几个原子核的库仑场在运动，形成不同的电子态. 分子的电子能级的能量差和原子能级的差相近. 分子的电子能级间的跃迁所产生的光谱一般是在紫外和可见光区域. 组成分子的各原子核在其平衡位置附近作微小振动，其能量量子化的结果形成振动能级. 在同一电子态的振动能级间跃迁所产生的光谱叫做纯振动光谱，一般是在近红外区域，它们的波长在微米的数量级. 分子如果作整体运动，例如双原子分子绕通过质心并垂直于两个原子核连线的轴的转动. 转动能级间的跃迁所产生的光谱是在远红外和微波区域，波长在毫米或厘米的量级.

把分子的运动分成电子运动和原子核的振动与转动，这是近似的描写. 将这三

种运动分别处理,分子的能量就近似地表示为这三部分能量的总和.用 E_e,E_v 和 E_J 分别代表电子、振动和转动能量,则

$$E = E_e + E_v + E_J \tag{7.2.2}$$

分子中势能随核间距的变化和能级如图 7.2.1.由图可知分子的能级是分离得很宽的一些组,每一组对应于分子的一种电子态.对于给定的电子态,能级又分成几乎是等间隔的一些组,每一组相应于分子的一种振动态,而在同一个振动态中又有属于不同转动态的能级.

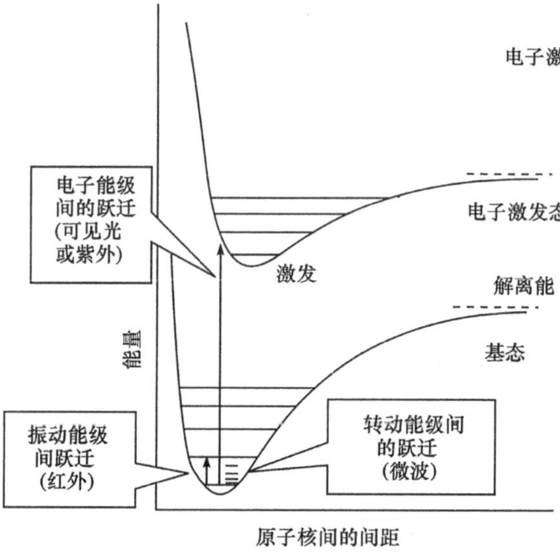

图 7.2.1　分子中势能随核间距的变化和能级的示意图

7.3　双原子分子的光谱

分子光谱可对分子结构提供丰富而重要的资料.由于前面介绍的分子内部复杂的运动状态,分子光谱要比原子光谱复杂得多.由于转动能级、振动能级和电子能级的间隔有很大差别,各种能级间的跃迁引起的辐射波长覆盖很宽范围,有远红外光谱、近红外光谱、可见光谱及紫外光谱,且形成复杂的带状光谱.

7.3.1　转动能级和光谱

电磁波可以激发极性分子的转动能级、分子转动能级间跃迁所对应的谱线在微波区.

1. 刚性双原子分子

我们可把双原子分子的转动运动简化为一个刚体绕它的质心的转动. 刚性双原子分子的转动能量可以由薛定谔方程求得. 分子的质心位于两个原子核的连线上,由两个质量分别为 m_1 和 m_2 质点,相距 R_0 组成的刚性转子,如图 7.3.1. 按照经典力学,它的转动惯量为

$$I = \mu R_0^2 = \frac{m_1 m_2}{m_1 + m_2} R_0^2$$

其中,μ 是分子的折合质量. 转动角动量 L 是一个通过质心并垂直于两核连线的矢量,如图 7.3.2,它的动能可以表示为

$$\frac{1}{2} I \omega^2 = \frac{L^2}{2I}$$

其中,I 是转动惯量. 量子力学相应的哈密顿算符可写为

$$\hat{H} = \frac{\hbar^2}{2I} \frac{\partial^2}{\partial \phi^2}, \qquad L_z = -\mathrm{i}\hbar \frac{\partial}{\partial \phi}$$

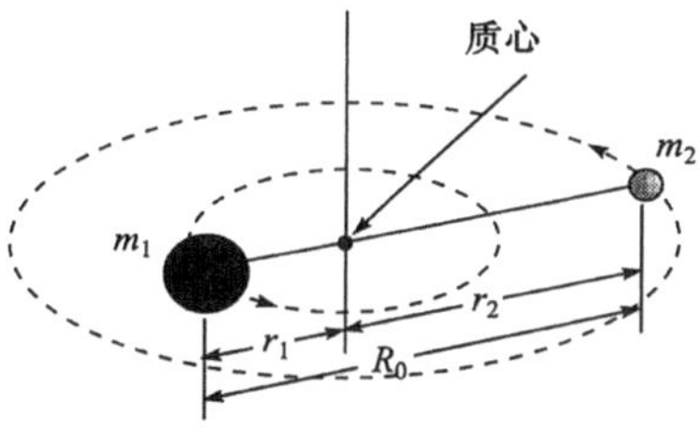

图 7.3.1　两个质量为 m_1 和 m_2、相距 R_0 的原子核绕质心的转动

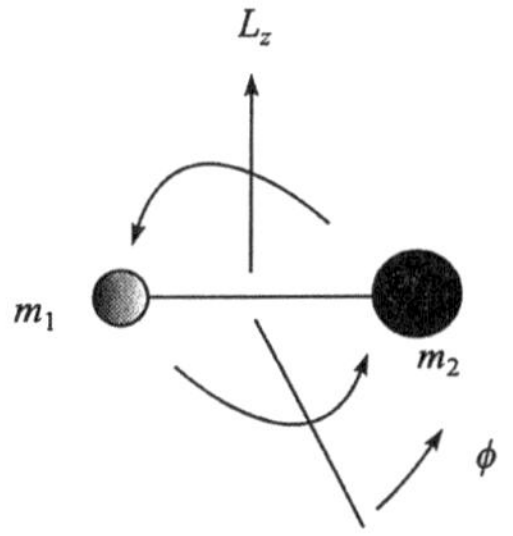

图 7.3.2　双原子分子的转动

它的哈密顿量可用角动量算符来表示

$$\hat{H}\psi = \frac{\hat{L}^2}{2I}\psi = \frac{J(J+1)\hbar^2}{2I}\psi \tag{7.3.1}$$

其中,J 为转动能级的转动量子数. 由此得转动能量

$$E_J = \frac{\hbar^2}{2I} J(J+1), \qquad J = 0,1,2,\cdots \tag{7.3.2}$$

假如双原子分子具有电偶极距,则可观察到转动能级间的跃迁,它的谱线基本在微波区. 对双原子分子的刚性转子,转动跃迁的选择定则是

$$\Delta J = \pm 1, \qquad \Delta M_J = 0, \pm 1 \tag{7.3.3}$$

在纯转动跃迁中,$\Delta J = +1$ 相当于吸收谱线,$\Delta J = -1$ 对应发射谱线. 由式(7.3.2)和式(7.3.3)可得转动谱线的频率和波数分别为

$$\nu = \frac{\Delta E_J}{h} = \frac{E_J - E_{J-1}}{h} = \frac{\hbar}{2\pi I} J \tag{7.3.4}$$

$$\tilde{\nu} = \frac{\Delta E_J}{hc} = \frac{\hbar}{2\pi Ic} J \tag{7.3.5}$$

这里 J 是上能级的转动量子数.由此可知,转动谱线的频率和 J 成正比.定义一个转动常数 B

$$B = \frac{\hbar}{4\pi Ic} \tag{7.3.6}$$

于是相邻转动谱线间的波数差

$$\Delta \tilde{\nu} = 2B \tag{7.3.7}$$

所以在以波数为坐标时,各谱线的位置是等间隔的,如图 7.3.3 所示.

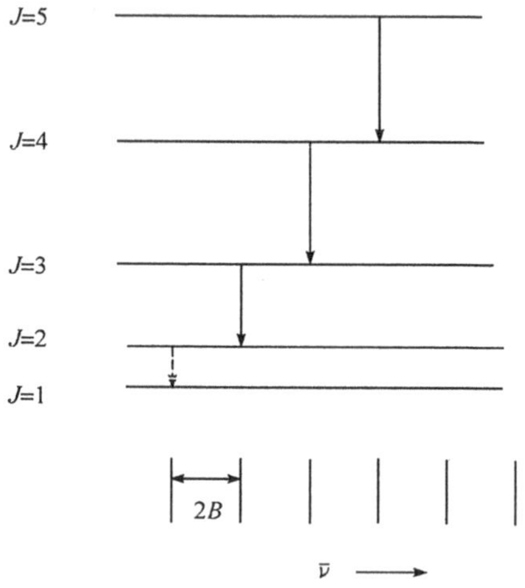

图 7.3.3 双原子分子的转动能级和相应的光谱线

由式(7.3.6)和式(7.3.7)可知,通过测量转动光谱的两条相邻谱线的间隔,可以求出分子的转动惯量 I,从而得到双原子分子的两个核的平衡距离 R_e.

例 7.3.1 HCl 分子的转动谱线如表所示,试计算氢核和氯核的平衡间距(或称键长),及谱线相应的转动量子数.

波数 $\tilde{\nu}/\text{cm}^{-1}$	83.03	103.73	124.3	145.03	165.51	185.86	206.38	226.5

解 由谱线的间隔得 $2B$ 为 20.7, 20.57, 20.73, 20.48, 20.35, 20.52, 20.12cm^{-1},转动惯量 $I = \frac{\hbar}{4\pi Bc} = \frac{2.8\times10^{-44}}{B}$, $R_e = \sqrt{\frac{I}{\mu}}$

$$\text{谱线波数}=2BJ,\quad J\text{ 为上能级的量子数}$$

HCl 分子的折合质量 $\mu=0.98\times1.66\times10^{-27}\ \text{kg}=1.616\times10^{-27}\ \text{kg}$

将结果列表如下：

波数 $\tilde{\nu}/\text{cm}^{-1}$	83.03	103.73	124.3	145.03	165.51	185.86	206.38	226.5
J	4	5	6	7	8	9	10	11
$\Delta\tilde{\nu}/\text{cm}^{-1}$		20.7	20.57	20.73	20.48	20.35	20.52	20.12
R_e/nm		0.1288	0.1292	0.1287	0.1295	0.1299	0.1294	0.1307

□

2．非刚性分子

由上面的例题看到用刚性转子模型得到的结果基本和实验数据符合，但实验数据显示，当转动量子数增大时，谱线间距有变小的现象，因而相应的核间距的平衡值有增大的趋势. 当 J 增大时，分子的转动角速度增大，由于离心力的作用，核间的距离会被拉长，这时就不能再用刚性模型.

设转动时的核间距离为 R，当转动达到平衡时，转动时的离心力和分子拉长的弹性力相等，即

$$\mu\omega^2R=k(R-R_e)$$

其中，k 是弹性常数. 于是

$$R-R_e=\frac{\mu\omega^2R}{k}=\frac{L^2}{k\mu R^3}=\frac{L^2}{k\mu R_e^3}\left(1+\frac{R-R_e}{R_e}\right)^{-3}$$

令 $\alpha=\dfrac{L^2}{k\mu R_e^4}$，由于 $R\approx R_e$，所以 $\alpha\ll1$，在计算中可忽略 α^2 项，于是

$$R-R_e=\frac{L^2}{k\mu R_e^3}(1-3\alpha)\tag{7.3.8}$$

非刚性转子的总能量是转动动能和弹性能的和，即

$$E_J=\frac{L^2}{2\mu R^2}+\frac{1}{2}k(R-R_e)^2$$

将式(7.3.8)代入上式，并略去 α^2 项，得

$$E_J=\frac{L^2}{2\mu R_e^2}-\frac{L^4}{2k\mu^2R_e^6}$$

用量子力学中 $L^2=J(J+1)\hbar^2$ 代入，则

$$E_J=\frac{\hbar^2}{2\mu R_e^2}J(J+1)-\frac{\hbar^4}{2k\mu^2R_e^6}J^2(J+1)^2$$

利用刚性分子中的定义 B，再定义一个新的量 D

$$D = \frac{\hbar^3}{4\pi k\mu^2 R_e^6 c}, \qquad B = \frac{\hbar}{4\pi\mu R_e^2 c} \tag{7.3.9}$$

于是

$$E_J = hc[BJ(J+1) - DJ^2(J+1)^2] \tag{7.3.10}$$

当分子由转动能级 J 跃迁到$(J-1)$时,所发射谱线的波数为

$$\tilde{\nu} = 2BJ - 4DJ^3 \tag{7.3.11}$$

3. 分子在不同转动能级上的布居

由氯化氢分子的例子,可以得到其转动能级的 $J=1$ 时的能量 $\sim 3\times10^{-3}$ eV. 我们知道室温时的 $kT\sim2.5\times10^{-2}$ eV,所以室温时就可能有一些转动能级被激发. 在热平衡时,处在各个能态的分子的数目,取决于状态的能量和温度. 其布居遵循玻尔兹曼分布. 设处在转动量子数为 J 的分子的数目为 N_J,则

$$N_J(E_J) \propto g_J e^{-hcBJ(J+1)/kT} = (2J+1)e^{-hcBJ(J+1)/kT} \tag{7.3.12}$$

式中,g_J 是在转动量子数J 状态的统计权重,即能级的简并度. 对于转动量子数为 J 的状态,能级的简并度为$(2J+1)$. N_J 随J 的分布,在系数上随 J 线性增加,但在指数项又随 J 而减少,不是单调地变化,有最大值. 可以通过对 J 的微分求其最大值相应的J.

$$\left.\frac{dN_J}{dJ}\right|_{J=J_{max}} = 0$$

得

$$J_{max} = \sqrt{\frac{kT}{2hcB}} - \frac{1}{2} \tag{7.3.13}$$

在 300 K 时,$kT=0.0259$ eV,对氯化氢分子,$J_{max}=2.7$,所以对 HCl 的远红外吸收谱,与 $J=2$ 和 $J=3$ 的态相关的跃迁的强度最大.

7.3.2 振动能级和光谱

1. 振动能级

在讨论转动能级和转动谱时,我们讨论的是两个原子核间距的平衡位置,由于分子的转动的频率比起核的振动的频率要小得多,所以只是核的平衡位置对转动有影响. 实际上两个核在它的平衡位置附近作微小振动.

在双原子分子中,由于原子核和电子间及原子核之间的相互作用,其势能曲线在核间距离为 R_e 时有一极小值,R_e 就是核间的平衡距离. 在 R_e 附近,势能曲线近似地可看作为一抛物线,原子核可以在平衡位置作简谐振动. 若以 R 表示两个核之间的距离,当 R 偏离平衡位置R_e 有微小位移时,原子核受到一个准弹性力的作用,弹性力可表示为

$$f = -k(R - R_e) \tag{7.3.14}$$

k 称为键力常数. 由量子力学对简谐势的解可知,振动能量 E_v 有如下关系式:

$$E_v = (v + \frac{1}{2})h\nu_0, \qquad v = 0,1,2,\cdots \tag{7.3.15}$$

其中,v 为振动量子数,ν_0 是振动频率,为

$$\nu_0 = \frac{1}{2\pi}\sqrt{\frac{k}{\mu}} \tag{7.3.16}$$

其中,μ 是折合质量. 简谐振动的能级是等间距的,间隔为 $h\nu_0$,最低能级的能量(零点能)为 $h\nu_0/2$. 由于有零点能,因此分子的解离能不等于势阱的深度.

对极性分子,分子振动状态的改变将伴随有光的发射或吸收,振动能级的选择定则是

$$\Delta v = \pm 1 \tag{7.3.17}$$

所以纯振动能级跃迁时,谱线的频率为

$$\nu = \frac{\Delta E_v}{h} = \nu_0 \tag{7.3.18}$$

它与简谐振动的频率相同. 振动光谱的谱线波长在红外区域,波长一般在微米的量级.

对于非极性分子,振动不会改变分子的电偶极距,不会有光的吸收和发射,因此需要通过其他途径(例如拉曼散射)来获得分子振动的信息.

如果分子振动的幅度较大,即对那些 v 值大的状态,势能曲线将偏离抛物线(见图 7.3.4),相互作用力不再是弹性力了,在式(7.3.14)中将出现$(R - R_e)$的高次项,两个核之间的振动就不再是简谐振动了. 此时的振动能量可近似地表示为

$$E_v = \left(v + \frac{1}{2}\right)a - \left(v + \frac{1}{2}\right)^2 b \tag{7.3.19}$$

式中,$a = h\nu_0$,b 为另一常数,$b \ll a$. 若设 $x = b/a$,则上式可写为

$$E_v = a\left[\left(v + \frac{1}{2}\right) - x\left(v + \frac{1}{2}\right)^2\right]$$

这样振动能级不再是等间距的了,随 v 值增大,能级间距逐渐减小. 对于 v 值小的能级,能量的第二项很小,可以忽略.

对于分子的吸收振动谱(从 $v=0$ 跃迁到 v 时),所吸收光子的波数为

$$\tilde{\nu} = v\,\tilde{\nu}_0(1 - x) - v^2 x\,\tilde{\nu}_0, \qquad v = 1,2,3,\cdots$$

在分析分子的振动光谱时,一般将上式写成

$$\begin{cases} \tilde{\nu} = C_1 v - C_2 v^2, \qquad v = 1,2,\cdots \\ C_1 = \tilde{\nu}_0(1 - x), \quad C_2 = x\,\tilde{\nu}_0 \end{cases} \tag{7.3.20}$$

考虑对于非简谐振动后,振动能级间的电偶极跃迁的选择定则为

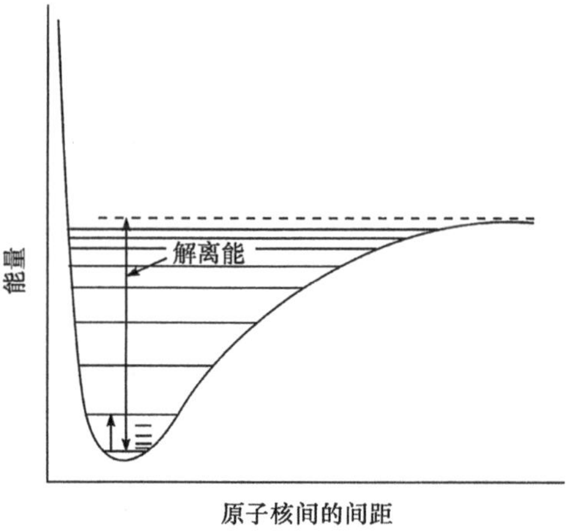

图 7.3.4　分子的势能曲线及解离能的示意图

$$\Delta v = \pm 1,\ \pm 2,\ \pm 3,\ \cdots \tag{7.3.21}$$

对 $\Delta v = \pm 2, \pm 3$ 跃迁的概率很小.

2. 振动转动光谱带

对于同一电子态中 $\Delta v = \pm 1, \pm 2, \pm 3, \cdots$ 的跃迁将给出振动-转动光谱带. 在跃迁中仍服从转动量子数的选择定则, $\Delta J = \pm 1$. 在振动转动光谱带中, 振动能级的跃迁决定了谱线波长的区域, 转动能级的跃迁决定谱线的间距. 由于谱线的间距很小, 所以振动转动光谱实际上是由一组很密集的光谱线所组成的光谱带, 如图 7.3.5. 不管是吸收谱还是发射谱, $\Delta J = \pm 1$ 都存在. 相应于 $\Delta J = +1$ 的称为 R 支, 对应于 $\Delta J = -1$ 的称为 P 支. 原则上, 对不同的振动能级, 核间的平衡距离 R_e 是不相同的, 在一次近似下, 对那些 v 较小的能级, 可以认为平衡距离相差很小, 即它们的转动常数相同. 这样它们对应的谱线的波数

$$\text{R 支}: \Delta J = +1, \tilde{\nu} = \tilde{\nu}_0 + 2BJ, \qquad J = 0, 1, 2, \cdots \tag{7.3.22}$$

$$\text{P 支}: \Delta J = -1, \tilde{\nu} = \tilde{\nu}_0 - 2BJ, \qquad J = 1, 2, \cdots \tag{7.3.23}$$

图 7.3.5 给出氯化氢分子的红外吸收谱的谱线结构和强度分布, 这是由振动能级的基态 $v=0$ 跃迁到激发态 $v=1$, $\Delta J = \pm 1$ 的吸收光谱带. 光谱带可以提供许多关于 HCl 分子的信息.

(1) 光谱带中没有 $\nu = \nu_0$ 的谱线, 这是由转动能级跃迁的选择定则($\Delta J = \pm 1$)所决定的. 空缺位置很容易从光谱带中辨认, 由空缺的位置可以定出 ν_0, 例如, 上图中左侧第一条谱线的频率为 8.60×10^{13} Hz, 右侧第一条谱线的频率 8.72×10^{13}, 可定出空缺位置在 8.66×10^{13} Hz, 从而提供分子的弹性常数(或称键力常数)的数据.

(2) 由谱线的间距得到转动常数, 因而可求得分子中两个原子核的平衡距

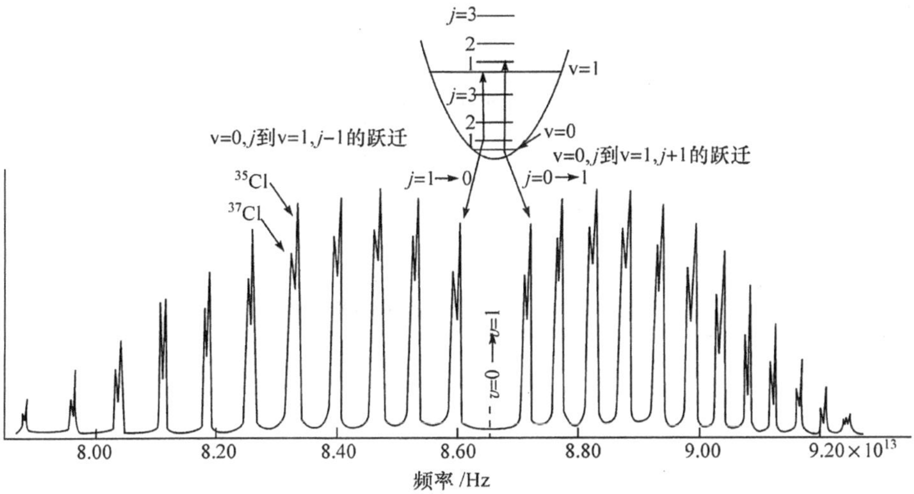

图 7.3.5　HCl 分子近红外的吸收谱带

离 R_0.

(3) 同位素效应.吸收谱线呈现双峰结构.这是由于 Cl 的两种同位素 ^{35}Cl(丰度为 75.5%)和 ^{37}Cl(丰度为 24.5%)引起的.

(4) 光谱带中最强的谱线并不在中心,谱线的强度是决定于跃迁中下能级转动能级的布居.在室温时,上面振动能级的布居是很低的,因为室温时 $kT = 0.0259$ eV,而上振动能级的能量 $h\nu_0 \sim 0.359$ eV.所以吸收谱的强度分布能反映分子的热布居.

(5) 在光谱带中转动谱线显出并不是等间距,且 P 支的间距大于 R 支的间距.

由振动转动谱的数据看到用最简单的模型来描述时和实际的情形有偏差.还需要加上一些修正项.在上面的讨论中已提到要考虑非简谐势和非刚性分子的修正,另外,由于势能的非简谐性,在 $R > R_e$ 那边,势能函数上升较缓,随 v 的增加,平均核间距离增加,有效转动惯量增加,所以我们要考虑转动和振动间的相互作用.这样振转的能量应写为

$$E(v, J) = hc[\tilde{\nu}_0(v + 1/2) - \tilde{\nu}_0 x_e(v + 1/2)^2 + B_e J(J + 1) - D_e J^2(J + 1)^2 - \alpha_e(v + 1/2)J(J + 1)]$$

式中的下缀 e 代表在分子的平衡距离 R_e 时所定义的量,x_e, D_e 分别是对非简谐势和非刚性转子的修正,α_e 表示由于振动运动中 R 的改变引起的振动和转动的相互作用.于是,对 $v = 1$ 和 $v = 0$ 的振转谱线的波数

对 R 支:$\tilde{\nu}_R = \tilde{\nu}' + (2B_e - 3\alpha_e) + (2B_e - 4\alpha_e)J - \alpha_e J^2$,　$J = 0, 1, 2, \cdots$

对 P 支:$\tilde{\nu}_P = \tilde{\nu}' - (2B_e - 2\alpha_e)J - \alpha_e J^2$,　$J = 1, 2, 3, \cdots$

式中，$\tilde{\nu}' = \tilde{\nu}_0 - 2x_e \tilde{\nu}_0$. 也可表示为

$$\tilde{\nu}(m) = \tilde{\nu}' + 2(B_e - \alpha_e)m - \alpha_e m^2$$

对 R 支，$m = J + 1$，对 P 支，$m = -J$. 两支谱线组的线间隔 $\Delta \tilde{\nu}_m$ 可表示为

$$\Delta \tilde{\nu}_m = \tilde{\nu}(m+1) - \tilde{\nu}(m) = (2B_e - 3\alpha_e) - 2\alpha_e m$$

所以 P 支和 R 支间隔都会偏离 $2B_e$. 表 7.3.1 给出一些双原子分子的基态数据.

表 7.3.1　一些双原子分子的基态数据

分子	离解能/eV	R_e/nm	$\tilde{\nu}_0/\mathrm{cm}^{-1}$	B_e/cm^{-1}	$x_e \tilde{\nu}_0/\mathrm{cm}^{-1}$	$\alpha_e/\mathrm{cm}^{-1}$	D_e/cm^{-1}
H_2	4.5	0.075	4403	60.85	121.3	3.06	4.7×10^{-2}
HF	5.8	0.092	4139	20.96	90.0	0.796	2.2×10^{-3}
N_2	9.8	0.11	2358	1.998	14.1	0.0177	5.7×10^{-6}
CO	11.2	0.113	2170	1.931	13.29	0.0175	6.2×10^{-6}
O_2	5.2	0.12	1580	1.446	12.0	0.0158	4.8×10^{-6}

7.3.3　分子的电子能级和光谱带

1. 分子的电子态

分子除了有原子核的转动和振动运动形成的能级之外，还有电子运动形成的电子能级. 分子的内层电子在各自的原子核周围组成封闭的电子壳层，它们很少受到扰动，与孤立原子时的情况相同. 但外层电子在两个原子实的联合电场中运动，这个电场失去了球对称性，电子受到的是非中心力，价电子的轨道角动量就不再是守恒量，角动量量子数也就不是好量子数了. 但这个电场对于通过两个原子核的轴是对称的，作用在电子上的力矩在对称轴方向上的投影为零，因此角动量在对称轴上的分量是守恒量.

对于双原子分子，要用角动量的轴向分量，l_Z 来描述电子的状态. 按照量子力学的结果角动量的轴向分量是量子化的，$l_Z = \pm m\hbar$. 在电场对称轴方向上的正负两个可能值相应的能量是相同的，所以，只需用量子数 $\lambda = |m|$ 来表示电子的状态. 对应不同的 λ 值的价电子状态，用如下符号表示：

λ 值	0	1	2	3
电子态符号	σ	π	δ	φ

处于这些态的电子分别称为 σ 电子、π 电子等，犹如在原子中对具有不同 l 量子数的电子称为 s 电子、p 电子一样.

分子中的电子状态及其能量与电子波函数的对称性有关. 对于同核双原子分子,对质心作空间反演,就相当于将两个核作交换. 在反演时,电子波函数有对称的 g(偶)轨道与反对称的 u(奇)轨道,它们对应于不同的状态. 对相应的电子态标记为 σ_g、σ_u、π_g、π_u 等. 对于异核双原子分子,电子轨道没有奇(u)、偶(g)之分.

对一个分子,它的总轴向轨道角动量是各个电子的轴向轨道角动量的代数和,用 $\Lambda\hbar$ 表示分子的总轴向轨道角动量,则

$$\Lambda = \left|\sum_i m_i\right| \tag{7.3.24}$$

式中的 m_i 可取正负值. 例如,两个 π 电子,可以组成 $\Lambda = 0$ 或 2 的态. 对于不同 Λ 的分子,用如下符号表示:

Λ 值	0	1	2	3
电子态符号	Σ	Π	Δ	Φ

这与原子态的总角动量 L 分为 S,P,D 相对应.

对 Σ 态还根据分子的电子波函数对包含两个核连线的平面作镜面反演的对称性而分别有 Σ^+(对称)和 Σ^-(反对称)两种状态. 所以对双原子分子的电子态有:$\Sigma^+,\Sigma^-,\Pi,\Delta,\cdots$,而对同核双原子分子电子态有:$\Sigma_g^+,\Sigma_g^-,\Sigma_u^+,\Sigma_u^-,\Pi_g,\Pi_u,\cdots$.

在上面的讨论中没涉及电子的自旋角动量,由于它不受电场的影响,它的合成与原子情况一样. 分子的总自旋角动量 S 仍是一个好量子数. 用 Σ 表示总自旋角动量的轴向分量,

$$\Sigma = \sum_i (s_i)_Z \tag{7.3.25}$$

Σ 的数值为:$S, S-1, \cdots\ -(S-1), -S$,可取 $2S+1$ 个值.

分子的总角动量为分子的轨道角动量和总自旋角动量的轴向分量之和. 用 Ω 表示总角动量的量子数.

$$\Omega = |\Lambda + \Sigma| \tag{7.3.26}$$

这样,分子的量子态由量子数 S,Λ 和 Ω 表示.

2. 分子光谱

分子的状态从基态可能被激发到较高的能态,例如 H_2 分子基态时,它的电子组态是 $(1\sigma_g)^2$,它的一个电子可能被激发到有较高能量的轨道上. 这样被激发的分子就会跃迁到基态而发射光子. 分子的电子能级间跃迁,见图 7.2.1,所对应的是相当复杂的光谱,这是因为在这过程中还会伴随着振动和转动量子数的改变,就会产生电子振动转动光谱带. 由于这是涉及电子能级的跃迁,所以它是在可见或紫外光区域,光谱带中谱线的波数为

$$\begin{aligned}\tilde{\nu} &= \frac{1}{hc}[(E'_{e} - E_{e}) + (E'_{v'} - E_{v}) + (E'_{J'} - E_{J})] \\ &= \tilde{\nu}_{e} + \frac{(E'_{v'} - E_{v})}{hc} + \frac{(E'_{J'} - E_{J})}{hc}\end{aligned} \tag{7.3.27}$$

式中，$\tilde{\nu}_e$ 表示由两个确定的电子能级 E'_e 和 E_e 间跃迁对应的波数.

1) 电子振动光谱带

式(7.3.27)的前两项可表示为

$$\tilde{\nu}_{ev} = \tilde{\nu}_{e} + \frac{1}{hc}(E'_{v'} - E_{v}) \tag{7.3.28}$$

$\tilde{\nu}_{ev}$表示电子振动光谱的波数. 这里涉及两个电子态的振动能级，两个能态的核间作用力并不相同，所以两组振动能级能量表达式(7.3.19)中的常数 a 和 b 的数值可能不同. 如以简谐振动考虑，则

$$\tilde{\nu}_{ev} = \tilde{\nu}_{e} + \left(v' + \frac{1}{2}\right)\tilde{\nu}'_{0} - \left(v + \frac{1}{2}\right)\tilde{\nu}_{0} \tag{7.3.29}$$

分子的电子态之间电偶极跃迁需满足的选择定则为

$$\Delta\Lambda = 0, \pm 1 \tag{7.3.30}$$

电子振动光谱吸收了能量后，在通常条件下会从基态电子态的 $v=0$ 的振动能级向上电子态的某个 v'能级跃迁. 例如，跃迁到上电子态的 $v'=2$ 的能级，当它跃迁回到下电子态时，可以跃迁到下电子态的任一振动能级 v，发出 $\tilde{\nu}_{20}$，$\tilde{\nu}_{21}$，$\tilde{\nu}_{22}$，⋯荧光的光谱带. 其中除了 $\tilde{\nu}_{20}$与吸收谱的波数相同外，其余的都小于吸收谱的波数，如图 7.3.6(a)所示. 这就是斯托克斯(Stokes)定则，即分子所发射的荧光光谱的波长大于或至少等于所吸收的入射光的波长. 但如果分子处在热激发的状态，即样品中有一部分的分子处于振动激发态，那它吸收入射光的能量后回跳时发射的谱线就有波长比入射光短的，这种称为反斯托克斯辐射，如图 7.3.6(b).

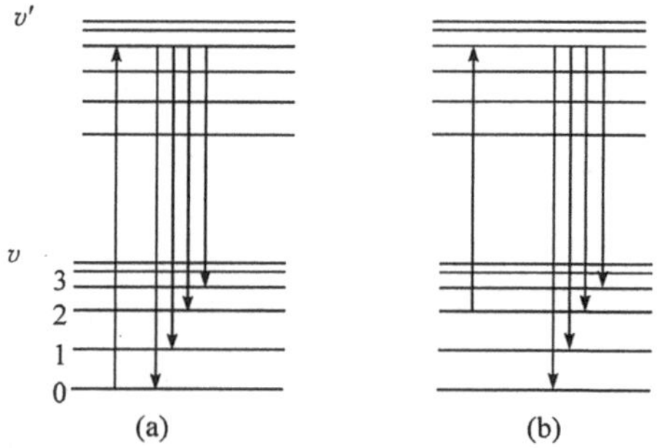

图 7.3.6 斯托克斯辐射和反斯托克斯辐射

2) 电子振动转动光谱带

如果考虑转动能级的影响，则式(7.3.27)的第三项为

$$\frac{E'_{J'} - E_J}{hc} = B'J'(J' + 1) - BJ(J + 1) \tag{7.3.31}$$

J 和 J' 是属于两个不同电子态，两个原子核的势能曲线不同，核的平衡间距也不同，因此 $B \neq B'$.

电子振动转动光谱的选择定则为

$$\begin{cases} \Delta\Lambda = 0, \pm 1 \\ \Delta J = 0, \pm 1 \quad (J' = J = 0 \text{ 的跃迁除外}) \end{cases} \tag{7.3.32}$$

由于，跃迁时包含有电子状态的变化，所以对非极性分子同样可以有电子振动转动光谱. 与纯振动转动光谱的另一个差别是，电子振动转动光谱中除了有 R 支($\Delta J = +1$)，P 支($\Delta J = -1$)外还有 Q 支($\Delta J = 0$). 在光谱线中，$\tilde{\nu} = \tilde{\nu}_{ev}$的谱线空缺，因为它相当于 $J = J' = 0$ 的跃迁.

R 支：$J' = J + 1$

$$\tilde{\nu} = \tilde{\nu}_{ev} + (B' + B)J' + (B' - B)J'^2, J' = 1,2,3,\cdots \tag{7.3.33}$$

P 支：$J' = J - 1$

$$\tilde{\nu} = \tilde{\nu}_{ev} - (B' + B)J + (B' - B)J^2, J' = 0,1,2,\cdots \tag{7.3.34}$$

Q 支：$J' = J$

$$\tilde{\nu} = \tilde{\nu}_{ev} + (B' - B)J' + (B' - B)J'^2, J' = 1,2,3,\cdots \tag{7.3.35}$$

电子光谱带的转动结构有如下特点：

(1) 在 $\tilde{\nu}$-J'图上，P，R，Q 三支谱线都是抛物线.

(2) $\tilde{\nu} = \tilde{\nu}_{ev}$的谱线空缺.

(3) 如果 $B' > B$，谱带在波数较高的那一边，谱线间隔越来越大，在 P 支抛物线顶端附近谱线密集，形成明显的边界. 如果 $B' < B$ 则在波数较低的那一边，谱线间隔越来越大.

图 7.3.7 给出 CN(氰)分子的光谱，光谱在近紫外区域，这包括了电子态、振动和转动能级间的跃迁. 1915 年对"蛇夫(星)座"星际云观察到的两条吸收谱线也标在图上. 在波长 387.5 nm 处一条吸收线，这相应于基态转动量子数 $J = 0$ 跃迁到转动量子数 $J = 1$ 的电子激发态. 还观察到另一条波长比它短 0.061 nm，强度约为它 1/4 的线. 对它的波长计算应该是 $J = 1$ 到 $J = 2$ 的跃迁. CN 光谱的谱线在波长较长的那一边，间隔越来越密，在 P 支抛物线的顶端形成一个明显的边界.

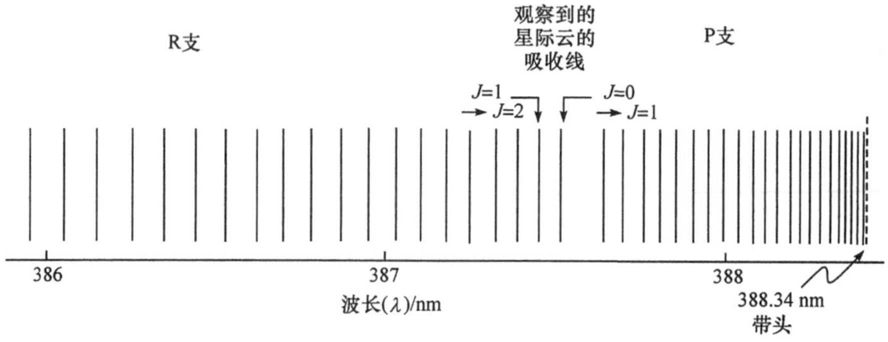

图 7.3.7　CN 分子的光谱

例 7.3.2　由两条观察到的星际云 CN 的吸收谱线的相对强度确定星体所在环境的温度.

解　那条较短波长的谱线是处在 $J=1$ 的态,一定和环境温度有关. 由玻尔兹曼分布可估算两条谱线的相对强度. 两条谱线的波长分别为 387.5 nm 和 (387.5－0.061)nm,它们的波数差 $\Delta\tilde{\nu}=4B'-2B$,其中 B'是上电子态转动常数,B 是基态的转动常数. 如果假设它们之间的差别不大,则这可认为是基态的 $J=1$ 与 $J=0$ 态的差.

$$\Delta\tilde{\nu} = 4B' - 2B = 4.063\ \text{cm}^{-1}, \quad \Delta E = 5.038\times10^{-4}\ \text{eV}$$

态的权重因子 $2J+1$,谱线的强度比应该是分子的布居比,所以

$$\frac{n_{J=1}}{n_{J=0}} = 3\text{e}^{-\Delta E/kT} = \frac{1}{4}$$

$$T = \frac{\Delta E}{k\ln(12)} = 2.35\ \text{K}$$

□

综上所述可知,在一对振动能级间的跃迁可包含很多转动能级的可能跃迁,因此光谱形成光谱带. 分子的电子态之间跃迁所产生的光谱是在可见和紫外波段,电子态的跃迁可包含很多对振动能级间的可能跃迁,因此光谱是由很多光谱带组成的谱带系. 由分子转动谱可以提供关于分子键长的数据,由振动谱的基频可以得到分子的键力.

7.4　拉曼散射和拉曼光谱

当一束光通过透明介质时,一部分光会散射到各个方向. 引起散射的原因,可能是由于介质的不均匀或在介质中悬浮有小的粒子,在均匀介质中由于分子本身

也能引起光的散射.瑞利提出的关于分子引起散射的经典理论认为,在入射光电磁场的作用下分子的电偶极以入射光的频率振动,因而发生光的散射,且散射光的频率与入射光的相同.1925 年,海森伯等提出,如果被照射的分子是处在振动状态,那除了观察到和入射光频率相同的散射光外,还应该观察到频率分别为入射光频率与分子振动频率的和及差的散射光.

1928 年,印度物理学家拉曼(C. V. Raman)在对液体和固体散射光的大量研究中,发现单色光的散射光谱中除了有瑞利谱线外,还有一些很弱的谱线.这些谱线的频率与入射光的频率不同,这一现象称为光的拉曼散射.拉曼由此获得 1930 年的诺贝尔物理学奖.

7.4.1　拉曼光谱

拉曼散射光强度随频率的分布构成的光谱称为拉曼光谱.由于拉曼散射光的强度很弱,有的只是入射光的 $10^{-6}\sim10^{-7}$,因此要求用强度大且单色性好的光源,及高灵敏的探测器.激光可以产生一个窄的、单色的光,作为入射光源可以聚焦在很小的样品上.一个现代拉曼谱仪的示意图如图 7.4.1.

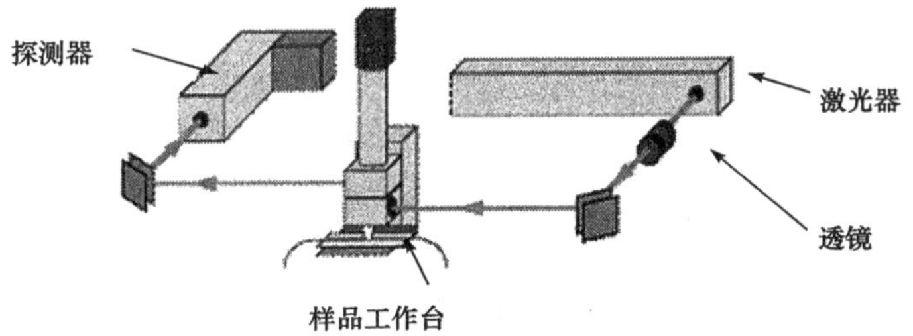

图 7.4.1　拉曼光谱仪示意图

对拉曼光谱的测量得到如下实验结果:

(1) 对于频率为 ν_0 的入射光,观察到有频率为 ν_1 和 ν_2 的散射光,

$$\nu_1 = \nu_0 - \nu' \tag{7.4.1}$$

$$\nu_2 = \nu_0 + \nu' \tag{7.4.2}$$

ν_1 和 ν_2 对称地分布在 ν_0 线的两侧.与讨论分子的荧光谱类似,对 ν_1 的谱线称为斯托克斯(Stokes)线(有时又称作红伴线),ν_2 称为反斯托克斯线(有时又称作紫伴线).

(2) 散射光频率与入射光频率的差称作拉曼位移(Raman shift).拉曼位移只与散射物质分子有关,由散射物质的特性决定而与入射光的频率无关.因此,由拉曼散射的光谱可以获取分子的振动和转动能级有关的信息.

(3) 拉曼位移 ν'是散射分子的振动基频或转动频率.

(4) 斯托克斯线与反斯托克斯线的强度比. 当拉曼位移相应于振动能级的跃迁时,反斯托克斯线的强度比斯托克斯线的强度要弱很多. 对应于振动能级改变的拉曼谱的示意图见图 7.4.2.

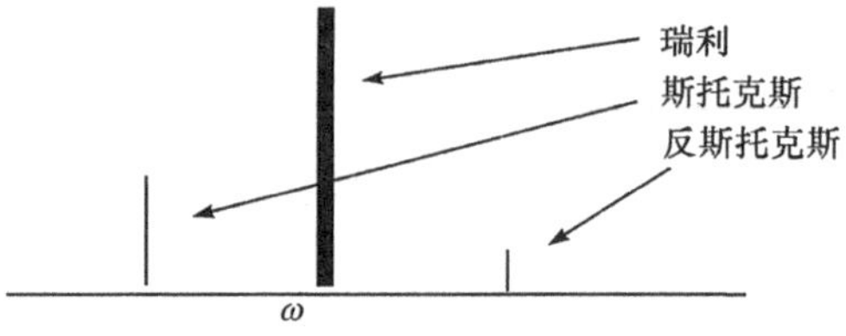

图 7.4.2　拉曼谱的示意图

在一般情况下观察到的频率位移是振动频率,因为转动频率很小,只有在高分辨的仪器才能将瑞利线和转动谱线分开. 由图可看到斯托克斯和反斯托克斯线等间隔地分布在瑞利线的两边,这是由于它们相应于振动量子数增加或减少 1. 另外反斯托克斯线的强度比斯托克斯线要弱得多.

红外光谱和拉曼光谱都能测量分子的振动光谱,但它们遵循不同的选择定则. 对红外光谱,分子的电偶极距必须随振动而改变. 所以,一些对称的异核分子如 CO_2,或同核双原子分子等非极性分子,它们都没有相应的红外吸收谱. 但在拉曼谱中都能观察到相应的振动能级跃迁,这是由于在入射光的作用下,分子不仅感生电偶极距,且极化度随分子的运动(振动或转动)有变化.

7.4.2　拉曼散射的量子解释

拉曼散射的过程可以看作是光子和分子的非弹性散射. 当光子射在分子上,和分子发生了相互作用,分子的量子态可能改变或保持不变. 如果量子态没有变化,则散射光子与入射光子有相同的能量,就会出现在瑞利线中. 如果量子态改变了,散射光子就可能有比入射光子大或小的能量. 分子和光子的总能量是守恒的. 量子力学的观点可以把散射过程看作是,入射光子与散射物质分子的相互作用使处于基状态的分子跃迁到一个"虚"能态,然后退激发到某个激发态(见图 7.4.3). 分子与入射光子的相互作用的结果是,入射光子把一部分能量交给了分子,使分子从原来的基态跃迁到了激发态. 用 E_i 和 E_f 表示分子处在初态和终态的能量,根据能量守恒

$$h\nu_0 + E_i = h\nu + E_f \tag{7.4.3}$$

或

$$h(\nu - \nu_0) = h\Delta\nu = E_i - E_f$$

若 $E_i > E_f$,则 $\Delta\nu > 0$,就形成反斯托克斯线. $E_i < E_f$,则 $\Delta\nu < 0$,就形成斯托克斯线. $\Delta\nu$ 是振动能级之间跃迁所对应的频率.

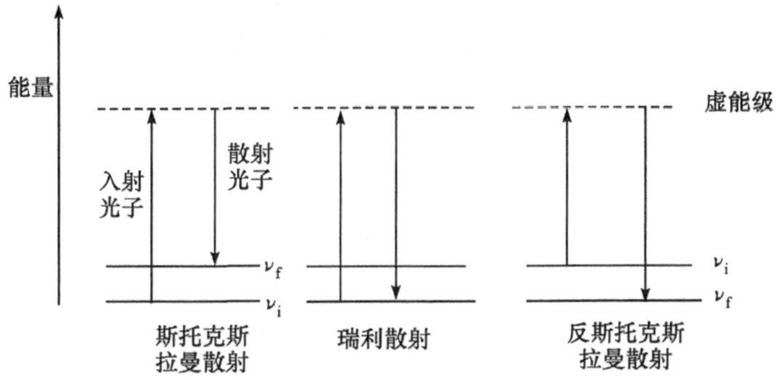

图 7.4.3　拉曼散射的能级图

显然,只有处于振动激发态的分子和光子的相互作用才可能引起反斯托克斯线.假如散射介质是处于温度 T 的平衡状态.则分子处在各能态的分布遵循玻尔兹曼统计分布,所以处于激发态的分子数 N_1 与处于基态的分子数 N_0 的比为

$$\frac{N_1}{N_0}=\frac{g_1}{g_0}\exp\left(-\frac{\Delta E}{kT}\right)=\frac{g_1}{g_0}\exp\left[-\frac{h(\Delta\nu)}{kT}\right]$$

其中,g_1 和 g_0 分别为激发态和基态的简并度,对于振动态 $g_1=g_0=1$.反斯托克斯线的强度 I_A 与斯托克斯线的强度 I_S 的比可写为

$$\frac{I_A}{I_S}=\left(\frac{\nu_0+\Delta\nu}{\nu_0-\Delta\nu}\right)^4\exp\left(-\frac{h\Delta\nu}{kT}\right) \tag{7.4.4}$$

由于通常温度下的热能远小于振动能级间隔,即 $h\Delta\nu\gg kT$,所以 $I_A\ll I_S$.也就是说,在通常温度下,反斯托克斯线的强度比斯托克斯线的弱得多.随着温度升高,处在激发态的分子数增加,反斯托克斯线的强度也随着增加.因此,由这两条谱线的强度比也提供环境温度的信息.

7.4.3　双原子分子气体的拉曼谱

双原子分子的振动-转动拉曼谱的选择定则,在简谐势近似下为

$$\Delta v=\pm 1 \tag{7.4.5}$$

$$\Delta J=0,\ \pm 2 \tag{7.4.6}$$

对 ΔJ 的选择定则可以用图 7.4.3 的量子解释来理解,拉曼散射时,在初态和终态间的跃迁要通过一个中间的虚态,要使得从初态到虚态和从虚态到终态都是通常转动跃迁所允许时,才能实现从初态到终态的跃迁.对于通常的转动跃迁要满足($\Delta J=\pm 1$),所以拉曼散射是经历两次转动跃迁(虚的)才从一个转动的初态到终态,因此跃迁的转动量子数的改变为 0 和 ± 2.

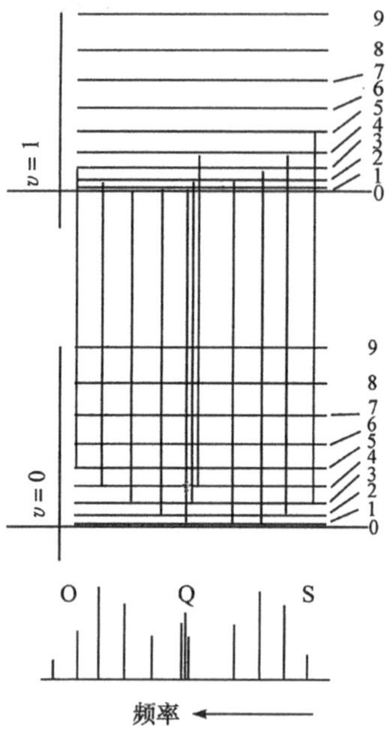

图 7.4.4 在振动转动拉曼谱中 O,Q,S 三支谱线组

由拉曼谱的选择定则，对 $v=0$ 和 $v=1$ 的能级，相应的拉曼谱线如图 7.4.4 所示，形成 O,Q,S 三支. 对应 $\Delta J=0$ 的谱线称为 Q 支，$\Delta J=-2$ 的称为 O 支，$\Delta J=2$ 的称为 S 支. 按转动量子数的改变 $\Delta J=-2,-1,0,+1,+2$，所对应的谱线组称为 O,P,Q,R,S. 这里特别要注意，拉曼光谱与红外吸收谱不同，对能量较小的跃迁在拉曼光谱中相应的是较高的频率，因为这种跃迁从入射光中取走的能量较小，所以散射光有较高的频率. 所以 O 支($\Delta J=-2$)是在频率高的那侧. 图 7.4.5 给出 CO 的拉曼振动-转动谱.

在图 7.4.5 中以拉曼位移的波数来表述，设两个振动态的转动常数为 B 和 B'，$\tilde{\nu}_0$ 为振动拉曼位移的波数，则振动转动拉曼光谱线的波数为

$$\tilde{\nu}=\tilde{\nu}_0+B'J'(J'+1)-BJ(J+1) \tag{7.4.7}$$

由对转动量子数的选择定则得到三支谱线组的波

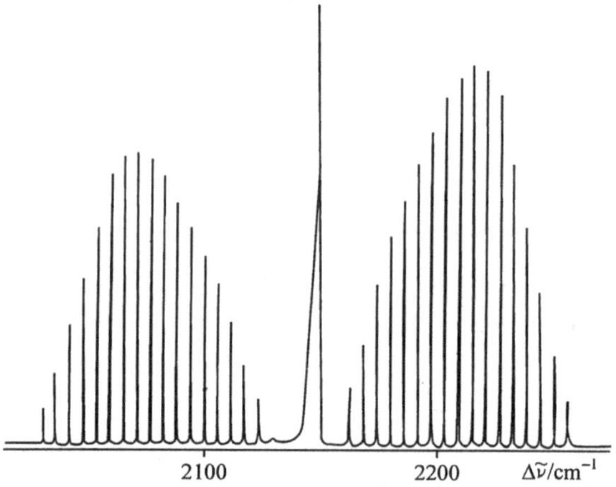

图 7.4.5 一氧化碳拉曼谱的 O,Q,S 的结构

数分别为

$$\tilde{\nu}_S=\tilde{\nu}_0+[6B'+(5B'-B)J+(B'-B)J^2],\qquad J=0,1,2,\cdots \tag{7.4.8}$$

$$\tilde{\nu}_O=\tilde{\nu}_0+[2B'-(3B'+B)J+(B'-B)J^2],\qquad J=2,3,4,\cdots \tag{7.4.9}$$

$$\tilde{\nu}_Q = \tilde{\nu}_0 + [(B' - B)J + (B' - B)J^2], \qquad J = 0,1,2,\cdots \tag{7.4.10}$$

对于振动能级 $v=0,1$ 间的跃迁,B 和 B' 的差别很小,Q 支的所有谱线都靠在一起,几乎不可辨认.S 支和 O 支都形成一系列与红外谱带中 R 支和 P 支相类似的谱带.若令 $B = B'$,则

$$\tilde{\nu}_S = \tilde{\nu}_0 + 2B(2J+3), \qquad J = 0,1,2,\cdots$$
$$\tilde{\nu}_O = \tilde{\nu}_0 - 2B(2J-1), \qquad J = 2,3,4,\cdots$$
$$\tilde{\nu}_Q = \tilde{\nu}_0, \qquad J = 0,1,2,\cdots$$

若以横坐标表示拉曼位移的波数,拉曼散射谱的结构如图 7.4.6 所示.散射谱中出现振动的基频线 $\tilde{\nu}_0$,S 支和 O 支的第一条谱线和 $\tilde{\nu}_0$ 的间隔都是 $6B$,S 支及 O 支谱带中谱线的间隔为 $4B$,是红外谱的谱线间隔的两倍.

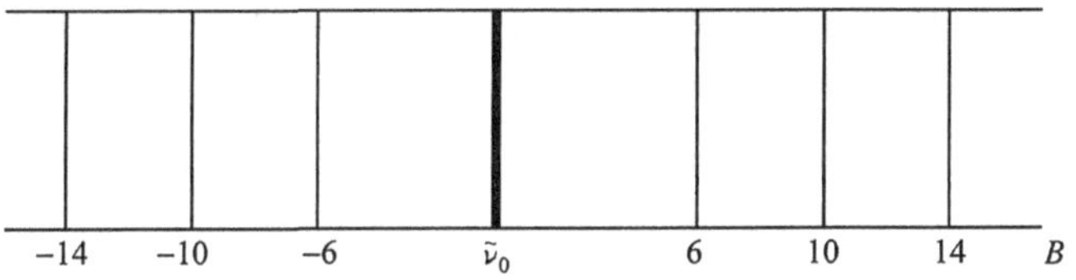

图 7.4.6　拉曼光谱的示意图

7.4.4　原子核自旋对分子能态的影响——同核双原子分子的拉曼谱

在前面关于分子的能态和光谱的讨论中,我们完全忽略了核自旋对分子能级的影响.原子核的自旋的影响有两个部分:核自旋引起的相互作用和核自旋对分子波函数对称性的限制.核自旋的相互作用对分子能级的影响很小可以忽略,但对对称性的限制会对分子能级的布居有重要的影响.同核双原子分子的波函数必须满足泡利原理:全同玻色子(自旋为整数的原子核是玻色子)组成体系的波函数一定具有交换对称性;全同费米子(自旋为半整数的原子核是费米子)体系的波函数一定具有交换反对称性.因此,自旋为整数和半整数的原子核组成的同核双原子分子的波函数会有不同的对称性.

在玻恩和奥本海默近似下,可以把分子的波函数写成

$$\Psi = \psi_e \psi_v \psi_J \psi_I \tag{7.4.11}$$

式中,ψ_e,ψ_v,ψ_J 和 ψ_I 是分子的电子、核间的振动、转动运动和核自旋的波函数.在一般情况下,电子处于基态,ψ_e 对两个核的交换是对称的.振动波函数可写成

$$\psi_v = \psi_v |R_1 - R_2| \tag{7.4.12}$$

R_1 和 R_2 分别是原子核的坐标,振动波函数只和两个原子核间的距离有关,所以

它对两个核的交换也是对称的.这样,分子波函数的对称性就完全由转动波函数和核自旋波函数所决定了.核自旋波函数的对称性就对转动波函数的对称性给出了限制.

对两个原子核的系统,如果把空间坐标原点选在两个核连线的中点,那两个核的交换就相当于空间反演.因此,它的交换对称性就由波函数的宇称决定.对于转动波函数它的宇称为$(-1)^J$,即,J为偶数时转动波函数的宇称为正(或偶),对两个核的交换是对称的;J为奇数时转动波函数的宇称为负(或奇),对两个核的交换是反对称的.

原子核自旋波函数的对称性对同核双原子分子能级布居和光谱的影响,对三种核自旋的情况分别讨论.

1) 原子核自旋 $I=0$

两个 $I=0$ 的原子核组成的系统的总自旋也为 0,它的自旋波函数 ψ_I 必定是对称的.$I=0$ 的原子核是玻色子,分子的波函数必须是交换对称的,因此就要求转动波函数也必须是对称的,这就是说只能有 J 为偶数的转动运动状态.分子不可能处在 J 为奇数的转动态.

分子的拉曼散射跃迁的选择定则是 $\Delta J=\pm 2$,在跃迁过程中转动能态的宇称不改变.所以,同核双原子分子的拉曼谱中有转动谱线,但只有对应于偶数 J 的跃迁,即只有 $0\leftrightarrow 2, 2\leftrightarrow 4, \cdots$的谱线.图 7.4.7 是 $I=0$ 的同核双原子分子的拉曼散射谱的示意图.

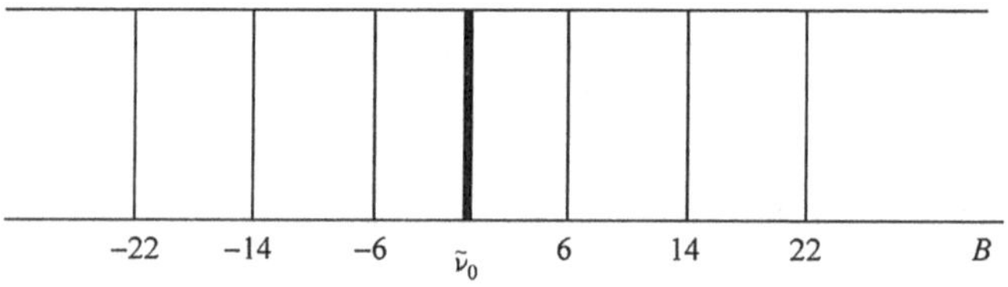

图 7.4.7　$I=0$ 的同核双原子分子的拉曼散射谱的示意图

2) 原子核自旋为半整数

两个原子核自旋为半整数的核所组成系统的总自旋波函数可以是交换对称和反对称的.自旋为半整数的原子核是费米子,所以分子的波函数必须是反对称的,这样就有两种情况:

(1) 原子核的总自旋波函数 ψ_I 是对称的,则转动波函数必须是反对称的,即转动量子数必定是奇数.

(2) 原子核的总自旋波函数 ψ_I 是反对称的,则转动波函数必须是对称的,即转动量子数必定是偶数.

通常对核的总自旋波函数为对称的分子称为正类分子,具有反对称波函数的为仲类分子.这样正类分子的转动量子数 J 必须是奇数,而仲类分子的转动量子数 J 就必须是偶数.例如,氢原子核的自旋为 1/2,两个氢原子核的总自旋可能为 1 和 0,在第四章的讨论中已知道,总自旋为 1 的波函数 ψ_I 是对称的,正氢分子的 J 只能是奇数.而对总自旋为 0 的波函数 ψ_I 是反对称的,所以仲氢分子的转动量子数偶数.正氢分子的自旋有三个可能的状态,即 $I_Z = +1, 0, -1$,仲氢分子的自旋只有一个可能状态.因此,氢分子处在 J 为奇数能级的布居就是 J 为偶数状态的 3 倍.所以,氢分子的拉曼散射谱中 J 为奇数的谱线强度就应是偶数谱线的 3 倍,图 7.4.8 是氢分子在温度为 2000 K 下的拉曼谱.图上谱线的高度代表谱线的强度.图上 J 为奇数的谱线强度约是偶数谱线的 3 倍.

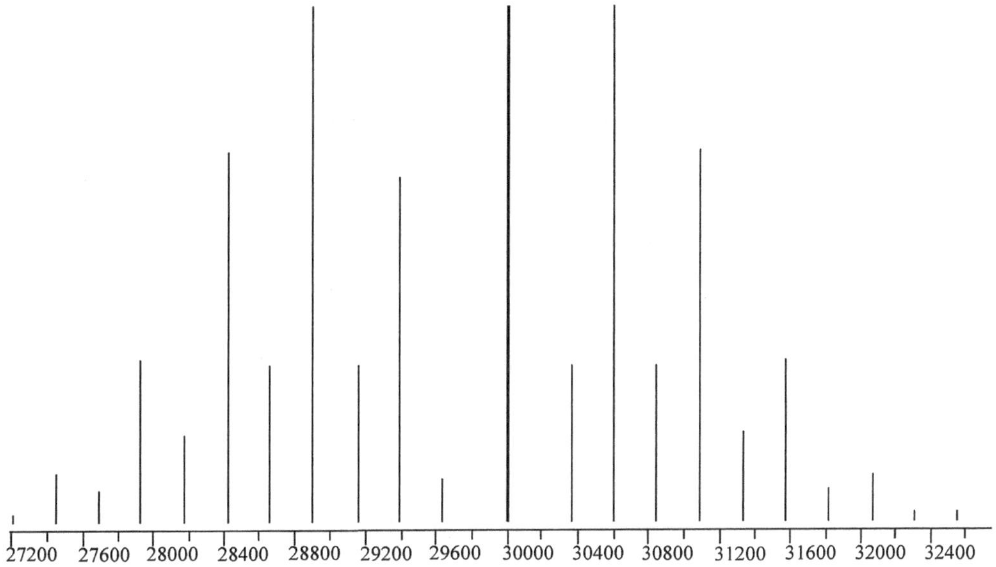

图 7.4.8　氢分子在温度为 2000 K 下的拉曼谱

3) 原子核自旋为整数($I \neq 0$)

自旋为整数的原子核是玻色子,因此正类分子具有对称的自旋波函数和对称的转动波函数,仲类分子具有反对称的自旋波函数和反对称的转动波函数.^{14}N 原子核的自旋 $I=1$,$^{14}N_2$ 分子的总自旋可以是 2,1 和 0,一共可能有 9 个自旋(I, I_Z)状态,其中 6 个状态组成正氮分子,3 个态为仲氮分子,所以处在 J 为偶数的谱线的强度较大,约为 J 为奇数谱线的 2 倍,见图 7.4.9.

综上所述,由于原子核自旋的影响,同核双原子分子转动能级的跃迁只能发生在宇称奇态与奇态或宇称偶态与偶态之间,不可能出现转动能级奇态和偶态间的跃迁.对于分子的红外光谱,转动跃迁的选择定则是 $\Delta J = \pm 1$,对同核双原子分子是不允许,因此同核双原子分子没有红外光谱.对于拉曼散射,转动跃迁

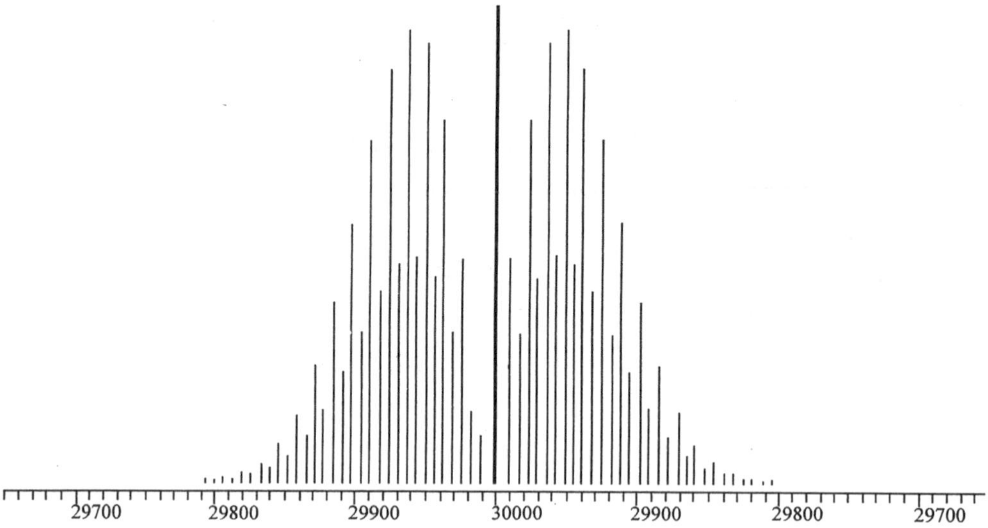

图 7.4.9　氮分子在 300 K 温度时的拉曼散射谱

的选择定则是 $\Delta J=0,\pm2$,分子的转动态的宇称不改变,因此能观察到同核双原子分子的振动转动拉曼散射谱.在上面关于拉曼谱的强度讨论中已知道谱线的强度比与正类分子数与仲类分子数的比例有关,可以证明核自旋为 I 的两类分子数的比为

$$\frac{N_{仲}}{N_{正}}=\frac{I}{I+1} \tag{7.4.13}$$

谱线强度除了与分子处在各能级的布居有关,还与能级的统计布居和能级的简并度有关.在图 7.4.8 和图 7.4.9 中都能看到这两个因素的影响.

由以上讨论可知拉曼光谱根据入射光的频率可出现在不同的频率范围,可在紫外或可见光区,这比用固定的红外或远红外光谱更为方便,例如,可以使用一般的玻璃或石英作为光学元件和样品的容器.一般为防止入射光激发分子的电子能级而发射荧光,因此入射光的频率都选择低于电子能级的激发态能量.拉曼位移是和分子的红外或远红外光谱的振动或转动频率相对应的.但由于拉曼谱和分子的红外谱遵循的选择定则不同,有些在吸收谱中不出现的谱线可以在拉曼谱中出现,此外对于非极性的同核双原子分子,它们没有红外光谱,这些分子就要用拉曼散射光谱来研究.所以在测定分子结构参数时,这两种光谱方法可以相互补充.拉曼散射光谱还在环境科学和生物等领域都有广泛的应用.

习　题

7.1　钾的电离能为 4.34 eV，氯的电子亲和势为 3.62 eV. 氯化钾分子的平衡距离为 0.279 nm. 由这些数据估算 KCl 分子分解为 K 原子和 Cl 原子所需的能量.

7.2　对 $H^{35}Cl$ 分子，核间距离为 $R_e=0.127\,46$ nm，计算这个分子的

(1) 转动谱常数 B，分别以 cm^{-1} 及 MHz 为单位表示；

(2) $J=0,1,2,3,4,5$ 的转动能级的能量；

(3) 在 300 K 时这 5 个态的相对布居.

7.3　对 HF，$H^{35}Cl$，HBr 和 HI 分子的振动能级的间隔分别为 3958.4 cm^{-1}，2885.6 cm^{-1}，2559.3 cm^{-1}，2230.0 cm^{-1}. 计算这些分子的键力常数.

7.4　$^{127}I^{35}Cl$ 的谱常数为 $\tilde{\nu}_e=384.18\ cm^{-1}$，$x_e\ \tilde{\nu}_e=1.465\ cm^{-1}$. 该分子的解离能是 2.153 eV，计算

(1) 在 $v=0$ 和 1 之间跃迁的谱线的波数；

(2) 在 $v=1$ 和 2 之间跃迁的谱线的波数；

(3) 分子位势曲线的深度.

7.5　已知 HCl 的势阱深度为 5.33 eV，$\tilde{\nu}_e=2989.7\ cm^{-1}$，$x_e\ \tilde{\nu}_e=52.05\ cm^{-1}$. 试估计

(1) HCl 的解离能；

(2) DCl 的解离能($m_D=2.014$ u).

7.6　一个双原子分子的 $J=5$ 到 $J=6$ 的吸收线的波长为 1.35 cm. 请计算

(1) $J=0$ 到 $J=1$ 的转动吸收线的波长和频率.

(2) 计算分子的转动惯量.

7.7　HI 分子的振动能级 $v=0$ 到 $v=1$ 的跃迁，相应的频率是 6.69×10^{13} Hz. NO 分子相应能级跃迁频率为 5.63×10^{13} Hz. 试计算两种分子的键力常数和振动幅度.

7.8　HF 分子的转动常数 $B=20.95\ cm^{-1}$，计算

(1) HF 分子的核间距.

(2) 分别给出氢的两种同位素的氟化物(^2DF，^3TF)分子转动谱线的间隔.

7.9　氢分子的解离能是 4.5 eV，假定分子就像简谐振子一样振动，振动频率为 8.277×10^{14} rad/s. 求相应于解离能 4.5 eV 的振动量子数.

7.10　$^{35}Cl_2$ 的振动拉曼谱，有一组斯托克斯线，它们的间距为 0.9752 cm^{-1}，它的反斯托克斯线的间距也是这值. 求 Cl_2 的键的长度.

7.11　入射光的波数为 20 487 cm^{-1}，求 $^{14}N_2$ 的 $J=2$ 到 0 的散射斯托克斯线的波数. N_2 的平衡核间距离是 109.76 pm.

7.12　氧分子 O_2 的键长为 120.75 pm，拉曼谱仪用的入射光波数 20 623 cm^{-1}. 求在瑞利谱线附近的 2 条斯托克斯线和 2 条反斯托克斯线的波数.

7.13　Morse 势

$$U(R) = U_0[1 - e^{-\beta(R-R_0)}]^2$$

可以用来描述双原子分子的振动运动，其中 U_0，β 和 R_0 可根据实验数据来取得. 试证明：

(1) R_0 就是核间的平衡距离,而 U_0 是两个原子相距很远时的位势;

(2) 在 R_0 附近,Morse 势可近似为简谐势,力常数 $k=m\omega^2=2U_0\beta^2$;

(3) 已知氢分子的 $R_0=0.074$ nm,解离能为 4.52 eV,力常数 $k=573$ N/m,求相应的 Morse 势的参数.

7.14 试问 $^2D_2$ 分子的拉曼散射谱的 O 支中两相邻谱线的强度比,说明强度大的谱线所对应的转动量子数的奇偶性.

附　　录

I　物理常数

物理量	符号	数值
真空中的光速	c	$299\,792\,458\ \mathrm{m\cdot s^{-1}}$
普朗克常量	h	$6.626\,0693(11)\times10^{-34}\ \mathrm{J\cdot s}$
约化普朗克常量	$\hbar\equiv h/2\pi$	$1.054\,571\,68(18)\times10^{-34}\ \mathrm{J\cdot s}$ $=6.582\,119\,15(56)\times10^{-22}\ \mathrm{MeV\cdot s}$
电子的电荷量	e	$1.602\,176\,53(14)\times10^{-19}\ \mathrm{C}$
转换常数	$\hbar c$ $(\hbar c)^2$	$197.326\,968(17)\ \mathrm{MeV\cdot fm}$ $0.389\,379\,323(67)\ (\mathrm{GeV})^2\cdot\mathrm{mbarn}$
电子的质量	m_e	$0.510\,998\,918(44)\ \mathrm{MeV}\cdot c^{-2}$ $=9.109\,3826(16)\times10^{-31}\ \mathrm{kg}$
质子的质量	m_p	$938.272\,029(80)\ \mathrm{MeV}\cdot c^{-2}$ $=1.672\,621\,71(29)\times10^{-27}\ \mathrm{kg}$
氘核的质量	m_d	$1875.612\,82(16)\ \mathrm{MeV}\cdot c^{-2}$
原子质量单位	u	$931.494\,043(80)\ \mathrm{MeV}\cdot c^{-2}$ $=1.660\,538\,86(28)\times10^{-27}\ \mathrm{kg}$
真空的介电常数	$\varepsilon_0=1/\mu_0c^2$	$8.854\,187\,817\times10^{-12}\ \mathrm{F\cdot m^{-1}}$
真空的磁导率	μ_0	$4\pi\times10^{-7}\ \mathrm{N\cdot A^{-2}}$ $=12.566\,370\,614\times10^{-7}\ \mathrm{N\cdot A^{-2}}$
精细结构常数	$\alpha=e^2/4\pi\varepsilon_0\hbar c$	$7.297\,352\,568(24)\times10^{-3}$ $=1/137.035\,999\,11(46)$
电子的经典半径	$r_e=e^2/4\pi\varepsilon_0m_ec^2$	$2.817\,940\,325(28)\times10^{-15}\ \mathrm{m}$
电子的康普顿波长	$\lambda\!\!\!^{-}_e=\hbar/m_ec=r_e\alpha^{-1}$	$3.861\,592\,678(26)\times10^{-13}\ \mathrm{m}$
玻尔半径($m_{原子核}\to\infty$)	$a_\infty=4\pi\varepsilon_0\hbar^2/m_ee^2=r_e\alpha^{-2}$	$0.529\,177\,2108(18)\times10^{-10}\ \mathrm{m}$
动量 1eV/c 的粒子的波长	$hc/(1\ \mathrm{eV})$	$1.239\,841\,91(11)\times10^{-6}\ \mathrm{m}$
里德伯能量	$hcR_\infty=m_ec^2\alpha^2/2$	$13.605\,6923(12)\ \mathrm{eV}$
汤姆孙截面	$\sigma_T=8\pi r_e^2/3$	$0.665\,245\,873(13)\ \mathrm{barn}$
玻尔磁子	$\mu_B=e\hbar/2m_e$	$5.788\,381\,804(39)\times10^{-11}\ \mathrm{MeV\cdot T^{-1}}$

续表

物理量	符号	数值
核磁子	$\mu_N = e\hbar/2m_p$	$3.152\,451\,259(21)\times10^{-14}$ MeV·T^{-1}
电子回旋频率/场	$\omega_{cycl}^{e}/B = e/m_e$	$1.758\,820\,12(15)\times10^{11}$ rad·s^{-1}·T^{-1}
质子回旋频率/场	$\omega_{cycl}^{p}/B = e/m_p$	$9.578\,833\,76(82)\times10^{7}$ rad·s^{-1}·T^{-1}
引力常数	G_N	$6.6742(10)\times10^{-11}$ m^3·kg^{-1}·s^{-2} $=6.7087(10)\times10^{-39}\hbar c$ (GeV·c^{-2})$^{-2}$
标准引力加速度	g_n	$9.806\,65$ m·s^{-2}
阿伏伽德罗常量	N_A	$6.022\,1415(10)\times10^{23}$ mol^{-1}
玻尔兹曼常量	k	$1.380\,6505(24)\times10^{-23}$ J·K^{-1} $=8.617\,343(15)\times10^{-5}$ eV·K^{-1}
克分子体积(标准条件下的理学气体)	$N_A\dfrac{k(273.15\text{K})}{101\,325\text{Pa}}$	$22.413\,996(39)\times10^{-3}$ m^3·mol^{-1}
维恩位移律的常数	$b=\lambda_{max}T$	$2.897\,7685(51)\times10^{-3}$ m·K
斯特藩-玻尔兹曼常量	$\sigma=\pi^2k^4/60\hbar^3c^2$	$5.670\,400(40)\times10^{-8}$ W·m^{-2}·K^{-4}
费米耦合常量	$G_F/(\hbar c)^3$	$1.166\,37(1)\times10^{-5}$ GeV^{-2}
弱混合角	$\sin^2\theta_W(M_Z)$	$0.231\,20(15)$
W^+玻色子的质量	m_W	$80.425(38)$ GeV·c^{-2}
Z^0玻色子的质量	m_Z	$91.1876(21)$ GeV·c^{-2}
强作用耦合常数	$\alpha_s(M_z)$	$0.1187(20)$

$\pi=3.141\,592\,653\,589\,793\,238$　　$e=2.718\,281\,828\,459\,045\,235$

1 in≡0.0254 m　1G≡10^{-4} T　1 eV=$1.602\,176\,53\,(14)\times10^{-19}$ J　0 ℃≡273.15 K

1 Å≡0.1 nm　1 dyne≡10^{-5} N　1 barn≡10^{-28} m^2　$kT(300\text{ K})=[38.681\,648(68)]^{-1}$ eV

1 erg≡10^{-7} J　1 atm≡760 Torr≡101 325 Pa

注:此表译自粒子物理手册.

表中括号内的数字表示物理量最后一位数值的标准误差.

Ⅱ 元素周期表

元素周期表

1 IA	2 IIA	3 IIIB	4 IVB	5 VB	6 VIB	7 VIIB	8 VIII	9 VIII	10 VIII	11 IB	12 IIB	13 IIIA	14 IVA	15 VA	16 VIA	17 VIIA	18 VIIIA
1 H 氢 1.00794																	2 He 氦 4.002602
3 Li 锂 6.941	4 Be 铍 9.012182											5 B 硼 10.811	6 C 碳 12.0107	7 N 氮 14.00674	8 O 氧 15.9994	9 F 氟 18.0084032	10 Ne 氖 20.1797
11 Na 钠 22.989770	12 Mg 镁 24.3050											13 Al 铝 26.981538	14 Si 硅 28.0855	15 P 磷 30.973761	16 S 硫 32.066	17 Cl 氯 35.4527	18 Ar 氩 39.948
19 K 钾 39.0983	20 Ca 钙 40.078	21 Sc 钪 44.955910	22 Ti 钛 47.867	23 V 钒 50.9415	24 Cr 铬 51.9961	25 Mn 锰 54.938049	26 Fe 铁 55.845	27 Co 钴 58.933200	28 Ni 镍 58.6934	29 Cu 铜 63.546	30 Zn 锌 65.39	31 Ga 镓 69.723	32 Ge 锗 72.61	33 As 砷 74.92160	34 Se 硒 78.96	35 Br 溴 79.904	36 Kr 氪 83.80
37 Rb 铷 85.4678	38 Sr 锶 87.62	39 Y 钇 88.90585	40 Zr 锆 91.224	41 Nb 铌 92.90638	42 Mo 钼 95.94	43 Tc 锝 (97.907215)	44 Ru 钌 101.07	45 Rh 铑 102.90550	46 Pd 钯 106.42	47 Ag 银 107.8682	48 Cd 镉 112.411	49 In 铟 114.818	50 Sn 锡 118.710	51 Sb 锑 121.760	52 Te 碲 127.60	53 I 碘 126.90447	54 Xe 氙 131.29
55 Cs 铯 132.90545	56 Ba 钡 137.327	57-71 镧系	72 Hf 铪 178.49	73 Ta 钽 180.9479	74 W 钨 183.84	75 Re 铼 186.207	76 Os 锇 190.23	77 Ir 铱 192.217	78 Pt 铂 195.078	79 Au 金 196.96655	80 Hg 汞 200.59	81 Tl 铊 204.3833	82 Pb 铅 207.2	83 Bi 铋 208.98038	84 Po 钋 (208.992415)	85 At 砹 (200.987131)	86 Rn 氡 (222.017570)
87 Fr 钫 (223.010731)	88 Ra 镭 (226.025402)	89-103 锕系	104 Rf 𬬻 (261.1089)	105 Db 𬭊 (262.1144)	106 Sg 𬭳 (263.1186)	107 Bh 𬭛 (262.1231)	108 Hs 𬭶 (265.1306)	109 Mt 鿏 (266.1378)	110 Ds 𫟼 [269.271]	111 [272]							

	57 La 镧 138.9055	58 Ce 铈 140.116	59 Pr 镨 140.90765	60 Nd 钕 144.24	61 Pm 钷 (144.912745)	62 Sm 钐 150.36	63 Eu 铕 151.964	64 Gd 钆 157.25	65 Tb 铽 158.92534	66 Dy 镝 162.50	67 Ho 钬 164.93032	68 Er 铒 167.26	69 Tm 铥 168.93421	70 Yb 镱 173.04	71 Lu 镥 174.967
镧系	57 La 镧 138.9055	58 Ce 铈 140.116	59 Pr 镨 140.90765	60 Nd 钕 144.24	61 Pm 钷 (144.912745)	62 Sm 钐 150.36	63 Eu 铕 151.964	64 Gd 钆 157.25	65 Tb 铽 158.92534	66 Dy 镝 162.50	67 Ho 钬 164.93032	68 Er 铒 167.26	69 Tm 铥 168.93421	70 Yb 镱 173.04	71 Lu 镥 174.967
锕系	89 Ac 锕 (227,027747)	90 Th 钍 232.0381	91 Pa 镤 231.03588	92 U 铀 238.0289	93 Np 镎 (237.048166)	94 Pu 钚 (244.064197)	95 Am 镅 (243.061372)	96 Cm 锔 (247.070346)	97 Bk 锫 (247.070298)	98 Cf 锎 (251.079579)	99 Es 锿 (252.08297)	100 Fm 镄 (257.095096)	101 Md 钔 (258.098427)	102 No 锘 (259.1011)	103 Lr 铹 (262.1098)

Ⅲ　诺贝尔物理学奖获得者(1901～2005)

年份	获奖者	国家	成就
1901	伦琴(Wilhelm Conrad Röntgen)	德国	发现X射线
1902	洛伦兹(Hendrik Antoon Lorentz)	荷兰	磁场对辐射现象的影响的研究(塞曼效应的发现和解释)
	塞曼(Pieter Zeeman)		
1903	贝克勒尔(Henri Becquerel)	法国	发现天然放射性
	居里夫人(Marie Curie) 居里(Pierre Curie)	法国	对贝克勒尔发现的放射性现象的研究
1904	瑞利(John William Strutt 3rd Baron Rayleigh)	英国	一些重要气体的密度的研究工作及氩的发现
1905	勒纳德(Philipp Lenard)	德国	对阴极射线的研究工作
1906	汤姆孙(Sir J.J. Thomson)	英国	气体导电现象的研究,电荷载体的实验和理论研究
1907	迈克耳孙(Albert. A. Michelson)	美国	对精密光学仪器和光谱仪及度量学研究
1908	李普曼(Gabriel Lippmann)	法国	发明应用干涉现象的彩色摄影技术
1909	马可尼(Guglielmo Marconi)	意大利	发明无线电报通讯技术
	布劳恩(Ferdinand Braun)	德国	无线电报通讯技术的研究和改进
1910	范德瓦耳斯(Johannes Diederik van der Waals)	荷兰	气体和液体状态方程的研究
1911	维恩(Wilhelm Wien)	德国	热辐射有关定律的发现
1912	达伦(Nils Gustaf Dalén)	瑞典	发明点燃灯塔和浮标灯的自动调节装置
1913	昂内斯(Heike Kamerlingh Onnes)	荷兰	研究低温下物质的性质,制成液态氦
1914	劳厄(Max von Laue)	德国	发现X射线的晶体衍射
1915	布拉格(Sir Lawrence Bragg)	英国	用X射线研究晶体结构
	布拉格(Sir William Bragg)	英国	
1917	巴克拉(Charles Glover Barkla)	英国	对元素特征伦琴射线的发现
1918	普朗克(Max Planck)	德国	提出能量量子化的假设,创建辐射的量子理论
1919	斯塔克(Johannes Stark)	德国	发现极隧射线的多普勒效应和光谱线在电场中分裂的效应
1920	纪尧姆(Charles Édouard Guillaume)	瑞士	发现镍钢合金的反常现象及其在精密测量技术中的应用
1921	爱因斯坦(Albert Einstein)	德国,瑞士	对理论物理方面的贡献,特别是发现光电效应定律

续表

年份	获奖者	国家	成就
1922	玻尔(Niels Bohr)	丹麦	研究原子结构和原子辐射
1923	密立根(Robert Andrews Millikan)	美国	在基本电荷和光电效应方面的研究成果
1924	西格班(Karl Manne Georg Siegbahn)	瑞典	X射线光谱学领域的发现和研究
1925	弗兰克(James Franck)	德国	发现电子与原子碰撞的规律
	赫兹(Gustav Hertz)	德国	
1926	佩兰(Jean Perrin)	法国	在物质不连续结构方面的研究,特别是发现沉积平衡的工作
1927	康普顿(Arthur Holly Compton)	美国	发现康普顿效应
	威耳孙(C. T. R. Wilson)	英国	用蒸气凝结的方法使带电粒子的径迹变为可见,发明威耳孙云室
1928	里查孙(Sir Owen Willans Richardson)	英国	在热离子方面的工作,特别是发现里查孙定律(研究热电子发射的饱和电流密度与阴极表面温度的关系)
1929	德布罗意(Louis-Victor Pierre Raymond de Broglie)	法国	提出电子波动性
1930	拉曼(Sir Chandrasekhara Venkata Raman)	印度	研究光的散射并发现拉曼效应
1932	海森伯(Werner Heisenberg)	德国	创立量子力学
1933	狄拉克(P. A. M. Dirac)	英国	创立量子理论的新的有效形式
	薛定谔(Erwin Schrödinger)	奥地利	
1935	查德威克(Sir James Chadwick)	英国	发现中子
1936	安德森(Carl David Anderson)	美国	发现正电子
	赫斯(Victor Francis Hess)	奥地利	发现宇宙线
1937	戴维孙(Clinton Joseph Davisson)	美国	实验发现晶体对电子的衍射
	汤姆孙(Sir George Paget Thomson)	英国	
1938	费米(Enrico Fermi)	意大利	证明中子辐照可产生新的放射性元素及发现慢中子引起的核反应
1939	劳伦斯(Ernest Orlando Lawrence)	美国	回旋加速器的发明和发展及由此取得的成果,特别是人工放射性元素方面的研究
1943	斯特恩(Otto Stern)	美国	发展分子束实验方法中的贡献及发现质子磁矩
1944	拉比(Isidor Isaac Rabi)	美国	分子束用共振方法测量原子核的磁性
1945	泡利(Wolfgang Pauli)	奥地利	发现不相容原理即泡利不相容原理

续表

年份	获奖者	国家	成就
1946	布里奇曼(Percy Williams Bridgman)	美国	发明产生极高气压的装置及在高压物理领域中的发现
1947	阿普顿(Sir Edward Victor Appleton)	英国	在高层大气物理领域的研究,特别是发现了阿普顿层
1948	布莱克特(Patrick M.S. Blackett)	英国	改进威耳孙云室及在宇宙线和核物理领域的发现
1949	汤川秀树(Hideki Yukawa)	日本	由核力的理论工作预言介子的存在
1950	鲍威尔(Cecil Frank Powell)	英国	发展用乳胶方法研究核过程及在介子发现中的贡献
1951	考克饶夫(Sir John Douglas Cockcroft)	英国	开创人工加速粒子方法开展原子核蜕变的研究
	瓦耳顿(Ernest Thomas Sinton Walton)	爱尔兰	
1952	布洛赫(Felix Bloch)	美国	核磁精密测量新方法的发展及有关的发现
	珀塞耳(E.M. Purcell)		
1953	泽尔尼克(Frits Zernike)	荷兰	实证了相衬方法并发明了相衬显微镜
1954	玻恩(Max Born)	英国	在量子力学的基础研究特别是提出对波函数的统计解释
	博特(Walther Bothe)	德国	发明符合方法及相关的发现
1955	库什(Polykarp Kusch)	美国	精密测定电子磁矩
	兰姆(Willis Eugene Jr. Lamb)	美国	发现氢原子谱的精细结构(兰姆位移)
1956	肖克利(William B. Shockley)	美国	对半导体的研究及发现晶体管的放大效应
	巴丁(John Bardeen)		
	布拉顿(Walter H. Brattain)		
1957	杨振宁(Chen Ning Yang)	美籍华人	对宇称守恒定律的深入研究导致基本粒子物理领域的重要发现(弱作用中宇称不守恒)
	李政道(Tsung-Dao Lee)		
1958	切伦科夫(Pavel Alekseyevich Cherenkov)	前苏联	切伦科夫效应的发现及理论解释
	弗兰克(Ilya Mikhaylovich Frank)		
	塔姆(Igor Yevgenyevich Tamm)		

续表

年份	获奖者	国家	成就
1959	塞格雷(Emilio Segrè)	美国	发现反质子
	张伯伦(Owen Chamberlain)		
1960	格拉泽(Donald A. Glaser)	美国	发明气泡室
1961	霍夫斯塔特(Robert Hofstadter)	美国	高能电子与原子核散射的研究及对原子核结构的发现
	穆斯堡尔(Rudolf Ludwig Mössbauer)	德国	对 γ 射线共振吸收的研究及发现穆斯堡尔效应
1962	朗道(Lev Davidovich Landau)	前苏联	凝聚态物质特别是液氦的前驱性理论工作
1963	维格纳(Eugene Paul Wigner)	美国	在原子核和基本粒子理论的贡献特别是对称性基本原理的发现和应用
	梅耶(Maria Goeppert Mayer)	美国	提出原子核壳层模型
	詹森(J. Hans D. Jensen)	德国	
1964	汤斯(Charles Hard Townes)	美国	在量子电子学领域的基础工作导致了根据微波激射器和激光器的原理构成振荡器和放大器
	巴索夫(Nikolay Gennadiyevich Basov)	前苏联	
	普罗霍洛夫(Aleksandr Mikhaylovich Prokhorov)		
1965	朝永振一郎(Tomonaga Shin'ichiro)	日本	对基本粒子物理有深远意义的量子电动力学的基础工作
	施温格(Julian Seymour Schwinger)	美国	
	费恩曼(Richard P. Feynman)	美国	
1966	卡斯特勒(Alfred Kastler)	法国	发现和发展了研究原子赫兹共振的光学方法
1967	贝特(Hans Albrecht Bethe)	美国	在核反应理论方面的贡献特别是在恒星能量产生的理论
1968	阿尔瓦雷兹(Luis W. Alvarez)	美国	发展氢气泡室及有关的数据分析技术,用这发现了大量共振态
1969	盖尔曼(Murray Gell-Mann)	美国	对基本粒子分类及粒子间相互作用规律的发现
1970	阿尔文(Hannes Alfvén)	瑞典	对磁流体的基础工作及发现,并在等离子体物理的广泛应用
	奈尔(Louis Eugène Félix Néel)	法国	在反铁磁性和铁磁性方面的基础工作和发现,在固体物理中的重要应用
1971	加波(Dennis Gabor)	英国	全息技术的发明和发展
1972	巴丁(John Bardeen)	美国	发展超导理论,创立 BCS 理论
	库珀(Leon N. Cooper)		
	施里弗(John Robert Schrieffer)		

续表

年份	获奖者	国家	成就
1973	约瑟夫森(Brian D. Josephson)	英国	从理论上预言了通过隧道阻挡层的超导电流性质(即约瑟夫森效应)
	贾埃弗(Ivar Giaever)	美国	实验发现超导体的隧道效应
	江崎玲于奈(Leo Esaki)	日本	实验发现半导体的隧道效应
1974	赫威斯(Antony Hewish)	英国	射电天文学的先驱工作,在脉冲星发现中的决定性作用
	赖尔(Sir Martin Ryle)		射电天文学的先驱工作,尤其是孔径综合技术方面的发明与观察
1975	玻尔(Aage N. Bohr)	丹麦	发现原子核中集体运动和粒子运动的联系并发展了相关的原子核结构理论
	莫特尔孙(Ben R. Mottelson)	丹麦	
	雷恩沃特(James Rainwater)	美国	
1976	里克特(Burton Richter)	美国	发现新的重基本粒子(J/Ψ)中的先驱性工作
	丁肇中(Samuel C.C. Ting)	美国	
1977	安德孙(Philip W. Anderson)	美国	对磁性与无序系统的电子结构的基本理论研究
	莫特(Sir Nevill F. Mott)	英国	
	范弗莱克(John H. Van Vleck)	美国	
1978	卡皮查(Pyotr Leonidovich Kapitsa)	前苏联	在低温物理领域的发明和发现
	彭齐亚斯(Arno Penzias)	美国	发现宇宙微波背景辐射
	威尔孙(Robert Woodrow Wilson)		
1979	格拉肖(Sheldon Lee Glashow)	美国	建立弱电统一理论,预言弱中性流的存在
	萨拉姆(Abdus Salam)	巴基斯坦	
	温伯格(Steven Weinberg)	美国	
1980	克罗宁(James Watson Cronin)	美国	在中性K介子的衰变中发现基本对称性的破缺(CP不守恒)
	菲奇(Val Logsdon Fitch)		
1981	布洛姆伯根(Nicolaas Bloembergen)	美国	在激光光谱学中的贡献
	肖洛(Arthur Leonard Schawlow)		
	西格巴恩(Kai Manne Börje Siegbahn)	瑞典	在发展高分辨电子谱仪中的贡献
1982	威耳孙(Kenneth Geddes Wilson)	美国	相变的临界现象的理论
1983	钱德拉塞卡(Subrahmanyan Chandrasekhar)	美国	恒星结构和演化的物理过程的理论研究
	福勒(William A. Fowler)	美国	宇宙中化学元素形成有关的核反应的理论和实验研究

续表

年份	获奖者	国家	成就
1984	卢比亚(Carlo Rubbia)	意大利	在建立质子-反质子对撞机中的决定性作用及领导发现中间玻色子 W 和 Z 的实验
	范德米尔(Simon van der Meer)	荷兰	在实现质子-反质子对撞机中的决定性作用
1985	克利青(Klaus von Klitzing)	德国	发现量子霍尔效应
1986	鲁斯卡(Ernst Ruska)	德国	在电子光学领域的基础研究工作及设计了第一台电子显微镜
	宾尼格(Gerd Binnig)	德国	设计了扫描隧道显微镜
	罗雷尔(Heinrich Rohrer)	瑞士	
1987	柏诺兹(J. Georg Bednorz)	德国	发现氧化物材料的超导性的突破性工作
	穆勒(Karl Alex Müller)	瑞士	
1988	莱德曼(Leon Max Lederman)	美国	实现中微子束的实验，发现 μ 中微子，证实存在两代轻子
	施瓦茨(Melvin Schwartz)		
	斯坦伯格(Jack Steinberger)		
1989	德默尔特(Hans Georg Dehmelt)	美国	发展了离子阱捕获带电粒子的技术
	保罗(Wolfgang Paul)	德国	
	拉姆齐(Norman Foster Ramsey)	美国	发明分离振荡场方法并应用于氢微波激射技术和原子钟
1990	弗里德曼(Jerome Isaac Friedman)	美国	在电子与质子和束缚中子的深度非弹性散射方面的先驱性工作，对发展粒子物理中的夸克模型有重要贡献
	肯德尔(Henry Way Kendall)	美国	
	泰勒(Richard E. Taylor)	加拿大	
1991	德然纳(Pierre-Gilles de Gennes)	法国	把研究简单系统中有序现象的方法推广到更复杂的物理态，特别是对液晶和聚合物的研究工作
1992	夏帕克(Georges Charpak)	法国	对粒子探测器特别是多丝正比室的发明和发展
1993	赫尔斯(Russell Alan Hulse)	美国	发现了一种新型的脉冲星，这一发现为研究引力开辟了新的可能性
	泰勒(Joseph H., Jr. Taylor)		
1994	布罗克豪斯(Bertram N. Brockhouse)	加拿大	致力于研发中子散射技术于凝聚态物理的研究，发展了中子谱仪
	沙尔(Clifford G. Shull)	美国	致力于研发中子散射技术于凝聚态物理的研究，发展了中子衍射技术
1995	佩尔(Martin Lewis Perl)	美国	先驱性的实验工作对轻子物理的贡献，发现 τ 轻子
	莱茵斯(Frederick Reines)		先驱性的实验工作对轻子物理的贡献，首次探测到中微子

续表

年份	获奖者	国家	成就
1996	李(David M. Lee)	美国	发现了氦-3的超流动性
	奥谢罗夫(Douglas D. Osheroff)		
	里查森(Robert C. Richardson)		
1997	朱棣文(Steven Chu)	美国	发展用激光冷却和陷俘原子的方法
	科恩-汤尼(Claude Cohen-Tannoudji)	法国	
	菲利普斯(William D. Phillips)	美国	
1998	劳克林(Robert B. Laughlin)	美国	发现了一种具有分数电荷激发状态的新型量子流
	施特默(Horst L. Störmer)	德国	
	崔琦(Daniel C. Tsui)	美国	
1999	胡弗特(Gerardus Hooft)	荷兰	理论上解释了电弱相互作用的量子结构
	韦尔特曼(Martinus J.G. Veltman)		
2000	阿尔费罗夫(Zhores I. Alferov)	俄罗斯	奠定信息和通讯技术方面的基础,半导体的异质结构在高速及光-电子学中的应用
	克勒默(Herbert Kroemer)	德国	
	基尔比(Jack S. Kilby)	美国	奠定信息和通讯技术方面的基础,发明集成电路
2001	康奈尔(Eric A. Cornell)	美国	对碱金属原子稀薄气体的玻色爱因斯坦冷凝态的研究和对冷凝物性质的早期基础研究工作
	克特勒(Wolfgang Ketterle)	德国	
	维曼(Carl E. Wieman)	美国	
2002	戴维斯(Raymond Jr. Davis)	美国	在天体物理学领域做出卓越贡献,尤其是他们探测宇宙中微子的工作
	小柴昌俊(Masatoshi Koshiba)	日本	
	贾科尼(Riccardo Giacconi)	美国	在天体物理学领域取得的卓越成就,尤其是他的研究导致发现了宇宙X射线源
2003	阿布里科索夫(Alexei A. Abrikosov)	美国,俄罗斯	超导体和超流体理论上的开创性贡献
	金茨堡(Vitaly L. Ginzburg)	俄罗斯	
	莱格特(Anthony J. Leggett)	英国,美国	
2004	格罗斯(David J. Gross)	美国	发现了粒子物理强相互作用理论中的渐近自由现象
	波利策(H. David Politzer)		
	维尔切克(Frank Wilczek)		
2005	格劳伯(Roy J. Glauber)	美国	对光学相干的量子理论的贡献
	]雷尔(John L. Hall)	美国	对精密激光光谱学发展、光学频率梳技术的贡献
	亨施(Theodor W. Hänsch)	德国	

习 题 答 案

第 1 章

1.1 (1) 0.16 nm;(2) 0.29 nm.

1.2 $r_m = 1.59\times10^{-4}$ nm, $b = 6.6\times10^{-5}$ nm.

1.3 0.039%.

1.4 $2.1\times10^{-26}\ m^2 = 211$ b.

1.5 (1) 1.25×10^4;(2) 1.55×10^5;(3) 1.48×10^7.

1.6 (1) 0.053 nm,0.21 nm,2.2×10^6m/s,1.1×10^6m/s;
0.026 nm,0.11 nm,4.4×10^6m/s,2.2×10^6m/s;
0.018 nm,0.071 nm,6.6×10^6m/s,3.3×10^6m/s.
(2) 13.6 eV;54.4 eV;122.4 eV.
(3) 10.2 eV,121.6 nm;40.8 eV,30.4 nm;91.8 eV,13.5 nm.

1.7 255 eV.

1.8 1837.5.

1.9 2.03 μm.

1.10 0.85 eV.

1.11 $\tilde{\nu} = 4R\left(\frac{1}{2^2} - \frac{1}{n^2}\right)$, $n = 3,6,8,\cdots$;164 nm;102.5 nm 等.

1.13 102.6 nm,121.8 nm,653.7 nm.

1.14 (1) $2a_0 = 0.106$ nm;(2) 6.8 eV,1.7 eV;
(3) $R_{正电子素} = R/2 = 0.5487\times10^7 m^{-1}$,243.1 nm.

1.15 (1) 2.85×10^{-4} nm;(2) −2530 eV,− 2665 eV.

1.16 4.1 m/s,97.4nm,6.6×10^{-7}nm.

1.17 (1) 12.75 eV;
(2) 97.4 nm,102.7 nm,121.8 nm,莱曼系;487.1 nm,653 nm,巴耳末系;1911 nm,帕邢系.

第 2 章

2.1 1.96 eV.

2.2 1.35 eV.

2.3 (1) 90.4; (2) 0.14 c.

2.4 16.5 keV.

2.5 (1) 24.84 nm;(2) 0.174 nm;(3) 0.004 nm.

2.6 0.13 nm.

2.7 (1) 5.5×10^{-3} nm;(2) 1×10^{-7} nm.

2.8 >12.4 keV/c.

2.9 (1) 150 eV;(2) 15 GeV;(3) 8 MeV;(4) 2.2×10^{-46} J.

2.10 0.1 nm.

2.11 $E=\dfrac{\hbar^2k^2}{2m}$.

2.12 (2) $E_0=\dfrac{1}{2}\hbar\omega$;$E_1=\dfrac{3}{2}\hbar\omega$.

2.13 4.1×10^{-7} eV.

2.14 $E_1=38$ eV;$E_2=151$ eV;$E_3=340$ eV.

2.15 $\lambda'=500.0024$ nm;$\lambda'=0.0124$ nm.

2.16 (1) $\dfrac{\lambda_c}{a_0}=\dfrac{e^2}{4\pi\varepsilon_0\hbar c}$, $\dfrac{r_e}{a_0}=\left(\dfrac{e^2}{4\pi\varepsilon_0\hbar c}\right)^2$;

(2) $(\lambda_c)_e=0.039$ Å$=0.0039$ nm, $r_e=2.8\times10^{-6}$nm;

(3) $(\lambda_c)_\pi=1.4$ fm.

2.17 7.08 eV.

2.18 5.4个光子.

2.19 (1) 0.146 nm;(2) $\theta=15.0°$.

2.20 $\lambda(R=1\text{ m})=32.32$ μm;$\lambda(R=0.5\times10^{-10}\text{ m})=0.23$ nm.

第3章

3.2 8个.$2^2S_{1/2}$, $m_j=\pm1/2$;$2^2P_{1/2}$, $m_j=\pm1/2$;$2^2P_{3/2}$, $m_j=\pm3/2,\pm1/2$.

3.3 $n=3, l=2, m_l=0$.

3.4 $-\dfrac{e^2}{4\pi\varepsilon_0a_0}$.

3.5 1×10^{-15},2×10^{-26}.

3.6 (1) $2\sqrt{3}\hbar$;(2) $L_z=m_l\hbar$, $m_l=0,\pm1,\pm2,\pm3$.

3.7 1.7×10^{-8}s.

3.8 6×10^{-4}.

3.9 9.16×10^{-18}.

3.10 1.4×10^{-5} nm.

3.12 0.1 ns.

3.13 70 T/m.

3.14 $j=3/2$时,$-\hbar^2$;$j=1/2$时,$\hbar^2/2$

3.15 0.14 T.

3.16 5.4×10^{-13} m.

3.17 [2/3,2],$g=1$除外.

3.18 $1.2\mu_B=1.1\times10^{-23}$J·T^{-1}.

3.19 $^2F_{5/2}$.

3.20 μ_B.

3.21 0.42 MeV.

3.22 10.1.

3.23 (3) 能级移动 -1.1×10^{-5} eV, -5.6×10^{-5} eV, -1.8×10^{-4} eV;
能级间隔 4.5×10^{-5} eV.

3.24 5.8×10^{-5} eV; 1.4×10^{10} Hz, 2.1 cm.

3.25 $F=1$ 或 0.

3.26 (2) 2.2×10^{-6} eV; (3) 56 cm.

3.27 $\Delta E=\dfrac{2\pi}{5}\,|\Psi(0)|^2\,\dfrac{Ze^2}{4\pi\varepsilon_0}R^2$.

第 4 章

4.2 $^1P_1, {}^1D_2, {}^1F_3, {}^3P_{0,1,2}, {}^3D_{1,2,3}, {}^3F_{2,3,4}$.

4.3 $1s^22s^22p^2$; $^1S_0, {}^1D_2, {}^3P_{0,1,2}$.

4.4 $1s^22s^22p^63s^23p^4$, $^3P_2$; $1s^22s^22p^63s^23p^64s^23d^6$, $^5D_4$.

4.5 L-S 耦合: $^1P_1$, $^3P_{0,1,2}$, $^1D_2$, $^3D_{1,2,3}$, $^1F_3$, $^3F_{2,3,4}$, 共有 60 个态;
j-j 耦合: $(1/2,3/2)_{1,2}$, $(1/2,5/2)_{2,3}$, $(3/2,3/2)_{0,1,2,3}$, $(3/2,5/2)_{1,2,3,4}$, 共 60 个

4.6 两个等效 d 电子: $^1S_0, {}^1D_2$, $^1G_4, {}^3P_{0,1,2}, {}^3F_{2,3,4}$;
两个非等效 d 电子: $^1S_0$, $^1P_1{}^1D_2$, $^1F_3, {}^1G_4, {}^3S_1, {}^3P_{0,1,2}, {}^3D_{1,2,3}, {}^3F_{2,3,4}, {}^3G_{3,4,5}$.

4.7 $^3D_2$: $L=2, S=1, J=2$, 存在; $^5P_3$: $L=1, S=2, J=3$, 存在;
$^2S_{3/2}$: $L=0, S=1/2, J=3/2$, 不存在; $^5F_0$: $L=3, S=2, J=0$, 不存在;
$^1P_2$: $L=1, S=0, J=2$, 不存在; $^2D_2$: $L=2, S=1/2, J=2$, 不存在;

4.9 $^1S_0, {}^3S_1, {}^1P_1, {}^3P_{0,1,2}, {}^1D_2, {}^3D_{1,2,3}$.

4.10 $^5D_{0,1,2,3,4}$.

4.11 可组成 $^1S_0, {}^1D_2, {}^3P_{0,1,2}$; 基态是 $^3P_0$.

4.12 (1) $L=1, S=1$, 三能级为 $^3P_{0,1,2}$.

4.13 $\Delta\nu=4.2\times10^{10}$ Hz; $\Delta\lambda=0.025$ nm.

4.14 4 条, 589.56 nm, 589.64 nm.

4.15 1.75×10^{11} C/kg.

4.17 18 个电子.

4.19 251 eV.

4.20 Fe.

4.21 0.028 nm.

4.22 Cu.

4.23 69.6 keV, 74.6 keV.

4.24 (1) $Z=28$, (2) $E_{动量}>850$ eV, 1.46 nm.

4.25 (1) Zr: 2.29 keV, Nb: 2.386 keV, Mo: 2.6 keV; (2) $Z=40$.

4.26 0.28 nm, 6.05×10^{23} mol^{-1}.

4.28 (1) 壳层 K L M N

能量(eV) −69 696 −10 553 −2 196 −310;

(2) 10.55 keV, 0.1486 nm.

4.29 (131.7 ± 0.3) m^{-1}.

4.30 (1) 钒: $3/5\mu_B$, 锰: $5\mu_B$, 铁: $6\mu_B$; (2) $^1F_3$.

第 5 章

5.1 (1) 1.1×10^5 m/s; (2) 2.65×10^{-26} kg; (3) A=16.

5.2 ${}^4_2\text{He}$: $R=2.3$ fm; ${}^{107}_{47}\text{Ag}$: $R=6.88$ fm; ${}^{238}_{92}\text{U}$: $R=8.99$ fm.

5.3 2.83; 2.57; 7.07 MeV.

5.4 0.313305u; 8.58 MeV.

5.5 1.63×10^{-3} nm; 5×10^{-4} nm; 1.24×10^{-4} nm; 1.24×10^{-5} nm.

5.6 ${}^{58}_{28}\text{Ni}\rightarrow{}^{58}_{27}\text{Co}\rightarrow{}^{58}_{26}\text{Fe}$; ${}^{140}_{54}\text{Xe}\rightarrow{}^{140}_{55}\text{Cs}\rightarrow{}^{140}_{56}\text{Ba}\rightarrow{}^{140}_{57}\text{La}\rightarrow{}^{140}_{58}\text{Ce}$.

5.7 $3/2^-$, 1^+.

5.8 3/2.

5.9 $3/2^-$, 1^+, $3/2^+$.

5.10 5.403 MeV.

5.11 5.67 MeV; 7.1 fm; 4.4 fm.

5.12 19.6 keV.

5.13 $A=9.6\times10^{10}$ s^{-1}.

5.14 0.97 W.

5.15 (2) 624 keV; 655 keV.

5.16 1.92 MeV.

5.17 5.94×10^9 a.

5.18 3600 a.

5.19 94.7 μm.

5.20 2.4×10^{26} J.

5.21 5/2.

5.22 2.5 MeV.

5.23 4.5×10^9 a.

5.24 14.1 MeV; 14.9 MeV.

5.25 (1) 1.019 MeV;

(2) 0.183 MeV 或 0.000 92 MeV.

第 6 章

6.1 (1)轻子数不守恒;(2)重子数不守恒;(3)电荷不守恒;(4)能量不守恒.

6.2 (1)禁戒,重子数不守恒;(2)禁戒,$\Delta S=2$,奇异数不守恒;(3)电磁,禁戒,奇异数不守恒;

(4)允许,弱作用衰变;(5)弱衰变,禁戒,轻子数不守恒.

6.3 287 MeV.

6.4 K^-和Σ^+的奇异数都为−1.

6.5 $E_\nu=29.7$ MeV, $T_\mu=4.1$ MeV.

6.6 $\beta=0.94$, $T=263$ MeV, $p=378$ MeV/c.

6.7 3.07 MeV.

6.8 1 042 MeV.

6.9

	Q	I	I_3	S	B	Y
$\bar{K}(s\bar{d})$	0	1/2	1/2	−1	0	−1
$\Phi(s\bar{s})$	0	0	0	0	0	0
Δ(uuu)	2	3/2	3/2	0	1	1
Ξ(dss)	−1	1/2	−1/2	−2	1	−1

6.10 正电子素$^3S_1$态的宇称$=(-1)^{L+1}$,宇称为−1,而终态两个光子的宇称为+1,电磁相互作用,宇称守恒,所以不能衰变.

6.11 (1) 中微子不参与电磁相互作用;(2) 光子,中微子和电子都不参与强相互作用;
(3) 光子不参与弱相互作用.

6.12 9 400 GeV.

6.13 轨道角动量0,自旋角动量1,同位旋量子数0.

6.14 Ξ^-:dss;Ξ^0: $Q=0$, $B=1$, $S=-2$.

6.15 由同位旋守恒得ρ^-的同位旋$I=1$, $I_3=-1$, $S=0$, $B=0$.

6.16 平均寿命$\sim4.4\times10^{-24}$ s.

6.17 过程(B)是允许的,(A)违反重子数守恒,(C)违反轻子数守恒,(D)能量不守恒,(E)电荷不守恒.

6.18 此过程符合能量守恒及重子数守恒等规律,但奇异数不守恒所以是弱作用过程.

6.19 (A)违反电荷守恒和μ轻子数守恒,(B)违反电子轻子数守恒,(C)违反能量守恒和重子数守恒,(D)违反能量守恒,(E)可以发生.

6.20 重子由三个夸克组成,介子由一个夸克和一个反夸克组成,所以强子由总数3个或2个(夸克和反夸克)组成.

6.21 (1) $\Lambda^0\rightarrow p+\mu^-+\bar{\nu}_\mu$;(2) $\Sigma^+\rightarrow\mu^++\nu_\mu+n$;
(3) $\tau^+\rightarrow e^++\nu_e+\bar{\nu}_\tau$;(4) $\mu^-\rightarrow e^-+\bar{\nu}_e+\nu_\mu$;
(5) $K^+\rightarrow\mu^++\nu_\mu$.

6.22 正、反玻色子的宇称相同.

第7章

7.1 4.44 eV

7.2 (1) $B=10.6\ \mathrm{cm}^{-1}$, $B=3.17\times10^5$ MHz;

(2) $E_0=0$, $E_1=2hcB=2.624\times10^{-3}$ eV, $E_2=6hcB=7.872\,9\times10^{-3}$ eV, $E_3=12hcB=1.574\,6\times10^{-2}$ eV, $E_4=20hcB=2.624\times10^{-2}$ eV, $E_5=30hcB=3.936\times10^{-2}$ eV

(3) $N_1/N_0=2.71$, $N_2/N_0=3.69$, $N_3/N_0=3.806$, $N_4/N_0=3.26$, $N_5/N_0=2.4$.

7.3 $K_{HF}=878$ N/m, $K_{HCl}=477$ N/m, $K_{HBr}=381$ N/m, $K_{HI}=291$ N/m.

7.4 (1) $\tilde{\nu}_{0-1}=381.25\ \mathrm{cm}^{-1}$; (2) $\tilde{\nu}_{1-2}=378.3\ \mathrm{cm}^{-1}$; (3) 势阱深度=2.18 eV.

7.5 (1) HCl 的解离能为 5.33−0.184= 5.146 eV; (2) DCl 的解离能=5.2 eV.

7.6 (1) $\lambda_{0-1}=6*1.35=8.1$ cm. (2) $I=4.53\times10^{-45}\ \mathrm{kg\cdot m^2}$.

7.7 键力常数: $k_{HI}=291.1$ N/m, $k_{NO}=1551$ N/m.

振动幅度: $A_{HI}=1.23\times10^{-11}$ m, $A_{NO}=4.90\times10^{-12}$ m.

7.8 (1) 0.092nm, (2) DF 转动线的间隔为 22.1 cm^{-1}, TF 转动线的间隔为 15.4 cm^{-1}.

7.9 相应于振动量子数=8.

7.10 $R=0.199$ nm.

7.11 20 475 cm^{-1}.

7.12 20 614.3 cm^{-1}, 20 602.8 cm^{-1}, 20 631.7 cm^{-1}, 20 643.2 cm^{-1}.

7.13 (3) $U_0=4.79$ eV, $\beta=19.3\ \mathrm{nm}^{-1}$.

7.14 1:2, 偶数 J 的谱线强度大.